Problemas resueltos de Resistencia de Materiales y Teoría de Estructuras

PROBLEMAS RESUELTOS DE
DE RESISTENCIA DE MATERIALES
Y TEORÍA DE ESTRUCTURAS

Juan José Granados Romera
Universidad de Granada

Pedro Museros Romero
Universitat Politecnica de Valencia

José Manuel Soria Herrera
Universidad Politécnica de Madrid

UNIVERSIDAD DE GRANADA

UNIVERSITAT POLITÈCNICA DE VALÈNCIA

POLITÉCNICA

Garceta
grupo editorial

Problemas Resueltos de Resistencia de Materiales y Teoría de Estructuras
Juan José Granados Romera; Pedro Museros Romero; José Manuel Soria Herrera
ISBN: 978-84-1903-429-8
IBERGARCETA PUBLICACIONES, S.L., Madrid, 2024
Edición: 1ª
N.º de páginas: 336
Formato: 17 × 24 cm.
Materia THEMA: TNC. Ingeniería estructural

Problemas Resueltos de Resistencia de Materiales y Teoría de Estructuras
ISBN: 978-84-1903-429-8
© Juan José Granados Romera; Pedro Museros Romero; José Manuel Soria Herrera
COPYRIGHT © 2024 IBERGARCETA PUBLICACIONES, S.L.
info@garceta.es
© COLEGIO DE INGENIEROS DE CAMINOS, CANALES Y PUERTOS.
ISBN (Colegio de Ingenieros de Caminos, Canales y Puertos): 978-84-380-0570-5

Imagen de portada: cortesía de los autores
Edición: 1.ª.
Impresión: 1.ª
Depósito legal: M-3731-2024
Impreso por:
OI: 0060/2026

A nuestros alumnos, pues este libro es una magnífica muestra de cómo nos hacen querer ser mejores profesores.

A nuestras familias, por su invisible e invaluable contribución al libro.

Prólogo de los autores

El prólogo de un libro ofrece un breve espacio de reflexión que los autores de esta obra queremos aprovechar para compartir con el lector algunas ideas de interés sobre la misma.

La primera de ellas se refiere al contexto origen de estas páginas. Cuando nos decidimos a escribirlas, lo hicimos partiendo de las bases teóricas asentadas en el texto titulado "Resistencia de materiales, teoría de estructuras e introducción a la elasticidad" (Editorial Garceta; 2025, 5ª Edición), obra del primer autor del libro que el lector hoy tiene en sus manos. Dicho texto hermano y complementario —al que se hará aquí mención con cierta frecuencia como "libro de teoría"— proporciona el necesario respaldo teórico a esta colección de ejercicios explicados paso a paso, que hemos querido publicar de la mano de la Editorial Garceta. Aunque toda obra debería ser autocontenida en la medida de lo posible, hemos considerado innecesario y contraproducente repetir en este libro de problemas las explicaciones teóricas detalladas de ciertos conceptos más elaborados, extensos o complejos, que se desarrollan al completo en el libro de teoría, al que aconsejamos vivamente recurrir al lector siempre que desee ampliar, o recordar, los fundamentos teóricos de cuestiones particulares de interés, como puedan ser las ecuaciones de equilibrio de piezas curvas (arcos), el cálculo del momento torsor respecto al CEC, las simplificaciones por simetría, o cualquier otra.

Problemas no solo resueltos, sino explicados paso a paso

En su célebre "Breve Historia del Tiempo", dejó dicho Stephen Hawking que algunas veces había dudado de si debía o no incluir en su libro la afamada ecuación de Albert Einstein, $E = mc^2$. Provenía aquella duda de su inquietud acerca de que la presencia de expresiones matemáticas desanimase tal vez a potenciales lectores de una obra de divulgación; y se preguntaba si, en caso de no haber incluido dicha ecuación, acaso habría logrado vender el doble de ejemplares.

Una cuestión de la misma índole se nos ha planteado a los autores de este libro de problemas resueltos, si bien en el sentido inverso: cómo equilibrar la presencia de numerosas —imprescindibles— ecuaciones y fórmulas matemáticas con las adecuadas explicaciones escritas, para lograr ofrecer al lector un texto claro, útil, y que le anime a profundizar en él. Hemos optado pues por incluir explicaciones "de palabra" allí donde nos ha parecido necesario, para con ellas transmitir al lector los distintos pasos dados en la resolución de los problemas, aclarando aquellos que requieren de mayor reflexión, así como el contenido de las figuras (cuando resulta necesario) y los principales términos de las fórmulas utilizadas. Esperamos que dicha presentación simultánea de expresiones matemáticas —propias de la resistencia de materiales—, junto con textos explicativos, sirva de ayuda para comprender mejor el modo de abordar esta colección de ejercicios, y de estímulo para profundizar en la aplicación de los conceptos de teoría.

En relación a dichos conceptos teóricos, se ha incluido también, al comienzo de cada capítulo, un apartado introductorio que sintetiza las ideas fundamentales junto con las ecuaciones o fórmulas de interés para resolver los problemas del capítulo. Dichos conceptos y expresiones matemáticas están tomados del antes mencionado libro de teoría y se han complementado con ciertas reglas de tipo práctico allí donde se ha considerado útil. De nuevo, los autores encarecemos al lector una revisión pausada de estas introducciones a cada capítulo antes de comenzar a trabajar con los diferentes problemas resueltos.

El contenido, de lo sencillo a lo complejo

El contenido del libro sigue una presentación clásica, avalada por la experiencia acumulada en nuestras universidades y en otras. En cada capítulo se ha optado por presentar en primer lugar los problemas más sencillos, los cuales proporcionan claves de interés para la posterior resolución de casos más complejos. Se comienza en el capítulo 1 con un tratamiento sistemático de los ejercicios de leyes y diagramas de esfuerzos, que incluyen el cálculo (y comprobación) de reacciones en estructuras isostáticas de diferente nivel de complejidad. A continuación, en el capítulo 2 estos conceptos se extienden al estudio de arcos isostáticos, enriqueciendo así las enseñanzas anteriores mediante el análisis de leyes de esfuerzos y su representación gráfica sobre piezas curvas. Se pasa acto seguido al estudio de las tensiones en la sección de barras y vigas de directriz recta, originadas por los diferentes tipos de esfuerzos. Se comienza por las solicitaciones normales elementales —axil y flexión puros— en el capítulo 3. Posteriormente, ambos esfuerzos se combinan en el capítulo 4, proporcionando una aproximación al problema desde un punto de vista genérico que permita analizar la flexión esviada, compuesta, y los materiales no resistentes a la tracción. Los capítulos 5 y 6 se dedican, por su parte, a las tensiones tangenciales debidas, respectivamente, a los esfuerzos cortante y momento torsor.

Finalizado el análisis seccional, el capítulo 7 expone el cálculo de movimientos en vigas y pórticos isostáticos por aplicación de los teoremas de Mohr y las fórmulas de Bresse, incluyendo mediante estas últimas la deformación debida a variaciones térmicas. El capítulo 8, a su vez, presenta la aplicación del principio del trabajo virtual (PTV) para el cálculo tanto de reacciones como de movimientos en estructuras isostáticas, lo que representa una útil aproximación alternativa —energética— a los métodos presentados en capítulos anteriores. Finalmente, el capítulo 9 se dedica a la resolución de estructuras hiperestáticas mediante el denominado método de la compatibilidad, también conocido como método de flexibilidad o de las fuerzas. En dicho capítulo se parte con estructuras de bajo grado de hiperestatismo para, posteriormente, analizar sistemas más complejos, en los que se incluye la presencia de uno o varios tirantes o bielas. Los últimos ejercicios del capítulo 9 presentan la resolución de pórticos hiperestáticos, aplicando simplificaciones por simetría o antisimetría.

El fructífero estado de *atención sostenida*

> *"Encuentro la televisión muy educativa. Cada vez que alguien la enciende, me retiro a otra habitación y leo un libro".*   Groucho Marx.

Todo conocimiento implica un sesgo, aunque este no siempre se reconozca. En nuestro caso, y por el conocimiento derivado de nuestra propia experiencia como estudiantes de universidad, los autores sí reconocemos un sesgo en favor del estudio y la lectura pausados, alejados de distracciones. Sabemos que en la actualidad esto no siempre resulta sencillo, ya que la conexión permanente con el exterior interfiere en nuestra concentración, dificultándonos alcanzar el fructífero estado de *atención sostenida* (y, por ende, el estado de *flow*). Hoy en día no es difícil caer en la tentación de revisar unos cuantos vídeos en los días inmediatamente antes de un examen, tratando, tan solo con esto, de aprobar la asignatura en un *sprint final*. O tal vez en la de creer —como sucede a veces— que nos bastará con leer únicamente las diapositivas utilizadas en clase, mirando los libros de soslayo.

Por ello, querríamos cerrar este prólogo rompiendo una lanza en favor de repensar esa actitud. En favor de apagar el teléfono móvil y el ordenador, abrir el libro y un cuaderno, comenzar de este una hoja nueva en blanco, y tratar de resolver los problemas sosegadamente, leyendo las explicaciones dadas en el texto para asimilar mejor las principales ideas. Tratando también de escribir las ecuaciones por uno mismo, para así convencerse de que se es capaz de formularlas sin ayuda externa. Aplicando luego los conceptos aprendidos a otros ejercicios de clase, o de exámenes de cursos pasados.

Dándose a uno mismo, en fin, la oportunidad de que haya transcurrido un largo rato hasta que algo distinto del estudio requiera nuestra atención. Creemos que ese es el camino idóneo para que, de manera autónoma, los estudiantes lleguen a dominar esta materia, y sean capaces de resolver ejercicios prácticos de resistencia de materiales y teoría de estructuras no únicamente sabiendo el cómo, sino también el porqué.

Los autores
Granada, Valencia y Madrid, enero de 2024

Contenido

Leyes de esfuerzos en estructuras compuestas por barras rectas

Contenido

1.0   Introducción

En este capítulo se resuelven una serie de ejercicios sobre el cálculo y representación gráfica de leyes de esfuerzos en estructuras isostáticas planas, cargadas en su plano y compuestas por barras rectas. Al igual que en el resto de capítulos, los problemas se han ordenado de menor a mayor dificultad. Cada ejercicio tiene sus explicaciones que aclaran el procedimiento seguido, si bien suelen ser más extensas y detalladas en los primeros problemas de cada capítulo (esto sucede especialmente en el primero de este capítulo). En los últimos se tiende a ahorrar las explicaciones que se consideran repetitivas en exceso, centrándose en las novedades que aporte el ejercicio en cuestión.

Como base teórica para la resolución de los ejercicios del presente capítulo se recomienda consultar el apartado sobre los tipos de enlaces (apoyos y nudos), así como los apartados relativos al cálculo de esfuerzos y equilibrio de la rebanada del libro de teoría[1]. Aún así, se resumen a continuación las definiciones, criterios de signos y ecuaciones básicas, que se han tomado de la citada publicación. También se han añadido sendos apartados con las reglas prácticas para la representación de diagramas de esfuerzos y la determinación de los esfuerzos en una sección mediante el cálculo de resultantes.

1.0.1   Definiciones

En este apartado se establecen algunas definiciones que es útil introducir desde un principio. Antes de ello conviene recordar que el sustantivo *fuerza*, en su sentido amplio, tal y como se usa en este apartado, hace referencia tanto a fuerzas como a momentos (ya sean puntuales o distribuidos). No se debe olvidar que un momento concentrado es un *par de fuerzas*[2].

Estructura. Sistema formado por barras y apoyos que resiste de forma estable las perturbaciones o solicitaciones que le afectan.

Sistema de barras. Conjunto de barras de una estructura enlazadas entre si mediante enlaces internos o *nudos*, o sea, es la estructura sin los apoyos. En ocasiones, por comodidad, se usa simplemente el término *estructura* para referirse exclusivamente al *sistema de barras*.

Apoyo. Enlace externo entre el *sistema de barras* de una estructura y el *cimiento*. Apoyos comunes son: el apoyo deslizante (comúnmente denominado *carrito*), el apoyo fijo, el empotramiento, la deslizadera y la doble deslizadera.

Nudo. Enlace interno entre dos barras, o grupos de barras, del sistema de barras de una estructura. Nudos comunes son: el carrito, la rótula o articulación, el nudo rígido, la deslizadera y la doble deslizadera.

---

[1]Como se ha explicado en el prólogo, se refiere al libro *Resistencia de materiales, teoría de estructuras e introducción a la elasticidad* (Juan José Granados; Editorial Garceta; 2025, 5ª Edición).

[2]Es por ello que un momento concentrado se denomina también *par de fuerzas* o abreviadamente *par*.

Acción. Es toda perturbación o solicitación del exterior que causa una respuesta en la estructura. Pueden ser fuerzas, cambios de temperatura, pretensado, deformaciones reológicas, asientos en apoyos, movimientos dinámicos en los apoyos provocados por la acción sísmica, etc.

Carga. Es una acción tipo fuerza. Sus posibles orígenes se encuentran en la acción de la gravedad sobre la estructura (peso propio) o por contacto con sólidos o fluidos externos como, por ejemplo, la sobrecarga de personas o vehículos que gravitan sobre la estructura, el aire circundante moviéndose a una cierta velocidad (fuerza del viento), o por contacto con el terreno cuando se trata de una estructura de contención de tierras. Los momentos como tales aparecen al trasladar las fuerzas anteriores a la directriz de la barra, por ejemplo, el peso de un voladizo auxiliar produce sobre la estructura una fuerza vertical más un momento.

Reacción. Es la fuerza que transmite un apoyo a la estructura en respuesta a determinadas acciones. En el epígrafe *Tipos de apoyos y de nudos* del primer capítulo del libro de teoría se explica qué reacciones puede producir cada tipo de apoyo.

Fuerzas externas o simplemente **fuerzas.** Es el conjunto de cargas y reacciones de una estructura.

Fuerzas internas. Imagínese que se secciona una estructura[3] por un determinado punto[4], este corte imaginario deja dos caras libres sobre las que se aplican sendas resultantes iguales y contrarias —según el *principio de acción y reacción*— que restituyen la estructura al estado previo al corte, pues bien, estas resultantes son las *fuerzas internas.* Dicho de otra forma, las *fuerzas internas* son aquellas que hay que aplicar en las dos caras libres que quedan tras dar un corte a la estructura para que sea equivalente a la original.

Sección recta o simplemente **sección.** Intersección de la barra con un plano perpendicular a su directriz. A a su centroide se le denomina G, y a su área A.

Esfuerzo (definición I). Es la pareja de fuerzas internas (iguales y contrarias) que hay en una determinada sección interna de la barra[5]. Es útil trabajar con sus componentes, que se denominan: axil, cortante, flector y torsor. Esta utilidad radica en que cada componente está relacionada con un tipo de deformación de la barra.

Esfuerzo (definición II). Es la resultante de las tensiones en una sección interna de una barra, respecto de su centro de gravedad. En el caso de que la sección sea extrema el esfuerzo vendrá dado por las fuerzas exteriores de superficie aplicadas en dicha sección.

---

[3]Entiéndase sistema de barras. Los conceptos de fuerzas internas y externas se aplican normalmente al sistema de barras.

[4]El corte puede ser por una barra, por la unión del sistema de barras a un apoyo, o por un nudo donde confluyan varias barras (supongase que, por ejemplo, se secciona imaginariamente por un nudo rígido al que llegan cuatro barras, dejando dos barras a cada lado del corte).

[5]Al final de esta Introducción se explican los esfuerzos en secciones extremas de una barra.

Antes de finalizar este apartado conviene añadir algunas aclaraciones. Según lo anterior, una acción no siempre provoca una reacción. Por ejemplo, una acción térmica en una estructura isostática provocará deformaciones y movimientos en la misma, pero no aparecerán tensiones ni reacciones. Igual sucede con la acción asiento en un apoyo en una estructura isostática, caso en el que la estructura responde con un movimiento de sólido rígido sin aparecer deformación, tensión, ni reacción alguna.

Las palabras acción y reacción se emplean con otro significado cuando aparecen en la tercera ley de Newton o *principio de acción y reacción*. Se recuerda que este principio establece el *intercambio* de fuerzas iguales y opuestas que se produce entre dos cuerpos que interactúan. Estos dos cuerpos pueden ser realmente dos sólidos independientes o dos partes de un mismo sólido que se han dividido imaginariamente.

Al respecto de fuerzas externas e internas. En mecánica clásica, las fuerzas que actúan sobre un sistema de partículas se dividen en dos grupos:

- las externas (cuyo origen está fuera del sistema) y
- las internas (que provienen de la interacción entre las propias partículas del sistema, y que cumplen el *principio de acción y reacción*).

En estructuras se puede hacer también dicha distinción:

- las fuerzas externas son las cargas y reacciones, y
- las fuerzas internas aparecen (por parejas, iguales y opuestas) tras cortar o separar la estructura de forma imaginaria por un punto o zona.

Por ejemplo, si en una estructura hay una rótula a la que llegan múltiples barras, se puede cortar imaginariamente por dicha rótula (dejando varias barras a cada lado del corte), pero para que la estructura tras el corte sea equivalente a la original, hay que situar de forma explícita las fuerzas internas que puede transmitir la rótula, que no son otras que una vertical y otra horizontal (sin momento). Estas fuerzas se colocarán por parejas (iguales y opuestas) una a cada lado del corte, siguiendo el *principio de acción y reacción*. Otro ejemplo en estructuras es cuando se secciona una barra y se ponen en ambas caras del corte fuerzas iguales y opuestas, dando lugar a fuerzas internas que se denominan esfuerzos, según se ha explicado anteriormente[6].

Entre las acciones que solicitan una estructura, cabe señalar que los momentos son el resultado de *pares de fuerzas*[7] que actúan sobre la estructura desde el exterior, y cuyo origen se debe a distintas causas como puede ser la acción de voladizos sobre una estructura principal, los cuales le transmiten una fuerza y un momento, o el caso de las fuerzas de frenado de vehículos circulando sobre una viga. En dichas situaciones de frenado, que frecuentemente son de emergencia, al originarse las fuerzas a una cierta distancia de la directriz de la viga —en el punto de contacto de las ruedas con la cara superior de la viga—, estas resultan equivalentes a la fuerza de frenado (masa × deceleración del vehículo) más un par de fuerzas, actuando ambos sobre la directriz. Si el peso del vehículo está repartido entre muchos ejes y sobre una

---

[6]En la bibliografía anglosajona se usa la expresión *internal force* para referirse al concepto de esfuerzo.
[7]Denominados abreviadamente *pares*.

cierta longitud, el momento que ocasiona el frenado sobre la directriz puede también entenderse como un *momento distribuido por unidad de longitud*, con unidades kN m/m —que conviene no simplificar para no perder el sentido físico—.

1.0.2   Ejes globales y locales

Se definen unos *ejes globales* cartesianos (figura 1.0.1), que en el plano suelen ser horizontal y vertical, completados con el Z, que sale hacia el observador. Según interese, estos ejes también se pueden de-
finir girados un cierto ángulo. Se suelen denominar en mayúsculas, (H, V, Z) o (X, Y, Z), aunque en el caso de subíndices se escriben en minúscula, (h, v, Z). Su base ortonormal es $\{\mathbf{i}, \mathbf{j}, \mathbf{k}\}$. El sistema así definido es *dextrógiro*, al cumplirse que $\mathbf{i} \times \mathbf{j} = \mathbf{k}$. Es por ello que una reacción en un apoyo fijo A tenga por componentes cualquiera de los siguientes formatos:

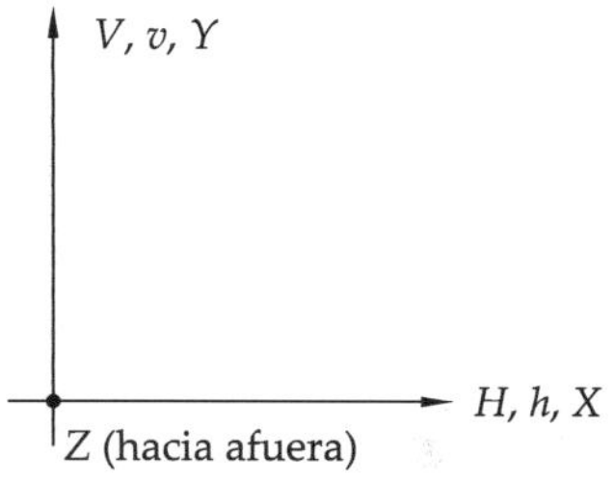

$$\mathbf{R}_A = (R_{Ah}, R_{Av}) \equiv (H_A, V_A)$$

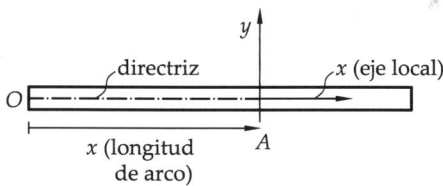

Figura 1.0.1. Ejes globales

Es de utilidad considerar unos *ejes locales* de referencia en cada punto de la directriz de una barra, con origen en el centroide[8] de la sección C. Las coordenadas se denominan (x, y, z) y su base ortonormal $\{\hat{\mathbf{e}}_x, \hat{\mathbf{e}}_y, \hat{\mathbf{e}}_z\}$. Para situar el triedro de los ejes de referencia se suelen usar los siguientes criterios:

Figura 1.0.2. Ejes locales de la sección A en una barra horizontal

- El eje z coincidirá con el eje cartesiano Z de los ejes globales, por lo que $\hat{\mathbf{e}}_z = \mathbf{k}$.
- El eje x será tangente a la directriz, y llevará el sentido creciente de la longitud de arco (x) de la misma. Aunque a esta longitud de arco también la llamamos x, no se debe confundir con la coordenada x de los ejes locales (ver figura 1.0.2). Como recomendación práctica, resulta cómodo que el eje x en una sección determinada lleve sentido positivo hacia la derecha (es lo habitual de dicho eje). Siguiendo con esta recomendación, si la barra está inclinada se definirá el eje x de forma que sea lo más parecido a la barra horizontal de referencia, o

---

[8]Llamado habitualmente centro de gravedad.

sea, nos aseguramos que tiene una componente hacia la derecha, o lo que es lo mismo, llevamos la barra inclinada a una posición horizontal con el menor giro posible (ver los croquis (a) y (b) de la figura 1.0.3). En el caso de barras verticales se adoptará el criterio de definir el eje x hacia arriba (croquis (c) de la figura 1.0.3).

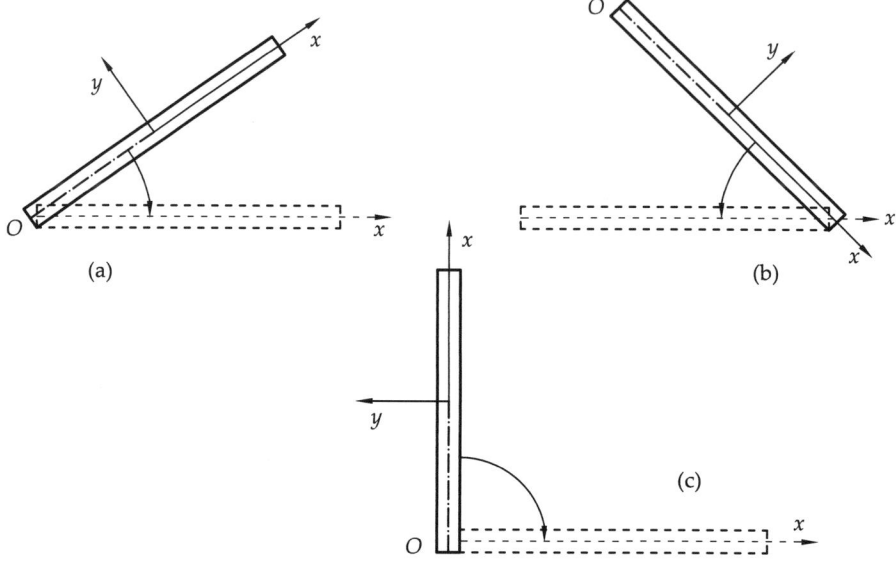

Figura 1.0.3. Ejes locales en barras rectas inclinadas y vertical

- El eje y será normal a la directriz, y su sentido se elegirá para que el sistema sea dextrógiro, o sea, que se cumpla que $\hat{\mathbf{e}}_x \times \hat{\mathbf{e}}_y = \hat{\mathbf{e}}_z$.

Los ejes globales se emplearán para definir acciones en nudos y para escribir ecuaciones de equilibrio —y, por tanto, para expresar componentes de fuerzas y momentos— cuando así resulte conveniente. Por su parte, los ejes locales se emplearán para definir las acciones aplicadas en cada barra[9], los esfuerzos, y su equilibrio local, como se mostrará a continuación.

1.0.3 Criterios de signos

Desde un punto de vista del rigor matemático, y sobre todo como máxima del *manual de buenas costumbres* para resolver problemas de resistencia de materiales, se van a dedicar unas líneas a establecer el criterio de signos y dibujo de las leyes de esfuerzos que se seguirá. En este aspecto no hay un criterio universal, encontrándose diversos

---

[9]En determinadas ocasiones se usan los ejes globales para definir las acciones sobre una barra, por ejemplo, cuando en una barra inclinada se define una carga distribuida vertical.

criterios en la bibliografía. No obstante, lo realmente importante es establecer un criterio y aplicarlo siempre[10].

I) Criterios de signos de las acciones y reacciones

La componente de toda fuerza (carga o reacción según se definieron en el apartado 1.0.1) será positiva cuando lo sea en los ejes locales o globales (del apartado 1.0.2). Los sentidos positivos se recuerdan en la figura 1.0.4[11].

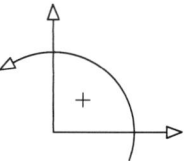

Figura 1.0.4. Criterio de signos para cargas, reacciones y movimientos

II) Criterio de signos de los esfuerzos

Puesto que los esfuerzos se definen como la pareja de fuerzas opuestas (o momentos opuestos) que hay aplicadas en cada una de las caras de una misma sección, el signo de los esfuerzos vendrá dado por el signo de la fuerza, o momento, que se haya aplicado en la cara frontal de la sección, entendiendo por cara frontal la que está en el lado de los valores crecientes del eje x (figura 1.0.5). En resumen, un esfuerzo es positivo cuando de la pareja de acciones que lo componen, la acción del lado de x^+ es positiva. La cara de la sección opuesta a la frontal se denomina cara dorsal, y es la que mira hacia el semieje x negativo.

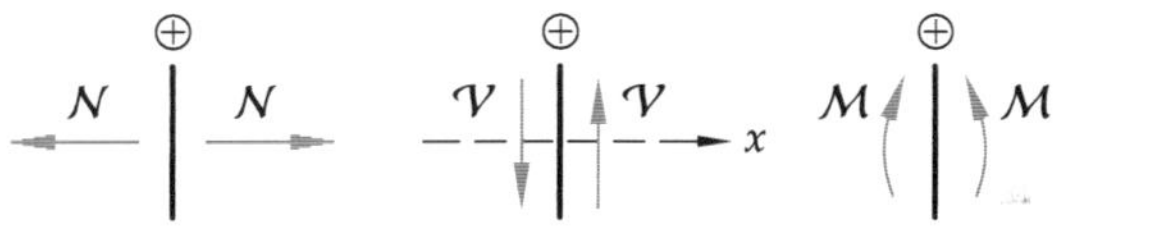

$$\xleftarrow{\quad} \mathcal{N} \quad \Big| \quad \mathcal{N} \xrightarrow{\quad} \qquad \mathcal{V} \quad \mathcal{V} \xrightarrow{\quad} x \qquad \mathcal{M} \quad \mathcal{M}$$

Axil > 0   Cortante > 0   Momento flector > 0

Figura 1.0.5. *Símbolos del signo* de los esfuerzos positivos

En resumen, hablando en términos de axil, cortante y flector:

- **Axil** ($\mathcal{N}$). El axil positivo es el de tracción.
- **Cortante** ($\mathcal{V}$). El cortante positivo es el que tiende a girar la sección en sentido positivo (levógiro).
- **Momento flector** ($\mathcal{M}$). El momento positivo comprime las fibras superiores (las del lado y^+) y tracciona las inferiores (las del lado y^-), provocando que la deformada de la directriz se curve de forma cóncava vista desde arriba, como la boca al sonreír, obteniéndose el siguiente juego de palabras: *un momento positivo provoca una sonrisa* ☺.

---

[10]Al establecer el criterio de signos, lo que se pretende es evitar la típica y desalentadora duda que aborda al alumno al final de curso, que se resume en la célebre frase: «sé hacerlo todo menos el signo».

[11]Lo mismo sucederá con los movimientos (desplazamientos y giros), lo cual se verá cuando se lleve a cabo su cálculo, sobre todo en el capítulo 7.

III) Criterio para la representación gráfica de los esfuerzos

Una vez situados los ejes locales (x, y, z), los esfuerzos $\mathcal{N}$ y $\mathcal{V}$ se dibujan por encima de la barra (lado de y^+) cuando son positivos, al contrario que $\mathcal{M}$ (momento flector) que se dibuja por debajo (lado de y^-) cuando es positivo. Se puede adelantar que el hecho de que el flector positivo se dibuje por debajo es porque en realidad el flector positivo se representa en la cara de tracción de la barra (que en el caso del hormigón armado es por donde se coloca la *armadura de tracción* o *armadura principal*).

Figura 1.0.6. Representación del esfuerzo axil positivo (lado de y^+)

Figura 1.0.7. Representación del esfuerzo cortante positivo (lado de y^+)

Figura 1.0.8. Representación del esfuerzo momento flector positivo (lado y^-, cara de tracción)

A continuación, se explica cómo se representan los distintos esfuerzos. En todos los croquis se usan esfuerzos positivos (figuras 1.0.6, 1.0.7 y 1.0.8); los negativos se representarían por el lado contrario de la directriz de la barra.

Conviene aclarar que en la resolución numérica de los ejercicios se reservará exclusivamente el signo del esfuerzo representado al *símbolo del signo* del esfuerzo en cuestión (según la figura 1.0.5), escribiéndose normalmente sobre la gráfica el valor numérico del esfuerzo en **valor absoluto**. Al respecto de por dónde dibujar la línea de la gráfica respecto a la barra, se intentará respetar lo aquí establecido, si bien, puede haber casos puntuales en los que interese dibujar la gráfica por el lado contrario en aras de la claridad del dibujo, por ejemplo, cuando se solapen demasiadas líneas en una zona.

1.0.4   Ecuaciones de equilibrio de la rebanada en barras rectas

Supongamos un estado de cargas o acciones como el de la figura 1.0.9, tanto con cargas puntuales (como sucede en el punto 1) como con cargas distribuidas (como sucede en el punto 2). El equilibrio de la rebanada arroja ecuaciones distintas para cada tipo de carga.

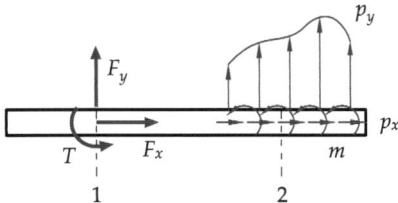

Figura 1.0.9. Cargas (o acciones) puntuales y distribuidas

I) Cargas puntuales

Ecuaciones de equilibrio de una rebanada sometida a cargas puntuales (existan o no cargas distribuidas actuando simultáneamente):

$$\Delta \mathcal{N} = -F_x \tag{1.0.1}$$

$$\Delta \mathcal{V} = -F_y \tag{1.0.2}$$

$$\Delta \mathcal{M} = -T \tag{1.0.3}$$

II) Cargas distribuidas

Ecuaciones de equilibrio de una rebanada sometida a cargas distribuidas (en ausencia de puntuales):

$$\frac{d\mathcal{N}}{dx} = -p_x \tag{1.0.4}$$

$$\frac{d\mathcal{V}}{dx} = -p_y \tag{1.0.5}$$

$$\frac{d\mathcal{M}}{dx} = -\mathcal{V} - m \tag{1.0.6}$$

Ahora se puede eliminar el cortante usando las dos últimas ecuaciones de equilibrio, (1.0.5) y (1.0.6), quedando una sola ecuación que relaciona el momento flector con las cargas exteriores:

$$\frac{d^2\mathcal{M}}{dx^2} = -\frac{d\mathcal{V}}{dx} - \frac{dm}{dx} = p_y - \frac{dm}{dx} \tag{1.0.7}$$

En el caso habitual de que no haya momentos distribuidos m, las dos últimas ecuaciones quedan de la siguiente forma, que resultan muy útiles para la verificación de la correcta representación de las leyes de momentos flectores, ya que proporcionan información sobre su pendiente y su curvatura:

$$\frac{d\mathcal{M}}{dx} = -\mathcal{V} \tag{1.0.8}$$

$$\frac{d^2\mathcal{M}}{dx^2} = p_y \tag{1.0.9}$$

Ejemplos comentados

En general, todas las ecuaciones de equilibrio de la rebanada permiten prever cómo deben ser las variaciones de los diferentes diagramas de esfuerzos y, por tanto, son de considerable interés práctico y conviene entender su significado. Se dedican a continuación unas líneas a ampliar estas ideas.

En primer lugar, una lectura útil de las ecuaciones (1.0.1), (1.0.2) y (1.0.3) consiste en apreciar que, en los puntos donde se apliquen fuerzas o momentos puntuales, el diagrama de esfuerzos correspondiente presentará una discontinuidad o salto, cuyo valor será justamente el de la acción puntual aplicada (cambiado de signo). De forma análoga, las ecuaciones (1.0.4) y (1.0.5) nos proporcionan la pendiente de los diagramas de axil y cortante, respectivamente, tanto en valor como en signo: por ejemplo, si la carga p_y es negativa en una barra horizontal (carga hacia abajo), el diagrama de cortantes deberá ser creciente al avanzar según la x positiva. Este tipo de información es útil para detectar posibles errores en las gráficas de esfuerzos.

Una última consideración debe hacerse respecto al momento flector. Al dibujarse este en la zona negativa del eje y local, su pendiente y curvatura van al contrario del criterio habitual de representación de gráficas en ejes xy. Por lo tanto, de acuerdo con la ecuación (1.0.8), si en ausencia de momentos distribuidos m el cortante fuese negativo (como en el ejemplo de la figura 1.0.10[12]), la pendiente del flector debería ser positiva (flector que aumenta) y, de hecho, así sucede, pero al representarse al revés lo que observamos es una gráfica de flector que *baja* (pendiente descendente).

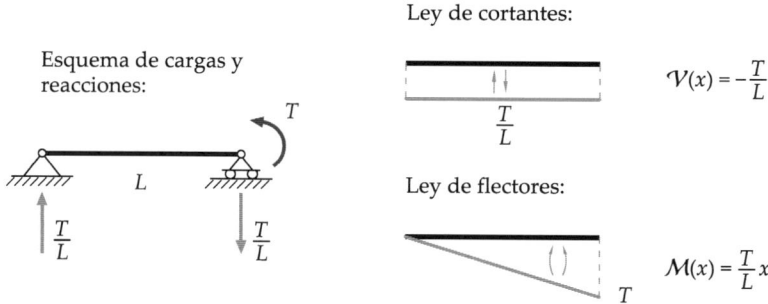

Figura 1.0.10. Leyes de esfuerzos en una viga simple con un momento aplicado en un apoyo

Algo similar sucede también con la curvatura del flector: de acuerdo con la ecuación (1.0.9), una carga p_y negativa, hacia abajo, provocaría una derivada segunda negativa, y por lo tanto un flector convexo visto desde el semieje y^+. Sin embargo, al representarse los flectores positivos en la zona de y^-, la carga $p_y < 0$ dará lugar a una gráfica de momento flector cóncava vista desde y^+. En resumen, el flector podrá tomar valores bien positivos, bien negativos, pero su representación gráfica será con

---

[12]Nótese que aunque el cortante es negativo $(-T/L)$ en la gráfica se representa el valor absoluto de esta cantidad, reservando su signo al símbolo del signo del cortante.

seguridad una curva cóncava vista desde y^+, como sucede en los casos (a) y (b)[13] de la figura 1.0.11. Lo anterior se resume en la siguiente regla visual: *las flechas de la carga distribuida apuntan siempre hacia el lado cóncavo de la ley de flectores.*

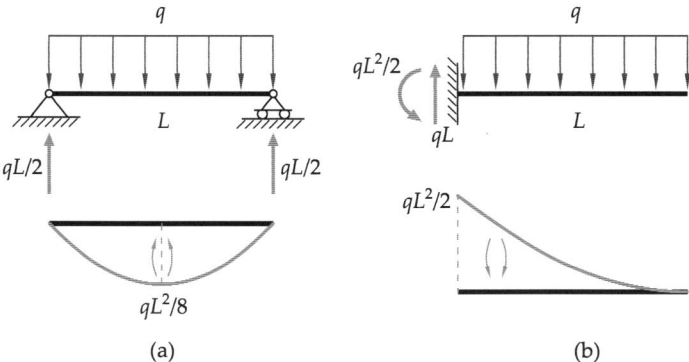

(a)   (b)

Figura 1.0.11. Ejemplos en los que se aprecia como el signo de la carga distribuida determina el signo de la curvatura de la ley de flectores, cumpliéndose la regla de que *las flechas de la carga distribuida apuntan hacia el lado cóncavo de la ley de flectores*

1.0.5   Reglas prácticas para la representación de diagramas de esfuerzos

Las ecuaciones de equilibrio de la rebanada vistas en el apartado 1.0.4 anterior permiten deducir una serie de *reglas prácticas* para la representación gráfica de los esfuerzos, minimizando el número de cálculos a realizar. Estas reglas se resumen a continuación, y se aplicarán en los ejercicios resueltos de este capítulo y del siguiente. Cabe señalar tres cuestiones generales, previas a la formulación de las reglas:

- Los diagramas de esfuerzos se calculan analíticamente y se representan por *tramos*, entendiendo por tramo cada porción o longitud de barra recta delimitada por puntos de variación de las cargas, o sea, cuando hay cargas puntuales, o cuando comienza o finaliza una carga uniforme (o cambia la ley de una carga distribuida).

- El uso de las reglas prácticas que se explican en este apartado resulta conveniente en un tramo de una estructura en caso de que las cargas distribuidas existentes en dicho tramo sean de *valor constante* (nulo o no nulo).

- Cuando las cargas aplicadas son *variables*, bien linealmente, bien con cualquier otra ley de variación, estas reglas prácticas no representan especial ventaja para el tramo en cuestión. En tal caso se recomienda obtener la expresión de las leyes de esfuerzos en función de x para dicho tramo, es decir, $\mathcal{N}(x)$, $\mathcal{V}(x)$ y $\mathcal{M}(x)$,

---

[13]Nótese que aunque el flector es negativo $(-qL^2/2)$ en la gráfica se representa el valor absoluto de esta cantidad, como ya se ha dicho, reservando su signo al *símbolo del signo* del flector.

y proceder a su representación gráfica empleando los métodos estándar para funciones matemáticas. Esta recomendación se extiende al caso en que existan momentos distribuidos m en el tramo de estructura bajo análisis, en particular en lo que se refiere a la representación de $M(x)$.

Las siete reglas prácticas para dibujar leyes de esfuerzos, ante cargas aplicadas constantes en cada tramo, y en ausencia de momentos distribuidos m, son las siguientes. Se deducen todas ellas de las ecuaciones de equilibrio de la rebanada vistas en el apartado 1.0.4:

1. Todo diagrama de esfuerzos presenta un salto o discontinuidad en una sección cuando, en dicha sección, existe una acción puntual aplicada del mismo tipo que el esfuerzo correspondiente: el axil presenta un salto si existe una fuerza puntual axial, el cortante lo hace si existe una fuerza puntual transversal, y el flector cuando existe un par de fuerzas o momento concentrado. La amplitud de dichas discontinuidades —que es lo que se denomina *salto*— coincide con el valor la acción concentrada[14].

2. El axil y el cortante son constantes si y solo si las cargas p_x y p_y aplicadas en el tramo, respectivamente, son nulas. En tal caso, basta hallar dichos esfuerzos en una rebanada o sección, y representar un diagrama del esfuerzo de valor constante en todo el tramo.

3. Cuando la carga p_x es constante y no nula en un tramo, el axil N es **lineal** en dicho tramo —entendiendo por tal en este contexto que su gráfica es una línea recta con cierta pendiente—. Para representarlo, se debe hallar N tanto en la sección inicial del tramo como en la sección final, u otras dos secciones que sean más convenientes, y unir ambos valores con una línea recta.

4. Del mismo modo, cuando la carga p_y es constante y no nula en un tramo, el cortante V es lineal, y se representa empleando la misma estrategia que en el punto anterior.

5. El momento flector es constante únicamente cuando el cortante V es nulo en el tramo. En tal caso, basta con calcular el flector en una rebanada o sección, y representar un diagrama constante en todo el tramo.

6. Si el cortante V es constante pero no nulo en el tramo, el momento flector será lineal, y se representará empleando la estrategia anteriormente explicada para axil y cortante lineales.

7. Finalmente, cuando la carga p_y es constante y no nula en un tramo, el cortante V es lineal y, en consecuencia, el flector M es parabólico. Para representar el flector se hallan sus valores en las secciones inicial y final del tramo y, además, es necesario comprobar si la gráfica presenta un extremo local. El extremo local existirá si y solo si en el tramo hay alguna sección $x = x_0$ donde el cortante se anule y, en tal caso, se deberá determinar también el flector $M(x_0)$ para poder representar el máximo o mínimo local de la gráfica. Para concluir, se

---

[14]Estrictamente se puede decir que coincide con el valor de la acción concentrada cambiado de signo.

comprobará si la parábola representada es cóncava o convexa, según se explicó al final del apartado 1.0.4 anterior.

De la regla séptima explicada en el párrafo anterior, conviene señalar la posibilidad de que el extremo local se produzca en la sección inicial o final del tramo si en dichos puntos el cortante es nulo. Esto sucede, por ejemplo, en el extremo derecho de la viga en voladizo mostrada en la figura 1.0.11 (b).

Por último, recordar que mecanismos como deslizaderas y rótulas dan información directa sobre el valor de los esfuerzos. Por definición:

- El momento flector en una rótula es nulo.
- El cortante en una deslizadera[15] es nulo.
- El axil en una deslizadera dispuesta de forma paralela a la directriz es nulo.

Lo anterior no impide que una carga puntual en las proximidades de uno de estos mecanismos produzca un salto en la ley de esfuerzos, como siempre sucede. Por ejemplo, supongamos que en el punto x_1 se tiene una rótula, y que a la izquierda de la rótula (en x_1^-) hay aplicado una carga momento T, entonces la ley de momentos en un entorno de x_1 será:

$$M(x_1^-) = T \qquad M(x_1) = 0 \qquad M(x_1^+) = 0$$

habiéndose aplicado en la primera expresión el criterio de signos definido en el apartado 1.0.3.

1.0.6 Determinación de los esfuerzos en una sección mediante cálculo de resultantes

Las reglas prácticas anteriores para agilizar la representación gráfica de las leyes de esfuerzos se complementan con el cálculo de los valores numéricos de dichas leyes mediante un procedimiento optimizado de establecer el equilibrio que se denominará aquí *cálculo de las resultantes*. A continuación se expone dicho procedimiento, como alternativa al cálculo de esfuerzos mediante equilibrio explícito (explicado en el primer capítulo del libro de teoría). La diferencia radica en que cuando se plantea el equilibrio explícito se recurre a una figura construida específicamente sobre la que se plantea el equilibrio (en la forma sumatoria de fuerzas y momentos igual a cero), con el agravante de que esto hay que repetirlo en cada sección en la que se quieran calcular esfuerzos.

Con el procedimiento rápido de cálculo de resultantes hay dos ventajas, en primer lugar se trabaja sobre la figura del esquema de la estructura completa, sin tener que recurrir a distintas figuras construidas específicamente, y en segundo lugar la ecuación de equilibrio se escribe directamente con la incógnita despejada e igualada

---

[15]Cuando se habla de una deslizadera sin especificar su disposición respecto a la barra, se entiende que es perpendicular a la directriz de la misma.

a la resultante (en lugar de plantear una ecuación del tipo sumatoria de fuerzas igual a cero).

Así pues, el cálculo de resultantes permite ganar tiempo gracias a dos motivos:

- El primero, que los esfuerzos se obtienen directamente en las secciones elegidas, escribiendo las ecuaciones de equilibrio con la incógnita (el esfuerzo) ya despejada e igualada a la resultante.
- El segundo, y más importante, es que no se necesita hacer un croquis separado para aislar la parte de la estructura que se desea equilibrar.

Resumidamente, el modo de proceder —comenzando por la división de la estructura en tramos según el apartado anterior— es situar las secciones o rebanadas en los extremos de cada tramo, de forma que la posición de dichas secciones respecto de las fuerzas exteriores es fija y, normalmente, coincide con las longitudes de los tramos, o sumas o fracciones sencillas de las mismas. De esta forma, el croquis de la estructura completa con sus reacciones basta para colocar todas las secciones en dicho croquis, y luego sólo se necesita ir hallando resultantes de fuerzas y momentos a un lado u otro de dichas secciones, con lo cual se han determinado los esfuerzos mínimos imprescindibles para la representación del diagrama.

Este procedimiento basado en el cálculo de resultantes no representa especial ventaja cuando lo que se desea es hallar la expresión de una ley de esfuerzos en función de x ya que, en tal caso, es habitual tener que realizar por claridad una figura separada *ad hoc*, perdiéndose con ello buena parte de la ventaja[16].

A continuación se presenta un ejemplo para que ayude al lector a la comprensión del procedimiento.

Ejemplo práctico

La figura 1.0.12 muestra un ejemplo de aplicación del cálculo de esfuerzos mediante resultantes. En ella, P y L se consideran conocidos. En problemas isostáticos, como los de este capítulo, no es necesario que se proporcione como dato ni el módulo de elasticidad (o de Young) del material de la viga, ni la inercia de su sección, puesto que las reacciones y los esfuerzos se calculan por equilibrio, siendo independientes de los valores que tomen estos parámetros. No será así en los problemas hiperestáticos.

A continuación se explican los pasos necesarios para calcular los esfuerzos en el tramo izquierdo AB de dicha viga, de modo que con ellos se pudieran representar sus diagramas de axil, cortante y flector —para completar las gráficas sería también necesario analizar el tramo BC, cuestión que se omite en este ejemplo—.

En general, para cualquier tramo de una estructura se necesitarán emplear, a priori, dos secciones, pues el flector sólo será constante si se diera el caso particular de que el

---

[16]Bien es verdad, que si la ley es lineal, se podría aplicar el procedimiento de cálculo de resultantes y obtener la expresión analítica por simple interpolación.

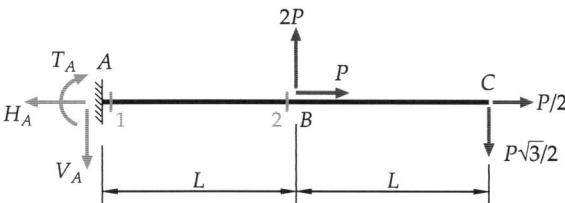

Figura 1.0.12. Ejemplo de cálculo de resultantes en secciones concretas para la determinación de esfuerzos

cortante fuese nulo en dicho tramo (ver regla 5, apartado 1.0.5). Por ello, en el tramo AB de la figura 1.0.12 se sitúan dos secciones, 1 y 2, en sus extremos. Si sucediera que el cortante en AB fuese nulo, la sección 2 probablemente sería innecesaria, pero dibujarla, a priori, representa un esfuerzo mínimo y por ello, como regla general, se recomienda hacerlo.

En todo el proceso de cálculo de esfuerzos es clave tener bien presente el criterio de signos de la figura 1.0.5. De acuerdo con dicho criterio, se observa que sería inmediato hallar los esfuerzos en la sección 1 tomando las resultantes a la izquierda de la misma, con lo cual se tendrían los siguientes tres esfuerzos. Todos ellos resultan positivos, ya que los sentidos de las reacciones a la izquierda de esta rebanada coinciden con los esfuerzos positivos en la cara dorsal de las secciones en la figura 1.0.5:

$$\mathcal{N}_1 = H_A \tag{1.0.10}$$

$$\mathcal{V}_1 = V_A \tag{1.0.11}$$

$$\mathcal{M}_1 = T_A \tag{1.0.12}$$

Este resultado es sin duda interesante: los esfuerzos en la sección extrema de una barra donde existe un empotramiento coinciden con las reacciones en valor absoluto —y también coincidirán en signo si dichas reacciones llevan los sentidos adecuados, como sucede en la figura 1.0.12—.

Sin embargo, para poder dibujar los diagramas se necesitaría saber los valores de dichas reacciones en función de P y L. Por tratarse de una estructura en voladizo, se puede evitar el paso de calcular las reacciones en A, optando por hallar los esfuerzos como resultantes a la derecha de la sección 1, y determinando si son positivas o negativas las contribuciones de cada acción —es decir, de las fuerzas $P, 2P, P/2$ y $P\sqrt{3}/2$— por comparación con la cara frontal del criterio de la figura 1.0.5. Haciéndolo así, se tendría:

$$\mathcal{N}_1 = P + P/2 = 3P/2 \tag{1.0.13}$$

$$\mathcal{V}_1 = 2P - P\sqrt{3}/2 = (4 - \sqrt{3})P/2 \tag{1.0.14}$$

$$\mathcal{M}_1 = 2P\,L - (P\sqrt{3}/2)\,2L = (2 - \sqrt{3})P\,L \tag{1.0.15}$$

Como se observa, siguiendo este procedimiento rápido, no es necesario realizar un croquis por separado para escribir las ecuaciones de equilibrio, las cuales, además, se han escrito directamente con las incógnitas (los esfuerzos) despejadas e igualadas a las resultantes correspondientes. Solo falta operar para llegar al valor final que se representará en el diagrama.

Es también importante hacer énfasis en que las secciones para el cálculo de esfuerzos se sitúan a una distancia infinitesimal de los apoyos y cargas concentradas[17] — conviene insistir una vez más en que, a la hora de determinar leyes de esfuerzos, resulta equivalente hablar de **secciones** o de **rebanadas**—. En este ejemplo, la sección (o rebanada) número 1 está un infinitésimo dx a la derecha de la sección A del empotramiento; análogamente, la sección (o rebanada) número 2 está un infinitésimo dx a la izquierda de la sección B del centro de la viga.

Esta separación infinitesimal es relevante a la hora de calcular los esfuerzos, pues determina qué cargas deben incluirse en el cálculo de las resultantes: se deben tomar todas las fuerzas y momentos que estén situadas en la parte de estructura que quede a la derecha (o izquierda) de la rebanada que se esté analizando —o que quede arriba (o abajo) de la rebanada, si la barra fuese vertical—. Además, una carga puntual situada a distancia infinitesimal de una rebanada no provocará flector en ella, pues dicha distancia infinitesimal es un valor que en el límite tiende a cero. Con estas importantes consideraciones, los esfuerzos determinados mediante resultantes en la sección 2 serían

$$\mathcal{N}_2 = P + P/2 = 3P/2 = \mathcal{N}_1 \tag{1.0.16}$$

$$\mathcal{V}_2 = 2P - P\sqrt{3}/2 = (4 - \sqrt{3})P/2 = \mathcal{V}_1 \tag{1.0.17}$$

$$\mathcal{M}_2 = -(P\sqrt{3}/2)L = -PL\sqrt{3}/2 \neq \mathcal{M}_1 \tag{1.0.18}$$

La figura 1.0.13 muestra dichos esfuerzos en la sección 2. Puede verse en ella que, en resumen, el procedimiento de cálculo de resultantes *reduce* el sistema de todas las fuerzas existentes **a un lado de la sección** (y momentos, si los hubiera), a otro *sistema equivalente* **aplicado en la propia sección**. En este caso, se ha elegido reducir las fuerzas aplicadas a la derecha de 2.

Como puede verse tras estos últimos cálculos, el axil y cortante han resultado constantes por ser $p_x = p_y = 0$ en el tramo AB (regla número 2, apartado 1.0.5), y habría bastado pues con hallarlos en la sección 1. El flector, en cambio, dado que el cortante no es nulo en AB, resulta lineal, y el valor $\mathcal{M}_2$ es por ello distinto de $\mathcal{M}_1$ (regla 6, apartado 1.0.5).

---

[17]Esto es debido a que las fuerzas concentradas (ya sean cargas o reacciones) producen puntos de discontinuidad en las leyes de esfuerzos, por lo que no tiene sentido trabajar exactamente en dichos puntos.

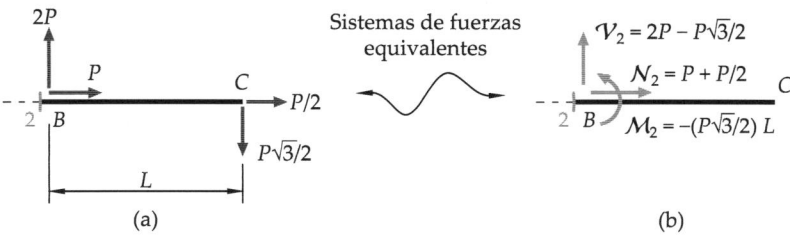

Figura 1.0.13. Determinación de esfuerzos en la sección 2 mediante el cálculo de resultantes: (a) fuerzas y momentos existentes a la derecha de 2; (b) sistema de fuerzas aplicadas en la sección 2, equivalentes a las mostradas en (a), siguiendo el criterio de signos de la cara frontal.

Esfuerzos en secciones extremas

En el caso de las secciones o caras extremas de una barra aparecen ligados los conceptos de *fuerza externa* y *esfuerzo*. En este caso el esfuerzo está formado por:

(I) la fuerza externa —aplicada sobre la cara extrema de la barra en estudio— y

(II) la fuerza que actúa sobre el objeto material, ente o apoyo que produzca dicha fuerza —que **no forma parte de la barra**—.

Ambas fuerzas son la típica pareja acción-reacción[18], con la peculiaridad de que una está aplicada sobre la sección de la barra y la otra sobre un objeto distinto.

Para explicar esto se recurre a un ejemplo concreto: la sección C del extremo frontal (o derecho) de la barra de la figura 1.0.12 está sometida a dos *fuerzas exteriores* de $P/2$ hacia la derecha y $-\sqrt{3}P/2$ hacia abajo, reaccionando la barra con sendas fuerzas opuestas: $-P/2$ hacia la izquierda y $\sqrt{3}P/2$ hacia arriba, que estarían aplicadas sobre el ente que produzca las dos fuerzas exteriores en cuestión. De esta forma el esfuerzo axil estará compuesto por la pareja de fuerzas citadas: $P/2$ (fuerza externa) y $-P/2$ (fuerza sobre el ente no representada en la figura), y el cortante por la pareja $-\sqrt{3}P/2$ (fuerza externa) y $\sqrt{3}P/2$ (fuerza sobre el ente no representada en la figura). Según lo anterior el axil sería positivo (tracción) y el cortante negativo.

---

[18]como lo es cualquier esfuerzo, según se ha visto en las definiciones del apartado 1.0.1.

Ejercicio 1.1   Viga continua con rótula

Para la viga continua de la figura 1.1.1 se pide representar los diagramas de esfuerzos axiles, cortantes y momentos flectores, acotando sus valores más significativos. Hallar también las expresiones analíticas de las leyes de esfuerzos.

Datos: $P = qL$.

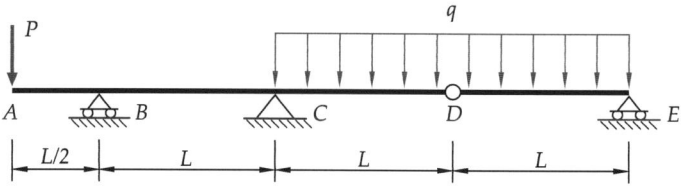

Figura 1.1.1

▷ Solución

La solución de este primer ejercicio se ha desarrollado de forma más extensa y detallada, de manera que pueda servir al lector de solución de referencia para el cálculo y representación de leyes de esfuerzos en estructuras isostáticas.

Cálculo de las reacciones

En primer lugar se hace un croquis con las reacciones acorde a los tipos de apoyos, el cual se ha representado en la figura 1.1.2. Este tipo de croquis, en el que aparecen tanto las acciones como las reacciones, se denomina en asignaturas de Mecánica Racional *diagrama de sólido libre*.

Sin embargo, como puede verse en la figura 1.1.2, en asignaturas de estructuras suele mantenerse por tradición la representación de los apoyos, en lugar de representar al sistema *libre* de ellos. Por ello, en lo sucesivo se omitirá de ordinario la denominación habitual de Mecánica, para emplear en cambio las palabras equivalentes (en este contexto) "croquis" o "esquema". En todo caso caso, la utilidad fundamental de dichos croquis, esquemas, o diagramas es la de aislar un sólido o sistema de sólidos (en nuestro caso un sistema de barras) y plantear sus ecuaciones de equilibrio.

Es lógico y fundamental, en relación al párrafo anterior, que en los esquemas en que se aísla un sistema de barras **no aparezcan representadas las fuerzas internas que se originan entre ellas**, como son, en este caso, las que surgen en la rótula D.

En el croquis de la figura 1.1.2 se observan cuatro reacciones externas. Dado que cada sistema plano que se aísla para equilibrarlo sólo arroja tres ecuaciones de equilibrio independientes, será necesario dividir la estructura por algún enlace interno tipo mecanismo para buscar una ecuación adicional.

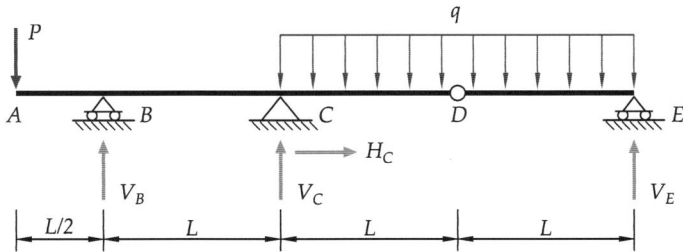

Figura 1.1.2. Croquis o esquema de cargas y reacciones en los apoyos

En primer lugar, se plantea el equilibrio global de la estructura. Se comienza por la ecuación de equilibrio horizontal, de resolución inmediata:

$$\sum F_h = 0 \quad \Rightarrow \quad H_C = 0$$

Al no haber ninguna acción horizontal y ser H_C la única reacción horizontal, se podía intuir que su valor sería nulo. Se continúa la resolución planteando las dos ecuaciones de equilibrio restantes. Para la ecuación de equilibrio de momentos se opta por tomar el sumatorio en el punto B, pues ningún otro ofrece especial ventaja:

$$\sum F_v = 0 \quad : \quad V_B + V_C + V_E - P - 2qL = 0 \tag{1.1.1}$$

$$\sum M_B = 0 \quad : \quad P\frac{L}{2} + V_C L + V_E \, 3L - 2qL \cdot 2L = 0 \tag{1.1.2}$$

El último sumando de la ecuación de momentos se debe a la resultante de la carga distribuida, $2qL$, actuando en su línea vertical de acción que pasa por la rótula D.

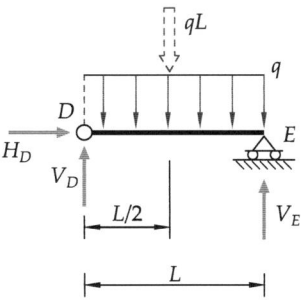

Figura 1.1.3. Tramo DE aislado tras separar por la rótula

Por último, para obtener la ecuación de equilibrio adicional que falta se debe separar la viga continua por la rótula en el punto D y hacer el equilibrio de momentos respecto la misma del tramo AD, o del tramo DE; se opta por este último porque proporciona una ecuación desacoplada de la que se puede despejar directamente la reacción V_E. En la figura 1.1.3 se representa dicho tramo. Nótese que al separar por la rótula, hay que poner de forma explícita las fuerzas que ejerce la parte izquierda AD sobre la derecha DE, que se han denominado H_D y V_D, **sin momento**, ya que la rótula no los transmite (este es el motivo de dividir por la rótula y no por otro punto cualquiera). Por tanto, se obtiene:

$$\sum M_D = 0 \quad : \quad -qL\frac{L}{2} + V_E L = 0 \quad \Rightarrow \quad V_E = \frac{qL}{2} \tag{1.1.3}$$

como se observa, no solo no introduce ninguna incógnita adicional, sino que es una ecuación desacoplada en la que se ha despejado directamente el valor de la reacción V_E, como se deseaba.

Aunque no es necesario, se debe hacer notar que si ahora se quiere aislar y plantear el equilibrio de parte izquierda AD[19], habría que situar idénticas fuerzas H_D y V_D, pero en sentido opuesto al ya usado (pues son sus respectivas parejas de acción y reacción).

Sustituyendo el valor de V_E en la ecuación global (1.1.2) se obtiene a su vez V_C:

$$P\frac{L}{2} + V_C L + \left(\frac{qL}{2}\right) 3L - q\,(2L)^2 = 0 \quad \Rightarrow \quad V_C = \frac{1}{2}\,(5qL - P) = 2qL$$

Para la última reacción, se sustituyen los valores de las reacciones anteriores en la ecuación global (1.1.1):

$$V_B = P + q\,2L - \frac{1}{2}5qL + \frac{P}{2} - \frac{qL}{2} \quad \Rightarrow \quad V_B = \frac{3}{2}P - qL = \frac{qL}{2}$$

Las reacciones obtenidas son las siguientes y se representan en la figura 1.1.4:

$$V_B = \frac{qL}{2} \qquad H_C = 0 \qquad V_C = 2qL \qquad V_E = \frac{qL}{2}$$

Comprobación de las reacciones.   Una vez se tienen los valores de las reacciones, es recomendable comprobarlos sumando separadamente momentos antihorarios y horarios en un punto distinto a los empleados anteriormente, y a ser posible —si no resulta incómodo— por el que no pase la línea de acción de ninguna reacción. En este caso, se puede hacer convenientemente en el punto B, empleando para ello el *esquema final de cargas y reacciones*, figura 1.1.4:

$$\sum M_B \, [\circlearrowleft] = qL\,(L/2 + L + L) + \frac{qL}{2}L = 3qL^2$$

$$\sum M_B \, [\circlearrowright] = \frac{qL}{2}(L + L)2qL \cdot L = 3qL^2$$

[19]El lector observará que en esa ecuación de equilibrio de momentos aparecerían V_B y V_C, por lo que está en desventaja respecto a la ecuación del tramo DE.

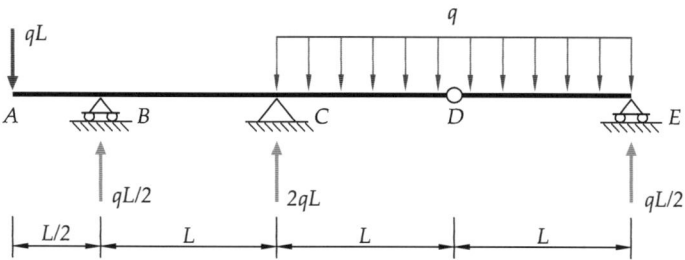

Figura 1.1.4. Esquema final de cargas y reacciones.

Se ve que la suma de momentos horarios y antihorarios arroja el mismo valor absoluto, $3qL^2$, lo cual no elimina todos los posibles errores del cálculo, pero reduce considerablemente la posibilidad de que las reacciones sean incorrectas.

Diagramas de esfuerzos

Para llevar a cabo la representación de los diagramas de esfuerzos, así como el cálculo de sus expresiones analíticas, es necesario dividir la viga en tramos, según se adelantaba en el apartado 1.0.5.

División en tramos de la viga

A continuación se detalla el procedimiento para llevar a cabo esta división. En este primer ejercicio sobre cálculo de esfuerzos se explica en mayor detalle este proceso que, por lo general, resulta bastante intuitivo. Como primera idea se tiene que los diagramas serán *gráficas* que se extenderán sobre toda la viga y, por tanto, será necesario conocer sus valores en los extremos inicial y final de la misma. Esto equivale a calcular los valores de los esfuerzos en las dos secciones indicadas como 1 y 6, según el esquema de la figura 1.1.5.

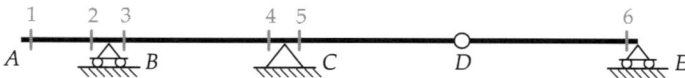

Figura 1.1.5. Secciones para cálculo de esfuerzos (las ubicadas solo en extremos de cada tramo).

Además, las ecuaciones de equilibrio de la rebanada vistas en el apartado 1.0.4 nos indican que habrá una discontinuidad en el diagrama de cortantes en los puntos donde haya fuerza transversal concentrada (reacciones en *B* y *C*), y por tanto, los puntos *B* y *C* subdividen a la viga en dos tramos más a la hora de la representación del cortante. En consecuencia, también subdividen a la viga a efectos de representar el flector, del que el cortante no es sino su derivada cambiada de signo.

Conviene señalar que el comienzo de la carga distribuida q en el punto C también habría obligado, por sí solo, a dividir la viga en ese punto en un nuevo tramo, aunque sucede en este caso que coincide con la posición de la reacción en C. Nótese en cambio que la rótula D no implica la presencia de ninguna fuerza externa concentrada, ni variación en la ley de fuerza externa distribuida (q permanece uniforme sobre la rótula), y por tanto, no se necesita subdividir en D a efectos de la representación de los esfuerzos.

En resumen, a la viga completa, la cual tendría un único tramo desde A hasta E, se le deben añadir dos tramos más, subdividiéndola en B y C. Por ello, para el cálculo de esfuerzos se plantean de inicio las seis secciones mostradas en la figura 1.1.5.

Como regla general puede tomarse la siguiente: **el número de tramos para el cálculo de esfuerzos es igual a uno más el número de cambios en las cargas externas y reacciones que aparecen al recorrer la viga de un extremo a otro**. En pórticos, además, será necesario subdividir en nuevos tramos en los nudos que unen barras no colineales. Puesto que en cada tramo, en general, se buscará el valor inicial y final de los esfuerzos, se usarán, a priori, el doble de secciones que de tramos (véase el *Ejemplo práctico* del apartado 1.0.6). Como se señalaba en dicho ejemplo, algunas de las secciones puede que finalmente no sea necesario utilizarlas.

Diagrama de axiles

Dado que no existen fuerzas axiales en la viga, el diagrama de axiles será nulo en toda ella, y por lo tanto, no es necesario representarlo.

Diagrama de cortantes

A continuación se hace uso sistemático de las reglas prácticas vistas en el apartado 1.0.5, y sólo se determinan por tanto los valores en las secciones en las que resulta imprescindible hacerlo. Para facilitar los cálculos conviene reunir en una sola figura la información de cargas y reacciones (figura 1.1.4), así como las secciones elegidas para el cálculo (figura 1.1.5). Ello se muestra en la figura 1.1.6, que se empleará de base para la obtención de los diagramas de esfuerzos. En este ejercicio será necesario añadir una última sección (la número 7 en la figura 1.1.6) para hallar un máximo local del flector —que se situará donde se anule el esfuerzo cortante—.

Para calcular los valores de esfuerzo cortante (y de flector) se empleará el procedimiento de determinación de resultantes explicado en el apartado 1.0.6, tomando dichas resultantes, en este caso, de la parte izquierda de cada sección —el criterio positivo será pues el de la cara dorsal de la rebanada—. En los tramos AB y BC sólo es necesario hallar un valor del cortante al no existir carga p_y aplicada. Así pues, para

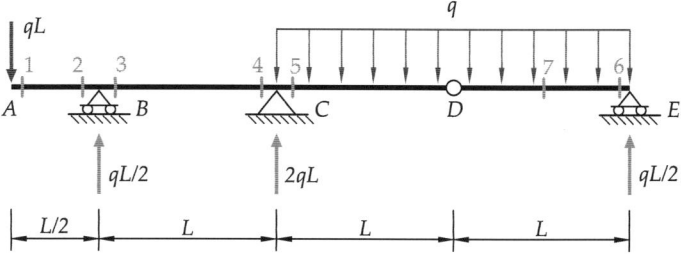

Figura 1.1.6. Resumen de la información necesaria para determinar los diagramas de esfuerzos.

el cortante se tiene:

$$\mathcal{V}_1 = qL = \mathcal{V}_2$$

$$\mathcal{V}_3 = qL - \frac{qL}{2} = \frac{1}{2}qL = \mathcal{V}_4$$

$$\mathcal{V}_5 = qL - \frac{qL}{2} - 2qL = -\frac{3}{2}qL$$

$$\mathcal{V}_6 = \frac{qL}{2} \quad \text{(calculado por la parte derecha o frontal de 6, por ser más sencillo)}$$

De acuerdo con las cargas p_y existentes, la ley de esfuerzos cortantes tiene dos tramos constantes y uno lineal, como se muestra en la figura 1.1.7. Dicha figura se representa exclusivamente a partir de los valores obtenidos en las secciones 1 a 6.

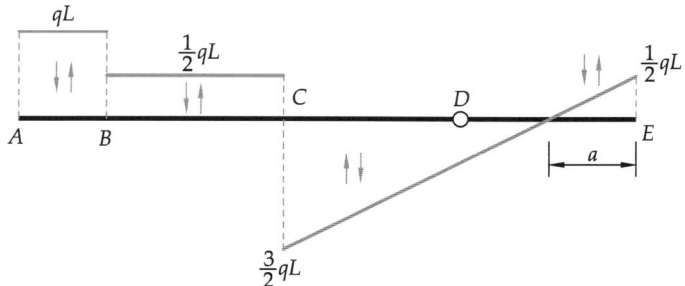

Figura 1.1.7. Diagrama de esfuerzos cortantes ($\mathcal{V}$)

Es ahora de interés conocer la posición exacta del punto de paso por cero del cortante en el tramo CDE, situado a distancia $L/2$ a la izquierda del apoyo E, lo cual puede determinarse por semejanza de triángulos (entre el triángulo pequeño y el grande):

$$\frac{a}{qL/2} = \frac{2L - a}{3qL/2} \quad \Rightarrow \quad a = L/2$$

Es fácil obtener una ecuación que proporcione a de una forma más ágil que la anterior si los triángulos que se comparan son el pequeño con la suma del pequeño y el grande, o sea:

$$\frac{a}{qL/2} = \frac{2L}{3qL/2 + qL/2} = \frac{2L}{2qL} \quad \Rightarrow \quad a = L/2$$

De acuerdo con las ecuaciones de equilibrio de la rebanada, apartado 1.0.4, en la sección donde el cortante sea nulo se tendrá un extremo local del flector. Por lo tanto, en dicha posición se sitúa la sección número 7 previamente anticipada.

Cabe destacar de la figura 1.1.7 que los saltos que aparecen en la ley en los puntos B y C, tienen el valor de las reacciones en dichos puntos, $qL/2$ y $2qL$, respectivamente. Por ejemplo, si se aplica la la ecuación (1.0.2) al punto B se puede comprobar la reacción V_B:

$$V_B = F_y = -\Delta \mathcal{V} = -(\mathcal{V}_B^+ - \mathcal{V}_B^-) = \mathcal{V}_B^- - \mathcal{V}_B^+ = qL - \frac{qL}{2} = \frac{qL}{2} \tag{1.1.4}$$

que coincide con el valor calculado previamente. Esto mismo sucede con dos saltos menos evidentes en la ley de cortantes, los de los puntos extremos A y E. En resumen, **los saltos de la ley de cortantes recorrida al revés** (en el sentido de las x decrecientes, o sea, de derecha a izquierda) **coinciden con las reacciones y cargas puntuales**.

Diagrama de flectores

De forma análoga a como se ha hecho para el cortante, los valores del momento flector se determinan mediante cálculo del momento resultante en las secciones 1 a 7, empleando el criterio de la cara dorsal o frontal según interese. En este caso, se realiza el cálculo del momento a la izquierda de cada sección (criterio de la cara dorsal), salvo para las secciones 6 y 7. Se tiene por, lo tanto:

$$\mathcal{M}_1 = 0$$

$$\mathcal{M}_2 = -qL \cdot \frac{1}{2}L = -\frac{1}{2}qL^2$$

Es de interés notar que el flector nulo $\mathcal{M}_1 = 0$ aparecerá en todo extremo de una viga en el que no haya aplicado un par de fuerzas o momento puntual. Ello se debe a que la distancia de la fuerza aplicada a la sección (1, en ese caso) es un infinitésimo.

$$\mathcal{M}_3 = \mathcal{M}_2 = -\frac{1}{2}qL^2$$

$$\mathcal{M}_4 = -qL \cdot \left(L + \frac{1}{2}L\right) + \frac{qL}{2} \cdot L = -qL^2$$

La igualdad de flectores entre las secciones adyacentes 2 y 3, $\mathcal{M}_3 = \mathcal{M}_2$, se debe a los dos motivos siguientes:

(a) la distancia entre ellas es un infinitésimo, y

(b) no existe entre las mismas discontinuidad del flector, pues no hay aplicado entre ambas secciones ningún momento puntual (ver ecuación (1.0.3), que implica que el salto del flector será nulo).

En consecuencia, la ley de flectores entre 2 y 3 debe ser forzosamente continua. El mismo razonamiento se aplica ahora entre las secciones 4 y 5:

$$\mathcal{M}_5 = \mathcal{M}_4 = -qL^2$$

Tomando el momento resultante a la derecha de la sección 6 se obtiene un flector nulo $\mathcal{M}_6 = 0$, lo cual se debe al mismo motivo antes mencionado para la sección 1: la distancia de la reacción a la sección es un infinitésimo. Dicho flector nulo, como se ha dicho, aparecerá en todo apoyo fijo o móvil situado en el extremo de una viga, en el que no haya aplicado un par de fuerzas o momento puntual: $\mathcal{M}_6 = 0$.

Finalmente, en la sección número 7, donde el cortante es nulo, se toma el momento resultante a la derecha según la figura 1.1.8. Empleando el criterio de signos de la cara frontal se tiene:

$$\mathcal{M}_7 = \frac{qL}{2} \cdot \frac{L}{2} - \frac{qL}{2} \cdot \frac{L}{4} = \frac{qL^2}{8}$$

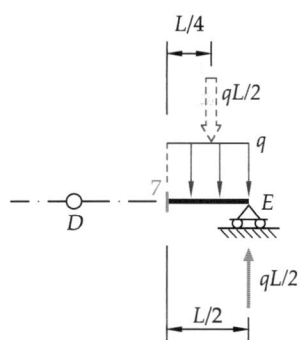

Figura 1.1.8. Cálculo de $\mathcal{M}_7$

Sabiendo que en los tramos AB y BC el diagrama será lineal, y que en el tramo CDE será parabólico, los valores de flector obtenidos en las secciones 1 a 7 permiten representar gráficamente su diagrama como muestra la figura 1.1.9. Ello equivale a haber realizado únicamente tres operaciones para poder representar el diagrama completo: las necesarias para hallar $\mathcal{M}_2$, $\mathcal{M}_4$ y $\mathcal{M}_7$.

Nótese en la figura 1.1.9 que el flector pasa por cero en la rótula —conviene que el lector verifique si efectivamente se cumple, tomando por ejemplo el momento resultante a la izquierda del punto D—. Por otro lado, la parábola en CDE ha de resultar cóncava vista desde arriba, por los motivos expuestos en el apartado 1.0.4, figura 1.0.11.

Finalmente, se recuerda que, aunque tanto en el diagrama de flectores como en el de cortantes aparecen valores de signo positivo y negativo, en las gráficas se acota el valor absoluto de estas cantidades, reservando su signo al símbolo del signo correspondiente.

Cálculo de las Leyes de esfuerzos

Una vez establecidos los tramos para el cálculo de los esfuerzos, se aplica el procedimiento general para la determinación de expresiones analíticas de las leyes. En este

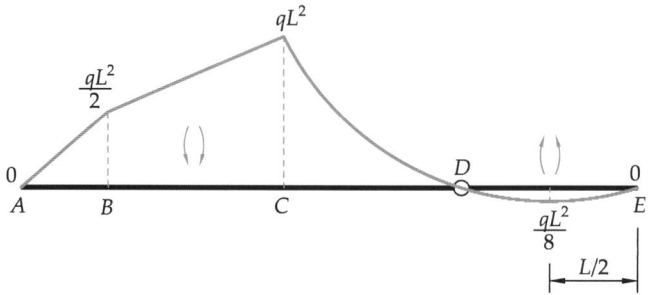

Figura 1.1.9. Diagrama de momentos flectores ($\mathcal{M}$)

caso el equilibrio se plantea en una parte de la estructura de una forma explícita, según se explica en el apartado dedicado al cálculo de esfuerzos del primer capítulo del libro de teoría. Para ello la estructura se divide en dos partes por una sección genérica del tramo considerado, dicha posición genérica se identifica mediante una coordenada, habitualmente local, cuyo origen se escoge al comienzo del tramo. Se procede pues tramo a tramo, proporcionando las ecuaciones de equilibrio de cada uno de ellos las leyes de esfuerzos buscadas.

Tramo AB

La figura 1.1.10 muestra el equilibrio de una parte[20] de la estructura tras haberla dividido en dos por una sección genérica del tramo AB. La coordenada local x_1 que ubica la sección genérica es la distancia que la separa del punto inicial del tramo: A.

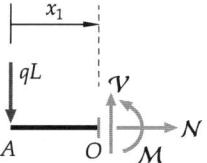

Figura 1.1.10. Tramo AB aislado mediante una sección genérica en x_1

El equilibrio horizontal indica que el axil es idénticamente nulo, lo cual sucederá del mismo modo en los tramos restantes. Por otra parte, equilibrio vertical proporciona la expresión analítica del cortante:

$$\sum F_v = 0 \; : \quad \mathcal{V}(x_1) - qL = 0 \quad \Rightarrow \quad \mathcal{V}(x_1) = qL$$

Nota.   También se puede escribir la ecuación anterior de equilibrio con la incógnita despejada e igualada a la resultante, al igual que se hace con el procedimiento rápido de cálculo de resultantes, para ello basta con aplicar el criterio positivo de la cara dorsal en la figura 1.1.10, obteniéndose directamente que $\mathcal{V}(x_1) = qL$. En lo que queda de este problema no se usa este método, sino el de igualar la sumatoria a cero, por lo que se insta al estudiante a que practique, escribiendo también las ecuaciones

---

[20]Se toma la izquierda porque es más pequeña y tiene menos fuerzas aplicadas.

directamente con la incógnita despejada (igualada a la resultante usando el criterio positivo de la cara dorsal o frontal, según corresponda).

El equilibrio de momentos se plantea siempre en la posición donde se ha situado la sección de corte (punto O en la figura), pues es más conveniente, ya que de ese modo $\mathcal{N}$ y $\mathcal{V}$ no intervienen en la ecuación. Así pues, la ley analítica del flector resulta:

$$\sum M_O = 0 \ : \quad \mathcal{M}(x_1) + qLx_1 = 0 \quad \Rightarrow \quad \mathcal{M}(x_1) = -qLx_1$$

Como el punto O respecto al que se hace la sumatoria de momentos es siempre el mismo —la sección por la que se ha cortado— en lo sucesivo se prescinde de hacer referencia a él de forma explícita, escribiendo simplemente $\sum M = 0$.

El lector estará pensando, y con razón, que al ser las leyes lineales, para obtener sus expresiones analíticas bastaría con haber mirado el diagrama de cortantes de la figura 1.1.7 para poder escribir que $\mathcal{V}(x_1) = qL$; y la figura 1.1.9 para, por semejanza de triángulos, obtener la ley de flectores en función de x_1: $\mathcal{M}(x_1) = -qLx_1$. Procedimiento que no es posible cuando el esfuerzo presenta una ley no lineal.

Tramo BC

La figura 1.1.11 muestra el equilibrio de la parte izquierda de la estructura cuando la sección de corte se sitúa en un punto genérico (x_2) del tramo BC. Siendo el origen de la coordenada el punto B, o sea, x_2 que representa la distancia de B al punto de corte. Se hallan las leyes del mismo modo que en el tramo anterior:

$$\sum F_v = 0 \ : \quad \mathcal{V}(x_2) - qL + \frac{qL}{2} = 0 \quad \Rightarrow \quad \mathcal{V}(x_2) = \frac{qL}{2}$$

$$\sum M = 0 \ : \quad \mathcal{M}(x_2) + qL\left(x_2 + \frac{L}{2}\right) - \frac{qL}{2}x_2 = 0 \quad \Rightarrow \quad \mathcal{M}(x_2) = -\frac{qL}{2}(x_2 + L)$$

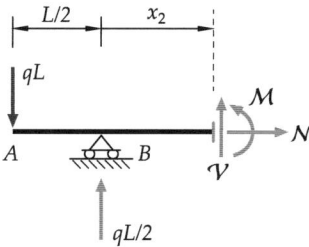

Figura 1.1.11. Tramo BC aislado mediante una sección genérica.

Tramo CDE

Finalmente, la figura 1.1.12 muestra el equilibrio cuando se secciona por un punto x_3 del tramo CDE. En este caso resulta más sencillo aislar la parte de la estructura situada a la derecha de la sección y, por lo tanto, los esfuerzos que la equilibran se plantean siguiendo el criterio positivo en cara frontal. La parte de la carga distribuida que influye en el equilibrio es la resultante sobre el trozo aislado, es decir $q(2L - x_3)$, situada en el punto medio.

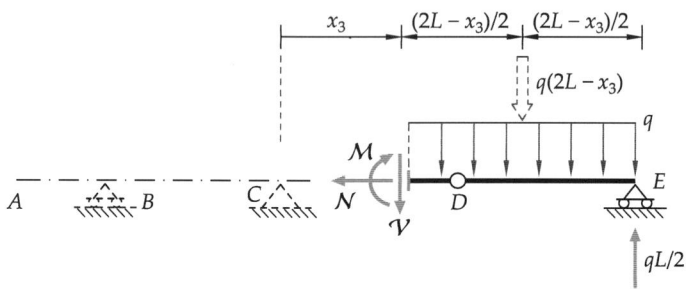

Figura 1.1.12. Tramo CDE aislado mediante una sección genérica.

Escribiendo las ecuaciones de equilibrio se llega a las siguientes leyes de esfuerzos:

$$\sum F_v = 0 \ : \quad -\mathcal{V}(x_3) + \frac{qL}{2} - q(2L - x_3) = 0 \quad \Rightarrow \quad \mathcal{V}(x_3) = q\left(x_3 - \frac{3L}{2}\right)$$

$$\sum M = 0 \ : \quad -\mathcal{M}(x_3) + \frac{qL}{2}(2L - x_3) - q(2L - x_3)\frac{2L - x_3}{2} = 0 \quad \Rightarrow$$

$$\Rightarrow \quad \mathcal{M}(x_3) = q\left(-\frac{x_3^2}{2} + \frac{3Lx_3}{2} - L^2\right)$$

Se deja al lector la tarea de comprobar que, dando valores apropiados a las coordenadas locales x_1, x_2 y x_3, las leyes analíticas de esfuerzos obtenidas reproducen los diagramas de las figuras 1.1.7 y 1.1.9.

Por último, es también de interés comprobar que, en cada tramo, se verifican las ecuaciones de equilibrio (1.0.5), $\frac{d\mathcal{V}}{dx} = -p_y$[21], y (1.0.8), $\frac{d\mathcal{M}}{dx} = -\mathcal{V}$, lo cual es indicativo de la bondad de los resultados.

Nota sobre las fuerzas transmitidas por la rótula y los esfuerzos

Lo que se describe en esta nota es innecesario para la resolución del problema, pero puede ser útil de cara a profundizar en la comprensión del mismo y abordar

---

[21]Nótese que en el tramo CDE la carga distribuida es negativa: $p_y(x_3) = -q$.

planteamientos ligeramente distintos y más directos. El objetivo es relacionar las fuerzas H_D y V_D transmitidas por la rótula con los esfuerzos en las barras. De la figura 1.1.3 es obvio que la fuerza horizontal H_D, al llevar la dirección de la directriz de la barra, será el axil en dicho punto (corrigiendo el signo); al igual que la fuerza vertical V_D, al ser perpendicular a la barra será el cortante (corrigiendo el signo); o sea:

$$\mathcal{N}_D = -H_D \; ; \quad \mathcal{V}_D = -V_D \tag{1.1.5}$$

Es por ello que en algunos problemas es más ágil entrelazar los procedimientos de cálculo de reacciones con el de esfuerzos, lo cual se consigue al llamar directamente cortante y axil a las fuerzas transmitidas por la rótula —esto da origen a los términos "esfuerzos en la rótula", "cortante en la rótula", "axil en la rótula" y por extensión "flector en la rótula", que deben de ser entendidos en este contexto, pues de lo contrario resultan incorrectos—.

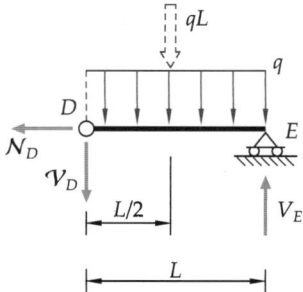

Figura 1.1.13. Tramo DE aislado tras separar por la rótula. Las fuerzas transmitidas por la rótula son directamente los esfuerzos axil y cortante.

Si se aplica esta filosofía al presente problema la figura 1.1.3 se transformaría en la 1.1.13, en la que, además de poder obtenerse la reacción V_E (como ya se vio), se sabe que $M_D = 0$, y se pueden obtener los esfuerzos $\mathcal{N}_C$ y $\mathcal{V}_D$ planteando equilibrio de fuerzas horizontales y verticales. Por lo que:

$$\sum F_h = 0 \; : \quad -\mathcal{N}_D = 0 \quad \Rightarrow \quad \mathcal{N}_D = 0$$

como ya se sabía. Y planteando el equilibrio de fuerzas verticales:

$$\sum F_v = 0 \; : \quad V_D - qL + V_E = 0 \quad \Rightarrow \quad V_D = qL - V_E = \frac{qL}{2} \quad \Rightarrow \quad \mathcal{V}_D = -\frac{qL}{2}$$

Este valor no está calculado previamente de forma explícita, por lo que hay que recurrir a la figura 1.1.7 para deducir el cortante en la rótula D: puesto que la ley de cortantes tiene un cero en un punto que equidista de la rótula D y del extremo E, obviamente $\mathcal{V}_D = -\mathcal{V}_E = -qL/2$; que es el valor obtenido en la ecuación previa, como cabía esperar.

Ejercicio 1.2   Viga con carga triangular y rótula

Para la viga de la figura 1.2.1 en la que el nudo D es una rótula, se pide:

1. Calcular las reacciones en A, B y E.
2. Hallar la expresión analítica de las leyes de esfuerzos $\mathcal{V}(x)$ y $\mathcal{M}(x)$, en la barra AB.
3. Representar los diagramas de esfuerzos cortantes y momentos flectores en toda la viga.

Datos: $q_0 = 20\,\text{kN/m}$; $P = 10\,\text{kN}$; $T_1 = 30\,\text{kN m}$; $T_2 = 10\,\text{kN m}$; $L = 2\,\text{m}$.

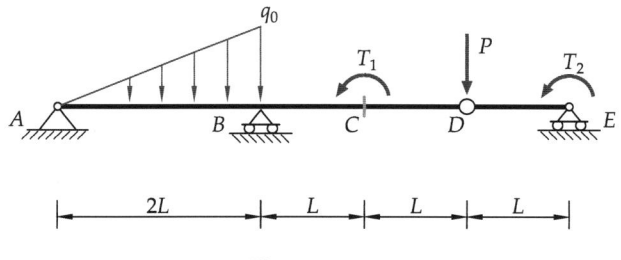

Figura 1.2.1

▷ Solución

Se procede en primer lugar a calcular las reacciones de la estructura. Una vez hecho esto se estará en disposición de calcular y representar las leyes de esfuerzos de la misma.

1) Cálculo de las reacciones

Esta estructura es similar a la del ejercicio 1.1 previo, en el sentido de que para el cálculo de las reacciones será necesario separarla por la rótula, arrojando el equilibrio del tramo DE una ecuación desacoplada que permitirá calcular la reacción en E.

Sabiendo que la rótula no transmite momentos, basta plantear en la figura 1.2.2 el equilibrio de momentos respecto de dicha rótula, limitándolo sólo a la parte de la estructura que queda a su derecha (tramo DE), de la siguiente forma:

$$\sum_{\text{tramo }DE} M_D = 0 \ : \quad T_2 + V_E\,L = 0 \quad \Rightarrow \quad V_E = -\frac{T_2}{L} = -5\,\text{kN} \tag{1.2.1}$$

A continuación bastaría plantear las tres ecuaciones de equilibrio global de la estructura para obtener las tres reacciones restantes. Antes de ello se va a explicar en detalle

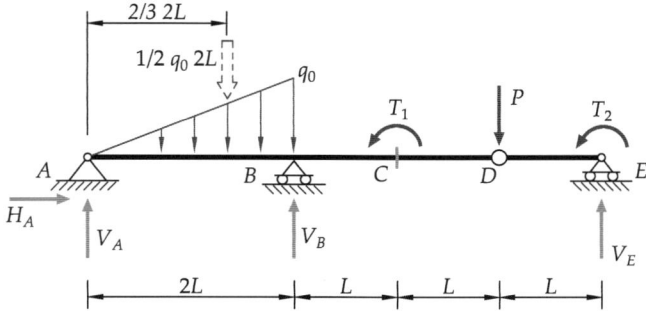

Figura 1.2.2. Cargas y reacciones en los apoyos

el equilibrio del tramo DE, y lo que conlleva separar la estructura por la rótula, pues, a diferencia del ejercicio 1.1, sobre esta rótula hay una carga puntual. El planteamiento se puede realizar de dos formas distintas, como se verá a continuación:

a) Separando la estructura en dos por la rótula.   Se trata de dividir la estructura en los tramos, AD y DE, de forma similar a como se hizo en el ejercicio 1.1; la peculiaridad es que ahora hay una carga puntual sobre la rótula, por lo que cabe preguntarse qué hacer con ella. La realidad es que, al transmitir la rótula fuerzas puntuales, **el resultado es independiente de donde se ponga la carga**, es decir, se puede poner a la izquierda, (o sea, en el punto D del tramo AD), a la derecha (o sea, en el punto D del tramo DE), la mitad a la izquierda y la otra mitad a la derecha (ver figura 1.2.3), o dividir P en cualquier otra proporción entre lado izquierdo y derecho. Se opta aquí por usar la figura 1.2.3, ya que el enunciado no da información sobre cómo repartir la carga entre ambas partes, dejándose como ejercicio para el lector comprobar que las otras opciones mencionadas proporcionan exactamente el mismo valor de las reacciones en A y B.

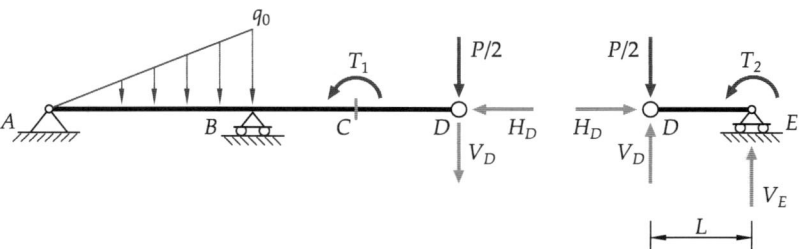

Figura 1.2.3. En la opción a) se separa la estructura en dos por la rótula D. En este caso las fuerzas H_D y V_D son iguales y de sentido opuesto a cada lado, pues son parejas de acción reacción.

A la vista de la figura 1.2.3 el planteamiento de la ecuación (1.2.1) en el tramo DE es inmediato; y además, como se observa, la existencia o no de carga en la rótula de dicho tramo no altera la ecuación de equilibrio de momentos en la rótula D.

b) Separando la estructura en tres partes. Se trata de dividir la estructura en el tramo AD, la rótula D y el tramo DE, según la figura 1.2.4. Ello respondería a que la rótula esté formada por un bulón o pasador, que admita que la fuerza se aplique directamente sobre él. Esta puede parecer más compleja —o al menos más larga, pues hay más partes—, pero tiene dos ventajas: la primera es la de ser la más clara, pues es la rótula la que recibe la carga puntual de forma inequívoca; y la segunda es que se trabaja con el valor de los esfuerzos en D, lo cual es más útil que trabajar con las fuerzas H_D y V_D (como ya se vio en el ejercicio precedente). Por otro lado, el planteamiento de la ecuación (1.2.1) en el tramo DE es inmediato, igual que antes.

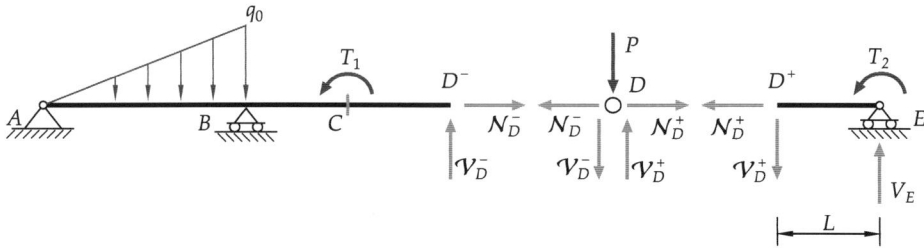

Figura 1.2.4. En la opción b) se separa la estructura en tres: el tramo AD, la rótula D y el tramo DE. En este caso, en lugar de representar unas fuerzas genéricas verticales y horizontales transmitidas por la rótula, se han representado directamente axiles y cortantes.

Se quiere reiterar que las fuerzas transmitidas por la rótula se han representado como los esfuerzos axil y flector; aunque dicha estrategia no es ventajosa para el cálculo de reacciones, sí puede resultar útil posteriormente para el cálculo de esfuerzos o comprobación de los mismos.

Es de interés resaltar las ecuaciones de equilibrio de fuerzas horizontales y verticales en la rótula (nótese que la rótula está aislada), las cuales proporcionan la relación existente entre los esfuerzos a izquierda y derecha de la misma:

$$\sum F_h = 0 \ : \quad -\mathcal{N}_D^- + \mathcal{N}_D^+ = 0 \ \Rightarrow \ \mathcal{N}_D^- = \mathcal{N}_D^+$$

$$\sum F_v = 0 \ : \quad -\mathcal{V}_D^- - P + \mathcal{V}_D^+ = 0 \ \Rightarrow \ \mathcal{V}_D^- = \mathcal{V}_D^+ - P$$

Como se observa, las ecuaciones precedentes corresponden a las ecuaciones de equilibrio de la rebanada sometidas a cargas puntuales (1.0.1) y (1.0.2), respectivamente.

Concluida esta explicación detallada sobre el planteamiento del equilibrio por tramos, se pasa ahora al equilibrio global, según el croquis de la figura 1.2.2:

$$\sum M_A = 0 \ : \quad -\frac{1}{2} q_0 \, 2L \frac{4L}{3} + V_B \, 2L + T_1 - P \, 4L + T_2 + V_E \, 5L = 0 \ \Rightarrow$$

$$\Rightarrow \quad V_B = \frac{1}{2L} \left(\frac{4 q_0 L^2}{3} - T_1 + 4PL - T_2 - (-5) \, 5L \right) = 49.17 \, \text{kN}$$

$$\sum F_v = 0 \ : \quad V_A + V_B + V_E - q_0 L - P = 0 \quad \Rightarrow$$
$$\Rightarrow \quad V_A = q_0 L + P - 49.17 - (-5) = 5.83\,\text{kN}$$
$$\sum F_h = 0 \ : \quad H_A = 0$$

Comprobación de las reacciones: con los valores de las reacciones ya calculados, sumando separadamente momentos antihorarios y horarios en C en la figura 1.2.2 se tiene, respectivamente

$$\sum M_C \ [\circlearrowleft] = q_0 L \left(L + \frac{1}{3}2L \right) + T_1 + T_2 + V_E\, 2L = 153.33\,\text{kN m}$$
$$\sum M_C \ [\circlearrowleft] = V_A\, 3L + P\, L + V_B\, L = 153.32\,\text{kN m}$$

La comprobación es correcta, pues se obtiene el mismo resultado salvo por errores de redondeo decimal.

2-3) Leyes y diagramas de esfuerzos

A continuación se lleva a cabo el cálculo analítico y representación gráfica de las leyes de esfuerzos. Según pide el enunciado, la expresión analítica se obtiene únicamente para el tramo AB. Para el resto de tramos se siguen las reglas prácticas explicadas en el apartado 1.0.5.

Diagrama de axiles

Dado que no hay ninguna fuerza axial, los axiles son nulos en toda la viga.

Diagrama de cortantes

Siguiendo lo expuesto en el Ejercicio 1.1 anterior, la división en tramos de la viga resulta en un tramo inicial (la viga completa desde A hasta E), más subdivisiones que se introducen cada vez que cambian las cargas externas o aparecen reacciones, es decir: se subdivide en B debido a que termina la carga distribuida y además hay una reacción; en C, al haber aplicado un par de fuerzas (que provocará discontinuidad en el flector); y en D, por la carga P aplicada. En total se tienen entonces $1 + 3 = 4$ tramos en los diagramas de esfuerzos —en rigor, en C no es necesario subdividir para representar el cortante, pues T_1 no modifica localmente la ley $\mathcal{V}(x)$—.

En consecuencia, se sitúan secciones o rebanadas numeradas de 1 a 6, en los tramos comprendidos entre B y E (ver figura 1.2.5). En AB se halla la ley de cortante y se representa. En BC, CD y DE no hay carga transversal aplicada por lo que $p_y = 0$

y $\mathcal{V}$ = cte, por tanto, se necesita solo una rebanada en cada tramo, y se usarán las rebanadas numeradas como 1, 3 y 5.

Cabe señalar que, en la figura 1.2.5, donde se resume la **información necesaria para determinar los diagramas de esfuerzos**, pueden también mostrarse las reacciones con sus valores numéricos y sentidos definitivos (por ejemplo, V_E valdría 5 kN hacia abajo); en este caso, sin embargo, se opta por mostrar en dicha figura las reacciones en simbólico, sustituyendo sus valores y signos particulares en el momento oportuno, llegando así a resultados numéricos de los esfuerzos.

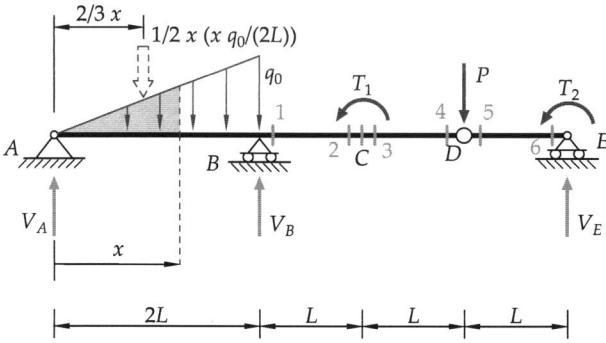

Figura 1.2.5. Resumen de la información necesaria para determinar los diagramas de esfuerzos

Tramo AB.   Tomando la resultante vertical a la izquierda de la sección correspondiente a la abscisa x en la figura 1.2.5, se tiene un cortante negativo debido a V_A, y un cortante positivo debido a la resultante de la carga distribuida, correspondiente únicamente a la zona sombreada. Por tanto, usando como positivos los sentidos de la cara dorsal:

$$\mathcal{V}(x) = -V_A + \frac{1}{2} x \left(\frac{q_0}{2L} x \right) = -5.83 + \frac{5}{2}x^2; \ 0 < x < 4\,\text{m} \ (\mathcal{V} \text{ en kN})$$
$$\mathcal{V}(0) = -5.83\,\text{kN}$$
$$\mathcal{V}(4) = 34.17\,\text{kN}$$

Se determina ahora la sección donde se anula el cortante:

$$\mathcal{V}(x) = 0 \quad \Rightarrow \quad \mathcal{V}(x) = -5.83 + \frac{5}{2}x^2 = 0 \quad \Rightarrow \quad x = \pm 1.527\,\text{m}$$

siendo válido solo el valor positivo. Además, como en el punto A se verifica $p_y = 0$, al anularse la carga distribuida, por la ecuación (1.0.5) se sabe que

$$\frac{\mathrm{d}\mathcal{V}}{\mathrm{d}x} = -p_y = 0 \ \text{en } A \quad \Rightarrow \quad \text{tangente horizontal en } A, \text{ es un mínimo local.}$$

Tramo $BCDE$.   Para el resto de secciones numeradas del 1 al 6 en la figura 1.2.5, el cortante vale

$$\mathcal{V}_1 = \mathcal{V}_E - P = -5 - 10 = -15\,\text{kN (derecha)}$$
$$\mathcal{V}_3 = \mathcal{V}_1, \text{ porque en } C \text{ no hay discontinuidad de } \mathcal{V}, \text{ sino de } \mathcal{M}$$
$$\mathcal{V}_5 = \mathcal{V}_E = -5\,\text{kN (derecha)}$$

Los valores de cortante obtenidos se representan en el diagrama de la figura 1.2.6.

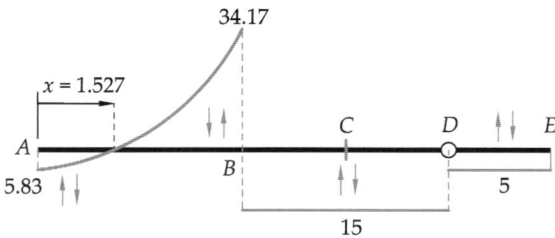

Figura 1.2.6. Diagrama de esfuerzos cortantes ($\mathcal{V}$, en kN)

Diagrama de flectores

Al igual que para el esfuerzo cortante, en el tramo AB se halla la ley y se representa. En BC, CD y DE se tiene que $\mathcal{V}$ = cte por tanto, $\mathcal{M}$ = lineal por lo que se necesitan dos rebanadas en cada tramo (las de la figura 1.2.5).

Tramo AB.   Tomando el momento resultante a la izquierda de la sección correspondiente a la abscisa x en la figura 1.2.5 se tiene un flector positivo debido a V_A, y un flector negativo debido a la resultante de la carga distribuida, correspondiente únicamente a la zona sombreada. Por lo tanto:

$$\mathcal{M}(x) = V_A\,x - \frac{1}{2}\,x\left(\frac{q_0}{2L}\,x\right)\frac{x}{3} = 5.83x - \frac{5}{6}x^3;\ 0 < x < 4\,\text{m}\,(\mathcal{M}\,\text{en kN m})$$
$$\mathcal{M}(0) = 0\,\text{kN m}$$
$$\mathcal{M}(4) = -30.01\,\text{kN m}$$

Se determinan ahora los puntos por los que la ley de flectores pasa por cero, a efectos de su representación gráfica:

$$\mathcal{M}(x) = 0 \ \Rightarrow \ 5.83x - \frac{5}{6}x^3 = 0 \ \Rightarrow \ \begin{cases} x = 0 \text{ (punto } A) \\ 5.83x - \dfrac{5}{6}x^2 = 0 \ \Rightarrow \ x = 2.64\,\text{m} \end{cases}$$

El máximo local de $\mathcal{M}(x)$ se encuentra donde se anula el cortante —que es su derivada cambiada de signo, de acuerdo con la ecuación (1.0.6)—:

$$\frac{d\mathcal{M}}{dx} = -\mathcal{V}(x) = 0 \ \Rightarrow \ x = 1.527\,\text{m (según se vio)} \ \Rightarrow \ \mathcal{M}(x = 1.527) = 5.93\,\text{kN m}$$

Tramo $BCDE$.   Se calculan ahora los valores del flector en las distintas secciones de la figura 1.2.5:

$$M_1 = T_1 - P\,2L + T_2 + V_E\,3L = 30 - 10 \cdot 4 + 10 - 5 \cdot 6 = -30\,\text{kN m (derecha)}$$

Puede verse que el valor M_1 calculado coincide con $M(x = 4) = 30.01\,\text{kN m}$ en AB, salvo por el redondeo decimal. Este resultado es correcto ya que, efectivamente, en B no debe haber discontinuidad del flector (ver ecuación (1.0.3), que implica que el salto del flector será nulo). Para el resto de secciones se tiene:

$$M_2 = T_1 - P\,L + T_2 + V_E\,2L = 30 - 10 \cdot 2 + 10 - 5 \cdot 4 = 0\,\text{kN m (derecha)}$$
$$M_3 = -P\,L + T_2 + V_E = -10 \cdot 2 - 10 - 5 \cdot 4 = -30\,\text{kN m (derecha)}$$
$$M_4 = T_2 + V_E\,L = 0\,\text{kN m (derecha)}$$
$$M_5 = M_4 = 0\,\text{kN m (no hay discontinuidad de } M(x))$$
$$M_6 = T_2 = 10\,\text{kN m (derecha)}$$

El diagrama de flectores se representa en la figura 1.2.7.

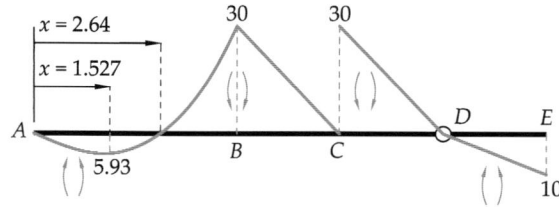

Figura 1.2.7. Diagrama de momentos flectores (M, en kN m)

Ejercicio 1.3   Viga con carga sinusoidal

Para la viga con carga sinusoidal de la figura, se pide hallar la expresión analítica de la ley de momentos flectores: $M(x)$.

Datos:
- Las variables L y q_o se consideran conocidas.
- Las dimensiones de $q(x)$ y de q_o son fuerza/longitud.
- Las unidades de x y L son de longitud ($0 \leq x \leq L$).
- Obsérvese que la función seno da un resultado adimensional comprendido en el intervalo [0,1], para $0 \leq x \leq L$.

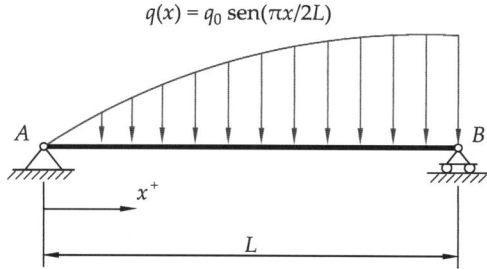

Figura 1.3.1

▷ Solución

El ejercicio se resuelve en primer lugar determinando la ley de momentos flectores por el procedimiento más habitual, es decir, como resultante de momentos a un lado de una sección situada en una abscisa genérica x.

Resulta evidente que la reacción H_A ha de ser nula. Aunque ello no fuese así, solo es necesario conocer V_A o V_B para hallar $\mathcal{V}(x)$ y $M(x)$. Para determinar una de ambas reacciones se plantea el equilibrio global de momentos, según el croquis de la figura 1.3.2. Nótese que $q(x)\,dx$ representa la porción de carga infinitesimal situada en la abscisa x (rectángulo sombreado más a la derecha, en la figura 1.3.3), la cual produce un momento antihorario respecto de B de valor $q(x)\,dx\,(L - x)$. Así pues, tomando momentos en B se determina V_A:

$$\sum M_B = -V_A\,L + \int_0^L (q(x)\,dx\,(L - x)) = 0 \quad \Rightarrow$$

$$\Rightarrow \quad V_A = \frac{1}{L}\int_0^L q_0\,\text{sen}\left(\frac{\pi x}{2L}\right)(L - x)\,dx = \text{(se hace por partes)} =$$

$$= \frac{q_0}{L}\left[\left[\frac{2L}{\pi}\left(-\cos\left(\frac{\pi x}{2L}\right)\right)(L - x)\right]_0^L + \int_0^L \frac{2L}{\pi}\left(-\cos\left(\frac{\pi x}{2L}\right)\right)dx\right] =$$

$$= \frac{q_0}{L} \left[\frac{2L^2}{\pi} - \left(\frac{2L}{\pi} \right)^2 \left[\text{sen} \left(\frac{\pi x}{2L} \right) \right]_0^L \right] = q_0 L \frac{2\pi - 4}{\pi^2} = 2q_0 L \frac{\pi - 2}{\pi^2}$$

Efectivamente, las dimensiones de V_A resultan ser de fuerza.

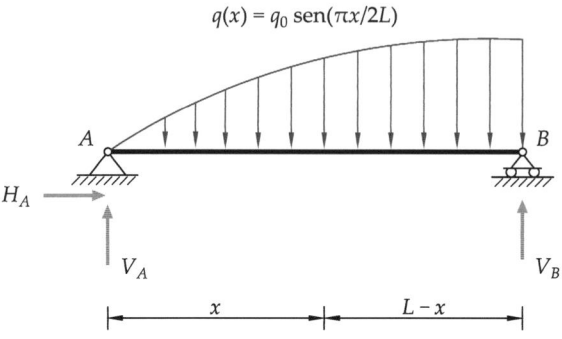

$q(x) = q_0 \, \text{sen}(\pi x/2L)$

Figura 1.3.2

Ahora, tomando el flector por la izquierda de una sección situada en la abscisa x, aparece una contribución positiva debida a la reacción V_A, y otra negativa debida a cada fracción de carga infinitesimal $q(s) \, ds$ (rectángulo sombreado más a la izquierda en la figura 1.3.3), que produce un flector en la sección de abscisa x, cuyo valor es $-(q(s) \, ds \, (x - s))$. Integrando dicho flector (infinitesimal) entre $s = 0$ y $s = x$, y añadiendo $V_A \, x$, se tiene:

$$\mathcal{M}(x) = V_A \, x - \int_{s=0}^{s=x} (q(s) \, ds \, (x - s)) = 2q_0 L \frac{\pi - 2}{\pi^2} x - \int_0^x q_0 \, \text{sen} \left(\frac{\pi s}{2L} \right) (x - s) \, ds$$

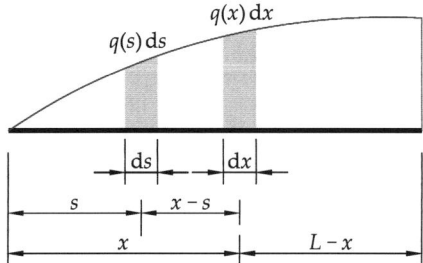

$q(x) \, dx$

$q(s) \, ds$

Figura 1.3.3. Cargas infinitesimales correspondientes a tramos diferenciales ds y dx, situados en abscisas genéricas s y x, respectivamente.

Operando se llega a la ley de flectores pedida:

$$\mathcal{M}(x) = \frac{4q_0 L}{\pi^2} \left(L \, \text{sen} \left(\frac{\pi x}{2L} \right) - x \right)$$

que, se puede comprobar, verifica las condiciones de contorno de la viga biapoyada:

$$\mathcal{M}(0) = \mathcal{M}(L) = 0$$

Procedimiento alternativo. Integración de las ecuaciones diferenciales de equilibrio de la rebanada

Según las ecuaciones de equilibrio de la rebanada (1.0.5) y (1.0.8) —ya que sobre la viga no actúa momento distribuido m— se tiene la (1.0.9):

$$\left.\begin{array}{l} d\mathcal{V}_y/dx = -p_y \\ d\mathcal{M}/dx = -\mathcal{V}_y \end{array}\right\} \quad \Rightarrow \quad \frac{d^2\mathcal{M}}{dx^2} = -\frac{d\mathcal{V}_y}{dx} = p_y$$

Integrando una vez:

$$\frac{d\mathcal{M}}{dx} = \int p_y \, dx$$

y dado que

$$p_y = -q_0 \, \text{sen}\left(\frac{\pi x}{2L}\right) dx$$

dicha integral resulta:

$$\frac{d\mathcal{M}}{dx} = \frac{q_0 \, 2L}{\pi} \cos\left(\frac{\pi x}{2L}\right) + C$$

Integrando nuevamente:

$$\mathcal{M}(x) = \int d\mathcal{M} = \frac{q_0 4L^2}{\pi^2} \, \text{sen}\left(\frac{\pi x}{2L}\right) + C\,x + D$$

Se aplican ahora las condiciones de contorno para determinar las constantes de integración C y D:

$$\mathcal{M}(0) = \mathcal{M}(L) = 0 \quad \Rightarrow \quad \begin{cases} \mathcal{M}(0) = D = 0 \\ \mathcal{M}(L) = \dfrac{4q_0 L^2}{\pi^2} + C\,L = 0 \quad \Rightarrow \quad C = -\dfrac{4q_0 L}{\pi^2} \end{cases}$$

Llegándose, lógicamente, al mismo resultado obtenido anteriormente:

$$\mathcal{M}(x) = \frac{4q_0 L}{\pi^2}\left(L \, \text{sen}\left(\frac{\pi x}{2L}\right) - x\right)$$

Ejercicio 1.4   Pórtico con carga distribuida lateral

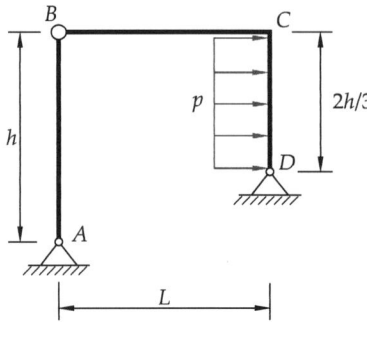

Dado el pórtico de la figura se pide representar los diagramas de esfuerzos axiles, cortantes y momentos flectores, acotando los valores más significativos.

Datos:

- Los parámetros p, L, y h se consideran conocidos (siendo la carga $p > 0$).
- El nudo B es una articulación.

Figura 1.4.1

▷ Solución

En primer lugar se calculan las reacciones externas, mediante ecuaciones exclusivamente de equilibrio. Una vez concluido este paso se representan los diagramas de esfuerzos, no calculándose sus leyes analíticas, pues no las pide el enunciado.

Cálculo de las reacciones

Equilibrio del conjunto, según el croquis de la figura 1.4.2 (a):

$$\sum F_h = 0 \quad : \quad H_A + H_D + \frac{2h}{3}\, p = 0 \tag{1.4.1}$$

$$\sum F_v = 0 \quad : \quad V_A + V_D = 0 \tag{1.4.2}$$

$$\sum M_D = 0 \quad : \quad -V_A\, L + H_A\, \frac{h}{3} - p\, \frac{2h}{3}\, \frac{2h}{6} = 0 \tag{1.4.3}$$

Separando por B para obtener ecuaciones adicionales, se asila la barra AB como muestra la figura 1.4.2 (b).

Equilibrio de momentos de la barra AB:

$$\sum M_B = 0 \quad : \quad H_A\, h = 0 \quad \Rightarrow \quad H_A = 0$$

Sustituyendo la ecuación 1.0.6 en la 1.4.1, se obtiene: $H_D = -\dfrac{2}{3}\, p\, h$

Sustituyendo la ecuación 1.0.6 en la 1.4.3, se obtiene:

$$V_A = -\frac{1}{L}\, p\, \frac{4h^2}{18} \quad \Rightarrow \quad V_A = -\frac{2ph^2}{9L} \tag{1.4.4}$$

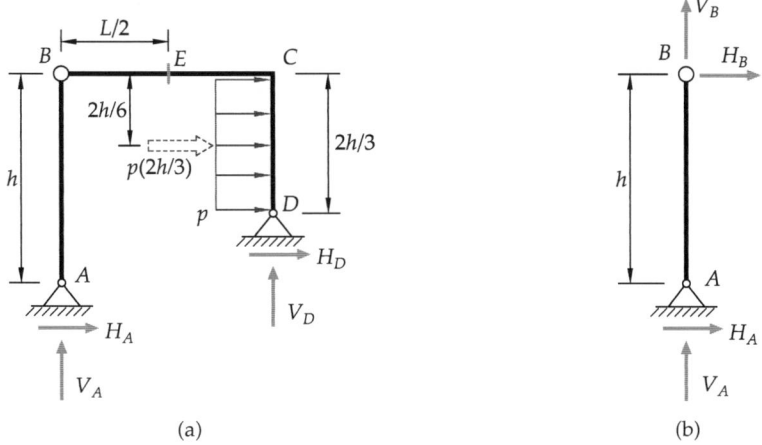

Figura 1.4.2. (a) Cargas y reacciones en los apoyos. (b) Equilibrio de la barra AB aislada.

Observamos que H_D y V_A son de sentido contrario al supuesto. Sustituyendo la ecuación 1.4.4 en 1.4.2, obtenemos:

$$V_D = -V_A = \frac{2ph^2}{9L}$$

Comprobación de las reacciones.   Las reacciones se comprueban tomando momentos antihorarios y horarios, respectivamente, en el punto medio (E) de la barra BC (figura 1.4.2 (a)):

$$\sum M_E \ [\circlearrowleft] = p \, \frac{2h}{3}\frac{2h}{6} + V_D \, \frac{L}{2} + H_D \, \frac{2h}{3} = p \, \frac{4h^2}{18} + \frac{p \, h^2}{9} - \frac{2}{3} \, p \, h \, \frac{2h}{3} = -\frac{2ph^2}{18}$$

$$\sum M_E \ [\circlearrowleft] = V_A \, \frac{L}{2} = -\frac{2p \, h^2}{9h} \, \frac{L}{2} = -\frac{ph^2}{9}$$

Al obtenerse valores iguales y de sentidos opuestos, las reacciones son correctas. Sucede en este caso que, al sustituir los valores de las reacciones, ambos sumatorios arrojan un resultado negativo por lo que, en realidad, el primer sumatorio es equivalente a $\frac{2ph^2}{18}$ $\circlearrowright$ y el segundo a $\frac{ph^2}{9}$ $\circlearrowright$.

Criterios de signos en barras verticales

En las barras verticales se emplean los ejes locales y criterios de signos definidos en los apartados 1.0.2 y 1.0.3. Ello es de particular importancia al abordar ejercicios de pórticos, y conviene recordar que **el eje local de las x siempre se orienta con sentido creciente hacia arriba en las barras verticales**. El efecto que esto produce sobre los criterios de signos en dichas barras es el siguiente:

- Los símbolos del signo de los esfuerzos, definidos en la figura 1.0.5, son los mismos que en barras horizontales si se gira dicha figura 90° en sentido antihorario.
- Equivalente al punto anterior resulta **girar la figura de la estructura 90° en sentido horario (girando el papel), y hallar los esfuerzos en las barras verticales como si estas fuesen horizontales**, véase la figura 1.4.3.
- Nótese que los criterios de axil y cortante no cambiarían aunque el eje local de las x se definiera positivo hacia abajo, en lugar de hacia arriba.
- El punto anterior no es cierto para el flector: es importante ver que el criterio del flector positivo sí que se vería afectado si se cambiara la orientación del eje x en la barra. En el libro se utilizará el eje x positivo orientado hacia arriba.

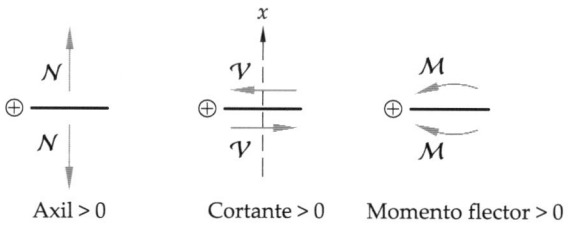

Figura 1.4.3. Criterio de signos para esfuerzos en secciones de barras de directriz vertical: eje local x orientado hacia arriba.

Diagramas de esfuerzos

La tramificación en este caso es trivial, pues los nudos B y C obligan a subdividir la estructura en ellos para determinar los diagramas de esfuerzos. Además, como las condiciones de carga son constantes en cada barra, se tendrán tres tramos en los diagramas, AB, BC y CD, y se emplearán a priori las seis rebanadas indicadas en la figura 1.4.4.

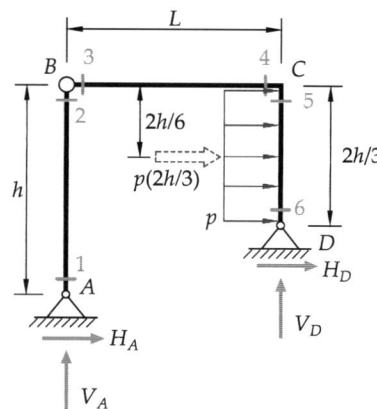

Figura 1.4.4. Croquis para determinar los diagramas de esfuerzos

Diagrama de axiles

Basta con una rebanada por barra, pues $p_x = 0$ (ver axiles en la figura 1.4.5 (a)):

$$\mathcal{N}_1 = -V_A = -\left(-\frac{2p\,h^2}{9L}\right) = \frac{2p\,h^2}{9L} \quad \text{(abajo)}$$

$$\mathcal{N}_3 = -H_A = 0 \quad \text{(izquierda)}$$

$$\mathcal{N}_6 = -V_D = -\frac{2p\,h^2}{9L} \quad \text{(abajo)}$$

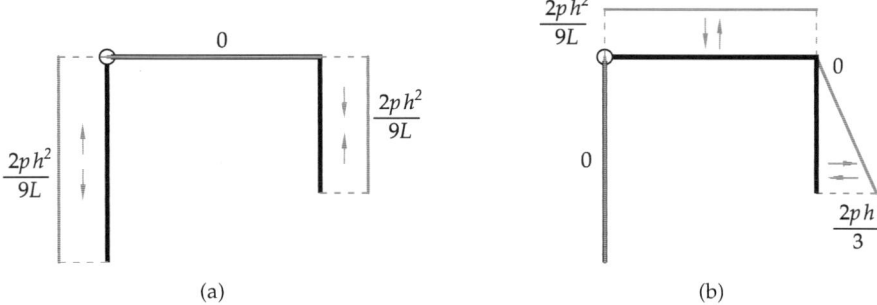

Figura 1.4.5. (a) Diagramas de esfuerzos: (a) axiles ($\mathcal{N}$); (b) cortantes ($\mathcal{V}$).

Diagrama de cortantes

Dado que $p_y = 0$ en AB y BC, se toma una rebanada en cada una. Y como en CD se tiene que $p_y = -p = $ cte., se usan las rebanadas 5 y 6:

$$\mathcal{V}_1 = H_A = 0 \quad \text{(izquierda)}$$

$$\mathcal{V}_3 = -V_A = -\left(-\frac{2p\,h^2}{9L}\right) = \frac{2p\,h^2}{9L} \quad \text{(izquierda)}$$

$$\mathcal{V}_6 = H_D = -\frac{2}{3}p\,h \quad \text{(abajo)}; \qquad \begin{cases} \mathcal{V}_5 = -H_A = 0 \quad \text{(arriba)} \\ \mathcal{V}_5 = H_D + p\,\dfrac{2h}{3} = 0 \quad \text{(abajo)} \end{cases}$$

No es estrictamente necesario hallar $\mathcal{V}_5$ a ambos lados de la sección (arriba y abajo); se hace como buena práctica a efectos de comprobación. Véase la figura 1.4.5 (b).

Diagrama de flectores

Tramo AB: $\mathcal{V} = 0$ en toda la barra, por lo que basta emplear una rebanada en ella.
Tramo BC: $\mathcal{V} = $ cte. $\neq 0$ en la barra, luego se emplean dos rebanadas.
Tramo CD: $\mathcal{V}$ es lineal $\neq$ cte. en la barra; por tanto se necesitan dos rebanadas y, además, determinar si existe un máximo local.

$$\mathcal{M}_1 = 0 \quad \text{(apoyo terminal sin par aplicado)}$$

$$\mathcal{M}_3 = -H_A\, h = 0 \quad \text{(por la izquierda } V_A \text{ no crea flector, y } H_A \text{ es nula)}$$

A este último resultado también se llega de forma inmediata con el razonamiento de que la sección 3 está enlazada a una rótula sin par aplicado.

$$\mathcal{M}_4 = \mathcal{V}_A\, L - H_A\, h = -\frac{2p\,h^2}{9} \quad \text{(ya que } H_A \text{ es nula)}$$

$$M_5 = \frac{2p\,h^2}{9} \quad \text{(por equilibrio del nudo } C\text{, ver figura 1.4.6 (b))}$$

$$M_5 = H_D\,\frac{2h}{3} - p\,\frac{2h}{3}\cdot\frac{2h}{6} = -\left(-\frac{2}{3}\,p\,h\right)\frac{2h}{3} - p\,\frac{4h^2}{18} = \frac{2p\,h^2}{9} \quad \text{(abajo)}$$

$$M_6 = 0 \quad \text{(apoyo terminal sin par aplicado)}$$

El máximo local del flector en CD es $M_5 = 2p\,h^2/9$, ya que $V_5 = 0$. Recuérdese que las flechas de la carga distribuida apuntan hacia la zona cóncava de la ley de momentos flectores, lo que permite dibujar correctamente la parábola. Véase figura 1.4.6 (a).

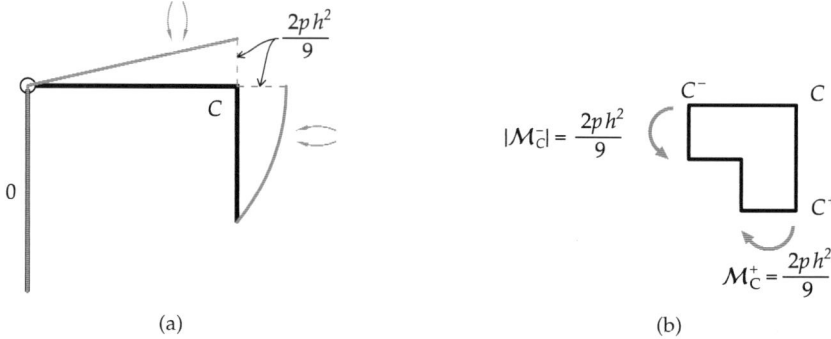

(a)   (b)

Figura 1.4.6. (a) Diagrama de flectores (M). (b) Equilibrio de momentos en el nudo C.

Nota.   Es de interés reparar en que, en el nudo C, el flector calculado en la barra vertical resulta de signo positivo ($M_5 = M_C^+ = 2p\,h^2/9$), al contrario que en la barra horizontal ($M_4 = M_C^- = -2p\,h^2/9$). La diferencia de signos es debida al criterio adoptado para las barras verticales, en las que el eje x sobre la directriz es positivo hacia arriba. En la figura 1.4.6 (b) se aprecia como se cumple el equilibrio de momentos.

Se deja al lector como ejercicio verificar que, si el nudo B y C se intercambiasen —pasando a ser B rígido y C articulado—, entonces el flector en C se anularía y en B aparecería un flector positivo tanto en la barra horizontal como en la vertical. Esta coincidencia de signos, opuesta a la que se produce en el nudo C de este ejercicio, es también consecuencia del criterio de signos adoptado para las barras verticales.

Signos de los flectores en una unión viga-pilar.   Se concluye que en un nudo rígido formado por un pilar (barra vertical) a cuyo extremo superior se une una sola viga (barra horizontal), y en el que no haya pares de fuerzas aplicados, si el pilar está situado a la izquierda de la viga coincidirá el signo del flector, pero si el pilar está a la derecha de la viga (como sucede en el nudo C de este ejercicio) los signos serán opuestos. Respecto a la representación gráfica, el flector se dibujará por fuera, tanto en la viga como en el pilar, si la cara de tracción es la exterior, o por dentro, si la cara de tracción es la interior del nudo.

Ejercicio 1.5   Pórtico con deslizadera

Dada la estructura de la figura 1.5.1 se pide: (a) representar los diagramas de esfuerzos axiles, cortantes y momentos flectores, acotando los valores más significativos; (b) hallar también la expresión analítica de las leyes de esfuerzos en el tramo CD.

Datos: $q = 10\,\text{kN/m}$; $P = 20\,\text{kN}$; $T = 180\,\text{kN m}$; $L = 4\,\text{m}$; $h = 5\,\text{m}$.

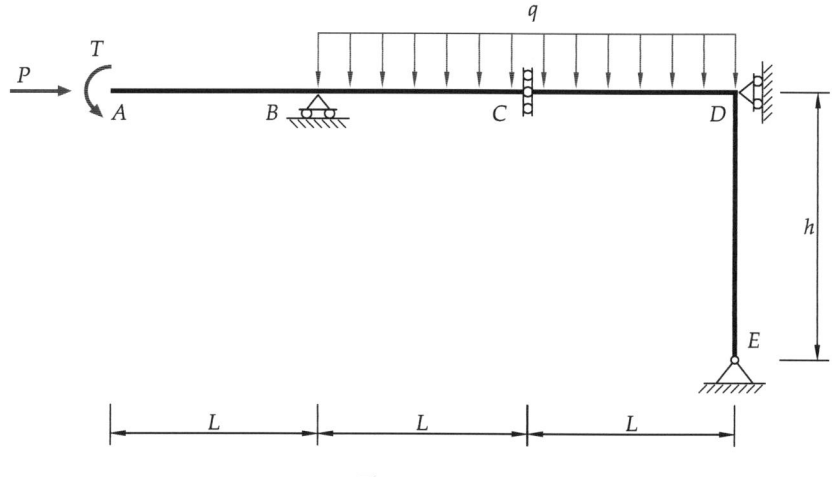

Figura 1.5.1

▷ Solución

Se trata de una estructura con más barras que las de los ejercicios anteriores. Como en estos, se procederá en primer lugar a calcular las reacciones de la misma, y posteriormente a calcular y representar sus leyes de esfuerzos.

Cálculo de las reacciones

En primer lugar se hace un croquis con las reacciones acorde a los tipos de apoyos, el cual se ha representado en la figura 1.5.2. Se observa que aparecen cuatro reacciones, por lo que es necesario dividir la estructura por algún mecanismo para buscar ecuaciones adicionales.

A continuación se divide la estructura por la deslizadera C, ya que es el único mecanismo que tiene el sistema de barras. Se retiene el tramo ABC dado que en él sólo aparecen tres incógnitas, frente al CDE que tiene cuatro. En la figura 1.5.3 se han representado dichas incógnitas: la reacción V_B, y el axil y flector en C —donde no habrá cortante al tratarse de una deslizadera—. Los sentidos de ambos esfuerzos se plantean, a priori, positivos, según el convenio de una cara frontal. Se representan además en dicha figura las cotas necesarias para escribir las ecuaciones de balance de momentos.

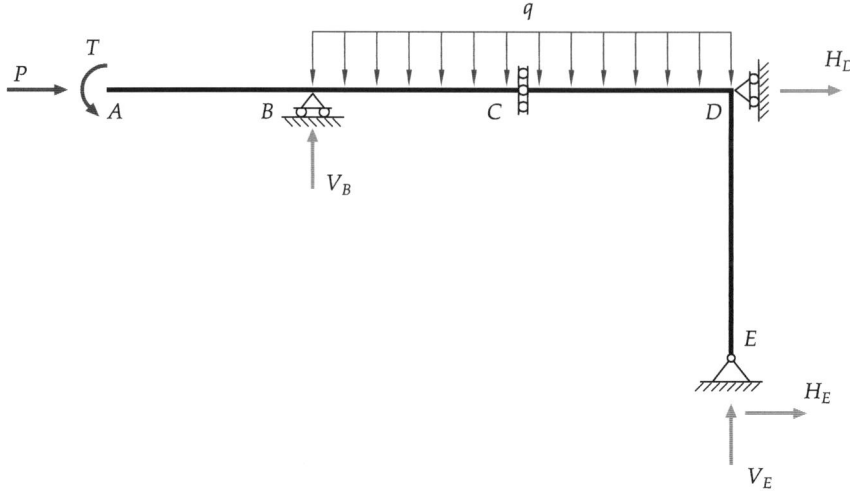

Figura 1.5.2. Esquema de acciones y reacciones en los apoyos en equilibrio

Planteando las tres ecuaciones de equilibrio sobre el tramo ABC se tiene:

$$\sum F_h = 0 \;:\; P + N_C = 0 \quad \Rightarrow \quad N_C = -P$$

$$\sum F_v = 0 \;:\; V_B - qL = 0 \quad \Rightarrow \quad V_B = qL$$

$$\sum M_B = 0 \;:\; T - qL\,\frac{L}{2} + M_C = 0 \quad \Rightarrow \quad M_C = \frac{qL^2}{2} - T$$

Se sustituyen los valores $P = 20\,\text{kN}$, $q = 10\,\text{kN m}$ y $T = 180\,\text{kN m}$, resultando:

$$H_C = 20\,\text{kN}; \quad V_B = 40\,\text{kN}; \quad M_C = -100\,\text{kN m}$$

A continuación se aísla CDE (ver figura 1.5.4) y se plantean las ecuaciones de equilibrio que permitirán calcular las tres reacciones restantes. Nótese que el flector $M_C = -100\,\text{kN m}$, por ser negativo, es de sentido opuesto al que se supuso en la figura 1.5.3, y por lo tanto actúa en **sentido horario** sobre el tramo ABC; y debido al principio de acción-reacción actuará en **sentido antihorario** sobre el tramo CDE. En consecuencia, en la figura 1.5.4 se muestra en la deslizadera un par de $100\,\text{kN m}$ antihorario.

Se toma en primer lugar el sumatorio de momentos en el apoyo E, ya que en dicha ecuación solo interviene como incógnita H_D. Una vez escritas las ecuaciones se sustituyen los datos del enunciado $q = 10\,\text{kN/m}$, $L = 4\,\text{m}$ y $h = 5\,\text{m}$, llegando a los

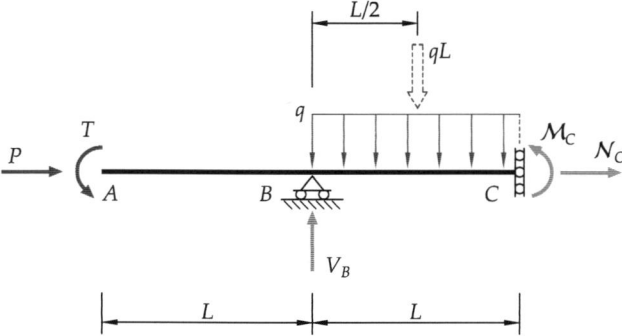

Figura 1.5.3. Esquema del tramo ABC en equilibrio: acciones, reacción en B y esfuerzos en C

resultados numéricos de las reacciones restantes:

$$\sum M_E = 0 \;:\;\; -20h + 100 - H_D\,h + q\,L\frac{L}{2} = 0 \;\;\Rightarrow\;\; H_D = 16\,\mathrm{kN}$$

$$\sum F_h = 0 \;:\;\; 20 + H_D + H_E = 0 \;\;\Rightarrow\;\; H_E = -36\,\mathrm{kN}$$

$$\sum F_v = 0 \;:\;\; -q\,L + V_E = 0 \;\;\Rightarrow\;\; V_E = 40\,\mathrm{kN}$$

El esquema final de las cargas y las reacciones calculadas se muestra en la figura 1.5.5.

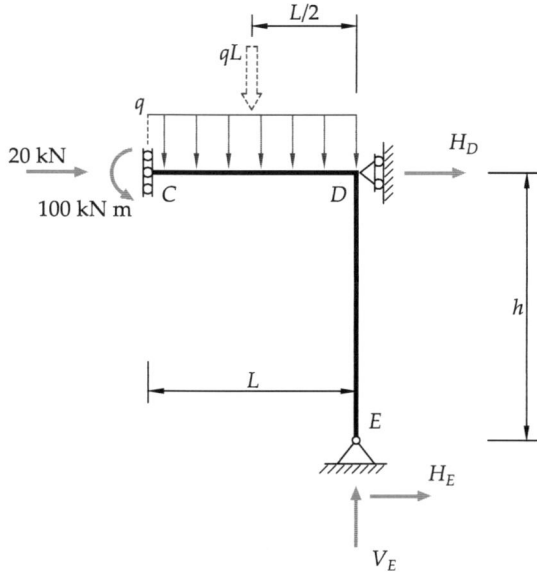

Figura 1.5.4. Esquema del tramo CDE en equilibrio: acción, reacciones y esfuerzos en C

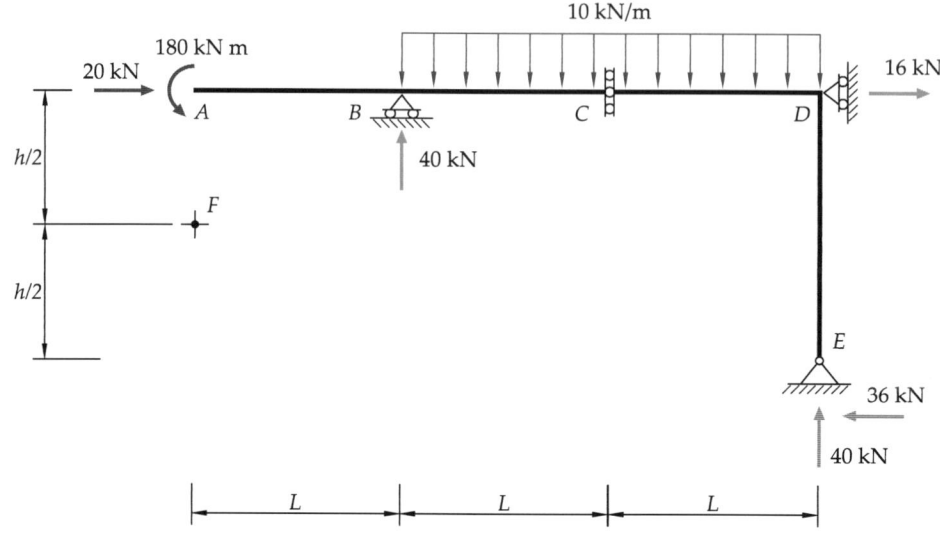

Figura 1.5.5. Esquema final de cargas y reacciones

Comprobación de las reacciones.   Conviene comprobar los resultados previos antes de proseguir con los cálculos. Para ello se escoge una ecuación de equilibrio que no se haya utilizado antes (también es conveniente, aunque no obligatorio, que involucre el máximo número de incógnitas calculadas). En este caso se opta por tomar equilibrio de momentos respecto al punto F representado en la figura 1.5.5. Se comprueba que los momentos positivos (antihorarios) y negativos (horarios) coinciden:

$$\sum M_F \, [\circlearrowleft] = 180 + 40 \cdot 4 + 40 \cdot 12 = 820 \text{ kN m}$$
$$\sum M_F \, [\circlearrowright] = 20 \cdot 2.5 + 10 \cdot 8 \cdot 8 + 16 \cdot 2.5 + 36 \cdot 2.5 = 820 \text{ kN m}$$

Al obtenerse valores iguales y de sentidos opuestos, las reacciones calculadas son correctas.

Leyes y diagramas de esfuerzos

Este ejercicio se resuelve empleando estrategias ligeramente diferentes a los anteriores, que proporcionarán al lector puntos de vista complementarios sobre el cálculo de esfuerzos.

Esfuerzos axiles

En cuanto al axil, se observa que será constante en el tramo $ABCD$, pues no existe carga horizontal p_x en dicho tramo; el valor del axil será de 20 kN de compresión, debido a la carga P aplicada en A. También será constante el axil en el tramo vertical DE, al no haber tampoco carga vertical distribuida en dicha barra; su valor será 40 kN de compresión, debido a la reacción vertical V_E.

Estos resultados pueden deducirse al observar simplemente que, en cualquier sección del tramo $ABCD$, si se mira hacia la parte izquierda la única fuerza axial que aparece es P, de compresión; análogamente, en cualquier sección del tramo DE, si se mira hacia la parte inferior la única fuerza axial que aparece es V_E, de compresión. Las leyes de axiles se han representado en la figura 1.5.6.

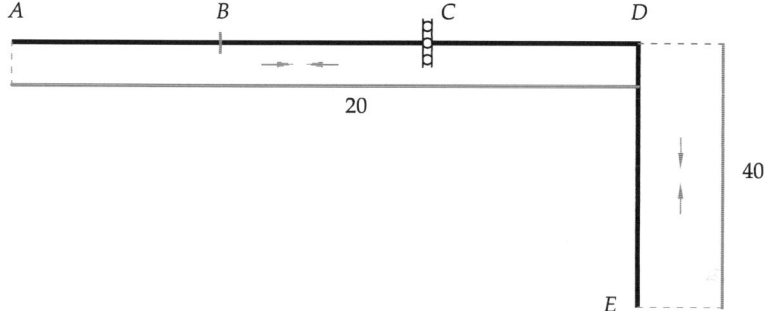

Figura 1.5.6. Diagrama de esfuerzos axiles (N, en kN)

Esfuerzos cortantes

El esfuerzo cortante será nulo en el tramo AB, pues no hay acción vertical alguna a la izquierda de B.

A continuación se estudia el tramo BCD. Dado que se pide la expresión analítica de los esfuerzos en el tramo CD, se emplea un croquis auxiliar (figura 1.5.7) donde se muestran las fuerzas que actúan desde la deslizadera en C hasta una sección cualquiera situada en la abscisa x. Nótese que **dicho croquis no es un diagrama de sólido libre**, pues no se han representado en él los esfuerzos en la sección x. El origen $x = 0$ de la abscisa local se sitúa en el punto C.

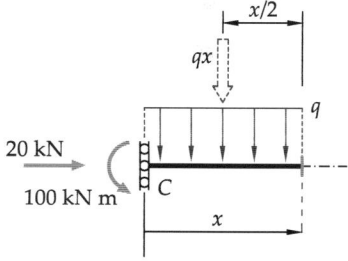

Figura 1.5.7. Croquis auxiliar para cálculo de esfuerzos en abscisa genérica x del tramo CD

Tomando la resultante de fuerza vertical a la izquierda de la sección x (lado dorsal) en dicha figura 1.5.7, se tiene que el cortante vale

$$\mathcal{V}(x) = 10\,x \quad \text{(kN, } x \text{ en m)}$$

La expresión anterior es válida tanto para el tramo CD (valores positivos de x) como para el tramo BC (valores negativos de x). El motivo es que la carga distribuida tiene la misma expresión matemática desde B hasta D ($p_y = -10\,\text{kN/m}$) y, por tanto, la expresión del cortante es única:

$$\frac{\mathrm{d}\mathcal{V}}{\mathrm{d}x} = -p_y = -(-10) \quad \Rightarrow \quad \mathcal{V}(x) = 10\,x + C$$

Al determinarse la constante C de integración en $x = 0$ —la deslizadera, donde se anula el cortante—, dicha constante resulta nula y la expresión de $\mathcal{V}(x)$ obtenida es válida para abscisas x de ambos signos.

El cálculo de los cortantes en B^+ y D^- se hace ahora aprovechando dicha ley analítica:

$$\mathcal{V}_B^+ = \mathcal{V}(x = -4) = 10(-4) = -40\,\text{kN} \;; \quad \mathcal{V}_D^- = \mathcal{V}(x = 4) = 10 \cdot 4 = 40\,\text{kN}$$

Estos valores coinciden con las resultantes verticales a la izquierda de la sección B^+ (un infinitésimo $\mathrm{d}x$ después del apoyo $\mathcal{V}_B^+ = -V_B = -40\,\text{kN}$), y a la derecha de la sección D^- (un infinitésimo antes del nudo rígido $\mathcal{V}_D^- = V_E = 40\,\text{kN}$).

Respecto al cortante de la barra vertical DE, será constante al no existir carga horizontal en puntos intermedios de dicha barra, y de valor $\mathcal{V}_{DE} = H_E = -36\,\text{kN}$. El signo se deduce del criterio adoptado en la figura 1.0.3, según el cuál el eje x local en barras verticales se orienta hacia arriba. Los valores obtenidos se representan en la figura 1.5.8.

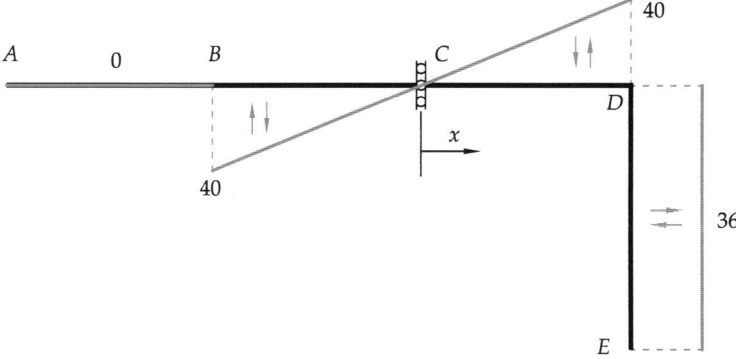

Figura 1.5.8. Diagrama de esfuerzos cortantes ($\mathcal{V}$, en kN)

Momentos flectores

Al no haber fuerzas transversales (cortantes) a la barra en AB, el flector será constante en dicho tramo, e igual al par de fuerzas T aplicado en A, cambiado de signo: $\mathcal{M} = -180\,\text{kN/m}$.

En el tramo BCD habrá una única ley, lo cual se debe a que no existen cargas puntuales intermedias en el tramo, ni tampoco hay variación de la ley de carga distribuida.

Además, el flector tendrá un extremo relativo o local en la deslizadera C —por ser el cortante nulo en ella—, y siendo el flector en C, según se ha visto anteriormente (figura 1.5.4), $M_C = -100\,\text{kN m}$.

Para hallar la ley de flectores en CD se usa de nuevo la figura 1.5.7, analizando un tramo entre la deslizadera C y una sección situada en una abscisa x. Calculando el flector como momento resultante en la cara dorsal de dicha sección genérica, con el criterio adecuado para dicha cara, se tiene

$$M(x) = -100 - qx\,\frac{x}{2} = -100 - 5\,x^2 \quad (\text{kN m}, x \text{ en m})$$

Esta expresión es válida para el tramo BCD completo, por motivos análogos a la del cortante[22]. El cálculo de los flectores en B^+ y D^- se hace a partir de la expresión analítica en $x = -4$ y $x = 4$ m, respectivamente:

$|M_D^-| = 180\,\text{kN m}$

$M_D^+ = 180\,\text{kN m}$

$M_B^+ = M(x = -4) = -100 - 5(-4)^2 = -180\,\text{kN m}$

$M_D^- = M(x = 4) = -100 - 5 \cdot 4^2 = -180\,\text{kN m}$

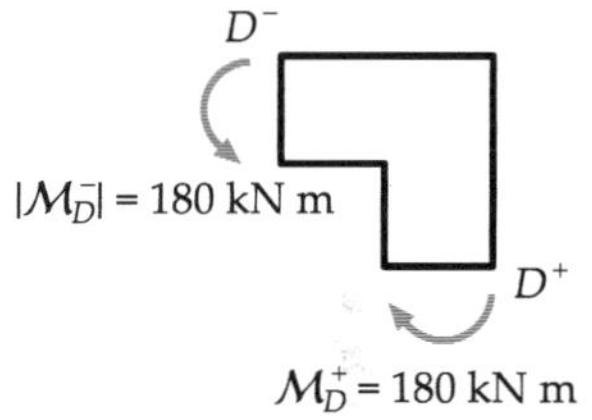

Figura 1.5.9. Equilibrio de momentos en el nudo D

Respecto al tramo vertical DE, en la sección superior del pilar (D^+) el flector se determina mediante el equilibrio de momentos del nudo, según se representa en la figura 1.5.9. Sabiendo que $M_D^- = -180$ (sobre el nudo es antihorario), se ha de verificar

$$\sum M_{\text{nudo } D} : \quad 180 - M_D^+ = 0 \quad \Rightarrow \quad M_D^+ = 180\,\text{kN m}$$

Como se explicó al final del ejercicio 1.4, por estar el pilar a la derecha de la viga en D el flector calculado en la barra vertical resulta de signo positivo ($M_D^+ = 180\,\text{kN m}$), al contrario que en la barra horizontal ($M_D^- = -180\,\text{kN m}$). Ya se vio que esto es debido al criterio de signos adoptado para las barras verticales, en las que el eje x sobre la directriz se toma positivo hacia arriba.

La ley de variación en DE será lineal por la ausencia de cargas en el interior de dicha barra. Una vez calculado el valor en D, y puesto que el flector ha de ser forzosamente nulo en el apoyo terminal E, la expresión analítica se reduce a una interpolación lineal:

$$M(x_2) = \frac{180}{5}\,x_2 = 36\,x_2 \quad (\text{kN m}, x_2 \text{ en m})$$

La ley de flectores completa y la definición de la abscisa x_2 se muestran en la figura 1.5.10.

---

[22]El cortante tiene una expresión única $V(x) = 10\,x$ en el tramo BCD por lo que al integrar y determinar la constante de integración en $x = 0$ se llegará a una ley de flector válida también en todo BCD.

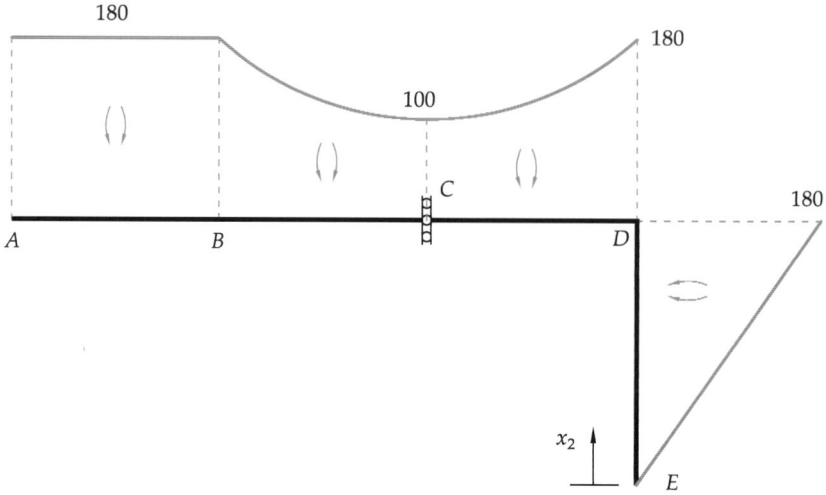

Figura 1.5.10. Diagrama de momentos flectores ($\mathcal{M}$, en kN m)

Ejercicio 1.6 Pórtico con deslizadera y barra inclinada

Para la estructura de la figura 1.6.1 se pide representar los diagramas de esfuerzos axiles, cortantes y momentos flectores, acotando los valores más significativos. Emplear como unidades kN y m.

Datos: $q = 40\,\text{kN/m}$; $P = 20\,\text{kN}$; $Q = 80\,\text{kN}$; $L = 2\,\text{m}$; $h = 3\,\text{m}$.

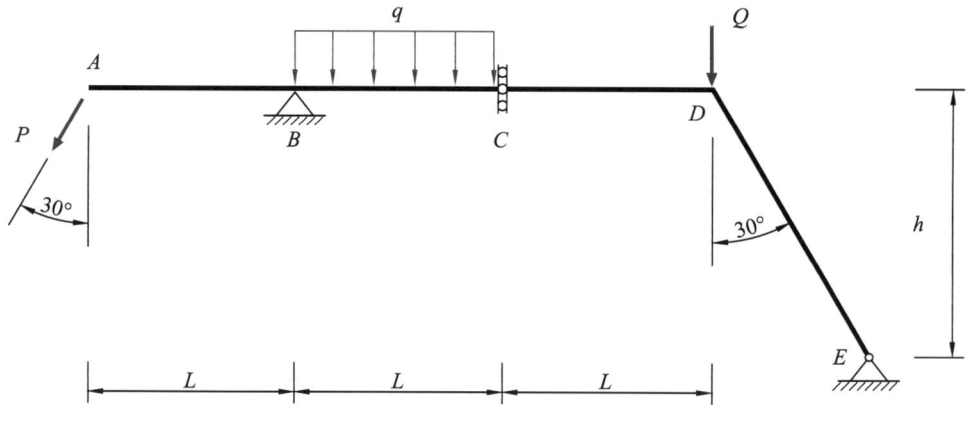

Figura 1.6.1

▷ **Solución**

Como en ejercicios anteriores, se procede en primer lugar a calcular las reacciones de la estructura, y posteriormente a representar los diagramas de esfuerzos de la misma.

Cálculo de las reacciones

Se observa que, con dos apoyos fijos, se habrán de determinar cuatro reacciones, por lo que no basta con plantear el equilibrio de la estructura completa. Por ello, en primer lugar se aísla el tramo ABC (véase la figura 1.6.2), haciendo un croquis con las reacciones y esfuerzos en la deslizadera C:

$$\sum M_B = 0 \; : \; \frac{P\sqrt{3}}{2}L - qL\frac{L}{2} + M_C = 0 \Rightarrow M_C = q\frac{L^2}{2} - \frac{P\sqrt{3}}{2}L = 45.36\,\text{kN}\,\text{m} \quad (1.6.1)$$

$$\sum F_v = 0 \; : \; -\frac{P\sqrt{3}}{2} + V_B - qL = 0 \; \Rightarrow \; V_B = qL + \frac{P\sqrt{3}}{2} = 97.32\,\text{kN} \quad (1.6.2)$$

$$\sum F_h = 0 \; : \; -\frac{P}{2} + H_B + N_C = 0 \; \Rightarrow \; H_B = \frac{P}{2} - N_C \quad (1.6.3)$$

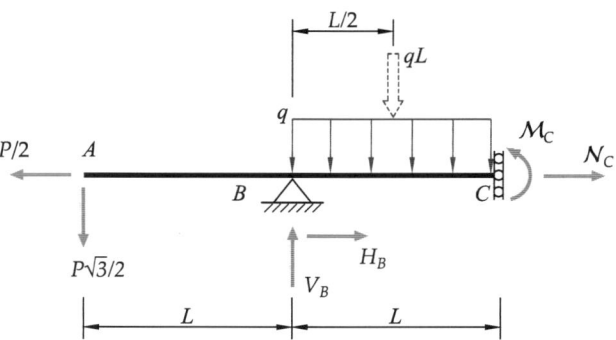

Figura 1.6.2. Equilibrio del tramo ABC

El axil N_C en la deslizadera y la reacción H_B todavía no pueden determinarse. Para ello se plantea ahora el equilibrio del tramo CDE en la figura 1.6.3:

$$\sum M_E = 0 : \; N_C\,h - M_C + Q\,h\tan 30° = 0 \; \Rightarrow \; N_C = \frac{1}{h}\left(M_C - Q\frac{h}{\sqrt{3}}\right) = -31.07\,\text{kN}$$

Sustituyendo ahora el valor de N_C en la ecuación 1.6.3 queda

$$H_B = 10 - (-31.07) = 41.07\,\text{kN}$$

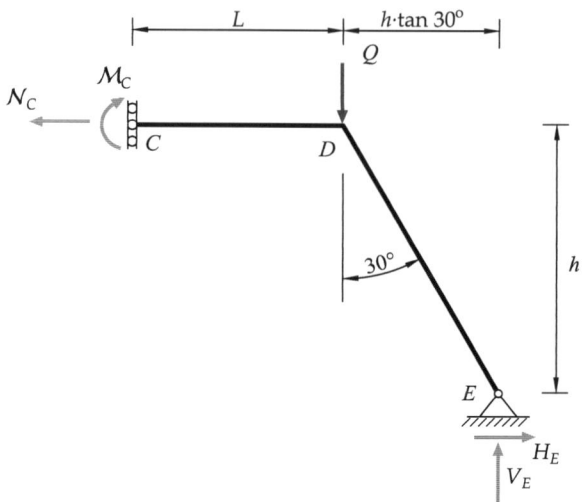

Figura 1.6.3. Equilibrio del tramo CDE

Las otras dos ecuaciones de equilibrio del tramo CDE permiten hallar las reacciones en E:

$$\sum F_v = 0 \;:\; V_E - Q = 0 \;\;\Rightarrow\;\; V_E = 80\,\text{kN} \tag{1.6.4}$$

$$\sum F_h = 0 \;:\; -\mathcal{N}_C + H_E = 0 \;\;\Rightarrow\;\; H_E = \mathcal{N}_C = -31.07\,\text{kN} \tag{1.6.5}$$

Comprobación de las reacciones.   Conviene comprobar los resultados previos antes de proseguir con los cálculos. Se toman momentos positivos (antihorarios) y negativos (horarios) en A, para comprobar que coinciden:

$$\sum M_A\,[\circlearrowleft] = V_B L + V_E\,(3L + h\,\tan 30°) + H_E h =$$
$$= 97.32\,L + 80\,(3L + h\,\tan 30°) + (-31.07)\,h = 719.99\ \text{kN m}$$

$$\sum M_A\,[\circlearrowright] = qL\frac{L}{2} + Q\,3L = 720\ \text{kN m}$$

Al obtenerse valores iguales, salvo por el redondeo decimal, y de sentidos opuestos, las reacciones calculadas son correctas. Sin embargo, puesto que H_B pasa por el punto A dicha reacción no ha entrado en la comprobación anterior y, por ello, conviene verificar que el equilibrio horizontal global también se cumple. Sumando las fuerzas horizontales en la estructura completa, separando las de sentido positivo y negativo, se comprueba dicho equilibrio:

$$\sum F_h\,[\rightarrow] = H_B + H_E = 41.07 + (-31.07) = 10\,\text{kN}$$

$$\sum F_h\,[\leftarrow] = P\,\text{sen}\,30° = 20\frac{1}{2} = 10\,\text{kN}$$

La comprobación de reacciones puede hacerse simplemente verificando que las sumas totales de momentos (o fuerzas, como en este caso), sean iguales a cero. No obstante, el redondeo decimal en ocasiones puede suscitar dudas hasta que no se ha adquirido cierta práctica; por ello se realiza aquí separando los momentos (o fuerzas) de cada sentido, y viendo que sus valores absolutos son iguales, salvo un error que en porcentaje sea despreciable, y que pueda atribuirse al redondeo decimal[23].

Diagramas de esfuerzos

La tramificación de la estructura a efectos de cálculo de esfuerzos implica dividir en el punto B, donde existe un apoyo, y también en el nudo rígido D. La presencia de la deslizadera, por si sola, no obligaría a dividir en C[24], pero la carga repartida p_y termina precisamente en C, por lo que ahí se alterará bruscamente la derivada del cortante y ello hace necesario dividir en dicho punto.

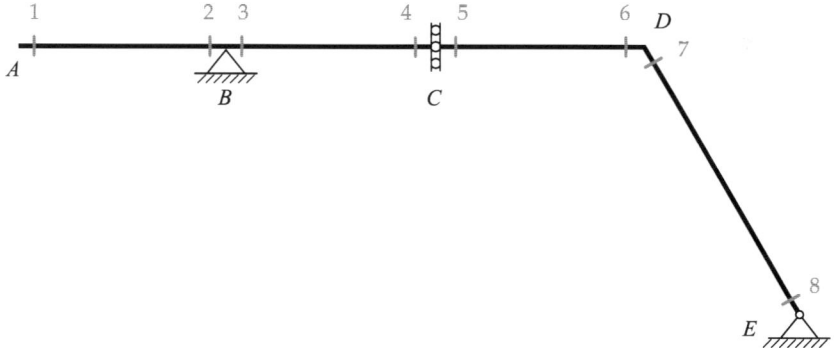

Figura 1.6.4. Rebanadas o secciones para el cálculo de esfuerzos

Para representar los diagramas se determinan los valores exclusivamente necesarios en las rebanadas indicadas en la figura 1.6.4, siguiendo las reglas prácticas descritas en el apartado 1.0.5. Al igual que en el ejercicio 1.5, la presencia de la deslizadera anulará el cortante en C, y por continuidad en las rebanadas 4 y 5, por lo que el máximo de la parábola de flector en el tramo BC se situará en la deslizadera (y por

---

[23]Si en las operaciones intermedias que se realicen se tiene la precaución de tomar al menos cinco o seis cifras significativas, y el número de operaciones a realizar no es demasiado elevado, podrán darse por válidas en un resultado al menos las cuatro primeras cifras significativas. Ello implica que dichas primeras cuatro cifras deberían coincidir al calcular por separado los momentos horarios y los antihorarios. Otra forma equivalente de expresarlo es que, procediendo de ese modo, la quinta cifra significativa puede no ser demasiado fiable, lo que equivale a un error de una unidad entre 10000 (no más de un 0.01 % de error). Por ello, y como referencia, **en comprobaciones de reacciones, y si se tiene la cautela de arrastrar cinco o seis cifras en las operaciones, el error relativo entre momentos positivos y negativos (o fuerzas positivas y negativas), no debería superar nunca el 0.01 %**. En todo caso, si el error llegase a ser diez veces mayor, es decir del 0.1 %, implicaría sin duda que alguna reacción será errónea —o que se han arrastrado menos cifras en operaciones intermedias—

[24]Véase el ejercicio 1.5, donde las leyes de cortantes y flectores no se alteran por la presencia de una deslizadera, si la carga aplicada no varía a un lado y otro de la misma.

continuidad en la rebanada 4, un infinitésimo a la izquierda de C). Por lo tanto, en este caso no se necesita una rebanada adicional para hallar el extremo local del flector.

Conviene también hacer un croquis auxiliar del tramo DE para indicar los ángulos que se emplearán para proyectar las reacciones H_E y V_E en las direcciones axial (axil) y transversal (cortante) de la barra. Dicho croquis se muestra en la figura 1.6.5.

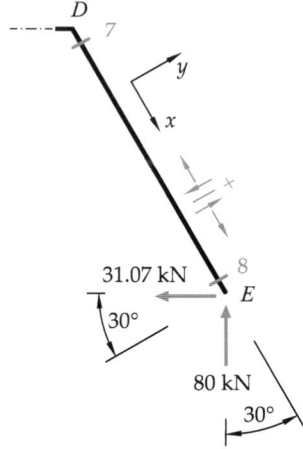

Figura 1.6.5. Tramo DE: ejes locales y ángulos empleados para cálculo de axil y cortante.

Nota.   Podría realizarse además una figura resumen de la información necesaria para el cálculo de esfuerzos, donde se indicase el valor y sentido definitivo de las reacciones, las cotas, y las rebanadas, de modo similar a como se ha hecho en ejercicios anteriores. Con el aprendizaje adquirido en dichos ejercicios esta figura resumen no resulta estrictamente necesaria, por lo que se se deja al lector esta tarea. Empleando las figuras 1.6.2 a 1.6.5 convenientemente, pueden hallarse los distintos esfuerzos en las rebanadas 1 a 8.

Diagrama de axiles

Considerando el tramo AB y tomando resultantes a la izquierda de sus rebanadas:

$$\mathcal{N}_1 = \mathcal{N}_2 = \frac{P}{2}$$

Considerando la figura 1.6.2 (en la que se representa el equilibrio de ABC), y tomando resultantes por la derecha de las rebanadas:

$$\mathcal{N}_3 = \mathcal{N}_4 = \mathcal{N}_C = -31.0\,\text{kN}$$

Considerando la figura 1.6.3 (en la que se representa el equilibrio de CDE), y tomando resultantes por la izquierda de las rebanadas:

$$N_5 = N_6 = N_C = -31.07\,\text{kN}$$

Finalmente, tomando resultantes por la parte inferior de las rebanadas en la figura 1.6.5:

$$N_7 = N_8 = -31.07\,\text{sen}\,30° - 80\cos 30° = -84.82\,\text{kN}$$

El diagrama de axiles, representado en la figura 1.6.6, está formado por tramos de valor constante, ya que la carga axial p_x es nula en toda la estructura.

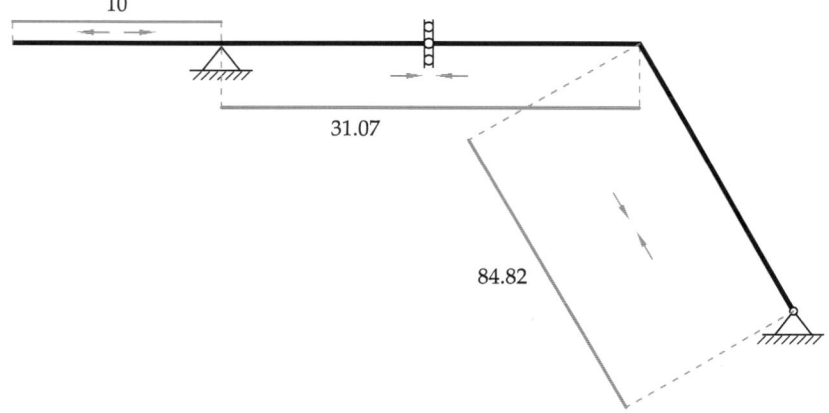

Figura 1.6.6. Diagrama de esfuerzos axiles (N, en kN)

Diagrama de cortantes

Se procede de forma idéntica a como se ha hecho para los axiles. Considerando el tramo AB y tomando resultantes a la izquierda de sus rebanadas:

$$\mathcal{V}_1 = \mathcal{V}_2 = \frac{P\sqrt{3}}{2}$$

Considerando la figura 1.6.2 de equilibrio de ABC, y tomando resultantes por la derecha de las rebanadas:

$$\mathcal{V}_3 = -qL = -80\,\text{kN}$$
$$\mathcal{V}_4 = 0$$

Considerando la figura 1.6.3 de equilibrio de CDE, y tomando resultantes por la izquierda de las rebanadas:

$$\mathcal{V}_5 = \mathcal{V}_6 = 0$$

Considerando la figura 1.6.5, y tomando resultantes por la parte inferior de las rebanadas:

$$\mathcal{V}_7 = \mathcal{V}_8 = -31.07\cos 30° + 80\,\mathrm{sen}\,30° = 13.09\,\mathrm{kN}$$

El diagrama de cortantes, representado en la figura 1.6.7, está formado por tramos de valor constante salvo en BC, ya que la carga transversal p_y es nula en el resto de ellos. En el tramo BC la evolución del cortante es lineal por ser constante la carga repartida.

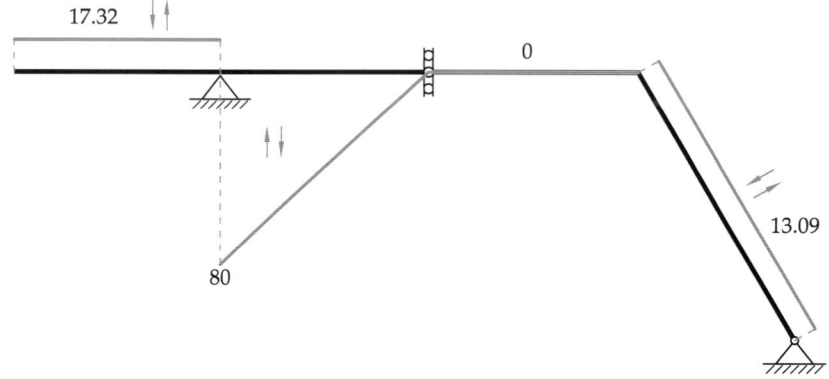

Figura 1.6.7. Diagrama de esfuerzos cortantes ($\mathcal{V}$, en kN)

Diagrama de flectores

En el extremo terminal A, al no haber un par de fuerzas aplicado, el flector es nulo. En B, se calcula por la izquierda:

$$\mathcal{M}_1 = 0$$

$$\mathcal{M}_2 = -\frac{P\sqrt{3}}{2}\cdot 2 = -34.64\,\mathrm{kN\,m}$$

Por equilibrio de la rebanada situada en el nudo B, al no haber un par de fuerzas aplicado en dicho nudo, el flector debe ser igual a ambos lados del mismo (ver ecuación (1.0.3), que implica que el salto del flector será nulo entre 2 y 3). Por lo tanto:

$$\mathcal{M}_3 = \mathcal{M}_2 = -34.64\,\mathrm{kN\,m}$$

Considerando la figura 1.6.2 de equilibrio de ABC, y tomando momento resultante por la derecha de la rebanada 4:

$$\mathcal{M}_4 = \mathcal{M}_C = 45.36\,\mathrm{kN\,m}$$

Por equilibrio del nudo C, al igual que se tenía $M_3 = M_2$, ahora se tendrá: $M_5 = M_4$.

Considerando la figura 1.6.3, y tomando en ella el momento resultante por la izquierda de la rebanada 6: $M_6 = M_C = 45.36\,\text{kN m}$.

Por equilibrio de momentos del nudo D (ver figura 1.6.8), los flectores a ambos lados del mismo coinciden en valor absoluto y en signo, lo cual se debe al criterio de signos adoptado en la figura 1.6.5 para la barra inclinada[25]: $M_7 = M_6 = 45.36\,\text{kN m}$.

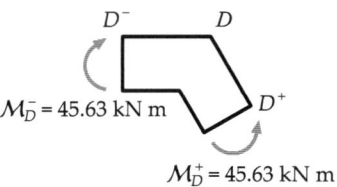

Finalmente, en el extremo terminal E, al no haber un par de fuerzas aplicado: $M_8 = 0$.

El diagrama de flectores se representa en la figura 1.6.9.

Figura 1.6.8. Equilibrio de momentos en el nudo D

Como se ha visto, solo ha sido necesario realizar una operación numérica adicional a las de los apartados anteriores (cálculo de M_2) para poder representar el diagrama de flectores. La presencia de la deslizadera anula el cortante en las rebanadas 4 y 5, por lo que el máximo de la parábola del flector en el tramo BC se sitúa en la rebanada 4. Además, al ser el cortante idéntico en 4 y en 5 (nulo), la pendiente del flector (nula) no varía entre una rebanada y otra; ello implica que la ley del flector es derivable en C, no presentando punto anguloso en dicha sección —a diferencia, por ejemplo, de lo que sucede sobre el apoyo B—.

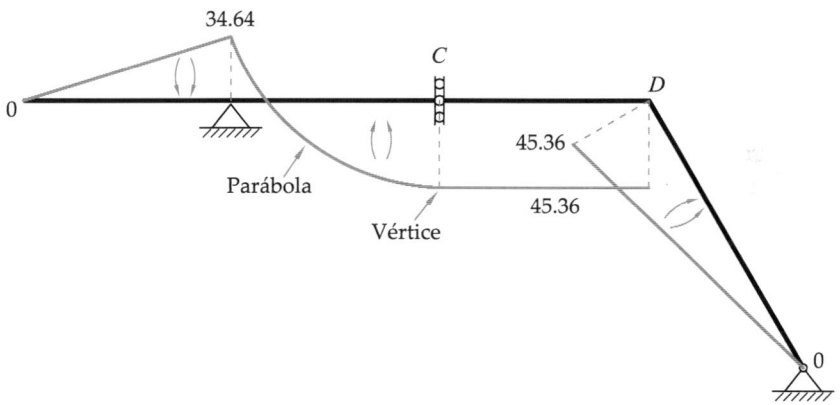

Figura 1.6.9. Diagrama de momentos flectores (M, en kN m)

---

[25]Es interesante comparar esta situación con la que se encontró en los nudos rígidos de los ejercicios 1.4 y 1.5, donde se producía la coincidencia de valores absolutos, pero no de signos.

Ejercicio 1.7   Pórtico con una doble deslizadera

En la estructura de la figura el nudo B es rígido, mientras que C es una doble deslizadera. Para dicha estructura se pide:

1. Calcular las reacciones en A, B y D, y los momentos transmitidos en C.
2. Representar los diagramas de esfuerzos axiles, cortantes, y momentos flectores.
3. Hallar la expresión analítica de $N(x)$ en la barra AB y de $V(x)$ y $M(x)$, en la barra BC. Tomar los orígenes de x en A y B, respectivamente.

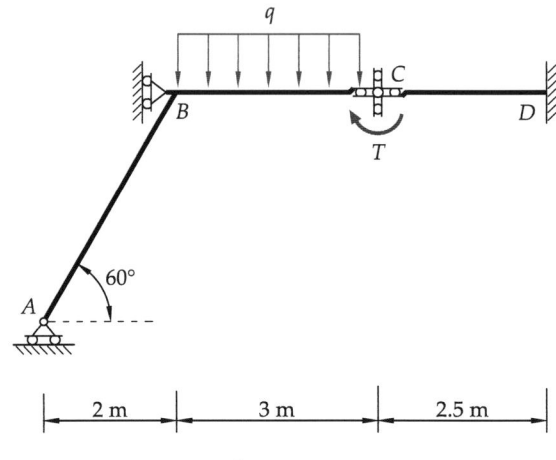

Figura 1.7.1

▷ **Solución**

Nota.   Respecto a las unidades de los resultados, se va a suponer que q viene dado en kN/m y T en kN m, por lo que los resultados de fuerzas y momentos serán en kN y kN m, respectivamente, evitando tener que volver a hacer esta aclaración continuamente durante la resolución.

La estructura es isostática. Al voladizo CD se le añaden las barras AB y BC, unidas rígidamente en B, las cuales se vinculan con dos reacciones que impiden su trasla-ción horizontal y vertical, y el equilibrio de momentos de ABC queda finalmente asegurado por el momento que la doble deslizadera C puede transmitir al voladizo.

Como en la doble deslizadera hay un momento T aplicado, se separará la estructura en tes partes: el tramo ABC^{-}, la doble deslizadera C y el tramo $C^{+}D$.

Recuento de incógnitas: reacción en A, reacción en B, flector en C^{-}, flector en C^{+}, y tres reacciones en D, que hacen un total de siete incógnitas.

Recuento de ecuaciones: tres en el tramo ABC^-, una de equilibrio de momentos en la doble deslizadera, y tres en el tramo C^+D, que hacen un total de siete ecuaciones.

Una vez obtenidas dichas incógnitas, se determinarán los esfuerzos pedidos.

1) Cálculo de las reacciones

Se aísla en primer lugar la parte ABC, empleando el croquis de la figura 1.7.2. El momento M_C^- representa el flector en C, pero calculado a la izquierda de la doble deslizadera. Nótese que en este caso no es conveniente dividir la estructura por la deslizadera, ya que sobre ella hay un par aplicado, por lo que la ley de momentos presentará una discontinuidad en dicho punto. Se expresa el equilibrio del tramo ABC^- como sigue:

$$\sum F_h = 0 \; : \; H_B = 0$$
$$\sum F_h = 0 \; : \; V_A - 3q = 0 \;\Rightarrow\; V_A = 3q$$
$$\sum M_A = 0 \; : \; -3q\,3.5 + M_C^- = 0 \;\Rightarrow\; M_C^- = 10.5q$$

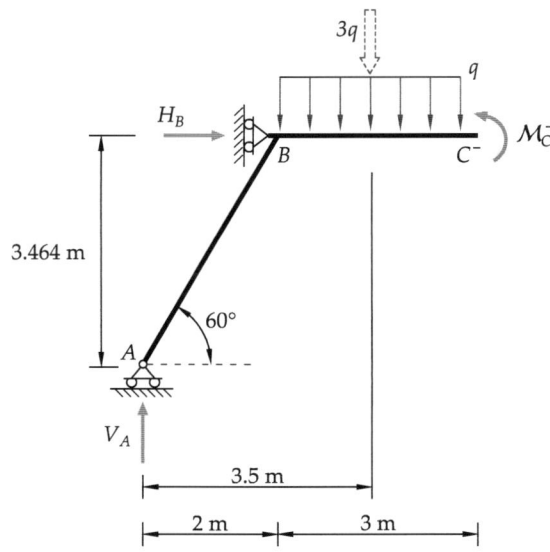

Figura 1.7.2. Equilibrio de ABC

Se aísla a continuación la doble deslizadera, según el croquis de la figura 1.7.3 (a). Se trata de un enlace interno que transmite un momento a ambos lados, y sobre el cual,

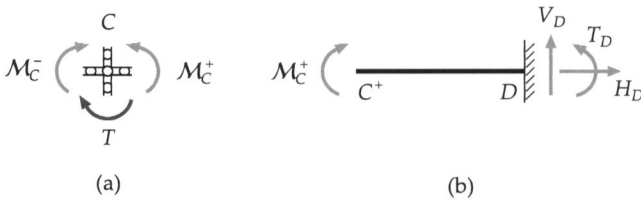

(a)   (b)

Figura 1.7.3. (a) Equilibrio de la doble deslizadera. (b) Equilibrio de CD.

en este caso, hay aplicado un par de fuerzas externas T (de forma análoga a la carga externa P, aplicada en el enlace interno tipo rótula del ejercicio 1.2):

$$\sum M_C = 0: \quad -\mathcal{M}_C^- - T + \mathcal{M}_C^+ = 0 \quad \Rightarrow \quad \mathcal{M}_C^+ = \mathcal{M}_C^- + T = 10.5q + T$$

Finalmente, aislando el voladizo CD, figura 1.7.3 (b):

$$\sum F_h = 0 \; : \; H_D = 0$$
$$\sum F_v = 0 \; : \; V_D = 0$$
$$\sum M_C = 0 \; : \; -\mathcal{M}_C^+ + T_D = 0 \quad \Rightarrow \quad T_D = \mathcal{M}_C^+ = 10.5q + T$$

Comprobación de las reacciones.   Se toman momentos positivos (antihorarios) y negativos (horarios) en B para comprobar que coinciden. Como dicho punto está en la línea de acción de las dos únicas reacciones horizontales, esta ecuación servirá para comprobar si las restantes son correctas. Además, ambas reacciones horizontales verifican $\sum F_h = 0$. Para la estructura completa se tiene, por tanto:

$$\sum M_B \, [\circlearrowleft] = T_D = 10.5q + T$$
$$\sum M_B \, [\circlearrowleft] = 2\,V_A + 3q\,1.5 + T = 2 \cdot 3q + 3q \cdot 1.5 + T = 10.5q + T$$

Se obtienen valores iguales y de sentidos opuestos, lo que indica que las reacciones calculadas son correctas.

2-3) Leyes y diagramas de esfuerzos

A continuación se realiza el cálculo analítico y la representación gráfica de las leyes de esfuerzos. En este ejercicio, por lo tanto, no se emplean secciones o rebanadas en posiciones fijas y numeradas —como se hizo en otros ejercicios anteriores—, sino que se sitúan secciones en una abscisa genérica x en cada tramo, obteniéndose en dichas secciones las resultantes de fuerzas y momentos que proporcionan las leyes buscadas.

La subdivisión en tramos es directa: la barra AB conforma un primer tramo, y en C hay un par aplicado que obliga también a dividir la estructura para hallar la ley del flector. Por lo tanto, se tienen los tramos AB, BC y CD.

Diagrama de axiles

Tramo AB.   El croquis de la figura 1.7.4 muestra las fuerzas que actúan por debajo de una sección genérica de la barra AB, situada a distancia x del apoyo A. La reacción V_A se ha descompuesto en las direcciones axial y transversal, lo que es necesario para hallar el axil y el cortante. De acuerdo con el criterio de signos positivo mostrado en la figura (ver apartado 1.0.3), se observa que el axil es constante y de valor

$$\mathcal{N}(x) = -\frac{V_A\sqrt{3}}{2} = -\frac{3\sqrt{3}q}{2}$$

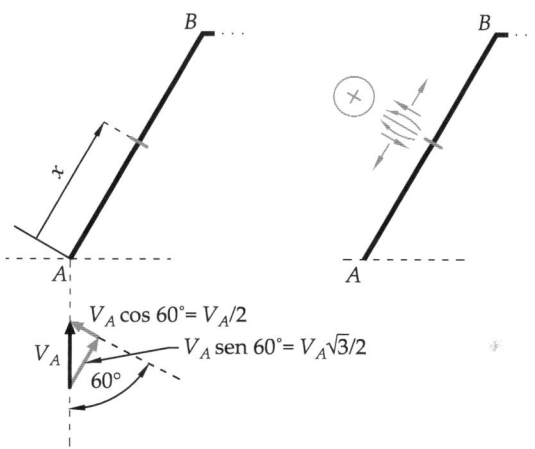

Figura 1.7.4. Barra AB: sección genérica en abscisa local x y fuerzas actuantes por debajo de la misma. Criterio de esfuerzos positivos en la barra inclinada.

Tramos BC y CD.   En la figura 1.7.2 se observa que no existe axil actuando a la derecha de ninguna sección de la barra BC. Del mismo modo, en la figura 1.7.3 (b) se observa que no existe axil actuando a la izquierda de ninguna sección de la barra CD. Por lo tanto, el axil es nulo desde B hasta D.

El diagrama de axiles se representa en la figura 1.7.5.

Diagrama de cortantes

Tramo AB.   El croquis de la figura 1.7.4 muestra las fuerzas que actúan por debajo de una sección genérica de la barra AB. Según el criterio de signos positivo, se observa

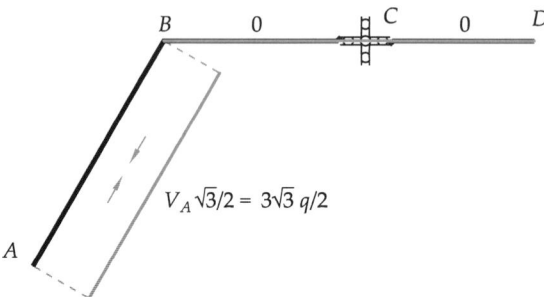

Figura 1.7.5. Diagrama de esfuerzos axiles ($\mathcal{N}$, en kN si q en kN/m)

que la componente transversal de la reacción V_A da lugar a un cortante negativo y constante:

$$\mathcal{V}(x) = -\frac{V_A}{2} = -\frac{3q}{2}$$

Tramo BC.   La ley en BC se determina con ayuda de la figura 1.7.6, en la que se ha representado una sección genérica a distancia x del nudo B, y las fuerzas que quedan a la izquierda (lado dorsal) de dicha sección. Así, puede observarse que

$$\mathcal{V}(x) = -V_A + q\,x = -3q + q\,x$$
$$\mathcal{V}(x) = q\,(x - 3)$$

El cortante es lineal, como corresponde a una carga repartida uniforme, y sus valores

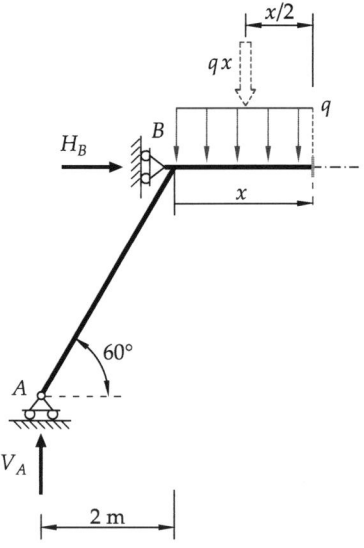

Figura 1.7.6. Croquis para cálculo de $\mathcal{V}(x)$ y $\mathcal{M}(x)$ en tramo BC

en los extremos del intervalo son

$$\mathcal{V}(0) = -3q$$
$$\mathcal{V}(3) = 0$$

Puesto que $x = 3$ m en el punto C, la ley de cortantes BC pasa por cero en dicho punto, y ello dará lugar a un flector máximo local en C.

Tramo CD.   En la figura 1.7.5 se observa que no existe fuerza transversal actuando a la izquierda de ninguna sección de la barra CD. Por lo tanto, el cortante es nulo entre C y D.

El diagrama de cortantes se representa en la figura 1.7.7.

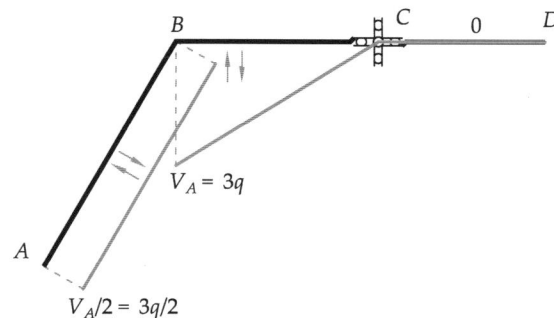

Figura 1.7.7. Diagrama de esfuerzos cortantes ($\mathcal{V}$, en kN si q en kN/m)

Diagrama de flectores

Tramo AB.   Vuelve a utilizarse aquí el croquis de la figura 1.7.4, que muestra las fuerzas que actúan por debajo de una sección genérica de la barra AB. Según el criterio de signos positivos, se observa que la componente transversal de la reacción V_A provoca un flector positivo que aumenta linealmente con la coordenada local x:

$$\mathcal{M}(x) = \frac{V_A}{2} x = \frac{3q}{2} x$$

Los valores de x se extienden desde $x = 0$ (en A) hasta $x = 2/\cos 60° = 4$ m (en B). En dichos puntos los flectores valen:

$$\mathcal{M}(0) = 0$$
$$\mathcal{M}(4) = 6q$$

Tramo BC.   La ley en BC se determina de nuevo con ayuda de la figura 1.7.6, donde se representa una sección genérica a distancia x del nudo B, y las fuerzas que quedan a la izquierda (lado dorsal) de dicha sección. Puede observarse que:

$$\mathcal{M}(x) = V_A(2 + x) - q\,x\,\frac{x}{2}$$

$$\mathcal{M}(x) = -q\,\frac{x^2}{2} + 3q\,x + 6q$$

Los valores de interés para representar esta función cuadrática son

$$\mathcal{M}(0) = 6\,q$$

$$\mathcal{M}(3) = -q\,\frac{9}{2} + 9\,q + 6\,q = 10.5q$$

Se observa que coinciden, como cabía esperar

$$\mathcal{M}(3) = 10.5q = \mathcal{M}_C^-$$

El vértice de la parábola está en el punto C^- (nótese que en C hay una discontinuidad), según se explicó al hallar la ley de cortante. Conviene ahora comprobar (se deja como ejercicio al lector) que $\mathcal{M}'(x) = -\mathcal{V}(x)$ en este tramo.

Tramo CD.   En el tramo CD el flector será constante dado que el valor del esfuerzo cortante es nulo. En la figura 1.7.5 se observa que, a la izquierda de cualquier sección del tramo CD, el flector es igual al único par de fuerzas que actúa, es decir

$$\mathcal{M}_C^+ = 10.5q + T$$

El diagrama de flectores se representa en la figura 1.7.8. Nótese, como curiosidad, que en C hay una discontinuidad (pues hay un momento puntual aplicado en la doble deslizadera), pero la derivada es continua (pues lo es la ley de cortantes).

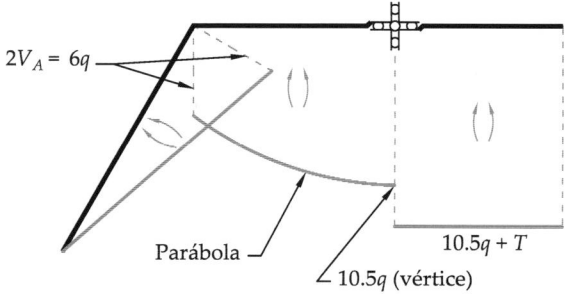

Figura 1.7.8. Diagrama de momentos flectores ($\mathcal{M}$, en kN/m si q en kN/m y T en kN m)

2

Leyes de esfuerzos en arcos

Contenido

2.0   Introducción

En este capítulo se resuelven una serie de problemas sobre el cálculo de las leyes de esfuerzos en arcos isostáticos, así como en estructuras isostáticas compuestas por barras rectas y arcos. El contenido es, por tanto, similar al del capítulo 1 en el sentido de que está dedicado al cálculo de esfuerzos, pero se ha decidido ubicar en un capítulo independiente al ser los arcos elementos específicos de mayor dificultad respecto a las barras rectas.

2.0.1   Ejes locales en arcos

Además de lo indicado en el apartado 1.0.2, se añade aquí la peculiaridad que presentan los arcos en cuanto a los ejes de referencia locales.

A efectos de la orientación de los ejes locales, los arcos pueden considerarse como una sucesión de infinitas barras rectas de longitud infinitesimal, por lo que dicha orientación de ejes locales en cada sección de un arco se determinará de igual forma que en barras inclinadas. En este sentido, es importante tener en cuenta que en cada sección la orientación de la barra (infinitesimal) es distinta.

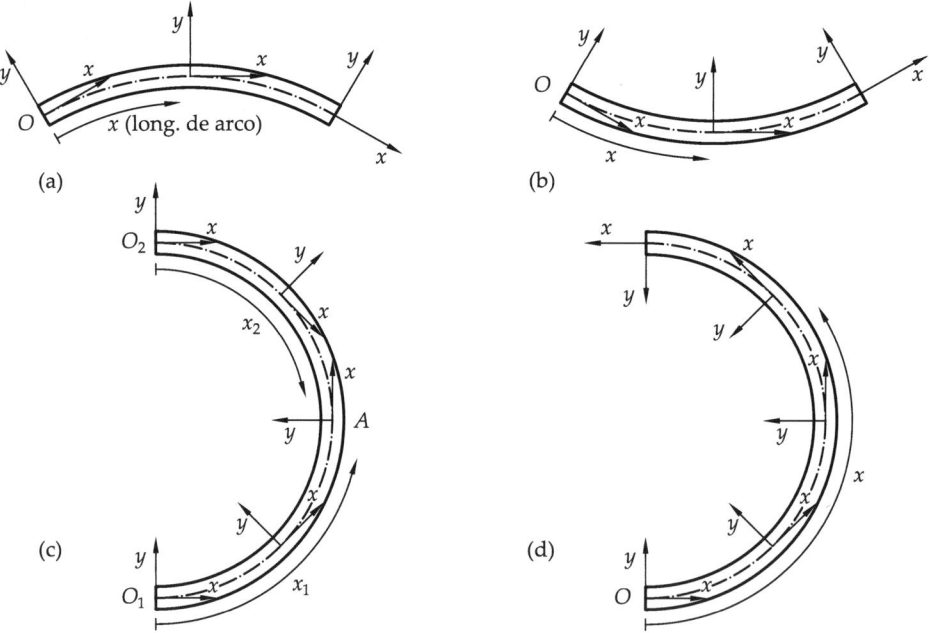

Figura 2.0.1. Ejes locales en arcos

En la figura 2.0.1 se puede ver que los casos (a) y (b) no ofrecen dudas respecto a la elección del sistema local en cada punto, al contrario que los dibujos (c) y (d), al tener estos la peculiaridad de que el arco presenta tangente vertical en una sección, que como se puede ver es el punto A de la figura 2.0.1 (c). Para tal caso habría, a priori, dos posibles criterios que respetan las máximas de que $\hat{\mathbf{e}}_z = \mathbf{k}$ y de que el eje local x tenga el sentido positivo hacia la longitud de arco creciente de la directriz:

- En el caso (c) se ha dividido el arco por el punto de tangencia vertical (A) y se han tomado dos orígenes para la longitud de arco de la directriz, O_1 y O_2, teniéndose dos coordenadas curvilíneas: x_1 en el tramo $[O_1, A]$; y x_2 en el tramo $[O_2, A)$.
- En el caso (d) hay un único origen O, por lo que la coordenada curvilínea x es única y recorre todo el arco.

Atendiendo a la comodidad, el criterio de la figura (d) es en general más conveniente, y será el que se utilice en el resto de este libro. Por lo tanto, en cada arco habrá un único origen O para la longitud de arco de directriz x. En los casos donde exista tangente vertical, en todo caso, utilizar uno o dos orígenes para x no afectaría a la validez de la solución obtenida, sino únicamente a la mayor o menor facilidad para realizar las operaciones matemáticas.

2.0.2   Criterios de signos

Del mismo modo que se establecieron criterios de signos para el cálculo y representación de fuerzas y esfuerzos en barras rectas, debe hacerse lo propio para el cálculo de arcos del que se ocupa este capítulo.

A este fin, los ejes globales de referencia, definidos previamente en el apartado 1.0.2, se mantendrán iguales sin modificación alguna. Además de ello, se tendrán en cuenta las siguientes consideraciones:

I) Criterios de signos de las acciones

Empleando los ejes globales del apartado 1.0.2 y los ejes locales definidos en el apartado 2.0.1 anterior se tienen las referencias necesarias para plantear el equilibrio global y local. Las fuerzas y momentos serán positivos cuando sus componentes sean positivas en los citados ejes (ver figura 1.0.4 para los ejes globales, y figura 2.0.1 para los locales).

II) Criterio de signos de los esfuerzos

Como se decía anteriormente, la definición de los ejes locales del apartado 2.0.1 se basa en el hecho de que un arco puede entenderse como una sucesión de infinitas barras rectas diferenciales a efectos de situar sus ejes locales. En cada sección o rebanada, el eje local x se sitúa sobre la tangente de la directriz y apunta en el sentido de la longitud de arco creciente de la misma. Tras lo anterior se orienta el eje local y (recordemos que el sistema debe de ser dextrógiro y que $\hat{\mathbf{e}}_z = \mathbf{k}$), quedando definidos los ejes locales y por ende el criterio de signos de los esfuerzos, como muestra la figura 2.0.2.

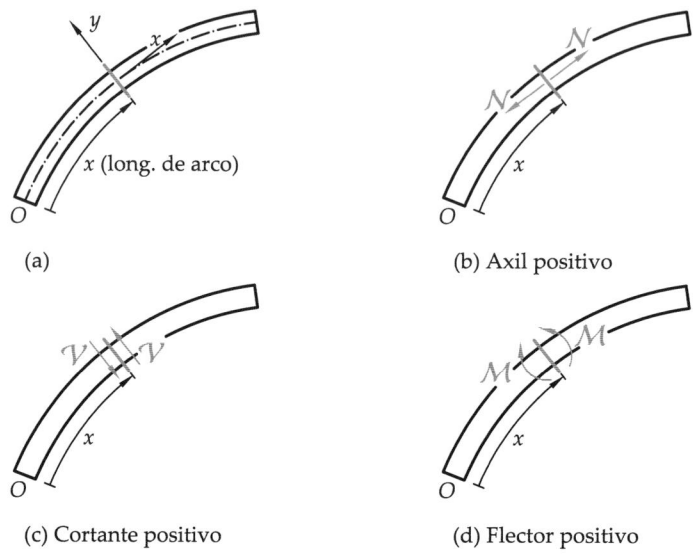

(a)

(b) Axil positivo

(c) Cortante positivo

(d) Flector positivo

Figura 2.0.2. Criterio de signo de los esfuerzos en arcos

III) Criterio para la representación gráfica de los esfuerzos

Con el objetivo de mantener la mayor similitud posible en el trazado de leyes de esfuerzos en barras rectas y en arcos, se adoptan los mismos criterios para la representación gráfica empleados en el capítulo anterior: el axil y el cortante positivos se representan en el lado de la directriz del arco hacia el que apunta el semieje local y^+; para el flector, en cambio, se emplea el criterio contrario, quedando los flectores positivos representados en el lado hacia el que apunta el semieje local y^- (ver figura 2.0.3).

2.0.3   Ecuaciones de equilibrio de la rebanada en barras curvas

Se completa a continuación el apartado 1.0.4 que se dedicó al equilibrio de la rebanada en barras rectas. En las ecuaciones siguientes, como es lógico, se utilizan los ejes locales de referencia de sección definidos en el apartado 2.0.1 anterior. La deducción de estas ecuaciones de equilibrio puede consultarse en el capítulo dedicado a barras curvas del libro de teoría.

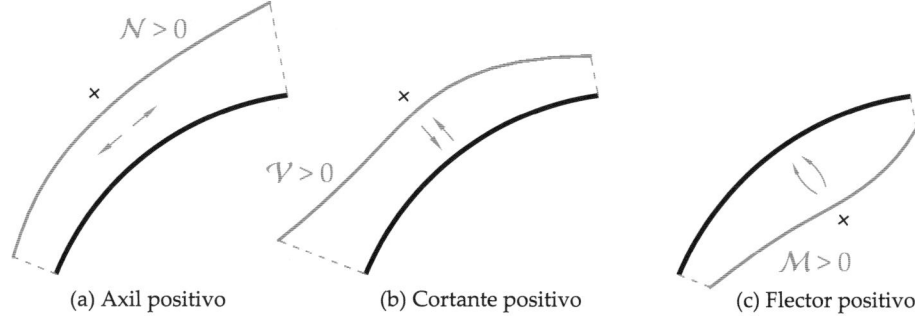

(a) Axil positivo   (b) Cortante positivo   (c) Flector positivo

Figura 2.0.3. Representación de esfuerzos positivos

I) Cargas puntuales

Las ecuaciones de equilibrio de la rebanada que está sometida a cargas puntuales se mantienen idénticas a las de las barras rectas:

$$\Delta \mathcal{N} = -F_x \tag{2.0.1}$$

$$\Delta \mathcal{V} = -F_y \tag{2.0.2}$$

$$\Delta \mathcal{M} = -T \tag{2.0.3}$$

II) Cargas distribuidas

En cambio, el equilibrio local de la rebanada ante cargas distribuidas muestra el acoplamiento del axil y el cortante, a través del radio de curvatura R:

$$\frac{d\mathcal{N}}{dx} = -p_x - \frac{\mathcal{V}}{R} \tag{2.0.4}$$

$$\frac{d\mathcal{V}}{dx} = -p_y + \frac{\mathcal{N}}{R} \tag{2.0.5}$$

$$\frac{d\mathcal{M}}{dx} = -\mathcal{V} - m \tag{2.0.6}$$

Esta particularidad de los arcos los diferencia de las barras rectas a nivel del comportamiento de su porción elemental o rebanada, cuyo equilibrio vendrá influido por el valor de R. Como se decía, el axil y cortante aparecen acoplados en las dos primeras ecuaciones, que se reducen a las de la barra recta cuando $R \to \infty$.

Combinando las ecuaciones anteriores se obtiene la ecuación de equilibrio de la rebanada curva en función del momento flector $\mathcal{M}$ y las cargas exteriores:

$$\frac{d^3\mathcal{M}}{dx^3} + \frac{d^2 m}{dx^2} + \frac{1}{R}\frac{dR}{dx}\left(\frac{d^2\mathcal{M}}{dx^2} + \frac{dm}{dx}\right) + \frac{1}{R^2}\left(\frac{d\mathcal{M}}{dx} + m\right) - \frac{p_x}{R} - \frac{dp_y}{dx} - \frac{1}{R}\frac{dR}{dx}p_y = 0 \tag{2.0.7}$$

En el caso habitual de que el radio R sea constante $dR/dx = 0$, por lo que esta ecuación de equilibrio se simplifica como sigue:

$$\frac{d^3\mathcal{M}}{dx^3} + \frac{d^2m}{dx^2} + \frac{1}{R^2}\left(\frac{d\mathcal{M}}{dx} + m\right) - \frac{p_x}{R} - \frac{dp_y}{dx} = 0 \qquad (2.0.8)$$

Si además la acción exterior de tipo momento distribuido es nula ($m = 0$) queda

$$\frac{d^3\mathcal{M}}{dx^3} + \frac{1}{R^2}\frac{d\mathcal{M}}{dx} - \frac{p_x}{R} - \frac{dp_y}{dx} = 0 \qquad (2.0.9)$$

2.0.4   Reglas prácticas para la representación de diagramas de esfuerzos en arcos

A diferencia de las reglas indicadas en el apartado 1.0.5 del capítulo anterior, a nivel práctico no presenta especial ventaja recomendar métodos abreviados o simplificados para el cálculo de esfuerzos en barras curvas. Ello se debe a que la propia geometría curva, como se verá en los ejercicios resueltos a continuación, resulta en leyes que rara vez toman valores constantes —salvo casos particulares como podría ser el de un par concentrado actuando en el extremo de un arco en voladizo—.

Por ello, el procedimiento seguido deberá ser el siguiente:

1. Plantear la posición de una sección genérica intermedia del arco, identificada habitualmente por un cierto ángulo variable, por ejemplo, α, medido desde una referencia fija (horizontal, vertical, u otra). Nótese que el sentido creciente de α marcará el sentido creciente de la longitud de arco x, siendo:

$$x = R\alpha \qquad (2.0.10)$$

   para arcos de radio constante, que son los que se verán en los ejercicios.

2. Situar en dicha sección los ejes locales según el criterio del apartado 2.0.1.

3. Aislar una parte de la estructura a uno u otro lado de dicha sección genérica del arco. Lógicamente debe elegirse aquel lado donde las cargas y reacciones resulten más sencillas de manejar.

4. Plantear el equilibrio de la parte de arco elegida, o el procedimiento equivalente de calcular las resultante de fuerzas y momentos en la sección.

5. Al hacer lo anterior se obtendrán las leyes de esfuerzos en función de α, con lo cual se tendrán unas expresiones matemáticas que se representarán gráficamente de acuerdo a los criterios adoptados en el apartado 2.0.2.

6. Hay que aclarar que si hubiera una carga puntual intermedia (o la carga distribuida cambiara su ley) habría que tomar dos secciones genéricas, una antes y otra después de la carga, repitiendo el procedimiento descrito para las dos secciones.

Los pasos descritos se ilustrarán en los ejercicios resueltos que se presentan a continuación; en el último de ellos se combinarán además con el cálculo y representación de esfuerzos en barras rectas, las cuales forman parte de la misma estructura que el arco.

Por último, nótese que las ecuaciones de equilibrio de la rebanada (2.0.4), (2.0.5) y (2.0.6) se pueden transformar haciendo uso de la regla de la cadena de la siguiente forma:

$$\frac{\mathrm{d}\mathcal{N}}{\mathrm{d}\alpha}\frac{\mathrm{d}\alpha}{\mathrm{d}x} = -p_x - \frac{\mathcal{V}}{R} \tag{2.0.11}$$

$$\frac{\mathrm{d}\mathcal{V}}{\mathrm{d}\alpha}\frac{\mathrm{d}\alpha}{\mathrm{d}x} = -p_y + \frac{\mathcal{N}}{R} \tag{2.0.12}$$

$$\frac{\mathrm{d}\mathcal{M}}{\mathrm{d}\alpha}\frac{\mathrm{d}\alpha}{\mathrm{d}x} = -\mathcal{V} - m \tag{2.0.13}$$

y como para arcos de radio constante se cumple (2.0.10), se tiene que $\mathrm{d}x = R\mathrm{d}\alpha$, por lo que queda:

$$\frac{\mathrm{d}\mathcal{N}}{\mathrm{d}\alpha} = -R\,p_x - \mathcal{V} \tag{2.0.14}$$

$$\frac{\mathrm{d}\mathcal{V}}{\mathrm{d}\alpha} = -R\,p_y + \mathcal{N} \tag{2.0.15}$$

$$\frac{\mathrm{d}\mathcal{M}}{\mathrm{d}\alpha} = -R\,\mathcal{V} - R\,m \tag{2.0.16}$$

que son ecuaciones más prácticas para los ejercicios de arcos que se resuelven en este capítulo.

Ejercicio 2.1   Arco con carga horizontal en un apoyo

El arco de la figura, de radio R, está sometido a una carga horizontal P en el apoyo deslizante, se pide calcular sus leyes de esfuerzos en función del ángulo α.

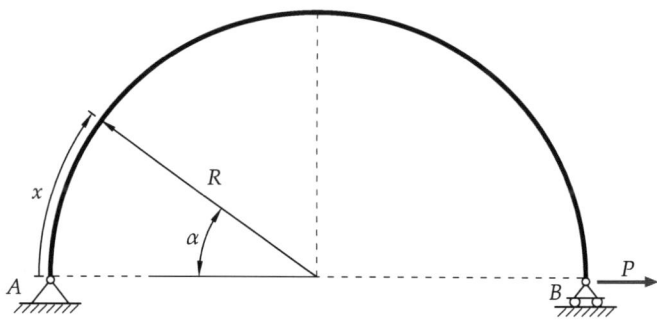

Figura 2.1.1

▷ Solución

El sistema es isostático por tratarse de un único sólido con tres reacciones no concurrentes ni paralelas. Al no ser un arco en voladizo es necesario determinar primero dichas reacciones; una vez completado este paso se estará en disposición de calcular y representar las leyes de esfuerzos, para lo cual se seguirán las reglas prácticas indicadas en el apartado 2.0.4.

Cálculo de las reacciones

Dada la sencillez del problema, se pueden aplicar las ecuaciones de equilibrio *a ojo*, sin necesidad de hacer cálculos. El resultado es que el arco está en equilibrio ante una pareja de fuerzas P, iguales, de signo opuesto, que actúan sobre la misma línea de acción (la que une ambos apoyos); ver figura 2.1.2:

$$\sum F_h = 0 \; : \; H_A = P \quad \text{(las dos fuerzas horizontales se compensan)}$$

$$\sum M_A = 0 \; : \; V_B = 0 \quad \text{(es la única fuerza que produce momento en A)}$$

$$\sum F_v = 0 \; : \; V_A = 0$$

Nótese que si $V_B = 0$, entonces V_A también, pues no hay más fuerzas verticales.

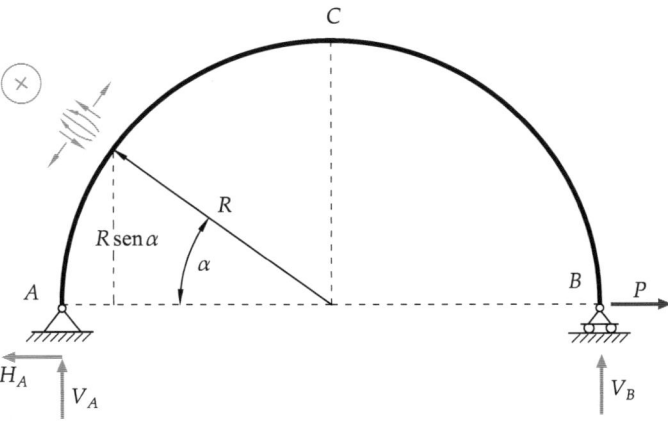

Figura 2.1.2

Cálculo de las Leyes de esfuerzos

A continuación se realiza el cálculo analítico y la representación gráfica de las leyes de esfuerzos. El trazo grueso representa la directriz del arco.

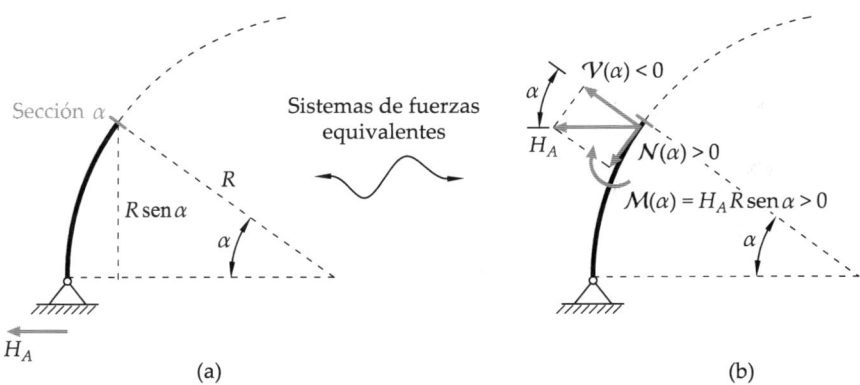

(a)   (b)

Figura 2.1.3. (a) Fuerzas existentes a la izquierda de la sección α en estudio. (b) Sistema de fuerzas aplicadas en la sección α, equivalentes a las mostradas en (a).

Siguiendo el procedimiento de cálculo de resultantes referido en el punto 4 del apartado 2.0.4 de la introducción (y ampliamente aplicado en el capítulo anterior), para hallar los esfuerzos en una sección se toman todas las acciones a un lado o al otro de la sección en estudio, calculando su resultante en dicha sección.

Procediendo por el lado izquierdo[1], se observa en la figura 2.1.3 (a) que a la izquierda de la sección de corte solo existe una única fuerza: H_A; por lo tanto, su resultante en

---

[1]Tomar la parte de la izquierda o la de la derecha depende de qué resulte más fácil, en este caso es indiferente, pues hay una sola fuerza a ambos lados.

esta sección se obtiene simplemente trasladando H_A hasta ella, debiendo añadirse además un momento $\mathcal{M}(\alpha)$, de modo que las fuerzas aplicadas en la sección sean estáticamente equivalentes a H_A actuando en el apoyo A (ver figura 2.1.3 (b))[2].

En un arco, representar una fuerza trasladada a la sección de corte —como se acaba de hacer con H_A— es conveniente para, acto seguido, descomponerla en las direcciones tangente y normal al arco, obteniéndose así los esfuerzos axil $\mathcal{N}(\alpha)$ y cortante $\mathcal{V}(\alpha)$ que dicha fuerza produce. Para ello debe tenerse en cuenta el criterio de signos de la cara dorsal de la rebanada, mostrado en la figura 2.1.2. Comparando dicho criterio con la figura 2.1.3 (b) se observa que el axil es positivo (tracción), mientras que el cortante es negativo:

$$\mathcal{N}(\alpha) = P \operatorname{sen} \alpha$$
$$\mathcal{V}(\alpha) = -P \cos \alpha$$

Dada la variación de las funciones seno y coseno, el cortante será máximo en A y B, y nulo en C, justo al contrario que el axil[3].

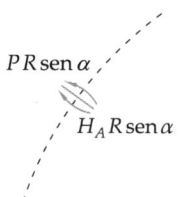

$PR \operatorname{sen} \alpha$

$H_A R \operatorname{sen} \alpha$

Figura 2.1.4. Flector en función de α en caras dorsal y frontal de la sección en estudio

El momento flector viene dado por el citado $\mathcal{M}(\alpha)$, de signo positivo según el criterio de signos de la cara dorsal, cuya expresión es:

$$\mathcal{M}(\alpha) = H_A \cdot R \operatorname{sen} \alpha = PR \operatorname{sen} \alpha$$

Como se aprecia en la figura 2.1.2, H_A y P se autoequilibran —tienen la misma línea de acción—, por lo que sus distancias a la sección de estudio son la misma ($R \operatorname{sen} \alpha$), siendo el momento que producen ambas fuerzas respecto a dicha rebanada de igual valor, pero de sentido opuesto, como cabe esperar (ver figura 2.1.4). Según este razonamiento, es fácil intuir que el flector será positivo en todo el arco, siendo nulo en los extremos y máximo en el centro.

Comprobación de las leyes de esfuerzos mediante las ecuaciones de equilibrio de la rebanada

Aunque el enunciado no lo pide, a continuación se procede a comprobar las leyes de esfuerzos obtenidas mediante la aplicación de las ecuaciones diferenciales de equilibrio de la rebanada (2.0.14), (2.0.15) y (2.0.16) presentadas en la introducción, que particularizadas para este problema, con $p_x = 0$, $p_y = 0$, $m = 0$, se transforman en:

$$\frac{\mathrm{d}\mathcal{N}(\alpha)}{\mathrm{d}\alpha} = -\mathcal{V}(\alpha)$$

---

[2]En asignaturas de Mecánica racional, este proceso suele denominarse *reducir el sistema de fuerzas a un punto*: en este ejemplo, el sistema de la figura 2.1.3 (a) se *reduce* al punto de la directriz correspondiente a la sección α, como muestra la figura 2.1.3 (b).

[3]Los puntos A y B son los *arranques*, y el punto C es la *clave* del arco.

$$\frac{\mathrm{d}\mathcal{V}(\alpha)}{\mathrm{d}\alpha} = \mathcal{N}(\alpha)$$

$$\frac{\mathrm{d}\mathcal{M}(\alpha)}{\mathrm{d}\alpha} = -R\mathcal{V}(\alpha)$$

Derivando las leyes de esfuerzos se tiene:

$$\frac{\mathrm{d}\mathcal{N}(\alpha)}{\mathrm{d}\alpha} = P\cos\alpha = \text{(se cumple)} = -\mathcal{V}(\alpha)$$

$$\frac{\mathrm{d}\mathcal{V}(\alpha)}{\mathrm{d}\alpha} = P\,\mathrm{sen}\,\alpha = \text{(se cumple)} = \mathcal{N}(\alpha)$$

$$\frac{\mathrm{d}\mathcal{M}(\alpha)}{\mathrm{d}\alpha} = PR\cos\alpha = \text{(se cumple)} = -R\mathcal{V}(\alpha)$$

El cumplimiento de estas ecuaciones asegura que las leyes de esfuerzos calculadas son correctas.

Se recuerda que los significados geométricos del ángulo α y la longitud de arco x, relacionados por (2.0.10), $x = R\alpha$, se encuentran representados en la figura2.1.1 del enunciado.

Diagramas de esfuerzos

Los diagramas se obtienen representando los valores de $\mathcal{N}$, $\mathcal{V}$ y $\mathcal{M}$ sobre el arco, ver figuras 2.1.5, 2.1.6 y 2.1.7, en los que se han seguido los criterios de representación establecidos en la figura 2.0.3 de la introducción a este capítulo. Cada valor de la función se representa en perpendicular a la tangente a la directriz (es decir, sobre el radio del arco dado que la directriz es circular). Se observa que los axiles y cortantes positivos quedan representados en la parte externa, mientras que los flectores positivos quedan representados al contrario, en la parte interna.

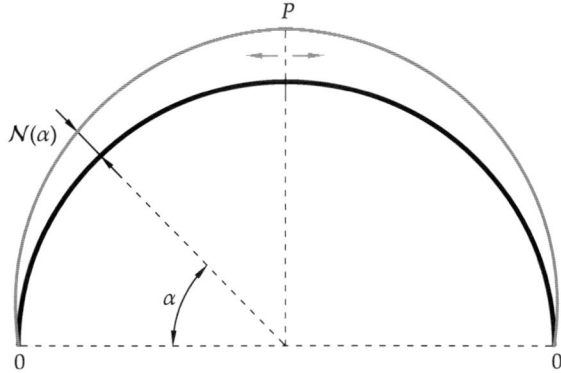

Figura 2.1.5. Diagrama de esfuerzos axiles ($\mathcal{N}$)

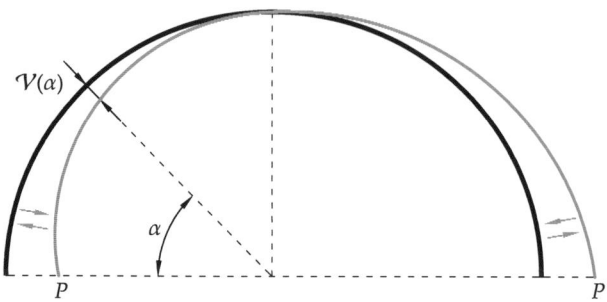

Figura 2.1.6. Diagrama de esfuerzos cortantes ($\mathcal{V}$)

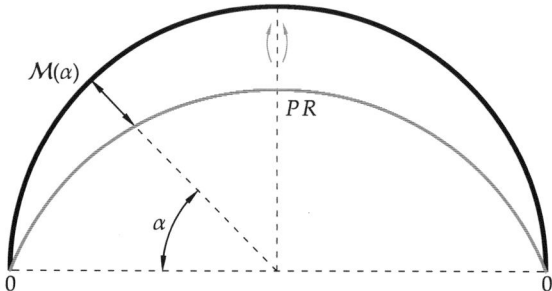

Figura 2.1.7. Diagrama de momentos flectores ($\mathcal{M}$)

Ejercicio 2.2   Arco sometido a un momento en un apoyo

Se tiene un arco de medio punto simplemente apoyado que está sometido a un momento T (horario) en su apoyo fijo, tal cual se representa en la figura 2.2.1. Se pide: calcular las reacciones, calcular las ecuaciones de las leyes de esfuerzos y representar los diagramas de los mismos.

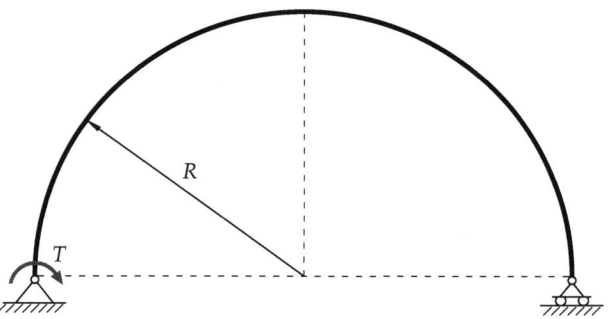

Figura 2.2.1

▷ Solución

El sistema es isostático por tratarse de un único sólido con tres reacciones no concurrentes ni paralelas. Al no tratarse de un voladizo, es necesario determinar primero dichas reacciones; una vez completado este paso se estará en disposición de calcular y representar las leyes de esfuerzos, para lo cual se seguirán las reglas prácticas indicadas en el apartado 2.0.4.

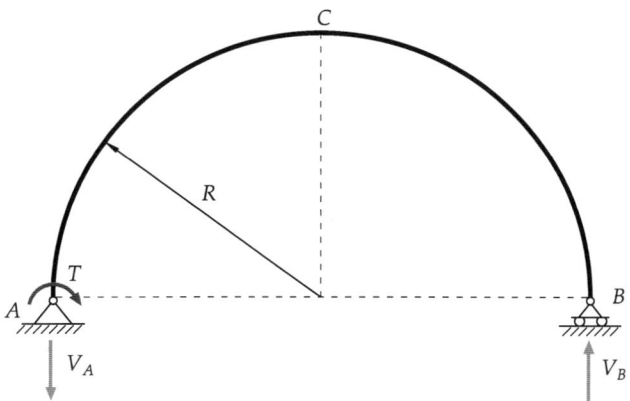

Figura 2.2.2. Esquema de acciones y reacciones

Cálculo de las reacciones

Puede observarse que no habrá reacción horizontal en el apoyo fijo A ya que, de haberla, sería la única fuerza horizontal aplicada y no podría existir equilibrio (la estructura aceleraría en dirección horizontal).

La única acción sobre la estructura es el par T. Por lo tanto, lo lógico es plantear las reacciones verticales de tal forma que produzcan un par de fuerzas igual y opuesto a T. Dado que T es de sentido horario, se dibujan V_A y V_B formando un par antihorario (ver figura 2.2.2). V_A será de valor igual a V_B por equilibrio de fuerzas verticales. El par que forman será:

$$V_A \cdot 2R = V_B \cdot 2R$$

Si dicho par tiene que ser en valor absoluto igual a T para que la estructura esté en equilibrio, entonces:

$$V_A \cdot 2R = T \quad \Rightarrow \quad V_A = \frac{T}{2R} = V_B$$

Con frecuencia, resulta útil este procedimiento consistente en hallar dos (únicas) reacciones, paralelas entre sí, que equilibren un par de fuerzas externo T. Se aconseja por ello al estudiante comprenderlo e interiorizarlo.

Cálculo de las Leyes de esfuerzos

Sólo hay dos fuerzas sobre la estructura, V_A y V_B. El axil y el cortante, por lo tanto, sólo pueden deberse a ellas. Dado que al poner una rebanada V_A quedará a la izquierda y V_B a la derecha, resulta igual de sencillo hallar $\mathcal{N}(\alpha)$ y $\mathcal{V}(\alpha)$ empleando uno u otro lado; elegimos por ejemplo el izquierdo. El criterio de signos para los esfuerzos en una sección α, según el apartado 2.0.2, es el representado en la figura 2.2.3.

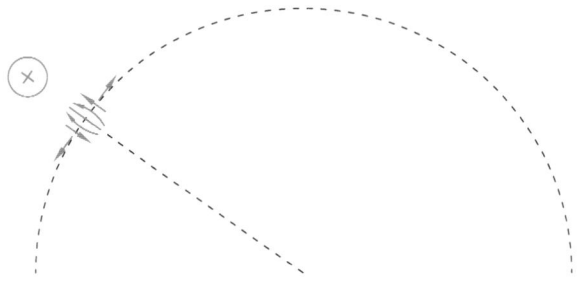

Figura 2.2.3

Siguiendo el procedimiento visto en el ejercicio 2.1, para hallar los esfuerzos en la sección α se toman todas las cargas y reacciones a la izquierda de la misma[4], aplicando sobre la propia sección su resultante y el momento que en ella produzcan (ver figura 2.2.4). Teniendo en cuenta el criterio de signos de la figura 2.2.3, se observa que el axil resulta positivo (tracción), así como el cortante y flector.

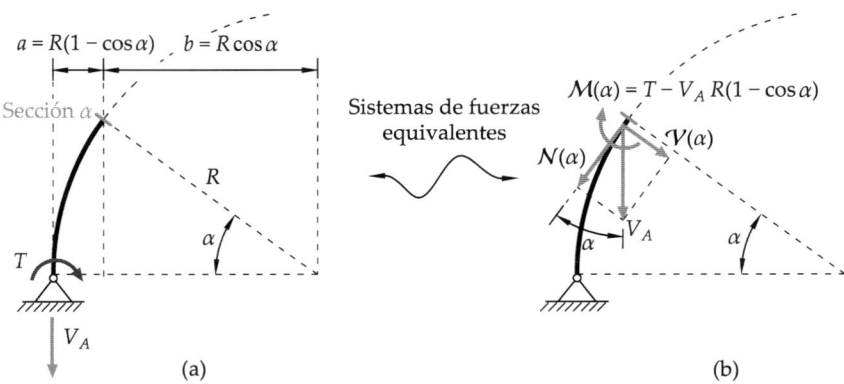

Figura 2.2.4. (a) Fuerzas existentes a la izquierda de la sección α en estudio. (b) Sistema de fuerzas aplicadas en la sección α, equivalentes a las mostradas en (a).

Se tiene, por tanto:

$$\mathcal{N}(\alpha) = V_A \cos \alpha = \frac{T}{2R} \cos \alpha$$

así pues, el axil máximo estará en A, el mínimo en B y será nulo en C. En cuanto al cortante, se tiene:

$$\mathcal{V}(\alpha) = V_A \operatorname{sen} \alpha = \frac{T}{2R} \cos \alpha$$

---

[4]No hay gran diferencia entre tomar fuerzas a la izquierda o a la derecha.

por lo que será nulo en A y B, y el máximo estará en la clave (C).

Nótese que el flector en α lo producen T y V_A:

$$M(\alpha) = T - V_A \cdot a = T - \frac{T}{2R}R(1 - \cos\alpha) = \frac{T}{2}(1 + \cos\alpha) \qquad (2.2.1)$$

Sin embargo, mirando por la derecha, el flector lo produce solo V_B (ver figura 2.2.5).

$$M(\alpha) = V_B \cdot (R + b) = \frac{T}{2R}(R + R\cos\alpha) = \frac{T}{2}(1 + \cos\alpha) \qquad (2.2.2)$$

obteniéndose el mismo resultado, como corresponde a una estructura que está en equilibrio.

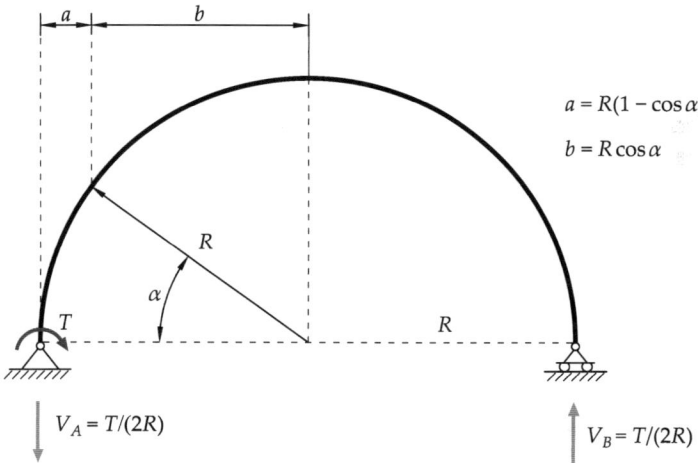

Figura 2.2.5. Esquema de acciones y reacciones

Se deja al lector la tarea de que compruebe los resultados verificando el cumplimiento de las ecuaciones diferenciales de equilibrio de la rebanada curva: (2.0.14), (2.0.15) y (2.0.16).

Diagramas de esfuerzos

A partir de las leyes de esfuerzos obtenidas, en las figuras 2.2.6, 2.2.7 y 2.2.8 se representan los diagramas de esfuerzos axiles, cortantes y momentos flectores, respectivamente.

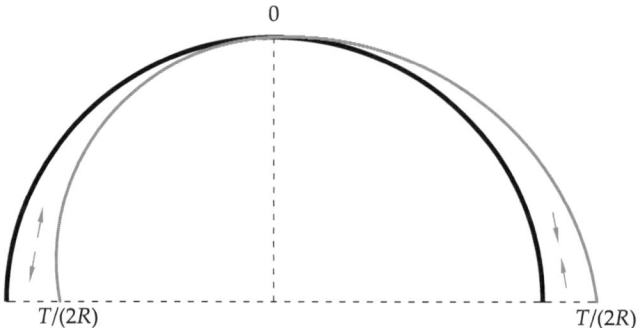

Figura 2.2.6. Diagrama de esfuerzos axiles ($\mathcal{N}$)

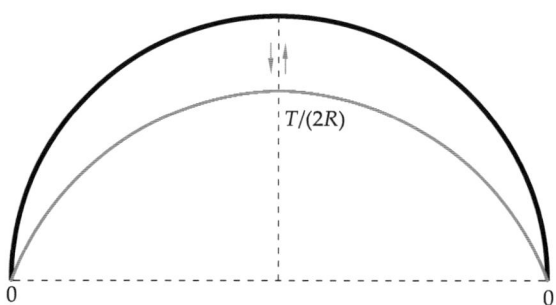

Figura 2.2.7. Diagrama de esfuerzos cortantes ($\mathcal{V}$)

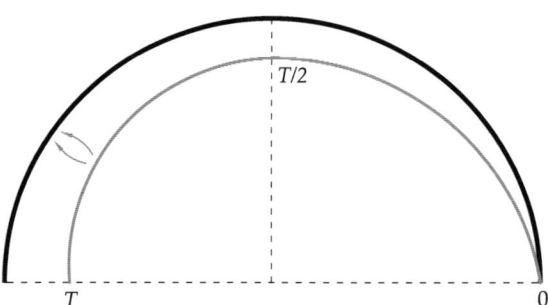

Figura 2.2.8. Diagrama de momentos flectores ($\mathcal{M}$)

Ejercicio 2.3   Arco solidario a una viga con deslizadera

Representar los diagramas de esfuerzos axiles, cortantes y momentos flectores de la estructura de la figura, acotando sus valores más significativos. Para el tramo AB hallar también las expresiones analíticas de las leyes de esfuerzos.

Datos: $q = 10\,\text{kN/m}$; $L = 3\,\text{m}$; $R = 4\,\text{m}$.

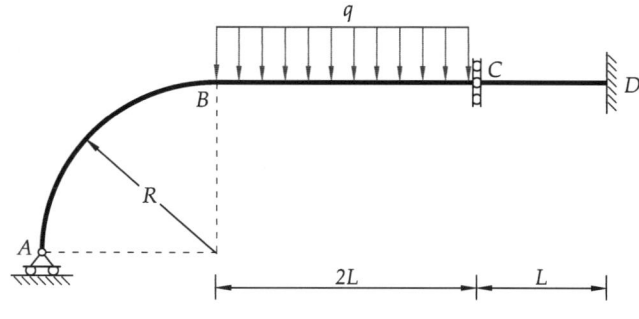

Figura 2.3.1

▷ Solución

Cálculo de las reacciones

Se aísla en primer lugar el sólido que forma en tramo ABC, ver figura 2.3.2, y se escriben sus ecuaciones de equilibrio. Las incógnitas que se plantean en C son el axil y flector en dicho punto, N_C y M_C:

$$\sum F_v = 0 \ : \quad V_A - 2qL = 0 \ \Rightarrow \ V_A = 2 \cdot 10 \cdot 3 = 60\,\text{kN}$$

$$\sum F_h = 0 \ : \quad N_C = 0$$

$$\sum M_A = 0 \ : \quad M_C - 2qL\,(L + R) - N_C\,R = 0 \ \Rightarrow \ M_C = 2 \cdot 10 \cdot 3\,(3 + 4) = 420\,\text{kN\,m}$$

Se ha obtenido, por tanto, la reacción vertical en A, así como el axil y flector en C. Las reacciones en D son triviales en este caso, y se analizan en el apartado siguiente.

Comprobación de las reacciones.   Se repiten aquí algunas ideas importantes. Conviene comprobar los resultados previos antes de proseguir con los cálculos, y para ello se escoge una ecuación de equilibrio que no se haya utilizado antes (también es conveniente, aunque no obligatorio, que involucre el máximo número de incógnitas calculadas). En este caso se opta por tomar el equilibrio de momentos respecto al punto B en la figura 2.3.2. Se comprueba que los momentos positivos (antihorarios) y negativos (horarios) coinciden:

$$\sum M_B \, [\circlearrowleft] = M_C = 420 \text{ kN m}$$

$$\sum M_B \, [\circlearrowleft] = V_A \, R + 2qL \cdot L = 60 \cdot 4 + 2 \cdot 10 \cdot 3 \cdot 3 = 420 \text{ kN m}$$

Al obtenerse valores iguales y de sentidos opuestos, las reacciones calculadas sobre el sólido ABC son correctas.

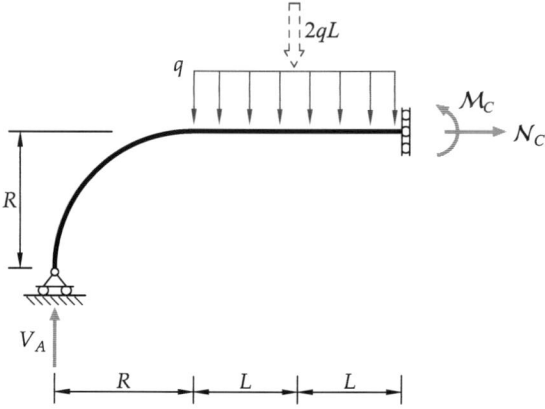

Figura 2.3.2. Equilibrio del tramo ABC

Diagramas de esfuerzos

Como puede verse, a la barra CD sólo se le transmite el flector M_C, ya que $N_C = 0$. Por lo tanto, la única reacción que surge en el empotramiento D es un momento igual y contrario a M_C, de modo que la barra CD queda equilibrada.

La figura 2.3.3 resume la información necesaria para determinar los diagramas de esfuerzos. Dicha figura muestra dos croquis separados con las cargas y reacciones que equilibran, por separado, a los tramos ABC y CD[5]. Se incluyen también en ella, por claridad, los criterios de signos a tener en cuenta en cada barra, en cuanto al cálculo de esfuerzos.

Leyes de esfuerzos en el arco.   Para hallar estas leyes se plantea una rebanada genérica en la figura 2.3.2, situada con inclinación θ respecto de la horizontal. Es

---

[5]En este último ejercicio dedicado al cálculo de esfuerzos se recuerda que el tipo de representación mostrado en la figura 2.3.3 corresponde a los diagramas denominados de *sólido libre* o de *cuerpo libre* en asignaturas de Mecánica racional, salvo por el hecho de que, en dichas asignaturas, es frecuente no representar los símbolos de los enlaces (apoyos, empotramientos, etc.) sino únicamente las fuerzas de reacción en ellos. Suele adoptarse esa estrategia en Mecánica para mostrar los diferentes sólidos del sistema aislados del exterior, es decir, *libres* de sus vínculos, paso previo a escribir sus ecuaciones de equilibrio.

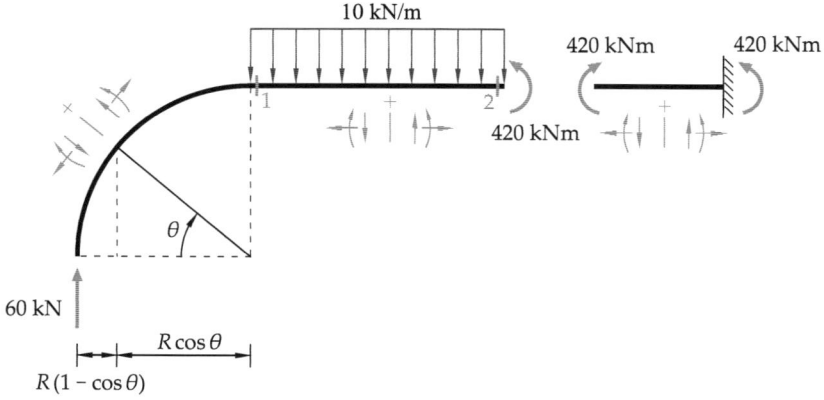

Figura 2.3.3. Resumen de la información necesaria para determinar los diagramas de esfuerzos. Equilibrio de los tramos ABC y CD.

entonces de utilidad volver a emplear la misma descomposición en axil y cortante mostrada en la figura 2.2.4 del ejercicio 2.2, teniendo en cuenta que ahora la reacción V_A en el apoyo lleva sentido hacia arriba y no hacia abajo; esto provocará que las leyes cambien de signo respecto a las calculadas en el ejercicio 2.2. Se tiene, por tanto

$$\mathcal{N}(\theta) = -V_A \cos\theta = -60\cos\theta \ \text{[kN]}$$

$$\mathcal{V}(\theta) = -V_A \operatorname{sen}\theta = -60\operatorname{sen}\theta \ \text{[kN]}$$

En cuanto al momento flector, la reacción vertical situada a la izquierda de la sección genérica del arco provoca el siguiente momento:

$$\mathcal{M}(\theta) = 60\,R(1 - \cos\theta) = 240(1 - \cos\theta) \ \text{[kN m]}$$

Se deja al lector la tarea de que compruebe los resultados mediante las ecuaciones diferenciales de equilibrio de la rebanada curva: (2.0.14), (2.0.15) y (2.0.16).

Cálculo de esfuerzos en las barras rectas.   En la barra CD los esfuerzos son triviales pues, como muestra la parte derecha de la figura 2.3.2, no hay axil ni cortante alguno sobre la barra, y el flector en ella es constante y de valor $\mathcal{M} = 420\,\text{kN m}$.

En cuanto a la barra BC, se emplean para ella las secciones 1 y 2 mostradas en la figura 2.3.2. En la sección 2, por la derecha, se observa que el axil y cortante son nulos, mientras que el flector es $\mathcal{M}_2 = 420\,\text{kN m}$. Estas son las mismas conclusiones previamente obtenidas, al calcular las reacciones en el tramo ABC.

Por otro lado, en la sección 1 es más sencillo hallar los esfuerzos por la izquierda ya que sólo se tiene como carga actuante la reacción V_A. Por lo tanto, en dicha sección 1 la fuerza V_A provoca un cortante negativo $\mathcal{V}_1 = -60\,\text{kN}$, y también un flector positivo $\mathcal{M}_1 = 60\,R = 240\,\text{kN m}$. El axil en 1 es nulo, constante pues en toda la barra —como podía deducirse de la ausencia de carga distribuida axial en la misma—.

Se deja como ejercicio al lector verificar que los esfuerzos en la sección 1 calculados por la derecha arrojan los mismos resultados.

Finalmente, para representar el diagrama de flectores en BC debe tenerse en cuenta que su variación será parabólica, con un extremo (máximo) local en C debido a que en dicho punto se anula el cortante por efecto de la deslizadera.

Diagramas de esfuerzos.   En las figuras 2.3.4, 2.3.5 y 2.3.6 se representan los diagramas de las leyes de esfuerzos axiles, cortantes y flectores, respectivamente.

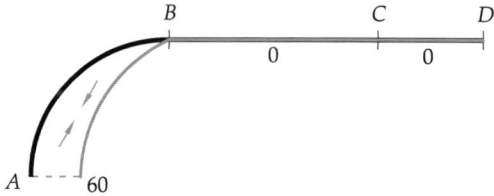

Figura 2.3.4. Diagrama de esfuerzos axiles ($\mathcal{N}$, en kN)

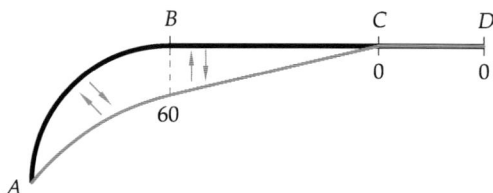

Figura 2.3.5. Diagrama de esfuerzos cortantes ($\mathcal{V}$, en kN)

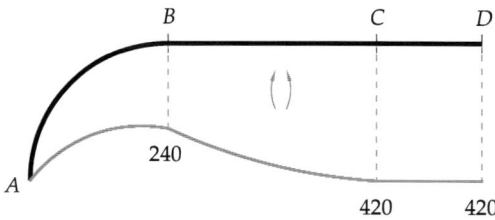

Figura 2.3.6. Diagrama de momentos flectores ($\mathcal{M}$, en kN m)

Barras sometidas a axil o flexión puros

Contenido

3.0 Introducción

El estudio de la flexión se ha dividido en dos capítulos: el presente, en el que se tratan por separado el axil puro y la flexión pura recta, que se podría considerar un capítulo introductorio, y el siguiente, en el que se trata la flexión desde un punto de vista genérico que permite abordar la flexión compuesta, esviada, etc. Este es un enfoque paralelo al que se ha seguido en el libro de teoría[1].

Conviene recordar aquí que en el apartado 1.0.3 se encuentran descritos los criterios de signos, tanto de las acciones como de los esfuerzos.

En cuanto a los movimientos, análogamente al criterio adoptado para las cargas, estos se considerarán positivos cuando sus componentes sean positivas en los ejes locales o globales, según se estén utilizando unos u otros (ver figuras de la 1.0.1 a la 1.0.4).

3.0.1 Axil puro

Los ejercicios relativos al esfuerzo *axil puro*[2] se tratan en la primera parte del capítulo, para la cual se resumen a continuación las principales fórmulas que se utilizarán.

Tensiones normales en la sección (tracción positiva): $\sigma_{nx} = \dfrac{N}{A}$ (3.0.1)

Ecuación de compatibilidad geométrica: $\varepsilon = u' = \dfrac{\mathrm{d}u}{\mathrm{d}x}$ (3.0.2)

Ecuación de comportamiento de la rebanada: $\varepsilon = \dfrac{N}{EA}$ (3.0.3)

Si existe una variación de temperatura ΔT: $\varepsilon = \dfrac{N}{EA} + \alpha\,\Delta T$ (3.0.4)

siendo α el coeficiente de dilatación térmica del material.

Usando las ecuaciones anteriores, donde todas las variables pueden ser en general función de x, tanto el axil N, como el cambio de temperatura ΔT, la sección A y los parámetros materiales (E, α). Entonces, al integrar el desplazamiento axial se tendrá

$$\frac{\mathrm{d}u}{\mathrm{d}x} = \frac{N}{EA} + \alpha\,\Delta T \quad \Rightarrow \quad u_B = u_A + \int_A^B \left(\frac{N}{EA} + \alpha\,\Delta T \right) \mathrm{d}x \qquad (3.0.5)$$

Para hallar el alargamiento (o acortamiento) total basta con integrar las variaciones de longitud de todas las rebanadas:

$$\Delta L = \int_A^B \mathrm{d}u = u_B - u_A = \int_A^B \left(\frac{N}{EA} + \alpha\,\Delta T \right) \mathrm{d}x \qquad (3.0.6)$$

---

[1]*Resistencia de materiales, teoría de estructuras e introducción a la elasticidad* (Juan José Granados; Editorial Garceta; 2025, 5ª Edición).

[2]Se recuerda que se entiende por *axil puro* la situación en la que solo aparece axil, siendo el resto de esfuerzos nulos, especialmente el flector, ya que este produce tensiones normales al igual que el axil.

3.0.2 Flexión pura recta

Los ejercicios relativos a *flexión pura recta*[3] se tratan en la segunda parte del capítulo, para la cual se recuerdan las siguientes expresiones:

- Fórmula de las tensiones normales en flexión, también llamada *fórmula de Navier*, *ley de Navier* o *fórmula de la flexión*:

$$\sigma_{nx} = -\frac{M_z}{Iz}\, y = -\frac{M}{I}\, y \tag{3.0.7}$$

  Nótese como se suelen ahorrar en la escritura los subíndices z. Para recordar la orientación de los ejes locales véase la figura 4.0.1 (a), en la que se aprecia que un momento M_z positivo produce una tensión normal de compresión (negativa) en la zona superior ($y > 0$), de ahí el signo negativo de la fórmula de Navier.

- Ecuación de comportamiento de la rebanada:

$$\kappa = \frac{M}{EI} \tag{3.0.8}$$

- Ecuación de compatibilidad geométrica. Antes de presentar la ecuación comentar que $v(x)$ es la ley de desplazamientos de la directriz en el eje local y, y se suele denominar *deformada*, *línea elástica*, o simplemente *elástica*:

$$\kappa = v'' = \frac{d^2 v}{dx^2} \tag{3.0.9}$$

- Usando las dos ecuaciones anteriores se obtiene la ecuación diferencial de la elástica, cuya integración permite el cálculo de la deformada o línea elástica:

$$v'' = \frac{M}{EI} \tag{3.0.10}$$

Conviene aclarar que en la parte relativa a flexión pura del presente capítulo solo se calcularán tensiones, por lo que únicamente se usará la ecuación 3.0.7, dejando las tres últimas para el capítulo 7, dedicado íntegramente al cálculo de movimientos; en el que además de las anteriores también se usa la ecuación (7.0.2), que es la equivalente a la (3.0.8), pero añadiendo una variación de temperatura.

---

[3]Se recuerda que el término *flexión pura* se refiere a la actuación en solitario del momento flector, y la *flexión recta* añade la información de que el momento está en un eje principal de inercia de la sección. La diferencia entre *flexión pura* y *flexión simple*, es que en este último caso coexisten flector y cortante. En la práctica que nos ocupa de este capítulo es irrelevante la existencia o no de cortante, pues en la teoría de resistencia de materiales se desprecia la posible influencia que el alabeo de la sección, producido por el cortante, pudiera tener en las tensiones normales.

Parte 1ª   Axil puro

Ejercicio 3.1   Pila vertical de sección variable

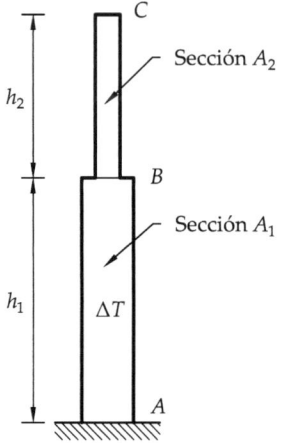

Figura 3.1.1

La pila de un puente se modeliza simplificadamente como una columna de hormigón de sección variable. El tramo inferior AB, de altura $h_1 = 3\,\mathrm{m}$, tiene una sección $A_1 = 4\,\mathrm{m}^2$, mientras que el tramo superior BC, de altura $h_2 = 2\,\mathrm{m}$, tiene una sección $A_2 = 1\,\mathrm{m}^2$. El módulo de elasticidad es $E = 35\,\mathrm{GPa}$, el peso específico $\gamma = 25\,\mathrm{kN/m}^3$ y el coeficiente de dilatación térmica $\alpha = 1.2 \cdot 10^{-5}\,{}^\circ\mathrm{C}^{-1}$.

Considerando que sobre la pila actúan su peso propio y un calentamiento uniforme sólo del tramo AB de valor $\Delta T = 30\,{}^\circ\mathrm{C}$, se pide hallar el desplazamiento vertical de la sección C, en metros.

▷ Solución

En esta estructura, para cualquier sección genérica situada a altura x (ver figuras 3.1.2a y 3.1.2b), el esfuerzo axil será una compresión cuyo valor será igual al peso total del material que dicha sección tenga por encima. Dicho peso será la resultante axial de las fuerzas sobre la sección. Por lo tanto:

$$\mathcal{N}_{AB} = -\gamma[A_1(h_1 - x) + A_2\,h_2] \qquad \text{para } 0 \le x \le h_1$$

$$\mathcal{N}_{BC} = -\gamma\,A_2(h_1 + h_2 - x) \qquad \text{para } h_1 \le x \le h_1 + h_2$$

Conocido el axil, se integra la ecuación (3.0.5) tras sustituir B por C; debe tenerse en cuenta que $u_A = 0$ por estar empotrada la base de la columna:

$$u_C = \cancel{u_A}^{0} + \int_A^C \left(\frac{\mathcal{N}(x)}{E\,A(x)} + \alpha\,\Delta T(x) \right) \mathrm{d}x =$$

$$= \int_A^B \left(\frac{\mathcal{N}(x)}{E\,A_1(x)} + \alpha\,\Delta T(x) \right) \mathrm{d}x + \int_B^C \frac{\mathcal{N}(x)}{E\,A_2(x)}\,\mathrm{d}x$$

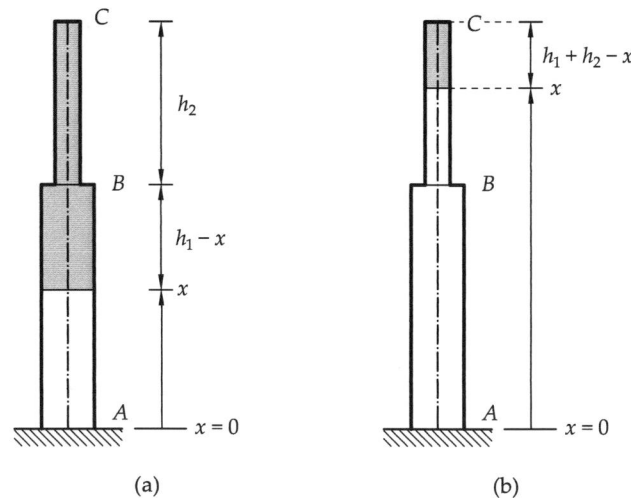

Figura 3.1.2. Se aisla el material que queda por encima de una sección genérica de altura x: (a) situada en el tramo AB; (b) situada en el tramo BC.

sustituyendo las leyes de axiles e integrando:

$$u_C = \int_0^{h_1} \frac{-\gamma\,(A_1(h_1 - x) + A_2\,h_2)}{E\,A_1}\,\mathrm{d}x + \int_0^{h_1} \alpha\,\Delta T\,\mathrm{d}x +$$

$$+ \int_{h_1}^{h_1+h_2} \frac{-\gamma\,A_2(h_1 + h_2 - x)}{E\,A_2}\,\mathrm{d}x = -\frac{\gamma\,h_1^2}{2\,E} - \frac{\gamma\,A_2\,h_2\,h_1}{E\,A_1} + \alpha\Delta T\,h_1 - \frac{\gamma\,h_2^2}{2\,E}$$

siendo el significado físico de cada término:

$$-\frac{\gamma\,h_1^2}{2\,E}\;:\quad \text{acortamiento de } AB \text{ por peso propio;}$$

$$-\frac{\gamma\,A_2\,h_2\,h_1}{E\,A_1}\;:\quad \text{acortamiento de } AB \text{ por el peso de } BC\;(\gamma\,A_2\,h_2 \text{ es el peso de } BC);$$

$$\alpha\Delta T\,h_1\;:\quad \text{alargamiento de } AB \text{ por temperatura;}$$

$$-\frac{\gamma\,h_2^2}{2\,E}\;:\quad \text{acortamiento de } BC \text{ por peso propio.}$$

Sustituyendo valores (operando en Sistema Internacional, N y m):

$$u_C = -\frac{25 \cdot 10^3 \cdot 3^2}{2 \cdot 35 \cdot 10^9} - \frac{25 \cdot 10^3 \cdot 2 \cdot 3}{35 \cdot 10^9 \cdot 4} + 1.2 \cdot 10^{-5} \cdot 30 \cdot 3 - \frac{25 \cdot 10^3 \cdot 2^2}{2 \cdot 35 \cdot 10^9}$$

$$u_C = 0.001074\,\text{m} = 1.074\,\text{mm} \qquad \text{[hacia arriba]}$$

El resultado es positivo, luego la sección superior de la columna asciende a causa de que el cambio de temperatura predomina sobre el efecto del peso. De hecho, $\alpha \, \Delta T \, h_1 = 1.08 \, \text{mm} \simeq u_C$, de lo que puede deducirse que en este caso el peso propio afecta poco comparado con ΔT. En general, los cambios de temperatura de las barras no suelen ser despreciables a efectos de calcular sus alargamientos o acortamientos.

Ejercicio 3.2 Barra de sección variable (cono macizo)

Para el cono macizo que se muestra en la figura, hallar su ley de esfuerzos axiles $N(x)$ y el valor de su alargamiento ΔL. La única acción a la que está sometido el cono es su peso propio.

Datos: $R = 1 \, \text{m}$; $h = 4 \, \text{m}$; $\gamma = 25 \, \text{kN/m}^3$; $E = 30 \cdot 10^9 \, \text{Pa}$.

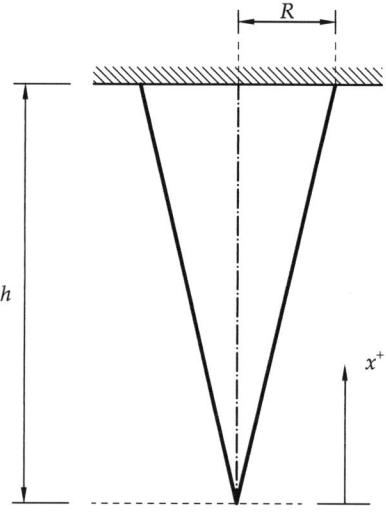

Figura 3.2.1

▷ Solución

Al igual que se ha hecho en el ejercicio 3.1, se calcula el axil como la fuerza resultante axial que actúa a un lado de una sección genérica, situada en una abscisa x. Según se observa en la figura 3.2.2 (a), el radio r en dicha sección genérica puede hallarse por semejanza de triángulos como sigue:

$$\frac{r(x)}{x} = \frac{R}{h} \quad \Rightarrow \quad r(x) = \frac{R}{h} x$$

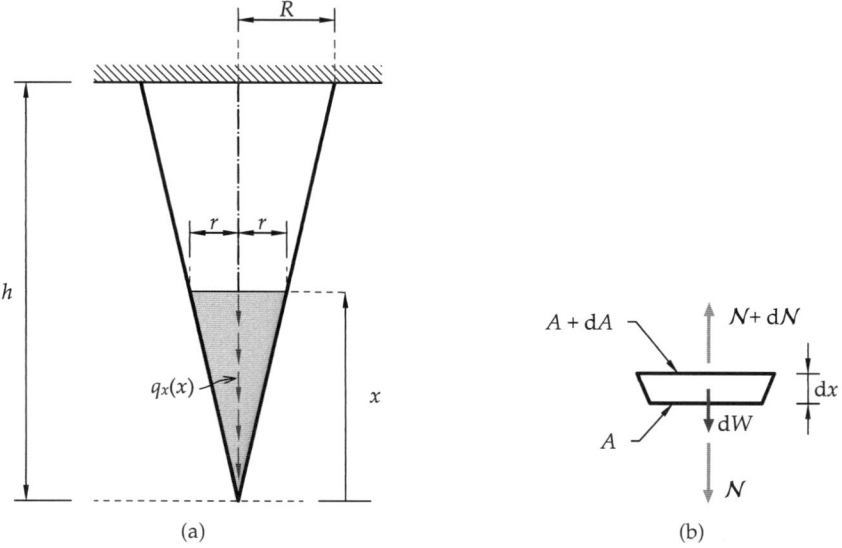

Figura 3.2.2. (a) Carga $q_x(s)$ de 0 a x. (b) Rebanada genérica, de peso dW.

Área de la sección genérica situada en la abscisa x:

$$A(x) = \pi\, r(x)^2 = \frac{\pi\, R^2}{h^2}\, x^2$$

En la sección situada en la abscisa x de la figura 3.2.2 (a) se quiere ahora considerar una rebanada de la barra, como muestra la figura 3.2.2 (b). La longitud (en este caso la altura) de la rebanada es dx, y su volumen será, por tanto, $A(x)\,\mathrm{d}x$, ya que la variación de área dA daría lugar a un infinitésimo de segundo orden. El peso dW de dicho volumen es de interés para hallar el esfuerzo axil.

En efecto, en general puede operarse del siguiente modo: el peso por unidad de longitud de una rebanada cualquiera de longitud dx se calcula multiplicando el volumen de dicha rebanada ($A(x)\,\mathrm{d}x$) por el peso específico γ del material, y dividiendo finalmente por la longitud de la rebanada (dx), por lo que se tiene simplemente

$$\text{Peso por u.d.l. de una rebanada cualquiera} = \frac{\mathrm{d}W}{\mathrm{d}x} = \frac{\gamma\, A(x)\,\mathrm{d}x}{\mathrm{d}x} = \gamma\, A(x)$$

En el caso de este ejercicio, dicho peso del material puede identificarse con la fuerza axial distribuida $q_x(x)$ —mostrada en la figura 3.2.2 (a) únicamente en la zona por debajo de la abscisa x—. El valor de la fuerza distribuida será, por tanto:

$$\text{Peso por u.d.l. de una rebanada} = q_x(x) = \gamma\, A(x) = \frac{\gamma\, \pi\, R^2}{h^2}\, x^2$$

Conviene aclarar que la carga distribuida $p_x(x)$ que aparece en la ecuación de equilibrio de la rebanada (1.0.4) es la opuesta de $q_x(x)$, ya que el criterio es que $p_x(x)$ es positiva cuando lleva el sentido creciente del eje x.

A partir de este resultado, el axil en la sección x no es sino el peso de todo lo que haya por debajo de la misma, es decir, la integral que *sume* el peso de todas las rebanadas situadas por debajo de dicha sección. Para realizar dicha suma los límites de integración se establecen de modo que abarquen la zona sombreada de la figura 3.2.2 (a), situada entre el vértice del cono y la abscisa x:

$$N(x) = \int_0^x q_x(x)\,dx = \int_0^x \gamma\,A(x)\,dx =$$

$$= \int_0^x \frac{\gamma\,\pi\,R^2}{h^2}\,x^2\,dx = \frac{\gamma\,\pi\,R^2}{3\,h^2}\,x^3, \quad \text{válido para } 0 \le x \le h$$

El alargamiento se calcula integrando la deformación longitudinal sobre toda la longitud de la barra, de acuerdo con la ecuación 3.0.6:

$$\Delta L = \int_0^h \varepsilon\,dx = \int_0^h \left(\frac{N}{E\,A} + \alpha\,\Delta T^{\!\!\nearrow 0} \right) dx = \int_0^h \frac{N}{E\,A}\,dx = \int_0^h \frac{\gamma\,\pi\,R^2\,x^3}{3h^2\,E\,A}\,dx$$

Empleando ahora la expresión anterior del área seccional:

$$A = A(x) = \frac{\pi\,R^2}{h^2}\,x^2 \quad \Rightarrow \quad \Delta L \int_0^h \frac{\gamma\,x}{3E}\,dx = \frac{\gamma\,h^2}{6E}$$

Y sustituyendo finalmente los valores numéricos del enunciado se tiene:

$$N(x) = \frac{25 \cdot 10^3 \cdot \pi \cdot 1^2}{3 \cdot 4^2}\,x^2 = 1636.2\,x^3, \quad \text{en N, con } x \text{ en m}$$

$$\Delta L = \frac{25000 \cdot 4^2}{6 \cdot 30 \cdot 10^9} = 2.222 \cdot 10^{-6} = 2.222 \cdot 10^{-3}\,\text{mm}$$

Como puede verse, la ley de axiles es un sencillo polinomio de tercer grado que vale cero en $x = 0$, y cuyas derivadas son también todas nulas en dicho punto. Su representación gráfica se deja como ejercicio para el lector.

Es también de interés notar que, si se denominan A y B las secciones inferior (vértice) y superior (empotramiento) del cono, entonces el descenso del vértice A debe coincidir en módulo con el alargamiento total, y tener signo opuesto. En efecto, integrando según la ecuación 3.0.6, y puesto que $u_B = 0$ por estar empotrado:

$$u_B - u_A = \int_0^h \varepsilon\,dx = \Delta L \quad \Rightarrow \quad 0 - u_A = \Delta L \quad \Rightarrow \quad u_A = -\Delta L = -2.222 \cdot 10^{-3}\,\text{mm}$$

que es un desplazamiento hacia abajo.

Ejercicio 3.3   Pilote trabajando por rozamiento

El pilote mostrado en la figura soporta una carga F. Se supone que el pilote trabaja sólo por rozamiento a lo largo del fuste, despreciando la resistencia por punta, y que dicha fuerza de fricción sigue una ley triangular según se representa en la figura, cuyo valor máximo p_0 se produce en la punta del mismo. Teniendo en cuenta el peso propio del pilote (γ), se pide:

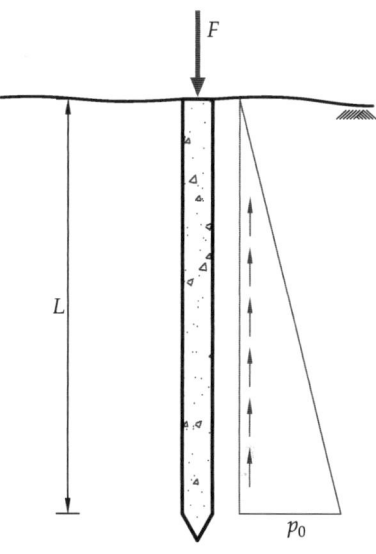

1. Determinar y representar gráficamente la ley de axiles.

2. Calcular el acortamiento del pilote.

Datos: $F = 2000\,\text{kN}$; $E = 2.7 \cdot 10^4\,\text{MPa}$; $A = 0.20\,\text{m}^2$; $L = 30\,\text{m}$; $\gamma = 25\,\text{kN/m}^3$.

Figura 3.3.1

▷ Solución

1) Ley de esfuerzos axiles

Se representa en primer lugar el diagrama de cuerpo libre del pilote para establecer su equilibrio y hallar la incógnita p_0 (valor máximo de la fuerza de fricción) a partir de los datos.

Según se vio en el ejercicio 3.2, la carga lineal distribuida debida al peso propio es igual al peso específico multiplicado por el área de la sección transversal; en este caso la sección transversal es de valor constante, luego se tendrá una carga distribuida hacia abajo de valor γA.

Por otra parte, la resultante de la fuerza de fricción será el área de la distribución triangular, que se calcula sin dificultad. Planteando el equilibrio vertical en la figura 3.3.2 (a) (en este caso el eje vertical corresponde a la abscisa x):

$$\sum F_x = 0 : \quad \frac{p_0 \cdot L}{2} - \gamma A \cdot L - F = 0 \quad \Rightarrow \quad p_0 = \frac{2F}{L} + 2\gamma A$$

Una vez hallado el valor de p_0 que asegura el equilibrio[4], se obtiene la ley de axiles planteando una sección genérica situada en la abscisa x, y estableciendo el equilibrio

---

[4]Puede entenderse p_0 como la *reacción por fricción* que el suelo ejerce sobre el pilote o, más bien, su valor máximo para equilibrar el pilote según las cargas que tiene que soportar.

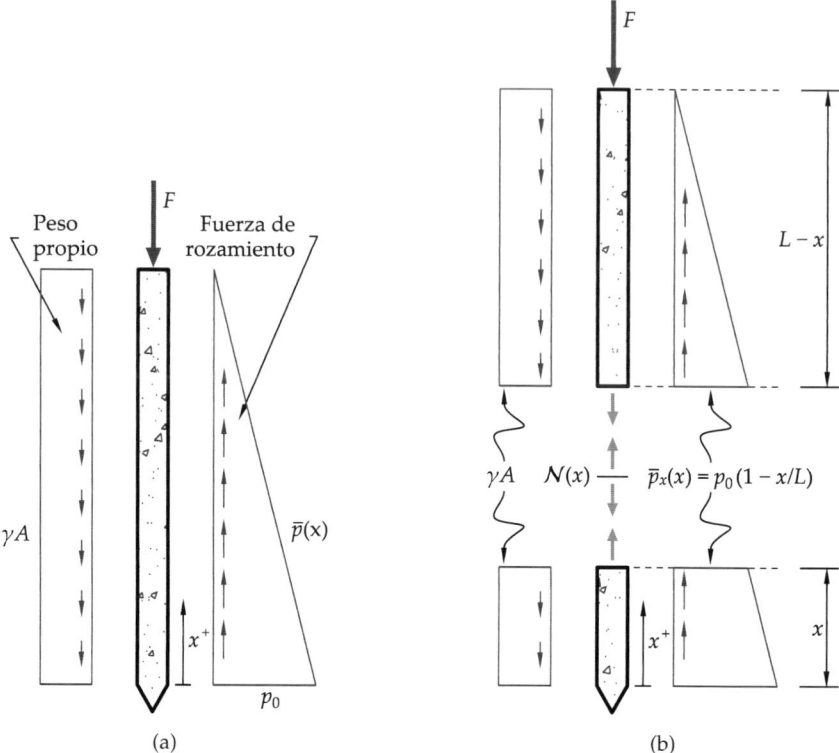

Figura 3.3.2. (a) Diagrama de sólido libre del pilote. (b) Esfuerzo axil en una sección x.

de la parte de pilote que queda por encima de dicha sección[5] (ver figura 3.3.2 (b)). Recuérdese que establecer el equilibrio de una parte de un sólido o estructura siempre es un método válido para obtener las leyes de esfuerzos —del axil, en este caso—; el otro procedimiento, que es equivalente, es calcular la resultante de fuerzas —o momentos, según corresponda— a un lado u otro de la sección.

Para establecer el equilibrio es necesario conocer el valor de la fuerza distribuida debida al rozamiento, que se denominará $\bar{p}_x(x)$. Se determina esta por semejanza de triángulos, según la figura 3.3.2 (b):

$$\frac{p_0}{L} = \frac{\bar{p}_x(x)}{L - x} \quad \Rightarrow \quad \bar{p}_x(x) = p_0 \left(1 - \frac{x}{L}\right)$$

Nótese que el esfuerzo axil $\mathcal{N}$, el cual se ha supuesto positivo según el criterio habitual, tira hacia abajo de la parte de arriba del pilote, y, en consecuencia, tira hacia arriba de la parte de abajo del pilote. Por equilibrio vertical de la parte superior se tiene pues:

$$\sum F_x = 0 \quad \Rightarrow \quad -\mathcal{N}(x) + \frac{\bar{p}_x(x) \cdot (L - x)}{2} - F - \gamma A(L - x) = 0$$

---

[5]En este ejercicio es un poco más sencillo que equilibrar la parte inferior.

Desarrollando la ecuación anterior:

$$\mathcal{N}(x) = -F - \gamma A(L-x) + \frac{1}{2}\bar{p}_x(x) \cdot (L-x) = -F - \gamma A(L-x) + \frac{1}{2}\frac{p}{L}(L-x)^2 =$$

$$= -F - \gamma A(L-x) + \frac{1}{2}\left(\frac{2F}{L^2} + \frac{2\gamma A}{L}\right)(L-x)^2 = -F - \gamma A(L-x) + \left(\frac{F}{L^2} + \frac{\gamma A}{L}\right)(L-x)^2$$

Para obtener la representación gráfica de la ley de axiles de la figura 3.3.3 se sustituyen los datos numéricos del enunciado en la expresión analítica obtenida $\mathcal{N}(x)$. Al hacerlo, el término constante debido a F desaparece, pues, en efecto, el axil en el origen ($x = 0$, punta del pilote) debe ser nulo al no haber en él carga externa puntual aplicada. Operando en kN y m:

$$\mathcal{N}(x) = -138.33x + 2.3889x^2 \ ,$$

en kN, con x en m

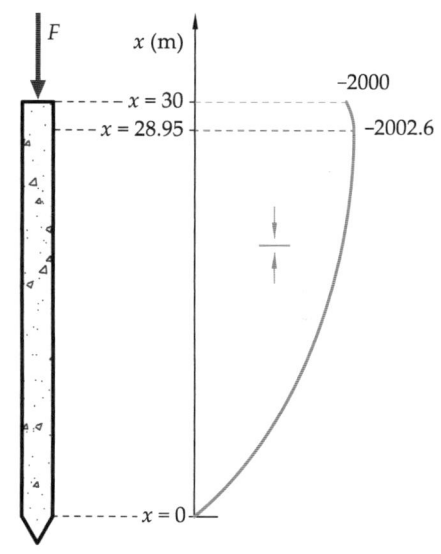

Figura 3.3.3. Ley de axiles ($\mathcal{N}$, en kN)

Para determinar dónde se da el axil máximo, se deriva la ley y se iguala a cero:

$$\frac{d\mathcal{N}}{dx} = -138.33 + 2 \cdot 2.3889\,x = 0 \ \Rightarrow$$

$$\Rightarrow \ x = \frac{138.33}{2 \cdot 2.3889} = 28.95\,\text{m}$$

Axil máximo:

$$\mathcal{N}_{\text{max}} = \mathcal{N}(x = 28.95) = -2002.6\,\text{kN}$$

Se entiende que se ha calculado el axil de máximo valor absoluto, el cual es negativo por ser de compresión.

Es de interés notar que, según la ecuación 1.0.4 de equilibrio de la rebanada, la derivada anterior se corresponde con la carga distribuida axial total cambiada de signo ($-p_x(x)$). La carga axial distribuida $p_x(x)$, como muestra la figura 3.3.2 (a), se debe en parte al peso propio $-\gamma A$ (sentido contrario a la abscisa x creciente), y en parte al rozamiento $\bar{p}_x(x)$ (mismo sentido que la abscisa x creciente). Se deja como ejercicio al lector comprobar que se cumple pues la siguiente igualdad:

$$\frac{d\mathcal{N}}{dx} = -p_x(x) \ \Rightarrow \ -138.33 + 2 \cdot 2.3889\,x = -(-\gamma A + \bar{p}_x(x))$$

Así pues, el axil máximo se da en la sección donde la carga distribuida $p_x(x)$ se haga cero, como cabía deducir de la ecuación 1.0.4.

2) Acortamiento del pilote

Para concluir, el incremento (decremento, en este caso) de longitud se calcula a partir de la ley $\mathcal{N}(x)$, por aplicación de la ecuación 3.0.6:

$$\Delta L = \int_0^L \varepsilon \, dx = \int_0^L \left(\frac{\mathcal{N}}{E\,A} + \alpha \, \Delta T^{\,0} \right) dx = \int_0^L \frac{\mathcal{N}}{E\,A} \, dx =$$

$$= -\frac{F}{EA}L - \frac{\gamma}{E}\frac{L^2}{2} + \left(\frac{F}{EAL^2} + \frac{\gamma}{EL} \right) \frac{L^3}{3} = -\frac{2FL}{3EA} - \frac{\gamma L^2}{6E}$$

Sustituyendo los datos del enunciado se obtiene

$$\Delta L = -\frac{2FL}{3EA} - \frac{\gamma L^2}{6E} = -7.407 \cdot 10^{-3} - 1.389 \cdot 10^{-4} = -7.55 \cdot 10^{-3} \, \text{m}$$

Que el incremento de longitud sea negativo significa que el pilote se acorta, lo cual es lógico por estar sometido todo él a una ley de axiles negativa (compresión), sin cambios de temperatura que influyan adicionalmente en su deformación axial.

Ejercicio 3.4   Columna sección variable

Se quiere construir una columna de sección variable y optimizada, para soportar un peso P.

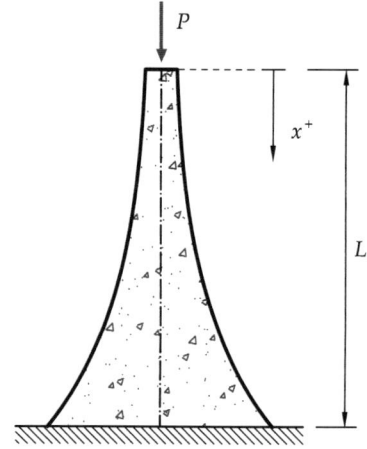

La columna tendrá una longitud L, sección variable $A(x)$ y un peso propio γ. Como se pretende utilizar la menor cantidad de material posible se procurará que en todas las secciones la tensión sea igual a la tensión última de diseño σ_u (por tanto constante). Calcular la expresión matemática del área variable $A(x)$, en función de x, P, σ_u y γ.

Considérese el sentido positivo del eje x hacia abajo, contrario a lo habitual, según se indica en la figura 3.4.1.

Figura 3.4.1

▷ Solución

En primer lugar se analiza el equilibrio de una rebanada de la barra, según el diagrama de sólido libre mostrado en la figura 3.4.2.

En la cara superior de dicha figura debe cumplirse (según el criterio usado la tensión última σ_u es negativa, al ser de compresión).

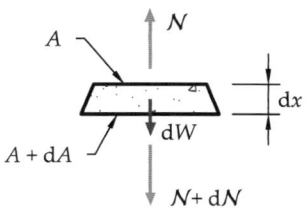

$$\sigma = \frac{N}{A} = \sigma_u \quad (< 0)$$

En la cara inferior debe cumplirse:

$$\sigma = \frac{N + dN}{A + dA} = \sigma_u \quad (< 0)$$

Figura 3.4.2. Diagrama de sólido libre de una rebanada de la columna

Igualando las dos expresiones anteriores, pues la tensión debe de ser constante, resulta

$$\frac{N}{A} = \frac{N + dN}{A + dA} = \sigma_u \quad \Rightarrow \quad N + dN = \sigma_u \cdot (A + dA) \tag{3.4.1}$$

Respecto a esta ecuación se sabe que $N = \sigma_u A$, por lo que falta calcular dN en función de A, lo cual se hace a continuación.

Sea dW el peso de la rebanada, representado en la figura 3.4.2. Dicho peso puede hallarse como la carga distribuida lineal multiplicada por la longitud dx de la rebanada. En los ejercicios 3.2 y 3.3 se ha deducido que la carga distribuida lineal es (en valor absoluto) igual a γA, y como en este caso el eje x lleva sentido hacia abajo, igual que el peso del material, entonces el peso por unidad de longitud es

$$\frac{dW}{dx} = p_x = \gamma A$$

Por aplicación de la ecuación 1.0.4 de equilibrio de la rebanada se deduce ahora la variación del axil entre las caras de la rebanada:

$$\frac{dN}{dx} = -p_x = -\gamma A = \frac{dW}{dx} \quad \Rightarrow \quad dN = -\gamma A \, dx = dW$$

que es el valor buscado de dN (ver procedimiento alternativo para hallar dN al final del problema).

Sustituyendo los valores de N y dN en la ecuación (3.4.1) resulta:

$$\sigma_u A - \gamma A \, dx = \sigma_u \cdot (A + dA) \quad \Rightarrow \quad \frac{dA}{dx} = \frac{-\gamma}{\sigma_u} A$$

Integrando la ecuación anterior se deduce que la variación del área debe ser exponencial:

$$A(x) = C \cdot e^{-\gamma x / \sigma_u}$$

Para calcular la constante C se necesita una condición de contorno, que se impondrá en $x = 0$, ya que se sabe que el axil que actúa en dicha sección es $-P$, y, como en todas las secciones la tensión es σ_u, puede calcularse el área correspondiente a $x = 0$:

$$A(x = 0) = \frac{N(x = 0)}{\sigma_u} = \frac{-P}{\sigma_u} \quad (> 0)$$

Condición de contorno:

$$A(x = 0) = C \quad \Rightarrow \quad C = -\frac{P}{\sigma_u}$$

La expresión matemática de $A(x)$ queda pues como sigue:

$$A(x) = -\frac{P}{\sigma_u}\, e^{-\gamma x/\sigma_u}$$

Recuérdese que se ha definido σ_u de compresión negativa. Se observa pues que los dos signos negativos de la expresión de $A(x)$ desaparecerían al sustituir en ella valores numéricos concretos, llegándose a un área que aumenta exponencialmente con x. Por lo tanto, podría también escribirse

$$A(x) = \frac{P}{|\sigma_u|}\, e^{\gamma x/|\sigma_u|}$$

Sólido de igual resistencia.   Este tipo de barra en el que cada sección está sometida a la tensión última y, por tanto, el material se aprovecha al límite —o está optimizado—, se suele denominar *sólido de igual resistencia* (*constant stregth bar*).

Procedimiento alternativo para el cálculo de $\mathrm{d}\mathcal{N}$.   Otro modo de llegar a que $\mathrm{d}\mathcal{N} = -\gamma\, A\, \mathrm{d}x$ consiste en tener en cuenta que la variación del área $\mathrm{d}A$ puede hallarse reteniendo sólo el término de primer orden del desarrollo de Taylor, por tratarse de un infinitésimo. Ello equivale a considerar una variación lineal entre A y $(A + \mathrm{d}A)$. Entonces, el volumen $\mathrm{d}V$ de la rebanada puede calcularse multiplicando la longitud $\mathrm{d}x$ de la rebanada por el área promedio entre ambas caras:

$$\mathrm{d}V = \frac{A + (A + \mathrm{d}A)}{2}\, \mathrm{d}x = A\, \mathrm{d}x + \frac{1}{2}\mathrm{d}A\, \mathrm{d}x$$

y de ahí obtener el peso de la misma es inmediato

$$\mathrm{d}W = \gamma\, \mathrm{d}V = \gamma\, A\, \mathrm{d}x + \gamma\frac{1}{2}\mathrm{d}A\, \mathrm{d}x \quad \Rightarrow \quad \mathrm{d}W = \gamma\, A\, \mathrm{d}x$$

donde se ha eliminado el infinitésimo de orden superior. Nótese que por equilibrio vertical de la rebanada (semieje x positivo hacia abajo) se deduce la misma variación de axil $\mathrm{d}\mathcal{N}$:

$$\sum F_x = 0: \quad (\mathcal{N} + \mathrm{d}\mathcal{N}) + \mathrm{d}W - \mathcal{N} = 0 \quad \Rightarrow \quad \mathrm{d}\mathcal{N} = -\mathrm{d}W = -\gamma\, A\, \mathrm{d}x$$

Parte 2ª   Flexión pura recta

Ejercicio 3.5   Sección rectangular con hueco circular

La sección de la figura tiene que soportar un momento flector M_z = 8.494 t m, y se sabe que el material del que está formada tiene la misma tensión última a tracción y a compresión: σ_u = 2 MPa.

Se pide calcular el valor máximo del radio (R) del hueco circular interior para que la sección soporte el momento M_z indicado sin que se agote.

Datos: h = 80 cm; b = 40 cm; g = 10 m/s².

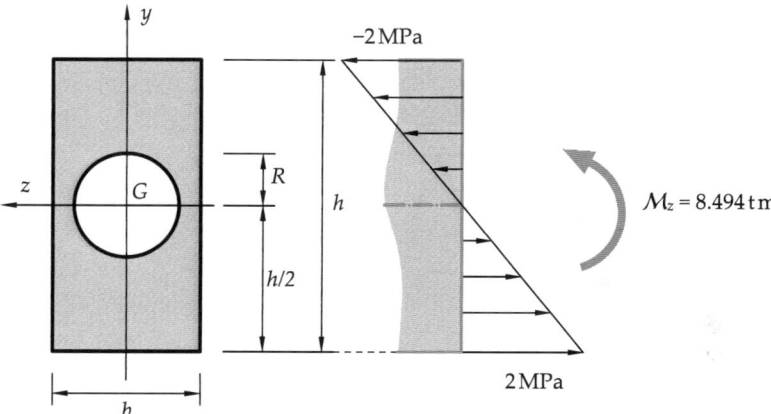

Figura 3.5.1

▷ **Solución**

Dado que el momento flector actúa según el eje local z, se determina el momento de inercia de la sección respecto a dicho eje, el cual pasa por el centroide de la sección hueca (pues pasa por los centroides de las figuras que lo componen: el rectángulo y el hueco circular). Se tiene:

$$I_z = \frac{1}{12} b\, h^3 - \frac{\pi R^4}{4} \qquad R \le \frac{b}{2}; \quad R \le \frac{h}{2}$$

En este caso de flexión pura recta, se emplea la versión más sencilla de la ley de Navier, ecuación (3.0.7), ya que $N = M_y = 0$:

$$\sigma_{nx} = -\frac{M_z}{I_z}\, y = -\frac{M}{I}\, y$$

en los ejercicios de flexión pura recta se puede prescindir de los subíndices z cuando esto no dé lugar a confusión.

Como el enunciado dice que $g = 10\,\text{m/s}^2$, una tonelada equivale a $10\,\text{kN}$, debiendo sustituirse el siguiente valor del flector:

$$M_z = 8.494\,\text{t\,m} = 84.94\,\text{kN\,m}$$

Nota.   En realidad la tonelada es, según el S.I., es una unidad de masa equivalente a 1000 kg. Tomando como valor aproximado de la gravedad $g = 10\,\text{m/s}^2$, dicha masa pesaría $10\,\text{kN}$, motivo por el cual la equivalencia entre una tonelada y $10\,\text{kN}$ se usa aún frecuentemente en el ámbito de la construcción y del cálculo de estructuras[6], siendo conveniente conocerla y manejarla[7].

Como el material resiste lo mismo a tracción que a compresión, y la sección tiene una y máxima de $h/2$ tanto en la zona de z positiva como negativa, la condición límite se escribe

$$|\sigma_{nx,\text{max}}| \le \sigma_u \quad \Rightarrow \quad \left|-\frac{M_z}{I_z}y_{\text{max}}\right| = \left|-\frac{M_z}{I_z}\frac{h}{2}\right| \le \sigma_u$$

De la expresión anterior se deriva una cota inferior para el momento de inercia, valor mínimo para que no se agote la sección:

$$I_z \ge \frac{|M_z|\cdot|y_{\text{max}}|}{\sigma_u} = \frac{84.94\,\text{kN\,m}\cdot 40\,\text{cm}}{2\,\text{MPa}} = \frac{84\,940\,\text{N\,m}\cdot 0.4\,\text{m}}{2\cdot 10^6\,\text{N/m}^2} = 16\,988\cdot 10^{-6}\text{m}^4$$

Dado que las dimensiones del contorno rectangular de la sección son conocidas, puede escribirse

$$I_z = \frac{1}{12}\,0.4\cdot 0.8^3 - \frac{\pi R^4}{4} \ge 16\,988\cdot 10^{-6}\,\text{m}^4$$

de donde finalmente se llega al resultado pedido, una cota superior del diámetro del hueco circular:

$$R \le \sqrt[4]{\frac{4}{\pi}\left(\frac{1}{12}\,0.4\cdot 0.8^3 - 16\,988\cdot 10^{-6}\right)} = 0.100\,\text{m} = 10.0\,\text{cm}$$

---

[6]Diversa normativa de acciones a considerar en distintos tipos de estructuras toma esta simplificación de que 1 t = 10 kN, que está del lado de la seguridad.

[7]Incluso en el ámbito normativo, en ocasiones se expresan todavía ciertas cargas en toneladas. Un ejemplo se tiene en el Eurocódigo EN15528:2021, en cuyo Anexo A se especifican las categorías de línea para vehículos ferroviarios mediante cargas máximas por eje ferroviario, en toneladas (desde 10 t hasta 27.5 t).

Ejercicio 3.6   Sección en forma de H

La sección de una viga recta se muestra en la figura adjunta. En ella actúa un momento flector M_z conocido. El eje y es el eje de simetría de la sección. Se pide calcular las máximas tensiones σ_{nx} de tracción y compresión, y representar el diagrama de tensiones normales.

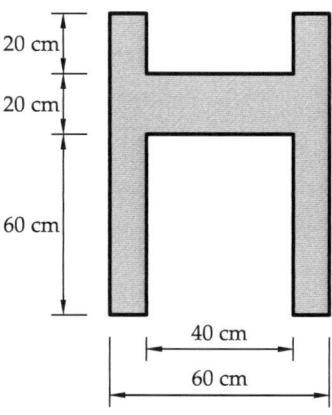

20 cm

20 cm

60 cm

40 cm

60 cm

Figura 3.6.1

▷ Solución

Para determinar la altura del centro de gravedad o centroide de la sección se suele tomar como referencia la fibra inferior de la sección. Por ser una sección simétrica, el centroide G está situado sobre el eje de simetría (eje y), y basta con hallar la cota h_g, según muestra la figura 3.6.2.

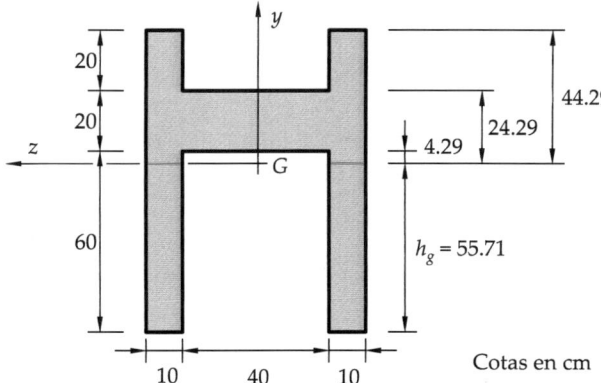

Figura 3.6.2. Croquis para determinación del centroide G y replanteo de cotas respecto al eje z

El valor de dicha cota se determina dividiendo la sección en tres rectángulos: los dos verticales, simétricos respecto de y que tienen áreas $A_1 = A_2 = 10 \cdot 100 \, \text{cm}^2$; y el horizontal que tiene un área $A_3 = 40 \cdot 20 \, \text{cm}^2$. Por lo tanto

$$h_g = \frac{\sum A_i \, h_{gi}}{\sum A_i} = \frac{2 \cdot (10 \cdot 100) \cdot 50 + (40 \cdot 20) \cdot 70}{2(\cdot 10 \cdot 100) + 40 \cdot 20} = 55.71 \, \text{cm}$$

Para calcular I_z, de una sección formada por rectángulos, puede recurrirse a la fórmula del momento de inercia de un rectángulo respecto de su base[8]:

$$I_z = \frac{1}{3} b\, h^3$$

Por tanto, basta descomponer la sección en rectángulos cuyas bases estén sobre el eje z, y usar la fórmula anterior para componer el momento de inercia a base de sumandos positivos y negativos (para restar los huecos, si los hubiera).

Para aplicar dicho procedimiento se comienza por replantear todas las cotas respecto al eje z, como muestra la figura 3.6.2. Facilitará la explicación identificar como áreas A_i los distintos rectángulos en los que se descompone la sección, ver figura 3.6.3.

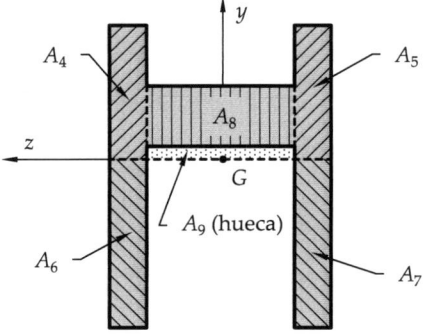

Figura 3.6.3. Descomposición en rectángulos que se apoyan en el eje z, para cálculo de I_z

Usando lo anterior, el momento de inercia se calcula por descomposición en rectángulos con base en el eje z:

$$I_z = \frac{1}{3} \sum b_i\, h_i^3 = 2 \cdot \frac{1}{3} \cdot 10 \cdot 44.29^3 + 2 \cdot \frac{1}{3} \cdot 10 \cdot 55.71^3 +$$

$$+ \frac{1}{3} \cdot 40 \cdot 24.29^3 - \frac{1}{3} \cdot 40 \cdot 4.29^3 = 1\,921\,904.8\,\text{cm}^4 \simeq 19.22 \cdot 10^5\,\text{cm}^4$$

cuyos cuatro sumandos se explican así:

- **Primer sumando:** aporta la contribución de las áreas A_4 y A_5 (de dimensiones $b_4 \cdot h_4 = 10 \cdot 44.29\,\text{cm}^2$ cada una). Como son simétricas, basta poner el momento de inercia de una y multiplicarlo por dos (de ahí el 2 con el que comienza este sumando).

---

[8]El momento de inercia de un rectángulo respecto de una recta que contenga a uno cualquiera de sus lados, siendo la longitud de dicho lado b, y la de los lados perpendiculares a él h, es:

$$I_z = \frac{1}{3} b\, h^3$$

- **Segundo sumando:** similar al anterior para las áreas simétricas A_6 y A_7 (de dimensiones $b_6 \cdot h_6 = 10 \cdot h_g = 10 \cdot 55.71 \, \text{cm}^2$ cada una).
- **Tercer sumando:** aporta la inercia del rectángulo compuesto por las áreas A_8 y A_9 (de dimensiones $b_8 \cdot (h_8 + h_9) = 40 \cdot 24.29 \, \text{cm}^2$). Se recuerda que cada rectángulo usado debe apoyarse en el eje z, por lo que se necesita obligatoriamente añadir el rectángulo hueco A_9 al macizo A_8.
- **Cuarto sumando:** ahora es el momento de restar el momento de inercia del rectángulo A_9 (de dimensiones $b_9 \cdot h_9 = 40 \cdot 4.29 \, \text{cm}^2$), pues se trata de **un área hueca** que se tuvo que incorporar de manera forzosa en el sumando anterior.

Las tensiones normales se determinan ahora mediante la ley de Navier. Se trata de un caso de flexión pura recta, y por tanto

$$\sigma_{nx} = -\frac{M_z}{I_z} \qquad (N = 0, \, M_y = 0)$$

Para resolver el ejercicio se supone que $M_z > 0$. Entonces la tracción máxima se producirá en la fibra inferior, $y = -h_g = -55.71 \, \text{cm}$, y su valor será

$$\sigma_{nx}(y = -55.71) = -\frac{M_z}{I_z}(-55.71) = 2.899 \cdot 10^{-5} \, M_z$$

Esta tensión se obtendría en kp/cm^2 si M_z se expresa en kp cm. Es cada vez más habitual que los cálculos se realicen en S.I., por lo que M_z se expresaría en kN m y el momento de inercia como $0.019\,22 \, \text{m}^4$. Cambiar de unidades el resultado anterior $\sigma_{nx}(y = -55.71) = 2.899 \cdot 10^{-5} \, M_z$ se deja como ejercicio para el lector.

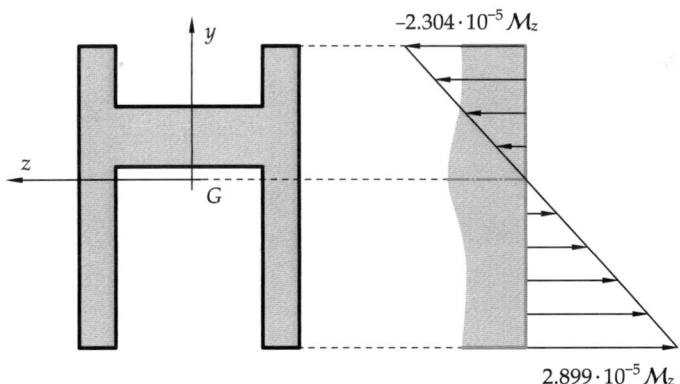

Figura 3.6.4. Diagrama de tensiones normales (kp/cm^2, con M_z en kp cm)

Ante un flector M_z positivo, la compresión máxima se dará en la fibra superior de la sección, $y = 44.29 \, \text{cm}$:

$$\sigma_{nx}(y = 44.29) = -\frac{M_z}{I_z}(44.29) = -2.304 \cdot 10^{-5} \, M_z$$

Con ambos resultados, puede ya representarse el diagrama de tensiones normales, figura 3.6.4. En dicha figura se aprecia la posición del eje neutro, coincidente con el eje local z al tratarse de flexión recta pura. La mitad superior de la sección queda comprimida, y la inferior traccionada.

Ejercicio 3.7   Sección *en cajón*

Para la sección simétrica que se muestra, se pide:

1) Hallar la posición de su centro de gravedad y los momentos de inercia respecto de sus ejes principales. Llámese y al eje de simetría.

2) Calcular la máxima tensión normal (en valor absoluto) si actúa un momento M_z positivo de 4000 kN m.

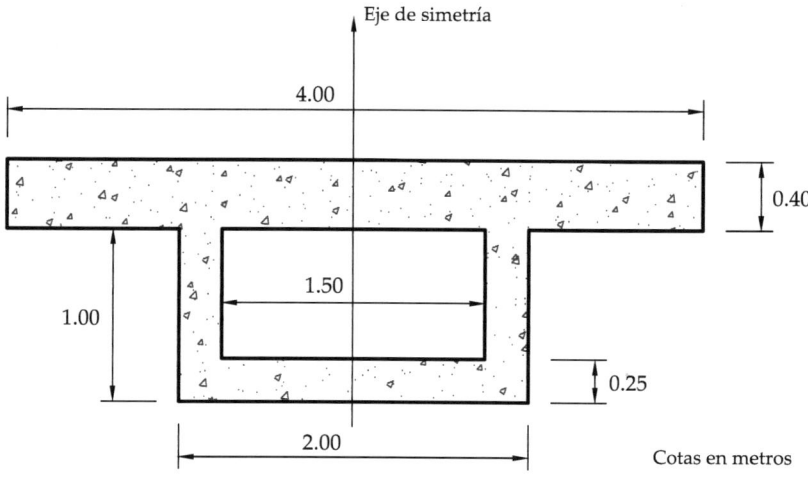

Figura 3.7.1

▷ **Solución**

1) Centro de gravedad y momentos de inercia

Se trata de una sección de las habitualmente denominadas *en cajón*. Con frecuencia, aunque no exclusivamente, este tipo de sección se emplea en la construcción de tableros de puente. Según se ha explicado en el ejercicio 3.6, el centroide se determina con una sencilla descomposición en áreas rectangulares, cuyos respectivos centroides serán los centros de simetría de cada rectángulo. En este caso se tomarán dos áreas macizas rectangulares, y se restará el hueco central.

Tomando la fibra inferior de la sección como referencia para posicionar el centroide, al igual que se hizo en el ejercicio 3.6, se tiene

$$h_g = \frac{\sum A_i\, h_{gi}}{\sum A_i} = \frac{4 \cdot 0.4 \cdot 1.2 + 2 \cdot 1 \cdot 0.5 - 1.5 \cdot 0.75 \cdot 0.625}{4 \cdot 0.4 + 2 \cdot 1 - 1.5 \cdot 0.75} = 0.8957\,\text{m}$$

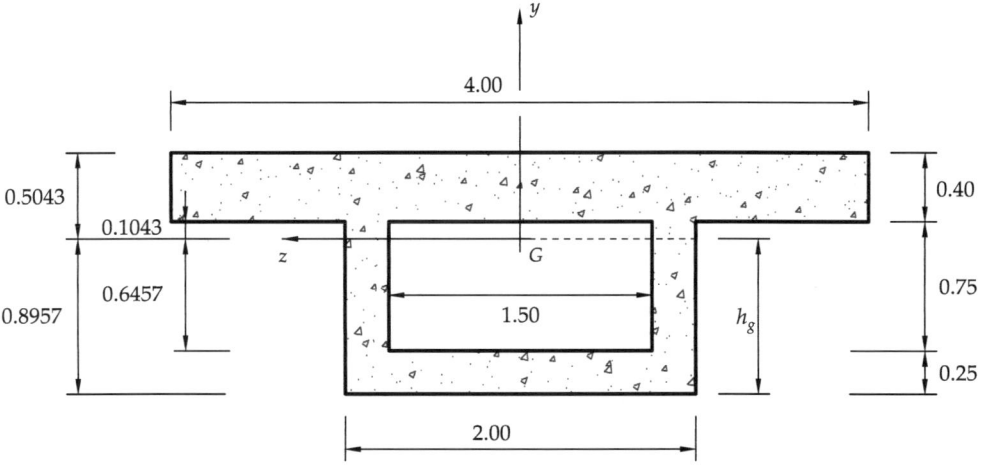

Figura 3.7.2. Referencia para determinación del centroide G y replanteo de cotas respecto al eje z. Cotas en m.

En cuanto al momento de inercia I_z, se emplea también la misma estrategia que en el ejercicio 3.6: se descompone la sección en **rectángulos (macizos o huecos) que tengan un lado apoyado sobre el eje z**. Así se tiene

$$I_z = \frac{1}{3} \sum b_i\, h_i^3 = \frac{1}{3} \cdot 4 \cdot 0.5043^3 - \frac{1}{3} \cdot (1 + 1.5 + 1) \cdot 0.1043^3 +$$

$$+ \frac{1}{3} \cdot 2 \cdot 0.8957^3 - \frac{1}{3} \cdot 1.5 \cdot 0.6457^3 = 0.5141\,\text{m}^4$$

Como se ha visto, los rectángulos usados para el cálculo del momento de inercia serán, en general, distintos de los que se hayan empleado antes para determinar la posición del centroide.

En cuanto al momento de inercia I_y, dado que y es un eje de simetría, se calculará el momento de inercia de una de las dos mitades en las que el eje y divide a la sección, y se multiplicará por dos dicho valor. La estrategia es, de nuevo, la misma: siendo una sección formada por áreas rectangulares, **se descompone esta en rectángulos (macizos o huecos) que tengan un lado apoyado, en este caso, sobre el eje y**. Normalmente dichos rectángulos serán distintos de los que se hayan empleado para calcular I_z. En este caso se opera del siguiente modo:

$$I_y = 2 \cdot \left(\frac{1}{3} \cdot 0.4 \cdot 2^3 + \frac{1}{3} \cdot 1 \cdot 1^3 - \frac{1}{3} \cdot 0.75 \cdot 0.75^3 \right) = 2.589 \, \text{m}^4$$

2) Máxima tensión normal

Al igual que en los ejercicios anteriores de este capítulo, se trata de un caso de flexión pura recta, es decir, el axil y los cortantes son nulos, y sólo existe flector en un eje principal de inercia (eje z).

Siendo $\mathcal{N} = \mathcal{M}_y = 0$, la máxima tensión normal en valor absoluto se producirá en la fibra paralela a z que esté más alejada de G. Dicha fibra es, en este caso, la inferior de la sección: $y_i = -h_g = -0.8957 \, \text{m}$.

En ejercicios que se trabaja con tensiones en la sección es recomendable utilizar las unidades N y mm, ya que $1 \, \text{N/mm}^2 = 1 \, \text{MPa}$.

Aplicando la ley de Navier, y usando las unidades indicadas, se tiene:

$$\sigma_{\text{max}} = \sigma_{nx}(y_i = -h_g) = -\frac{\mathcal{M}_z}{I_z} y = -\frac{4000 \cdot 10^6 \, \text{N mm}}{0.5141 \cdot 10^8 \, \text{mm}^4} \cdot (-895.7 \, \text{mm}) = 6.969 \, \text{MPa}$$

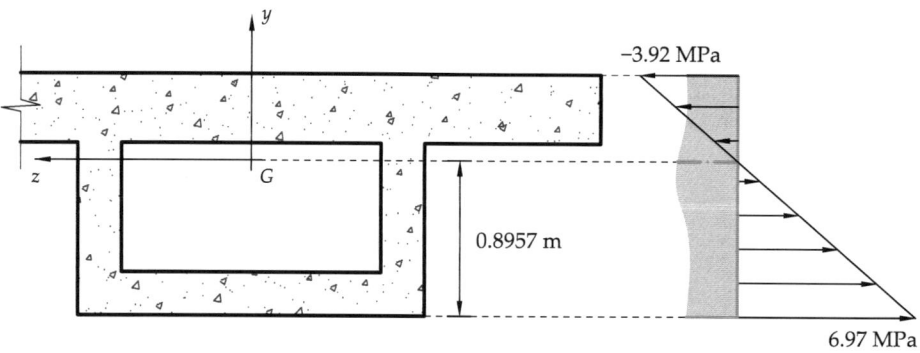

Figura 3.7.3. Diagrama de tensiones normales

4

Barras sometidas a flexión genérica

Contenido

4.0   Introducción

En lo relativo a la flexión, este capítulo se plantea como la segunda parte del capítulo precedente, según se explicó en su introducción. Se tratan aquí ejercicios de mayor complejidad, bajo lo que se ha denominado *flexión genérica*, la cual abarca la flexión compuesta, cálculo de núcleo central y flexión esviada. A efectos del cálculo de tensiones normales —que es a lo que se dedican este capítulo y el anterior— no influye la existencia o no de esfuerzo cortante, el cual sólo provoca tensiones tangenciales[1].

En esta clase de ejercicios la *geometría de masas* es una parte importante de la resolución de los mismos, pues parámetros como el centro de gravedad, momentos de inercia y productos de inercia no se proporcionan en el enunciado y, por tanto, deben de ser calculados.

A continuación se citan las fórmulas principales utilizadas en este capítulo, si bien, para una referencia más detallada, se remite al lector al capítulo dedicado a la *Flexión genérica* del libro de teoría.

I) Expresiones generales

Fórmula de las *tensiones normales en flexión compuesta y esviada* en una barra recta:

$$\sigma_{nx} = \frac{N}{A} - \frac{M_z\,I_y + M_y\,I_{yz}}{I_y\,I_z - I_{yz}^2}\,y + \frac{M_y\,I_z + M_z\,I_{yz}}{I_y\,I_z - I_{yz}^2}\,z \qquad (4.0.1)$$

que es la *expresión generalizada de la ley de Navier*.

Si además se eligen los *ejes locales como ejes principales (centroidales)* de la sección, entonces $I_{yz} = 0$ por lo que:

$$\sigma_{nx} = \frac{N}{A} - \frac{M_z}{I_z}\,y + \frac{M_y}{I_y}\,z \qquad (4.0.2)$$

que es la *fórmula de Navier, ley de Navier* o *fórmula de la flexión*.

Cuando se trabaja con estructuras planas cargadas en su plano no aparece M_y en la ley de Navier anterior, por ser nulo dicho momento flector. Puesto que solo aparece el flector M_z, suele llamársele por comodidad M, ahorrándose así la escritura del subíndice. Igual sucede con el momento de inercia I_z, que se denomina I.

Conviene recordar que en el apartado 1.0.3 del primer capítulo se encuentran descritos los criterios de signos tanto de las acciones como de los esfuerzos. Siguiendo el criterio empleado para determinar el sentido positivo de un esfuerzo, cabe insistir en que el signo del momento flector en el eje y viene dado por el signo del momento resultante **en el lado frontal**[2]. Esto quiere decir que un M_y positivo, como el repre-

---

[1]Véase nota al pie número 3 de la introducción del capítulo precedente.

[2]Información adicional sobre esta cuestión puede consultarse en el apartado dedicado al *cálculo de esfuerzos* del primer capítulo del libro de teoría.

sentado en la figura 4.0.1 (a), comprimirá más las fibras de la sección que tengan una coordenada z menor, o sea, más negativa, y traccionará más las que tengan una coordenada z mayor, o sea, más positiva. Y como las tensiones de tracción son positivas, es por ello que el signo del sumando de $\mathcal{M}_y$ es positivo en la fórmula de Navier (4.0.2); por el contrario, el signo del sumando de $\mathcal{M}_z$ es negativo, ya que comprime las fibras de $y > 0$ (y las tensiones de compresión se consideran negativas).

II) Flexión compuesta: centro de presiones y línea neutra

La ecuación (4.0.2) se puede poner en función del punto $C_p = (e_y, e_z)$, denominado *excentricidad del axil, punto de aplicación del axil* o *centro de presiones*, y viene determinado por las siguientes expresiones (ver figura 4.0.1):

$$e_y = -\frac{\mathcal{M}_z}{N} \; ; \qquad e_z = \frac{\mathcal{M}_y}{N} \tag{4.0.3}$$

que conviene recordar que únicamente tienen sentido en el caso de flexión compuesta (o sea, $N \neq 0$). Despejando $\mathcal{M}_y$ y $\mathcal{M}_z$, y usando dichas expresiones en la de la tensión normal (4.0.2), resulta:

$$\sigma_{nx} = \frac{N}{A} - \frac{-Ne_y}{I_z} y + \frac{Ne_z}{I_y} z \quad \Rightarrow \quad \sigma_{nx} = N\left(\frac{1}{A} + \frac{e_y}{I_z} y + \frac{e_z}{I_y} z\right) \tag{4.0.4}$$

Si la expresión anterior se iguala a cero se obtiene la ecuación de la *línea neutra*[3] en

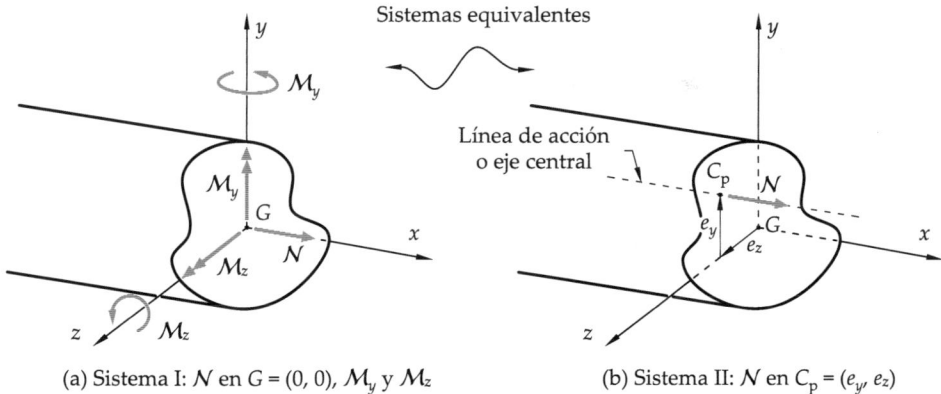

(a) Sistema I: N en $G = (0, 0)$, $\mathcal{M}_y$ y $\mathcal{M}_z$ (b) Sistema II: N en $C_p = (e_y, e_z)$

Figura 4.0.1. Sistemas de fuerzas equivalentes: (a) esfuerzos positivos en la cara dorsal de la sección (N, $\mathcal{M}_y$, $\mathcal{M}_z$); (b) axil N excéntrico en el *centro de presiones* $C_p = (e_y, e_z)$.

flexión compuesta, en la que el axil desaparece:

$$\sigma_{nx} = 0 \quad \Rightarrow \quad \frac{1}{A} + \frac{e_y}{I_z} y + \frac{e_z}{I_y} z = 0 \tag{4.0.5}$$

---

[3]La línea neutra también se denomina *fibra neutra* o *eje neutro*.

Una consecuencia importante de lo anterior es que, a cada punto de aplicación del axil, determinado por unas coordenadas (e_y, e_z) del centro de presiones C_p, le corresponde una cierta línea neutra que viene dada por la ecuación (4.0.5).

Ecuación alternativa de la línea neutra.   Aplicando a la ecuación (4.0.2) que $\sigma_{nx} = 0$ en la línea neutra se obtiene:

$$\sigma_{nx} = 0 \quad \Rightarrow \quad \frac{N}{A} - \frac{M_z}{I_z}\,y + \frac{M_y}{I_y}\,z = 0 \tag{4.0.6}$$

y considerando el eje z de abscisas, y el caso habitual de que $M_z \neq 0$, la ecuación anterior se puede poner en la forma (si $M_z = 0$ se despejaría z):

$$y = \frac{I_z}{I_y}\frac{M_y}{M_z}\,z + \frac{I_z}{A}\frac{N}{M_z} = m\,z + n \tag{4.0.7}$$

en la que $m = \frac{I_z}{I_y}\frac{M_y}{M_z}$ es la pendiente de la línea neutra respecto del eje z^+ (positiva en sentido horario), y $n = \frac{I_z}{A}\frac{N}{M_z}$ es el punto de corte de la línea neutra con el eje de ordenadas, que al ser distinto de cero equivale a decir que **en flexión compuesta la linea neutra no pasa por el centro de gravedad de la sección.**

III) Flexión esviada simple: línea neutra

Cuando existe momento flector en ambos ejes, y simultáneamente el axil es nulo, se está en un caso de flexión simple y esviada —también podría ser flexión pura y esviada—. En tal caso **no existe centro de presiones**, y la ecuación de la línea neutra viene dada por (4.0.6), que adopta la forma:

$$\sigma_{nx} = 0 \quad \text{y} \quad N = 0 \quad \Rightarrow \quad -\frac{M_z}{I_z}\,y + \frac{M_y}{I_y}\,z = 0 \tag{4.0.8}$$

que indica que en *flexión esviada simple la línea neutra pasa por el centro de gravedad de la sección*, al ser nulo su término independiente. Y para el caso habitual de $M_z \neq 0$ se puede escribir (si $M_z = 0$ se despejaría z):

$$y = \frac{I_z}{I_y}\frac{M_y}{M_z}\,z = m\,z \tag{4.0.9}$$

Relación entre la pendiente de la línea neutra m y la pendiente del flector M_y/M_z. De (4.0.7) y (4.0.9) se deduce que la pendiente de la línea neutra viene dada por

$$m = \frac{I_z}{I_y}\frac{M_y}{M_z}$$

por lo que la pendiente del vector momento flector (M_y/M_z) estará más próxima a la de la línea neutra cuanto más se parezca I_z a I_y, coincidiendo si $I_z = I_y$ (caso, por ejemplo, de secciones circulares o cuadradas macizas). Obsérvese que la pendiente de la línea neutra y la del flector siempre coincidirán en signo, pues I_z e I_y son positivos.

Ejercicio 4.1   Columna formada por UPN-200 en cajón

La sección de un pilar está compuesta por dos UPN-200 soldados entre sí formando un cajón que se refuerza con dos platabandas de $15 \times 1.5\,\text{cm}^2$ en la parte exterior de las alas de los UPN, según la figura 4.1.1 (a). Las soldaduras son tales que los UPN y las platabandas trabajan solidariamente entre ellos. Para dicha sección se pide:

1. Calcular las excentricidades (e_z, e_y) del centro de presiones C_p, de modo que la línea neutra pase por el punto de coordenadas ($z = 0$, $y = 7.5\,\text{cm}$), y forme un ángulo de 45° medido desde el eje z^+ en sentido horario[4].

2. Representar el diagrama de tensiones normales, sabiendo que la máxima tensión normal es de compresión y su valor igual a $-2600\,\text{kp/cm}^2$.

Datos: características del UPN-200: $A = 32.2\,\text{cm}^2$; $I_{z'} = 1910\,\text{cm}^4$; $I_{y'} = 148\,\text{cm}^4$.

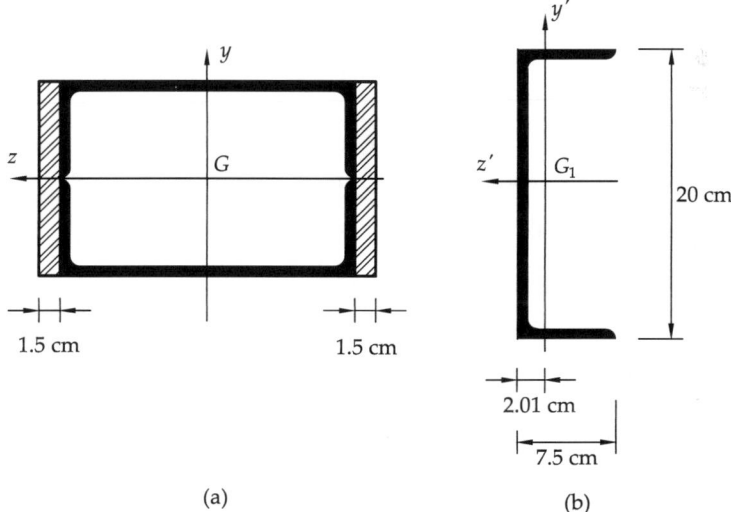

1.5 cm

1.5 cm

20 cm

2.01 cm

7.5 cm

(a)

(b)

Figura 4.1.1. (a) sección de la columna; (b) sección de un perfil UPN-200

▷ Solución

1) Coordenadas del centro de presiones

El cálculo de los momentos de inercia de la sección compuesta es el primer paso a resolver. Según se observa en la figura 4.1.2 (a), la distancia desde el centroide G de la sección de la columna (centro de simetría de la sección compuesta) y el centroide

---

[4]Considerando el eje z de abscisas, lo anterior quiere decir que la línea neutra tendrá una pendiente de 45° en el plano zy positiva, pues es un ángulo medido del eje de abscisas z^+, al de ordenadas y^+.

G_1 del UPN-200 situado en la parte superior, es: $7.5 - 2.01 = 5.49$ cm. Dicha distancia se utilizará a continuación para aplicar el teorema de Steiner en el cálculo de I_z.

$$I_z = 2 \cdot \left(\frac{1}{12} 1.5 \cdot 15^3 \right) + 2 \cdot \left(148 + 32.2 \cdot 5.49^2 \right) = 3080.77 \, \text{cm}^4$$

El primer paréntesis de esta expresión corresponde al momento de inercia de las dos platabandas rectangulares, empleando la fórmula $I = \frac{1}{12}bh^3$, ya que el eje z pasa por el centroide de las mismas. El segundo paréntesis corresponde a los dos UPN-200 situados simétricos respecto de z; dentro de dicho paréntesis se observan el momento de inercia centroidal de un UPN $I_{y'} = 148$ cm^4 (teniendo en cuenta que el eje y' se gira 90° para situarlo paralelo al eje z), y el sumando debido al teorema de Steiner.

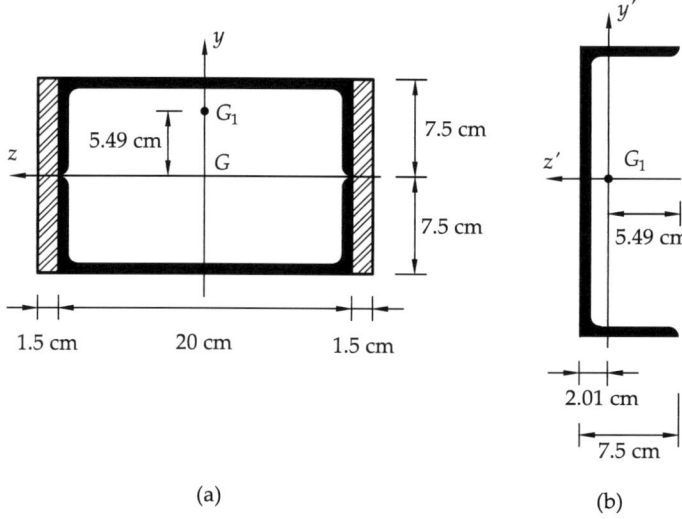

(a)   (b)

Figura 4.1.2. (a) sección de la columna: distancia entre G y el centroide del UPN-200 superior G_1; (b) sección de un perfil UPN-200

En cuanto al momento de inercia I_y, el eje y es centroidal para los UPN-200, por lo que no se aplica Steiner a dichas piezas. En cambio, el eje y no es centroidal para las platabandas, y por tanto, al calcular la inercia de estas sí que debe aplicarse Steiner:

$$I_y = 2 \cdot \left(\frac{1}{12} 15 \cdot 1.5^3 + 15 \cdot 1.5 \cdot \left(10 + \frac{1.5}{2} \right)^2 \right) + 2 \cdot (1910) = 9028.75 \, \text{cm}^4$$

Expresión en la que el primer paréntesis recoge los sumandos relativos a las platabandas, y el segundo los relativos a los UPN-200[5].

---

[5]Una forma alternativa para calcular el momento de inercia de las platabandas sería considerar un rectángulo macizo y luego quitarle el hueco, lo cual se indica en el primer paréntesis, quedando:

$$I_y = \left(\frac{1}{12} 15 \cdot 23^3 - \frac{1}{12} 15 \cdot 20^3 \right) + 2 \cdot (1910) = 5208.75 + 3820 = 9028.75 \, \text{cm}^4$$

Por último, el área de la sección compuesta se calcula simplemente sumando las de sus diferentes partes:

$$A = 2 \cdot (15 \cdot 1.5 + 32.3) = 109.4 \, \text{cm}^2$$

Una vez resuelta la geometría de masas, para determinar el centro de presiones puede partirse de la expresión más sencilla de memorizar, que es posiblemente la ley de Navier en flexión compuesta, ecuación (4.0.2):

$$\sigma_{nx} = \frac{N}{A} - \frac{M_z}{I_z} \, y + \frac{M_y}{I_y} \, z \qquad (4.1.1)$$

Imaginando un axil N de tracción aplicado en un punto C_p de coordenadas e_z y e_y (a priori positivas) y aplicando la regla de la mano derecha, es sencillo derivar las siguientes expresiones (ver figura 4.0.1 (b)), que en la introducción del capítulo se recogen también como ecuaciones (4.0.3):

$$M_z = -N \, e_y \, ; \qquad M_y = N \, e_z$$

Sustituyendo en (4.1.1) se llega a la conocida ecuación (4.0.4):

$$\sigma_{nx} = N \left(\frac{1}{A} + \frac{e_y}{I_z} \, y + \frac{e_z}{I_y} \, z \right)$$

De aquí se obtiene la línea neutra fácilmente. Teniendo en cuenta que en este ejercicio el axil no es nulo, puede simplificarse dicho axil al imponer que $\sigma_{nx} = 0$:

$$\sigma_{nx} = 0 \quad \Leftrightarrow \quad \left(\frac{1}{A} + \frac{e_y}{I_z} \, y + \frac{e_z}{I_y} \, z \right) = 0 \quad \Leftrightarrow \quad y = -\frac{I_z}{I_y} \frac{e_z}{e_y} z - \frac{I_z}{A \, e_y}$$

La ecuación anterior es la de una línea recta, en la forma

$$y = -\frac{I_z}{I_y} \frac{e_z}{e_y} z - \frac{I_z}{A \, e_y} \quad \Leftrightarrow \quad y = m \, z + n \qquad (4.1.2)$$

Ahora se procede a identificar términos de la ecuación (4.1.2) con los datos proporcionados en el enunciado. Como la ordenada en el origen de la línea neutra corresponde con el término independiente n de la ecuación (4.1.2):

$$n = -\frac{I_z}{A \, e_y}$$

y además la línea neutra se sabe que tiene que pasar por ($z = 0$, $y = 7.5$), entonces debe cumplirse

$$n = -\frac{I_z}{A \, e_y} = 7.5 \, \text{cm} \quad \Rightarrow \quad e_y = -\frac{I_z}{7.5 \cdot A} = -\frac{3080.77}{7.5 \cdot 109.4} = -3.755 \, \text{cm}$$

Además, la pendiente en el plano zy se corresponde con el término m de la ecuación (4.1.2), es decir:

$$m = -\frac{I_z}{I_y}\frac{e_z}{e_y} \tag{4.1.3}$$

Para que la línea neutra, según indica el enunciado, forme una pendiente positiva de 45° en el plano zy, el término anterior debe valer exactamente +1, por lo que puede escribirse:

$$m = -\frac{I_z}{I_y}\frac{e_z}{e_y} = +1 \quad \Rightarrow \quad e_z = -\frac{I_y \cdot e_y}{I_z} = -\frac{9028.75 \cdot (-3.755)}{3080.77} = 11.005\,\text{cm}$$

En consecuencia, el centro de presiones es

$$C_p = (e_z,\, e_y) = (11.005,\, -3.755)\,\text{cm}$$

La posición aproximada de dicho punto se muestra en la figura 4.1.3.

2) Diagrama de tensiones normales

Como muestra la figura 4.1.3, el punto más alejado de la línea neutra es A, siendo en dicho punto donde se produce la máxima compresión que el enunciado proporciona como dato:

$$\sigma_{nx,A} = -2600\,\text{kp/cm}^2 = \mathcal{N}\left(\frac{1}{A} + \frac{e_y}{I_z}y_A + \frac{e_z}{I_y}z_A\right)$$

Las coordenadas $(e_z,\, e_y)$ del centro de presiones son ya conocidas. Sustituyendo las coordenadas del punto A:

$$y_A = -7.5\,\text{cm}\;;\qquad z_A = 11.5\,\text{cm}$$

se obtiene el esfuerzo axil:

$$\mathcal{N} = -80\,497\,\text{kp}$$

Por lo que la tensión en el punto B, de coordenadas $(y_B = 7.5,\, z_B = -11.5)$ es

$$\sigma_{nx,B} = -80497 \cdot \left(\frac{1}{A} + \frac{e_y}{I_z}y_B + \frac{e_z}{I_y}z_B\right) = 1128\,\text{kp/cm}^2$$

Conociendo la máxima tracción (en B) y la máxima compresión (en A) se puede representar el diagrama de tensiones normales, que toma el valor nulo en los puntos de la línea neutra, $F\text{-}F'$ en la figura 4.1.3 (a) y (b). Por su importancia, la representación del mismo se explica en detalle a continuación.

El tipo de representación que muestra la figura 4.1.3 es análogo al de la figura 3.6.4: en ambos casos se representa por un lado la sección y por otro, las vistas laterales

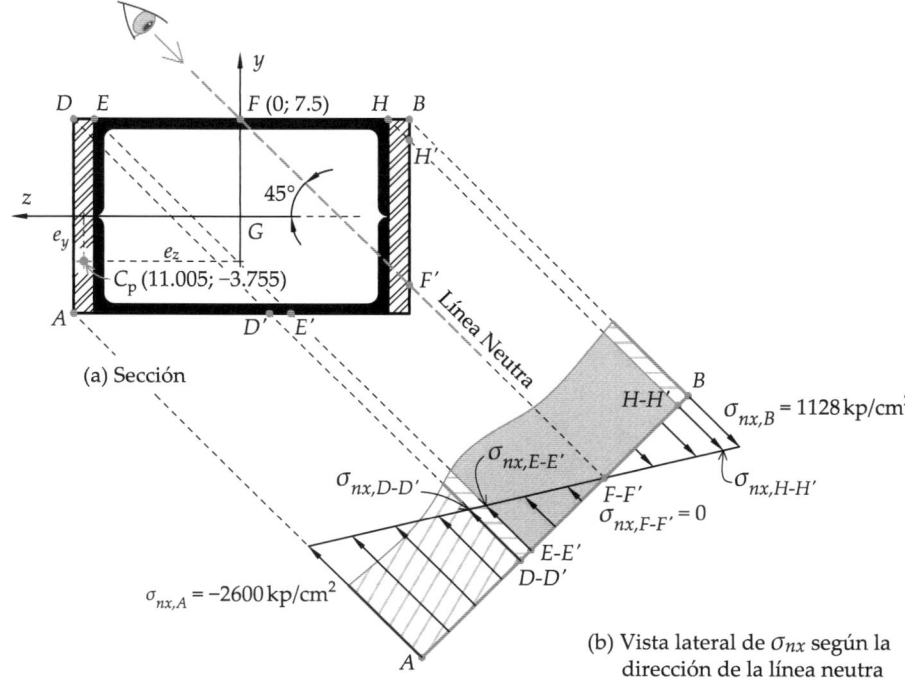

Figura 4.1.3. (a) Sección: centro de presiones (C_p), línea neutra y otros puntos significativos; (b) vista lateral: diagrama de tensiones normales σ_{nx} y posición de la línea neutra.

de la barra y del plano de tensiones normales σ_{nx}, dado por la ley de Navier. En el caso de la figura 3.6.4, la ecuación de dicho plano sólo depende de y por tratarse de un caso de flexión recta con $\mathcal{M}_y = 0$; por ello, se representa la vista lateral desde el semieje z positivo.

En este ejercicio, en cambio, la flexión es esviada —por ser ambos flectores no nulos— y la visión lateral más adecuada es desde uno de los dos extremos de la línea neutra, como indica el "ojo" del observador en la figura 4.1.3 (a). Desde ese punto de vista, en la figura 4.1.3 (b) se ve la viga de forma oblicua, apreciándose tanto las platabandas rayadas como el UPN superior; por su parte, el plano de tensiones normales aparece como una recta inclinada cuyos valores extremos son $\sigma_{nx,A}$ y $\sigma_{nx,B}$, y con valor nulo en el punto F-F' (el cual no es sino la vista lateral de la línea neutra).

Así, las tensiones en todos los puntos del segmento F-F' que se observa en la sección son nulas ($\sigma_{nx,F\text{-}F'} = 0$) salvo, lógicamente, donde no exista material, es decir: en el hueco del cajón formado por los dos UPN. En los puntos sin material, la tensión no tiene valor definido, es decir, no existe.

Los segmentos de la sección paralelos a la línea neutra se denominan genéricamente *fibras*, y en ellos el valor de la tensión σ_{nx} es constante. Cada fibra (por ejemplo, las representadas D-D', E-E', F-F', H-H' en la figura 4.1.3 (a)) corresponde a un valor del plano de tensiones normales de la figura 4.1.3 (b). Las fibras A-A' y B-B' sólo contienen un punto, según se ve en la figura 4.1.3 (a).

Por lo tanto, la tensión normal en D es la misma que en D' ($\sigma_{nx, D\text{-}D'} < 0$) y que en cualquier otro punto de la fibra D-D' donde exista material. Análogamente, la tensión normal en la fibra E-E' es constante ($\sigma_{nx, E\text{-}E'} < 0$), y en la fibra H-H' es así mismo constante ($\sigma_{nx, H\text{-}H'} > 0$).

La zona de compresiones queda, en este ejercicio, por debajo de la línea neutra. En cada caso, y dependiendo del valor y signo de los esfuerzos, las tracciones y compresiones aparecerán a uno u otro lado de la línea neutra.

Por último, se desea recordar que, como norma general, los resultados finales se dan con cuatro cifras significativas, mientras que en los cálculos intermedios se utiliza, si es necesario, un número mayor de ellas para evitar acumular error de redondeo.

Ejercicio 4.2   Viga en voladizo pretensada

La viga de la figura 4.2.1 es un voladizo de longitud L cuya directriz coincide con el eje x representado, y sobre la que actúa una carga puntual P aplicada en su extremo. La línea discontinua superior indica un tendón de pretensado que recorre la viga en paralelo al eje x, estando situado a una distancia e por encima de él. Mediante dicho tendón se aplica una fuerza F de compresión como indica la figura, de tal forma que el punto de aplicación de F es el borde superior del núcleo central de la sección; la cual, como se observa en la figura 4.2.2, tiene un hueco en forma de U.

Se pide:

1. Tensiones máximas de tracción y compresión provocadas por la carga P.

2. Valor mínimo de la fuerza F que hay que aplicar simultáneamente con P para eliminar completamente las tensiones de tracción provocadas por esta última.

3. Representar los diagramas de tensiones normales provocadas por P, por F, y por la acción conjunta de las dos.

Datos: Todos los resultados se dejarán en función exclusivamente de P y L, los cuales se considerarán conocidos.

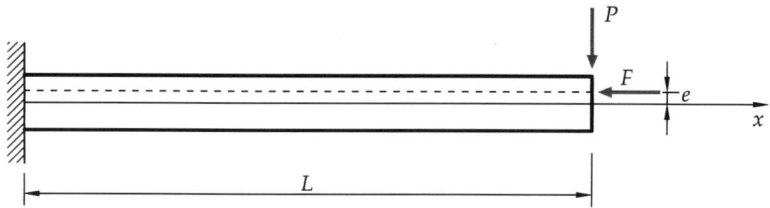

Figura 4.2.1. Viga en voladizo

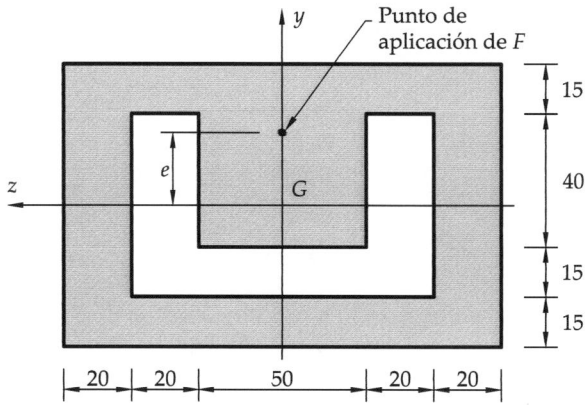

Figura 4.2.2. Sección (cotas en cm)

▷ Solución

1) Tensiones máximas provocadas por P

Los esfuerzos provocados por las fuerzas P y F se muestran en la figura 4.2.3. La fuerza P provoca cortante en y y flector de eje z, originando así un estado de flexión simple. Por otro lado, la fuerza F crea también flector de eje z, combinado con un

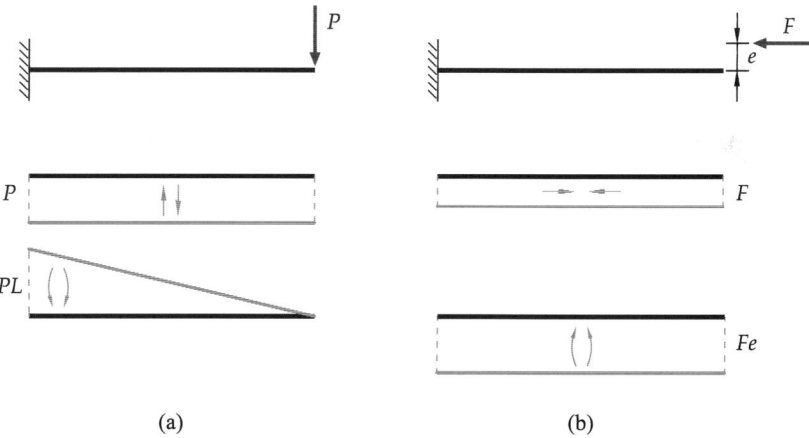

(a)   (b)

Figura 4.2.3. Esfuerzos provocados: (a) por la fuerza P; (b) por la fuerza de pretensado F

esfuerzo axil, por lo que el estado de esfuerzos debido a F es de flexión compuesta. Ambos son casos de flexión recta, al existir flector en un único eje (en este caso, $\mathcal{M}_y = 0$). Nótese que el flector $\mathcal{M}_z$ provocado por el pretensado F es constante a lo largo de la viga, mientras que el que provoca la fuerza P tiene su máximo en la sección del empotramiento, lugar donde originará tensiones máximas.

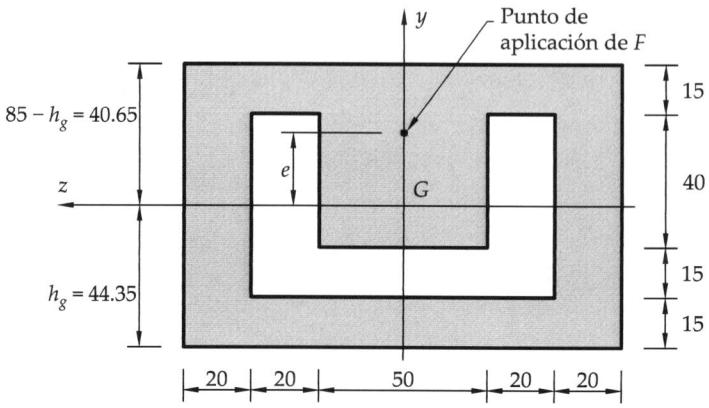

Figura 4.2.4. Determinación del centro de gravedad de la sección (cotas en cm)

Se determina ahora la posición del centroide de la sección, tomando como referencia la fibra inferior (ver figura 4.2.4):

$$A = 130 \cdot 85 - 50 \cdot 15 - 2 \cdot 20 \cdot 55 = 8100 \, \text{cm}^2$$

$$h_g = \frac{130 \cdot 85 \frac{85}{2} - 50 \cdot 15 \cdot \left(15 + \frac{15}{2}\right) - 2 \cdot 20 \cdot 55 \cdot \left(15 + \frac{55}{2}\right)}{A} = 44.35 \, \text{cm}$$

Para calcular el momento de inercia I_z se replantean las cotas verticales al eje z (ver figura 4.2.5). En el cálculo siguiente, la primera línea contiene los términos del momento de inercia de la mitad superior de la sección, mientras que la segunda línea contiene los términos de la mitad inferior:

$$I_z = \frac{1}{3} \cdot 130 \cdot 40.65^3 - 2 \cdot \frac{1}{3} \cdot 20 \cdot 25.65^3 +$$

$$+ \frac{1}{3} \cdot 130 \cdot 44.35^3 - \frac{1}{3} \cdot 90 \cdot 29.35^3 + \frac{1}{3} \cdot 50 \cdot 14.35^3 = 5\,756\,597.25 \, \text{cm}^4$$

En la sección del empotramiento, la tensión máxima de tracción debida a P se produce en la fibra superior, $y = 40.65 \, \text{cm}$:

$$\sigma_{nx,P}\,(y = 40.65) = \frac{N}{A} - \frac{M_z}{I_z}\,y = 0 - \frac{(-P\,L)}{Iz}\,40.65 = \frac{40.65}{I_z}\,PL$$

Análogamente, en la fibra inferior $y = -44.35 \, \text{cm}$ se producirá la máxima compresión debida a P:

$$\sigma_{nx,P}\,(y = -44.35) = -\frac{M_z}{I_z}\,y = -\frac{(-P\,L)}{Iz}\,(-44.35) = -\frac{44.35}{I_z}\,PL$$

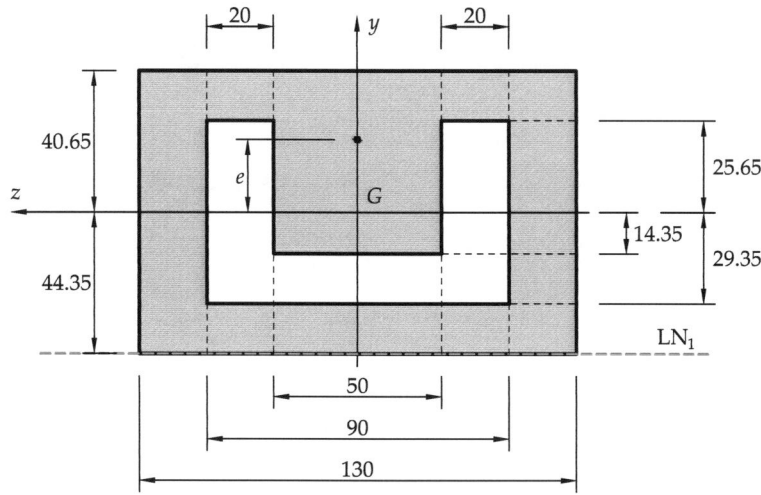

Figura 4.2.5. Replanteo de cotas verticales, y línea neutra LN_1 (cotas en cm)

2) Valor de F que elimina las tensiones de tracción de la viga

El enunciado indica que el punto de aplicación de F, de coordenadas $(z = 0, y = +e)$, es el borde superior del núcleo central. Entonces, a partir de la figura 4.2.5 puede plantearse el cálculo de e, imponiendo que la fibra de coordenada $y = -44.35 = -h_g$ sea la línea neutra (LN_1). Empleando la ecuación (4.0.5), se tiene

$$\sigma_{nx} = 0 \quad \Leftrightarrow \quad \frac{1}{A} + \frac{e_y}{I_z}\, y + \frac{e_z}{I_y}\, z = 0 \quad \Leftrightarrow \quad 1 + \frac{A\, e_y}{I_z}\, y + \frac{A\, e_z}{I_y}\, z = 0$$

De la figura 4.2.5 se deduce que la ecuación de LN_1 es

$$y = -44.35 \quad \Leftrightarrow \quad 1 + \frac{1}{44.35}\, y = 0$$

Identificando términos entre las dos expresiones anteriores se tiene

$$\frac{A\, e_z}{I_z} = 0 \quad \Rightarrow \quad e_z = 0 \ \text{ (ya que el punto de aplicación de } F \text{ está en el eje } y)$$

$$\frac{A\, e_y}{I_z} = \frac{1}{44.35} \quad \Rightarrow \quad e_y = \frac{I_z}{A \cdot 44.35} = 16.0246\,\text{cm}$$

Luego las coordenadas donde se aplica F son: $z = 0$; $y = e = e_y = 16.0246\,\text{cm}$.

En la sección del empotramiento, la tensión que provoca F en la fibra superior, $y = 40.65\,\text{cm}$, es

$$\sigma_{nx,F}\,(y = 40.65) = \frac{N}{A} - \frac{\mathcal{M}_z}{I_z}\, y = \frac{-F}{A} - \frac{F\, e}{I_z}\, 40.65 = -F\left(\frac{1}{A} + \frac{e \cdot 40.65}{I_z}\right)$$

Este valor debe ser exactamente el opuesto al de la tensión que crea P en la misma fibra, para que no haya tracciones en el empotramiento —que es la sección más desfavorable—. Dicho de otro modo, la tensión normal provocada por P y la provocada por F, en la fibra superior del empotramiento, tienen que sumar cero:

$$\sigma_{nx,P}\,(y = 40.65) + \sigma_{nx,F}\,(y = 40.65) = 0$$

Sustituyendo los valores ya conocidos de las tensiones normales se tiene:

$$\frac{40.65}{I_z}\,PL - F\left(\frac{1}{A} + \frac{e \cdot 40.65}{I_z}\right) \quad \Rightarrow \quad F = \frac{40.65\,PL}{I_z\left(\dfrac{1}{A} + \dfrac{e \cdot 40.65}{I_z}\right)}$$

Finalmente, sustituyendo los valores numéricos de I_z, A y e se llega al valor de F:

$$F = 0.02984\,PL \qquad (L \text{ en cm})$$

3) Diagramas de tensiones normales

En el primer apartado se han calculado la máxima tracción y compresión debidas a P, que se representan en la figura 4.2.6 (a).

En cuanto a las tensiones debidas a F, al estar aplicada dicha fuerza axial en el punto superior del núcleo central provoca tensión nula en la fibra inferior (línea neutra LN_1), y la máxima compresión, calculada anteriormente, se representa en la figura 4.2.6 (b).

Sumando ambos diagramas según muestra la figura 4.2.6 (c) se tiene que la tensión normal en la fibra superior del empotramiento se anula —tal era el objetivo de aplicar la fuerza de pretensado F—, y la máxima compresión resultante es la causada por P, ya que en $y = -44.35$ cm, F no produce tensión, como se decía anteriormente.

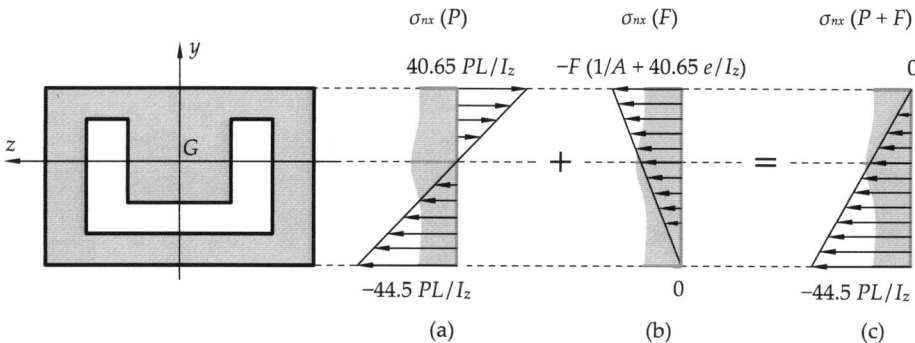

Figura 4.2.6. Diagramas de tensiones normales: (a) debidas a P; (b) debidas a F; (c) totales

Ejercicio 4.3   Presa de gravedad

La figura 4.3.1 muestra el perfil de una presa de gravedad construida en hormigón, de 6 metros de altura. Teniendo en cuenta que el terreno en el que se apoya sólo resiste compresiones, se pide representar la ley de tensiones normales bajo la zapata, calculando la tensión máxima y la longitud de la grieta que se forma.

Datos: densidad del hormigón $\rho = 2.5\,t/m^3$.

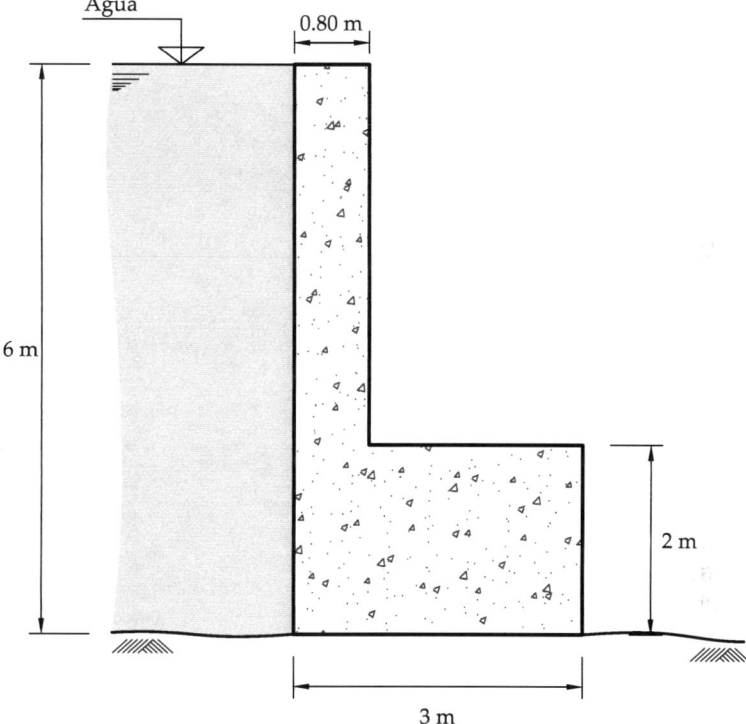

Figura 4.3.1. Perfil de la presa de gravedad

▷ Solución

Como se muestra en la figura 4.3.2 (a), el estudio del estado tensional en la zapata se llevará a cabo considerando una longitud de presa igual a un metro (medida perpendicular al papel). En dicha figura, la porción de presa en estudio se muestra como una "rebanada". De ese modo, se analiza la presa como un voladizo o ménsula vertical que parte desde su base, cuyas dimensiones son $1 \times 3\,m^2$.

Inicialmente podría pensarse que la sección de la zapata en estudio, figura 4.3.2 (b), se comportaría como si estuviera empotrada en el terreno: de ese modo, las tensiones normales en dicha sección se calcularían simplemente aplicando la ley de Navier en flexión compuesta.

Sin embargo, se está ante un problema de **materiales no resistentes a la tracción** —así lo indica el enunciado, además de que es lo lógico en un contacto cimiento-suelo— y, por tanto, en la zona en que el cimiento tienda a levantarse, el terreno no reaccionará con tensiones normales positivas de tracción, sino que se formará una "grieta". En dicha zona agrietada, la presa perderá levemente contacto con el terreno, al no admitir tracciones la unión entre ambos medios.

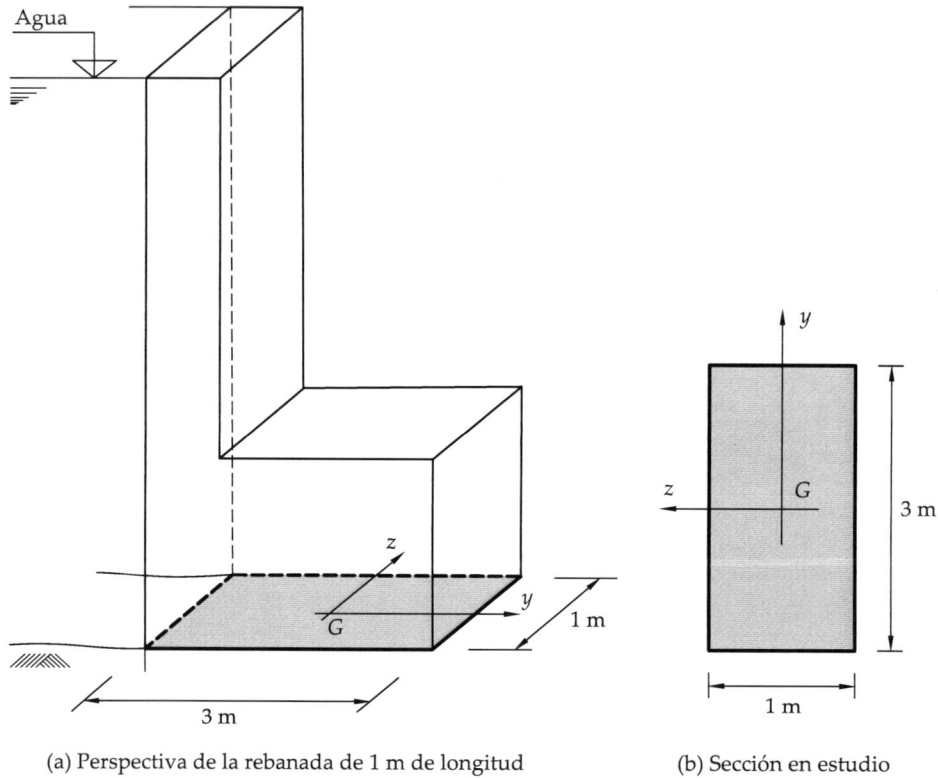

(a) Perspectiva de la rebanada de 1 m de longitud   (b) Sección en estudio

Figura 4.3.2. La sección (b) es la base de una "rebanada" de la presa de 1 m de longitud (a)

Se toma la gravedad igual a $10\,\text{m/s}^2$ para facilitar los cálculos. Recuérdese que, con dicha aproximación, una tonelada de masa tiene un peso de $10\,\text{kN}$ y, por tanto, el peso específico del hormigón son $25\,\text{kN/m}^3$ y el del agua $10\,\text{kN/m}^3$ (además de que estos valores son los indicados en la normativa de acciones para el cálculo de estructuras). En consecuencia, la presión del agua a la máxima profundidad de $6\,\text{m}$ es de $60\,\text{kN/m}^2$.

Las fuerzas que actúan en la presa, entendida como ménsula vertical, son, por tanto, las siguientes (ver figura 4.3.3):

$$P_1 = 25 \cdot 3 \cdot 2 = 150 \, \text{kN} \; ; \quad P_2 = 25 \cdot 4 \cdot 0.8 = 80 \, \text{kN} \; ; \quad E = \frac{60 \cdot 6}{2} = 180 \, \text{kN}$$

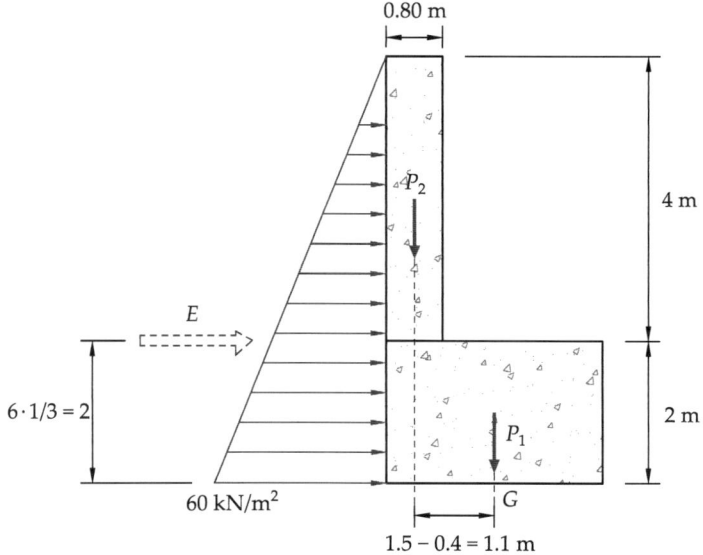

Figura 4.3.3. Cargas actuantes sobre la presa, por encima de la sección de su base.

Los esfuerzos provocados por P_1, P_2 y el empuje E, en los ejes principales de inercia de la sección sombreada de la figura 4.3.2 (b), son los siguientes:

$$\mathcal{N} = -P_1 - P_2 \; ; \quad \mathcal{M}_z = -1.1 \, P_2 + 2 \, E \; ; \quad \mathcal{M}_y = 0$$

Los esfuerzos cortantes no se utilizan en la resolución del ejercicio y se han omitido.

Por otra parte, las fuerzas resultantes P_1, P_2 y E están contenidas en el plano xy —según los ejes principales de inercia que se emplean en la figura 4.3.2 (b)—, por lo que no provocan flector $\mathcal{M}_y$. En cuanto al flector $\mathcal{M}_z$, es importante apercibirse de que en la figura 4.3.3 el eje z pasa por el centroide G de la base con sentido penetrante en el papel, motivo por el cual P_2 provoca un flector negativo y E provoca un flector positivo[6].

Sustituyendo valores se llega a

$$\mathcal{N} = -230 \, \text{kN} \; ; \qquad \mathcal{M}_z = 272 \, \text{kN m}$$

La excentricidad del axil se obtiene ahora de las ecuaciones (4.0.3):

$$e_y = -\frac{\mathcal{M}_z}{\mathcal{N}} = -\frac{272}{-230} = 1.1826 \, \text{m} \; ; \qquad e_z = \frac{\mathcal{M}_y}{\mathcal{N}} = 0 \, m$$

---

[6]El centroide G de la base es el que se observa en las figuras 4.3.2 (a) y 4.3.2 (b).

Se sabe que el núcleo central de una sección rectangular genérica tiene forma romboidal, como la mostrada en la figura 4.3.4 (a). Nótese como la altura total del núcleo central es $2(h/6) = h/3$, es decir, la tercera parte del canto h de la sección. Como la sección es doblemente simétrica, se deduce que en dicha figura $a = h/3$.

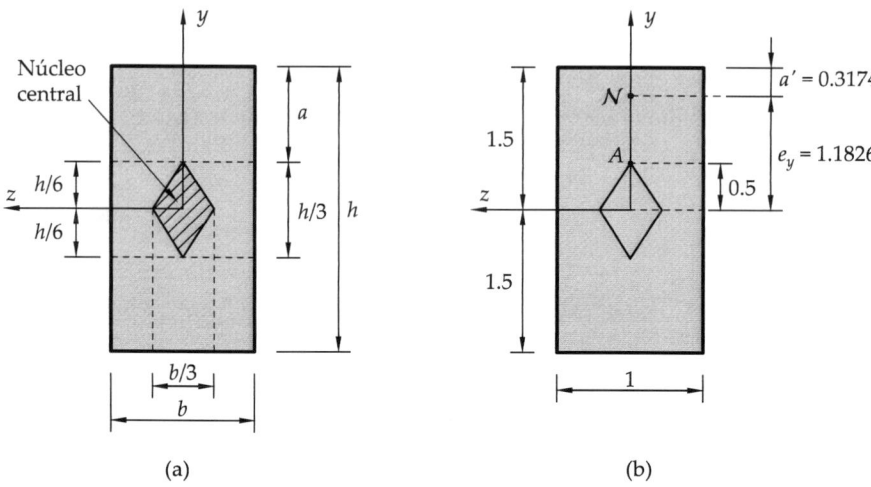

(a)   (b)

Figura 4.3.4. (a) Núcleo central de una sección rectangular genérica. (b) Posición del centro de presiones fuera del núcleo central de la sección si esta trabajase al completo, o sea, si no estuviese agrietada (cotas en m).

En la figura 4.3.4 (b) se observa que la excentricidad del axil es tal que **el centro de presiones queda situado fuera del núcleo central** (véase cómo $e_y > 0.5$). Por lo tanto, dado que el axil es de compresión, ello implica que en lado opuesto de la sección —en la zona más próxima a la fibra inferior $y = -1.5$ m— aparecerían tensiones de tracción, lo que conlleva la formación de una grieta o fisura entre la base de la presa y el terreno.

Llámese $h = 3.0$ m al canto *nominal*[7] de la sección. Al formarse la grieta en la parte inferior dicho canto h se reducirá, y su valor (h') pasará a ser menor que los 3.0 m iniciales. De ese modo el centroide se desplazará hacia arriba, arrastrando con él al eje z y al núcleo central. Dicho desplazamiento llegará hasta el punto en que el vértice superior del nuevo núcleo central (punto A) coincida exactamente con el centro de presiones. En ese momento no serán necesarias las tensiones de tracción, ya que el centro de presiones dejará de estar fuera del núcleo central, pasando a estar sobre su contorno.

En esa situación final de equilibrio toda la sección remanente tendrá tensiones normales del mismo signo que el axil actuante, es decir, de compresión. La sección

---

[7]La palabra "nominal" hace referencia a que no se trata del canto real o efectivo que trabaja en la sección cuando se alcanza el equilibrio, como se verá a continuación.

remanente[8] tendrá entonces un canto $h' < h$, como se ha dicho, que puede calcularse imponiendo que la distancia a' entre el centro de presiones y la fibra superior ($a' = h/2 - e_y = 0.3174$ m en la figura 4.3.4 (b)), sea igual a un tercio el canto efectivo de las sección agrietada h':

$$a' = \frac{h'}{3} = 0.3174 \text{ m} \quad \Rightarrow \quad h' = 3 \cdot 0.3174 = 0.9522 \text{ m}$$

Con esto queda determinado el tamaño o profundidad de la grieta, que es la diferencia entre el canto nominal h y el canto *efectivo* o *eficaz* h':

$$\text{profundidad de la grieta } = h - h' = 3.0 - 0.9522 = 2.0478 \text{ m}$$

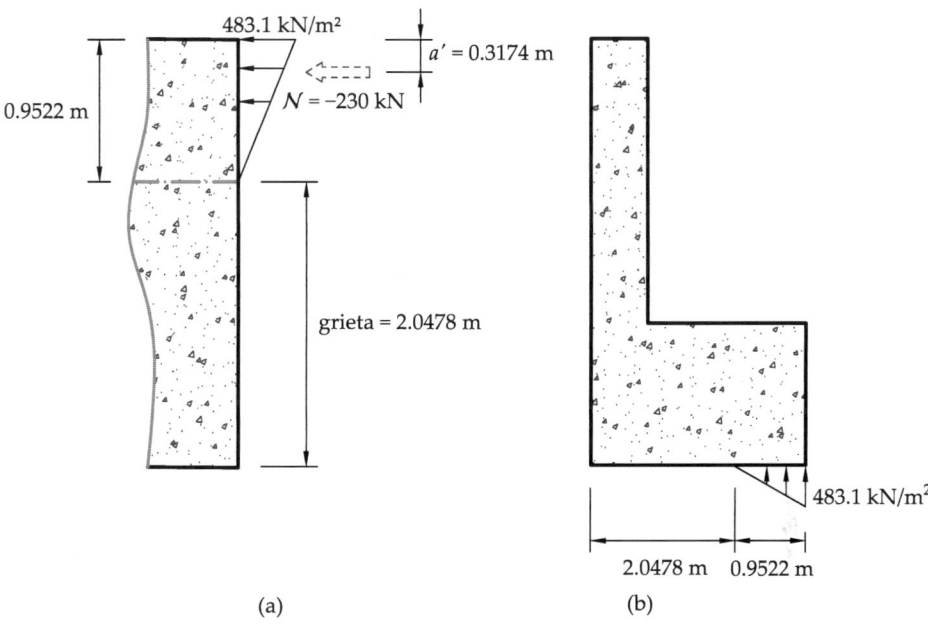

Figura 4.3.5. (a) Profundidad de grieta y posición del axil —presa en posición horizontal—. (b) Perfil de la presa en su posición vertical normal.

Finalmente, el axil actuante debe ser igual a la resultante o integral de las tensiones normales, lo cual permite a su vez deducir la tensión normal máxima. Se trata de una distribución lineal, como muestra la figura 4.3.5 (a); entonces, la integral de las tensiones normales será su valor máximo $\sigma_{nx,\max}$, multiplicado por la superficie sobre la que actúan dichas tensiones, y por $\frac{1}{2}$ al tratarse de una función triangular:

$$N = \frac{1}{2}\sigma_{nx,\max} \cdot (1 \cdot 0.9522) = -230 \text{ kN} \quad \Rightarrow \quad \sigma_{nx,\max} = -483.1 \text{ kN/m}^2$$

[8]Puede denominarse sección "agrietada". En la terminología habitual en estructuras de hormigón se hablaría de una sección "fisurada", pero en este caso lo que sucede es que la base se despega levemente del terreno.

En la figura 4.3.5 (a) se representa la profundidad de grieta y posición del axil usándose una vista de la sección como si se tratase de una viga de directriz horizontal (la presa está girada 90°, o sea, está en posición horizontal). Por el contrario, en la (b), la presa ya está en su posición vertical normal.

Ejercicio 4.4   Sección U invertida

La sección de la figura 4.4.1 es una U invertida simétrica respecto del eje vertical. Se pide hallar su núcleo central y representarlo en un diagrama, acotando los puntos más representativos del mismo.

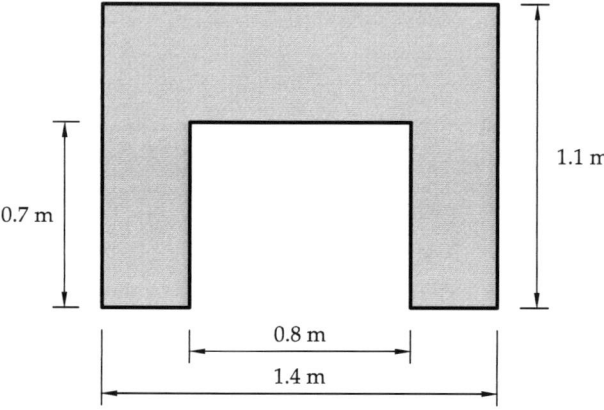

Figura 4.4.1

▷ Solución

Se parte de la expresión de la línea neutra en flexión compuesta, dada por la ecuación (4.0.5). No es imprescindible memorizar dicha fórmula, sino que puede deducirse fácilmente de la ley de Navier, como se hizo en el ejercicio 4.1:

$$\frac{1}{A} + \frac{e_y}{I_z}y + \frac{e_z}{I_y}z = 0 \tag{4.4.1}$$

La ecuación (4.4.1) anterior se identificará ahora con las expresiones matemáticas de las líneas neutras que delimiten el contorno de la sección, que se obtienen directamente por geometría.

Se calculan en primer lugar las magnitudes relativas a la geometría de masas, comenzándose por el área:

$$A = 1.4 \cdot 1.1 - 0.8 \cdot 0.7 = 0.98\,\text{m}^2$$

Cota del centroide respecto de la fibra inferior:

$$h_g = \frac{\sum A_i h_{gi}}{A} = \frac{1.4 \cdot 1.1 \cdot \dfrac{1.1}{2} - 0.8 \cdot 0.7 \cdot \dfrac{0.7}{2}}{0.98} = 0.6643\,\text{m}$$

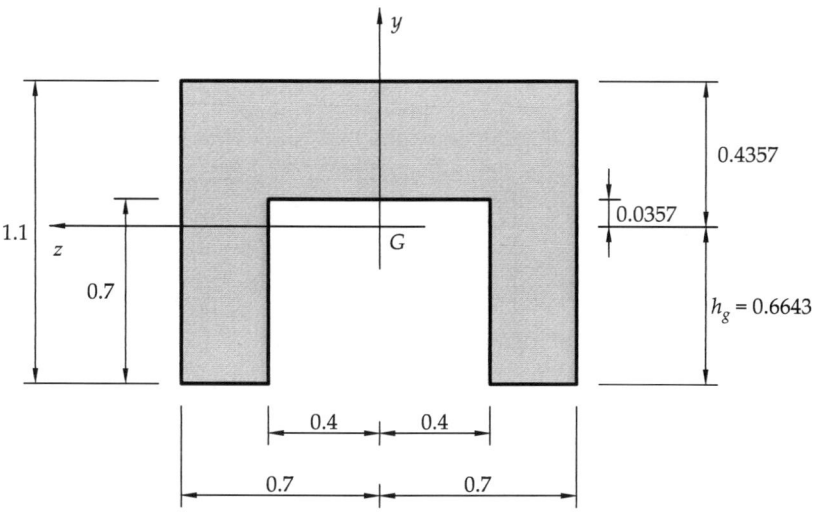

Figura 4.4.2. Replanteo de la sección y ejes centroidales (cotas en m)

En la figura 4.4.2 se replantean las cotas a los ejes centroidales, para determinar así los momentos de inercia:

$$I_z = \frac{1}{3} 1.4 \cdot 0.4357^3 - \frac{1}{3} 0.8 \cdot 0.0357^3 + 2 \cdot \frac{1}{3} 0.3 \cdot 0.6643^3 = 97.217 \cdot 10^{-3} \, \text{m}^4$$

$$I_y = 2 \cdot \left(\frac{1}{3} 1.1 \cdot 0.7^3 - \frac{1}{3} 0.7 \cdot 0.4^3 \right) = 221.67 \cdot 10^{-3} \, \text{m}^4$$

La figura 4.4.3 muestra las cuatro líneas neutras que delimitan el mínimo contorno convexo de la sección, es decir, un perímetro que delimite la sección, que contenga la menor área posible, y que no presente "ángulos entrantes". Se impone ahora que la ecuación de dichas cuatro líneas rectas, expresada en los ejes zy, sea idéntica a la ecuación genérica (4.4.1), lo cual permite despejar las excentricidades (e_z, e_y) del centro de presiones asociado a cada línea neutra. A continuación se procede una por una.

LN$_1$.   De la figura 4.4.2 se deduce por geometría que $y = 0.4357$, que es la ecuación de una recta sin término en z (horizontal). Entonces, para que no aparezca término en z en la ecuación (4.4.1) tiene que cumplirse que $e_z = 0$, por lo que:

$$\frac{1}{A} + \frac{e_y}{I_z} y = 0 \quad \Rightarrow \quad e_y = -\frac{I_z}{A \cdot y} = -\frac{0.097217}{0.98 \cdot 0.4357} = -0.2277 \, \text{m}$$

LN$_3$.   De la figura 4.4.2 se deduce $y = -0.6643$, y, análogamente al caso anterior:

$$e_z = 0 \quad \Rightarrow \quad y = -\frac{I_z}{A \cdot (-0.6643)} = 0.1493 \, \text{m}$$

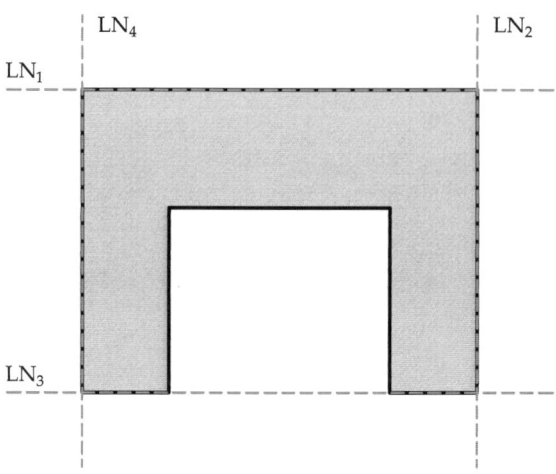

Figura 4.4.3. Líneas neutras a imponer para determinar el núcleo central

LN$_2$.   De la figura 4.4.2 se deduce ahora que $z = -0.7$, es una recta sin término en y, por lo que no puede aparecer dicho término en la ecuación (4.4.1), por tanto

$$e_y = 0 \quad \Rightarrow \quad \frac{1}{A} + \frac{e_z}{I_y}z = 0 \quad \Rightarrow \quad e_z = -\frac{I_z}{A \cdot (-0.7)} = 0.3232 \, \text{m}$$

Finalmente, por la simetría entre LN$_2$ y LN$_4$, para LN$_4$: $e_y = 0 \quad \Rightarrow \quad e_z = -0.3232 \, \text{m}$

El núcleo central se representa en la figura 4.4.4. En dicha figura los centros de presiones C_{p1}, C_{p2}, C_{p3}, C_{p4}, corresponden a las líneas neutras LN$_1$, LN$_2$, LN$_3$ y LN$_4$, respectivamente. Por ser la sección simétrica respecto del eje y, las posiciones de C_{p2} y C_{p4} son también simétricas respecto de dicho eje.

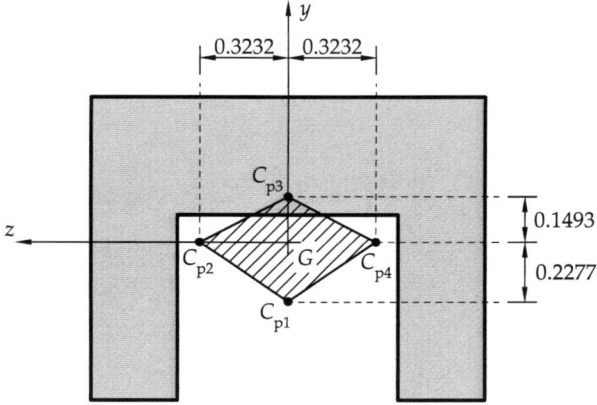

Figura 4.4.4. Núcleo central de la sección (cotas en m)

Barras sometidas a cortante

Contenido

5.0   Introducción

En este tema se tratan ejercicios relacionados con el cálculo de tensiones tangenciales en la sección debidas al esfuerzo cortante. Se pueden distinguir dos tipos de secciones: las *macizas* y las de *pared delgada*. A continuación se resumen las principales fórmulas utilizadas; su desarrollo completo se puede encontrar en el capítulo dedicado al esfuerzo cortante en el libro de teoría[1].

5.0.1   Perfiles o secciones macizas

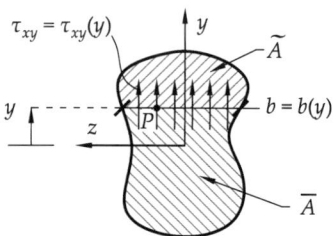

Figura 5.0.1. Criterio de signo de la tensión tangencial τ_{xy} y criterio para determinar las áreas parciales $\widetilde{A}$ y $\overline{A}$. Obsérvese que τ_{xy} lleva el sentido opuesto al del crecimiento de $\widetilde{A}$.

La fórmula principal que se emplea para resolver los problemas de tensiones tangenciales es la denominada de Collignon-Zhuravski[2]:

$$\tau_{xy} = \frac{\widetilde{S}_z}{bI_z}\,\mathcal{V}_y + \frac{\widetilde{S}_y}{bI_y}\,\mathcal{V}_z \qquad (5.0.1)$$

en la que la tensión τ_{xy} es positiva hacia arriba (hacia el eje y^+). Además, en dicha expresión, $\widetilde{S}_z$ y $\widetilde{S}_y$ son los momentos estáticos, respecto a los ejes z e y respectivamente, de la porción de área $(\widetilde{A})$ que hay por encima de la fibra considerada para el cálculo de la tensión τ_{xy}, siendo b la anchura de dicha fibra. Nótese que según lo descrito, el área cortada $(\widetilde{A})$ crece hacia abajo, o sea, en sentido opuesto al de las tensiones tangenciales (ver figura 5.0.1), y es entonces cuando la fórmula tiene signo positivo.

En esta teoría, se parte de la hipótesis de que las tensiones tangenciales son constantes en una fibra horizontal, paralela al eje z, o sea, cualquier punto P de la línea horizontal situada en una coordenada y (de anchura $b = b(y)$), como se representa en la citada figura, tiene la misma tensión tangencial.

Los momentos estáticos de la porción de área que queda por debajo de la fibra (representada por el símbolo $\overline{A}$) se denominan $\overline{S}_z$ y $\overline{S}_y$, y obviamente son los opuestos a los anteriores, ya que la suma de ambos debe de ser nula al ubicarse el origen del sistema de referencia en el centroide de la sección.

En el caso habitual de que no exista cortante en el eje z queda:

$$\tau_{xy} = \frac{\widetilde{S}_z}{bI_z}\,\mathcal{V}_y = -\frac{\overline{S}_z}{bI_z}\,\mathcal{V}_y \qquad (5.0.2)$$

---

[1] *Resistencia de materiales, teoría de estructuras e introducción a la elasticidad* (Juan José Granados; Editorial Garceta; 2025, 5ª Edición).

[2] El apellido del ingeniero y científico ruso Dmitri I. Zhuravski se ha traducido de diferentes formas en la literatura técnica, siendo las más frecuentes, además de la que en este libro se adopta, Zhuravsky en el ámbito anglosajón y Jourawski en el francés.

5.0.2 Perfiles de pared delgada

Los ejercicios resueltos de acuerdo a las simplificaciones propias de los perfiles de pared delgada se presentan directamente en este tema. En ellos se suele hacer el cálculo tanto de la distribución de las tensiones tangenciales como de la ubicación del centro de esfuerzos cortantes.

En este caso, la fórmula de Collignon-Zhuravski adopta la siguiente expresión:

$$\tau_{xs} = \frac{1}{t}\left(\frac{\widetilde{S}_z}{I_z}\,\mathcal{V}_y + \frac{\widetilde{S}_y}{I_y}\,\mathcal{V}_z\right) = -\frac{1}{t}\left(\frac{\overline{S}_z}{I_z}\,\mathcal{V}_y + \frac{\overline{S}_y}{I_y}\,\mathcal{V}_z\right) \qquad (5.0.3)$$

en la que t es el espesor del *fleje*[3] en el punto considerado y s indica el eje curvilíneo que recorre el fleje de la sección. Si la sección está compuesta por varios flejes es habitual definir un eje s para cada uno de ellos.

En el caso común de que no exista cortante en el eje z, y definiendo el flujo de tensiones cortantes q_s como el producto de la tensión tangencial por el espesor, queda:

$$q_s = \tau_{xs}\,t = \frac{\widetilde{S}_z}{I_z}\,\mathcal{V}_y = -\frac{\overline{S}_z}{I_z}\,\mathcal{V}_y \qquad (5.0.4)$$

El procedimiento para establecer la parte del área que es $\widetilde{A}$, el eje s, y el sentido positivo de las tensiones τ_{xs}, y así usar correctamente la primera versión de (5.0.3), y por tanto, también de (5.0.4), es el siguiente:

- En cada fleje se establece el extremo en el que el área $\widetilde{A}$ comienza a crecer, así como el sentido positivo de la tensión τ_{xs}, de forma que lleven sentidos opuestos, o sea, que el área $\widetilde{A}$ crezca en sentido opuesto a τ_{xs} positiva. Véase la figura 5.0.2 en la que se ha aplicado este criterio.
- Aunque no es obligatorio, en cada fleje, suele ser cómodo operar con el origen del eje s situado en el punto extremo que se seleccionó para que el área $\widetilde{A}$ comenzase a crecer. También suele ser cómodo, si el fleje tiene un extremo libre, ubicar el origen en dicho extremo. En la figura 5.0.2 se puede observar como se ha aplicado este criterio en cada uno de los flejes del perfil.

Una aplicación práctica de este método puede verse en los ejercicios 5.3, 5.4 y 5.6, en los que se han aplicado los dos puntos anteriores.

Es importante recordar que los perfiles de pared delgada se tratan, en cuanto al cálculo de sus propiedades mecánicas (áreas, momentos estáticos y momentos de inercia) como si fueran líneas con un pequeño espesor asociado. Por lo tanto, las dimensiones de los flejes que no sean su espesor se acotan siempre sobre su línea media, como se verá desde el ejercicio 5.3 al 5.7. Con este enfoque se admite que

---

[3]Los perfiles de pared delgada están compuestos por flejes. Para más detalles de los aquí expuestos consúltese el libro de teoría.

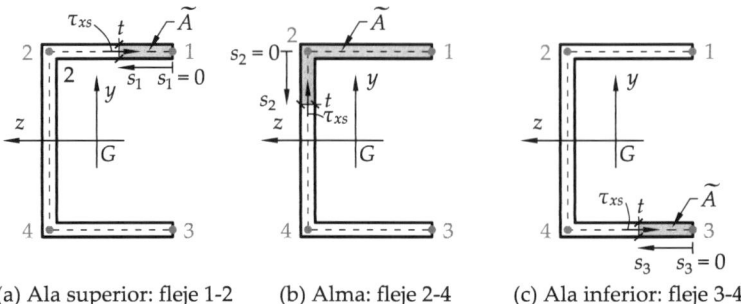

(a) Ala superior: fleje 1-2   (b) Alma: fleje 2-4   (c) Ala inferior: fleje 3-4

Figura 5.0.2. Sección de pared delgada: criterio de signos de las tensiones τ_{xs} en cada fleje y criterio para determinar las áreas parciales $\widetilde{A}$. Nótese como τ_{xs} va en sentido contrario al del crecimiento de $\widetilde{A}$, en cada fleje. El espesor t se mide donde se calcula la tensión, que coincide con el extremo *móvil* del área $\widetilde{A}$.

cada fleje es una línea suficientemente delgada, que puede caracterizarse únicamente por su línea media y, en cada punto de dicha línea, por su espesor asociado. Esta simplificación lleva a la incongruencia de que en los puntos de unión de varios flejes ("esquinas" de la sección) se produzca un cierto solape del material, pero el error introducido es muy pequeño y, a cambio, los cálculos se simplifican notablemente. Por ello, es una hipótesis habitual en el cálculo de perfiles de pared delgada.

5.0.3 Variación de la fuerza axial: expresión general y su empleo

Si no se sigue el procedimiento que se acaba de describir para establecer los signos de crecimiento de $\widetilde{A}$ y el signo de τ_{xs}, la fórmula (5.0.3) —y por tanto también la (5.0.4)— puede cambiar de signo.

En tal caso, para determinar el signo se suele realizar un diagrama de sólido libre de una porción de fleje, sobre el cual se establece el equilibrio adoptando un criterio de signos *ad hoc*. Así, al despejar el flujo de tangenciales q_s de la ecuación de equilibrio longitudinal se obtiene la versión de la ecuación (5.0.3), o (5.0.4), con el signo correcto en cada caso, como se verá en los ejercicios 5.5 y 5.7.

Al resolver los ejercicios mediante esta estrategia debe emplearse la siguiente expresión, que proporciona la derivada de la fuerza axial $\widetilde{N}$ sobre la porción de fleje aislada, y cuya validez general permite aplicarla a cualquier caso, cumpliéndose tanto:

$$\frac{\mathrm{d}\widetilde{N}}{\mathrm{d}x} = \frac{\widetilde{S}_z}{I_z}\,\mathcal{V}_y + \frac{\widetilde{S}_y}{I_y}\,\mathcal{V}_z \tag{5.0.5}$$

como:

$$\frac{\mathrm{d}\overline{N}}{\mathrm{d}x} = \frac{\overline{S}_z}{I_z}\,\mathcal{V}_y + \frac{\overline{S}_y}{I_y}\,\mathcal{V}_z \tag{5.0.6}$$

Ejercicio 5.1   Sección en forma de H

La sección de la viga recta analizada en el ejercicio 3.6 se reproduce
en la figura siguiente. Suponiendo que en el eje de simetría de la
sección (eje y) actúa un esfuerzo
cortante $\mathcal{V}_y$ positivo, se pide representar el diagrama de tensio-
nes tangenciales.

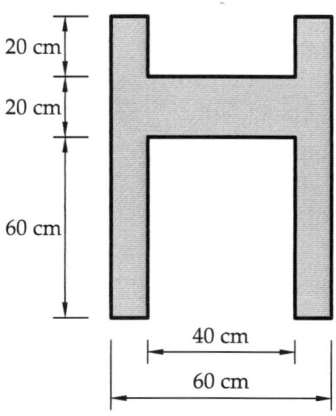

Figura 5.1.1

▷ Solución

En primer lugar se recupera, del ejercicio 3.6, el croquis que muestra la figura 5.1.2,
donde se presenta un replanteo de cotas al eje z. En dicha figura se anticipa la fibra
en la que se producirá la máxima tensión tangencial: ese valor extremo se alcanza
en la fibra situada sobre el eje z, lo cual se debe a que en dicha fibra es máximo el
momento estático $\widetilde{S}_z$ y, a la vez, la anchura b de la sección dada es mínima.

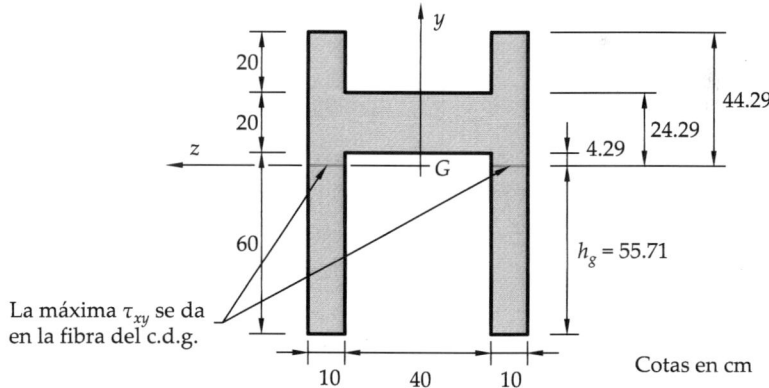

Figura 5.1.2. Cotas globales de la sección respecto al eje z

Según el apartado 5.0.1, ecuación (5.0.2), puede emplearse la siguiente expresión para
hallar la tensión tangencial:

$$\tau_{xy} = \frac{\widetilde{S}_z}{bI_z}\,\mathcal{V}_y = -\frac{\overline{S}_z}{bI_z}\,\mathcal{V}_y$$

Del ejercicio 3.6 se sabe que $I_z = 1\,922\,000\,\text{cm}^4$. En cuanto al momento estático $\widetilde{S}_z$ o $\overline{S}_z$, conviene hallarlo subdividiendo la sección en zonas donde la anchura b sea constante, por lo que en este caso se subdividirá en tres zonas, que se denominarán, por este orden, *inferior, intermedia* y *superior*.

Zona inferior: anchura $b = 2 \cdot 10 = 20\,\text{cm}$ ($-55.71\,\text{cm} \le y < 4.29\,\text{cm}$)

El límite superior del intervalo ($y = 4.29\,\text{cm}$) se excluye porque corresponde simultáneamente a dos fibras: en efecto, la anchura b cambia abruptamente de valor en $y = 4.29\,\text{cm}$, y el diagrama de tensiones tangenciales presentará ahí una discontinuidad. Podrá calcularse entonces el valor de τ_{xy} inmediatamente por encima de la fibra ($y = 4.29^+$), o inmediatamente por debajo ($y = 4.29^-$). La misma situación se repite en la fibra $y = 24.29\,\text{cm}$.

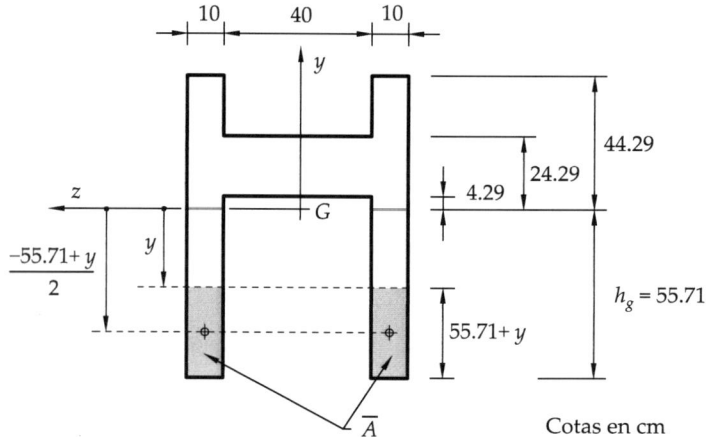

Figura 5.1.3. Descomposición en rectángulos para cálculo de $\overline{S}_z$: ($-55.71\,\text{cm} \le y < 4.29\,\text{cm}$). Cotas indicadas con flecha doble; coordenadas indicadas con flecha simple.

Se comienza analizando la parte inferior, siguiendo el esquema de la figura 5.1.3. En dicha figura las cotas (que siempre tienen signo positivo por ser valores absolutos) se indican con doble punta de flecha; en cambio, las coordenadas, que en general pueden tener signo negativo o positivo, se indican con punta de flecha simple.

La estrategia seguida en la figura 5.1.3 consiste en situar una fibra a coordenada genérica y, y descomponer en rectángulos la parte de la sección que quede por encima o por debajo de la misma, según resulte más sencillo.

En este caso se toman los dos rectángulos por debajo de la fibra y, se determina su área, y se multiplica esta por la coordenada vertical de su centro de gravedad (que, para la figura 5.1.3, se observa que es negativa). Por lo tanto, se tiene

$$\overline{S}_z = 2\left(10 \cdot (55.71 + y)\right) \cdot \frac{-55.71 + y}{2} = 10 \cdot (y^2 - 55.71^2),$$

$$\text{en } -55.71\,\text{cm} \leq y < 4.29\,\text{cm}$$

Puede comprobarse que el momento estático $\overline{S}_z$ calculado es negativo para cualquier valor de y (salvo en el extremo, $y = -55.71$, en el que es nulo), debido a que el centro de gravedad del área $\overline{A}$ tiene coordenada y negativa.

Zona intermedia: anchura $b = 60\,\text{cm}$ ($4.29\,\text{cm} < y < 24.29\,\text{cm}$)

En segundo lugar se emplea la figura 5.1.4. Se sitúa una fibra a coordenada genérica y (positiva en este caso), y se descompone en rectángulos la parte de la sección por encima de la misma, por resultar más sencillo —se calcula, por lo tanto, $\widetilde{S}_z$, en lugar de $\overline{S}_z$—. Tomando los tres rectángulos por encima de la fibra y, se determinan sus áreas y se multiplican estas por la coordenada vertical de sus centro de gravedad. Se tiene así

$$\widetilde{S}_z = 2\left(10 \cdot 20\right) \cdot \frac{24.29 + 44.29}{2} + \left(60 \cdot (24.29 - y)\right) \cdot \frac{24.29 + y}{2} =$$
$$= 13\,716 + 30 \cdot (24.29^2 - y^2), \qquad \text{en } 4.29\,\text{cm} < y < 24.29\,\text{cm}$$

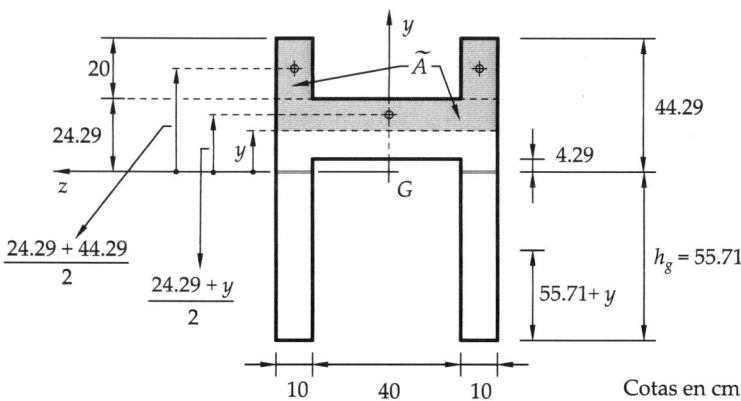

Figura 5.1.4. Descomposición en rectángulos para cálculo de $\widetilde{S}_z$: ($4.29\,\text{cm} < y < 24.29\,\text{cm}$). Cotas indicadas con flecha doble; coordenadas indicadas con flecha simple.

Como se observa, los momentos estáticos resultan ser polinomios de segundo grado. Esto se debe a que, en esta sección, al desplazarse la fibra y verticalmente, varían linealmente tanto el área que dicha fibra limita, como la coordenada y de su centro de gravedad.

Zona superior: anchura $b = 2 \cdot 10 = 20\,\text{cm}$ $(24.29\,\text{cm} < y \leq 44.29\,\text{cm})$

Finalmente se emplea la figura 5.1.5, siguiendo un procedimiento análogo al ya descrito. Se tiene así, para la zona superior de la sección

$$\widetilde{S}_z = 2\,(10 \cdot (44.29 - y)) \cdot \frac{44.29 + y}{2} = 10 \cdot (44.29^2 - y^2),$$

$$\text{en } 24.29\,\text{cm} < y \leq 44.29\,\text{cm}$$

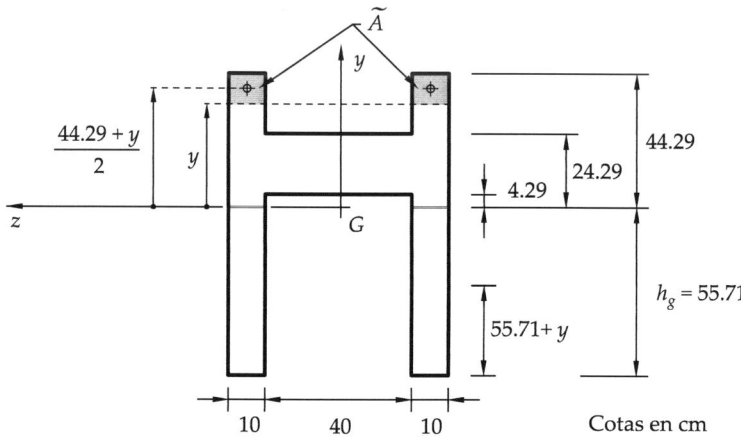

Figura 5.1.5. Descomposición en rectángulos para cálculo de $\widetilde{S}_z$: $(24.29\,\text{cm} < y \leq 44.29\,\text{cm})$. Cotas indicadas con flecha doble; coordenadas indicadas con flecha simple.

Se representa el diagrama de tensiones tangenciales tomando $\mathcal{V}_y > 0$, como indica el enunciado. Para ello, la expresión final por tramos de τ_{xy} es la siguiente:

$$\tau_{xy} = \begin{cases} \dfrac{\widetilde{S}_z}{bI_z}\,\mathcal{V}_y = \dfrac{10 \cdot (44.29^2 - y^2)}{(2 \cdot 10) \cdot 1\,922\,000}\,\mathcal{V}_y, & \text{si } 24.29\,\text{cm} < y \leq 44.29\,\text{cm} \\[2mm] \dfrac{\widetilde{S}_z}{bI_z}\,\mathcal{V}_y = \dfrac{13\,716 + 30 \cdot (24.29^2 - y^2)}{60 \cdot 1\,922\,000}\,\mathcal{V}_y, & \text{si } 4.29\,\text{cm} < y < 24.29\,\text{cm} \\[2mm] -\dfrac{\widetilde{S}_z}{bI_z}\,\mathcal{V}_y = -\dfrac{10 \cdot (y^2 - 55.71^2)}{(2 \cdot 10) \cdot 1\,922\,000}\,\mathcal{V}_y, & \text{si } -55.71\,\text{cm} \leq y < 4.29\,\text{cm} \end{cases}$$

La tensión obtenida tiene unidades de kp/cm^2, si $\mathcal{V}_y$ se expresa en kp e y en cm. Los momentos estáticos, por su parte, tienen unidades de cm^3. La simplificación matemática de las fracciones anteriores se deja al lector.

Dando a la variable y los valores extremos de cada intervalo ($y = -55.71$, 4.29^+, ... etc.), más el correspondiente al centro de gravedad ($y = 0$), puede obtenerse el diagrama de tensiones tangenciales, que está formado por tres ramas de parábola según muestra la figura 5.1.6. Nótese cómo, al anularse el momento estático en las fibras superior e inferior, los valores en los extremos del diagrama resultan nulos:

$$\tau_{xy}(y = 44.29) = 0 \qquad\qquad \tau_{xy}(y = 24.29^+) = 3.586 \cdot 10^{-4}\,\mathcal{V}_y$$

$$\tau_{xy}(y = 24.29^-) = 1.189 \cdot 10^{-4}\,\mathcal{V}_y \qquad\qquad \tau_{xy}(y = 4.29^+) = 2.676 \cdot 10^{-4}\,\mathcal{V}_y$$

$$\tau_{xy}(y = 4.29^-) = 8.026 \cdot 10^{-4}\,\mathcal{V}_y \qquad\qquad \tau_{xy}(y = -55.71) = 0$$

La máxima tensión se produce, como se había anticipado, en la fibras del centro de gravedad, afectando pues a las zonas rectangulares inferiores de la sección en H. El valor es muy similar al obtenido para $y = 4.29^-$, dada la cercanía de dicha fibra con el eje z:

$$\tau_{xy}(y = 0) = 8.074 \cdot 10^{-4}\,\mathcal{V}_y = \tau_{xy,\text{max}}$$

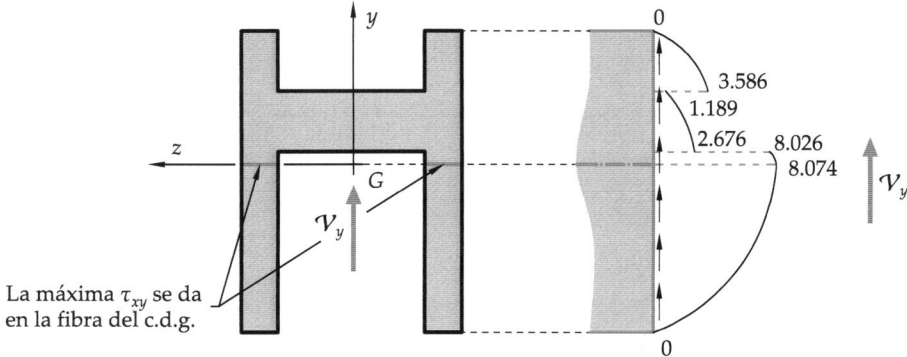

Figura 5.1.6. Diagrama de tensiones tangenciales τ_{xy}. Lo valores se han dividido por $(10^{-4}\mathcal{V}_y)$, por lo que los números del diagrama tienen unas unidades de $1/\text{cm}^2$.

Ejercicio 5.2   Sección *en cajón*

La sección de la viga recta analizada en el ejercicio 3.7 se reproduce en la figura adjunta. Suponiendo que en el eje de simetría de la sección (eje y) actúa un cortante $\mathcal{V}_y$ positivo de 800 kN, se pide hallar el valor máximo de la tensión tangencial τ_{xy}.

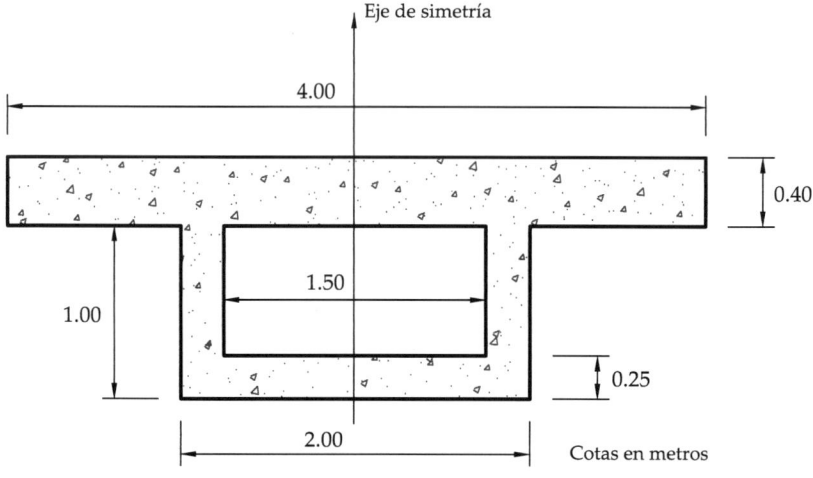

Figura 5.2.1

▷ Solución

En primer lugar se recupera, del ejercicio 3.7, el croquis mostrado en la figura 3.7.2, la cual muestra un replanteo de cotas al eje z. De acuerdo con el apartado 5.0.1, ecuación (5.0.2):

$$\tau_{xy} = \frac{\widetilde{S}_z}{bI_z}\,\mathcal{V}_y = -\frac{\overline{S}_z}{bI_z}\,\mathcal{V}_y$$

Del ejercicio 3.7.2 se conoce que $I_z = 0.5141\,\mathrm{m}^4$. En cuanto al momento estático $\widetilde{S}_z$ o $\overline{S}_z$, sólo se necesita calcular el correspondiente a la fibra $y = 0$, ya que en dicha fibra se sabe (ver ejercicio 5.1) que el momento estático respecto al eje z es máximo y, a la vez, se tiene la menor anchura de la sección, igual a la suma del espesor de las dos almas del cajón: $b(y = 0) = 2 - 1.5 = 0.5\,\mathrm{m}$; por lo que la tensión tangencial es máxima en la fibra situada a la altura del centro de gravedad de la sección.

Considerando la figura 5.2.2, el área rayada denominada $\overline{A}$ es igual a la parte de la sección situada bajo del eje z. El momento estático $\overline{S}_z$ de dicha área rayada se calcula tomando el del rectángulo exterior que la encierra, y restándole el del hueco

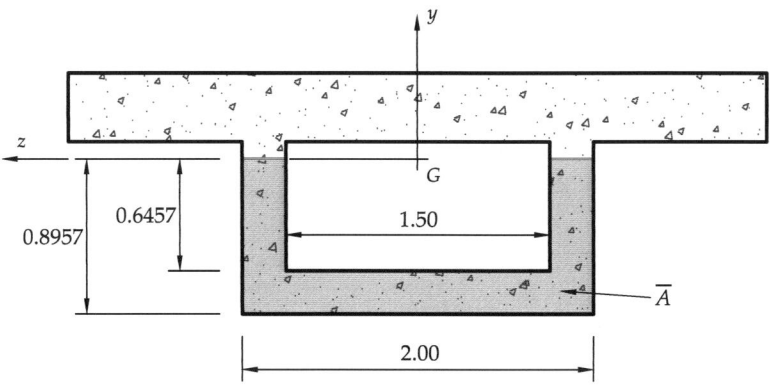

Figura 5.2.2. Replanteo de cotas del área $\overline{A}$ respecto al eje z. Cotas en m.

correspondiente del cajón:

$$\overline{S}_z(y=0) = 2 \cdot 0.8957 \cdot \left(-\frac{0.8975}{2}\right) - 1.5 \cdot 0.6457 \cdot \left(-\frac{0.6457}{2}\right) = -0.48958\,\text{m}^3$$

Por tanto, la siguiente operación proporciona la tensión máxima buscada. Siendo el cortante positivo, el sentido de dicha tensión es el del semieje y positivo:

$$\tau_{xy,\text{max}} = -\frac{\overline{S}_z(y=0)}{b(y=0)\,I_z}\,\mathcal{V}_y = -\frac{-0.48958}{0.5 \cdot 0.5141} \cdot 800 = 1524\,\text{kN/m}^2 = 1.524\,\text{MPa}$$

Ejercicio 5.3   Perfil en forma de C con alma de dos flejes inclinados y alas horizontales

Determinar la posición del centro de esfuerzos cortantes (CEC) del perfil de pared delgada que se muestra en la figura 5.3.1 (a). El perfil es simétrico respecto del eje z. Las alas tienen un espesor t, mientras que el alma está compuesta por dos flejes inclinados de espesor $2t$.

Datos: $\alpha = 58°$; $t = 5\,\text{mm}$; cotas referidas a la línea media del perfil: $a = 8\,\text{cm}$; $b = 5\,\text{cm}$; $h = 16\,\text{cm}$.

Según la figura 5.3.1 (b), el momento de inercia de un fleje inclinado de espesor t y longitud L, respecto de un eje que pasa por un extremo es:

$$I_z = \frac{t\,L^3}{3}\,\text{sen}^2\,\alpha$$

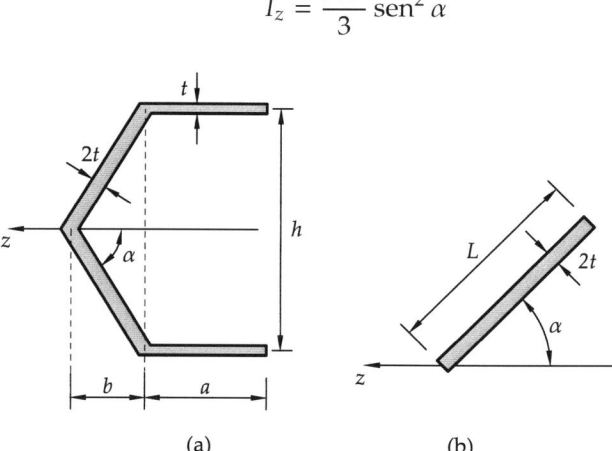

(a)   (b)

Figura 5.3.1

▷ Solución

En primer lugar se comienza haciendo una serie de razonamientos previos. Nótese que no se se pide calcular el flujo de tensiones tangenciales (q_s) en todo el perfil. Por lo tanto, sólo será necesario calcular q_s en aquellas partes del perfil que se requieran para la determinación del CEC. Según lo anterior, el punto más interesante para plantear momentos será la intersección del perfil con el eje z, ya que los flujos q_s de los dos ejes inclinados no provocan momento respecto de dicho punto.

Además, por ser z un eje de simetría, el CEC está sobre él, como muestra la figura 5.3.2. En adelante se denominará al CEC como punto C. Al estar situado dicho punto sobre z, para determinar su posición únicamente es necesario suponer que actúa un cortante perpendicular a z, es decir: $\mathcal{V}_y \neq 0$, y $\mathcal{V}_z = 0$, como se observa en la figura 5.3.2. Además, en dicha figura se observa que d (distancia CO) es la incógnita final del problema.

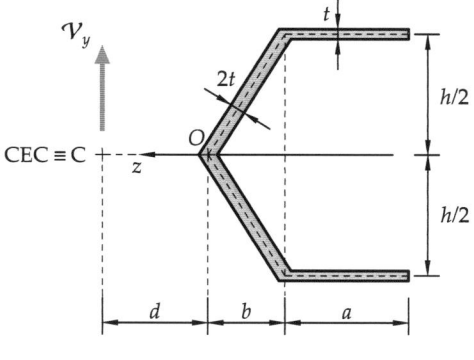

Figura 5.3.2

Después de los razonamientos anteriores se pasa a realizar los cálculos propiamente dichos. En primer lugar se obtiene la longitud del fleje inclinado L:

$$L = \sqrt{\left(\frac{h}{2}\right)^2 + b^2} = \sqrt{\left(\frac{16}{2}\right)^2 + 5^2} = 9.434 \, \text{cm}$$

Sin importar dónde esté situado el centroide (G), el eje y será un eje principal de inercia[4], ya que z es un eje principal de inercia por ser de simetría, e y es perpendicular a z. Recuérdese que los ejes principales de inercia son siempre perpendiculares entre sí[5]. Entonces, dado que $\mathcal{V}_z = 0$ se tiene, según la ecuación (5.0.4)

$$q_s = \frac{\widetilde{S}_z}{I_z} \, \mathcal{V}_y$$

Siendo, como se indicó en la introducción, el sentido de q_s contrario al de crecimiento del área $\widetilde{A}$.

El valor de I_z se determina como sigue:

$$I_z = 2 \left[\frac{2t \, L^3}{3} \, \text{sen}^2 \, \alpha + t \, a \left(\frac{h}{2}^2\right) \right] =$$

$$= 2 \left[\frac{2 \cdot 0.5 \cdot 9.434^3}{3} \, \text{sen}^2 \, 53° + 0.5 \cdot 8 \cdot 8^2 \right] = 914.57 \, \text{cm}^4$$

Sobre el cálculo de I_z son de interés las siguientes aclaraciones:

---

[4]Como se trata de ejes que pasan por G, se debería decir *ejes principales centroidales*, aunque por comodidad se suele omitir esta última palabra.

[5]Salvo cuando ambos momentos principales de inercia sean iguales, en cuyo caso cualquier eje es principal de inercia.

1. Se multiplica por 2 para tener en cuenta la simetría de la figura.

2. El término correspondiente a I_z del fleje inclinado es: $\dfrac{2t\,L^3}{3}\,\text{sen}^2\,\alpha$.

3. El término correspondiente a I_z del fleje horizontal (ala) es: $t\,a\,\left(\dfrac{h^2}{2}\right)$. Ello se debe a que el fleje horizontal se considera como un área concentrada toda ella a distancia constante $\frac{h}{2}$, siendo esta una aproximación habitual en secciones de pared delgada.

Ahora se calculará el flujo de tensiones tangenciales q_s. Este cálculo se realiza sólo en las alas, ya que, al tomar momentos respecto de O, el flujo q_s de los flejes inclinados no influye, como ya se dijo anteriormente. Se emplearán los esquemas de la figura 5.3.3 para determinar $\widetilde{S}_z$. Se recuerda que los perfiles de pared delgada se tratan como líneas con un cierto espesor asociado, despreciándose los pequeños solapes de material que esta simplificación implica en los puntos de encuentro entre flejes.

El criterio adoptado para el signo del flujo q_s, el área $\widetilde{A}$ y la coordenada s es el expuesto en el apartado 5.0.2 de la introducción a este capítulo. Por lo tanto, como en la figura 5.3.3 $\widetilde{A}$ crece hacia la izquierda en ambas alas, q_s será positivo hacia la derecha.

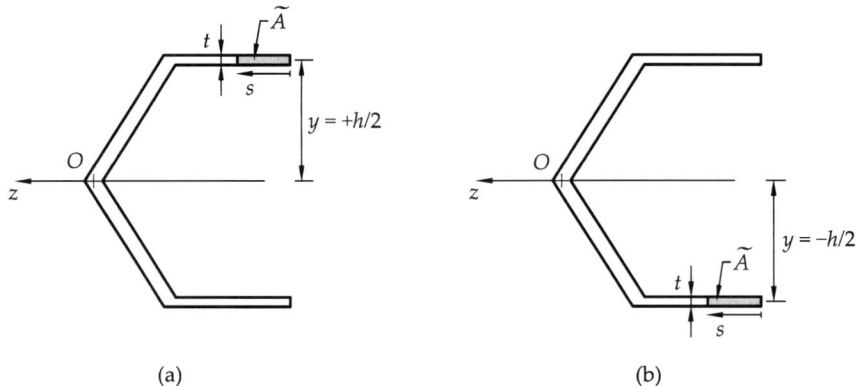

(a)   (b)

Figura 5.3.3. Croquis para cálculo de $\widetilde{S}_z$ en las alas

Ala superior: $0 \leq s < a$

Según la figura 5.3.3 (a), se plantea un área $\widetilde{A}$ que aísla una porción de fleje en dicha ala superior. Dicha área $\widetilde{A}$ es un rectángulo, cuyo centroide tendrá una coordenada

$y = +\frac{h}{2}$, medida desde el eje z. Por tanto, su momento estático es positivo:

$$\widetilde{S}_z = \widetilde{A} \cdot \left(+\frac{h}{2}\right) = t\,s\,\left(+\frac{h}{2}\right) = t\,s\,\frac{h}{2} \quad \Rightarrow \quad \widetilde{S}_z = 0.5\,s\,8 = 4\,s\,(\text{cm}^3,\ s\ \text{en cm})$$

$$\widetilde{S}_z(s = 8\,\text{cm}) = 4 \cdot 8 = 32\,\text{cm}^3$$

Como se observa, la ley de momentos estáticos $\widetilde{S}_z$ es lineal, por lo que el flujo irá desde valor nulo (en el extremo libre del perfil), a un valor máximo en el otro extremo, el cual se obtiene aplicando la ecuación (5.0.4) para $s = 8\,\text{cm}$:

$$q_s(s = 8\,\text{cm}) = \frac{\widetilde{S}_z}{I_z}\mathcal{V}_y = \frac{32}{914.57}\mathcal{V}_y = 0.03499\,\mathcal{V}_y \quad (\text{kN/cm},\ \mathcal{V}_y\ \text{en kN})$$

Este resultado indica que, para un cortante $\mathcal{V}_y$ supuesto positivo se tendría un flujo q_s también positivo, es decir, hacia la derecha en el ala superior (como muestra la figura 5.3.4).

Ala inferior: $0 \le s < a$

El cálculo es igual al realizado en el ala superior, pero teniendo en cuenta que el área $\widetilde{A}$ de la figura 5.3.3 (a) tendrá su centroide en la zona de coordenada y negativa, con lo cual el signo del momento estático será también negativo:

$$\widetilde{S}_z = \widetilde{A} \cdot \left(-\frac{h}{2}\right) = t\,s\,\left(-\frac{h}{2}\right) = -t\,s\,\frac{h}{2} \quad \Rightarrow \quad \widetilde{S}_z = -0.5\,s\,8 = -4\,s\,\left(\text{cm}^3,\ s\ \text{en cm}\right)$$

$$\widetilde{S}_z(s = 8\,\text{cm}) = -4 \cdot 8 = -32\,\text{cm}^3$$

El valor máximo del flujo en el ala superior resulta pues

$$q_s(s = 8\,\text{cm}) = \frac{\widetilde{S}_z}{I_z}\mathcal{V}_y = \frac{-32}{914.57}\mathcal{V}_y = -0.03499\,\mathcal{V}_y \quad (\text{kN/cm},\ \mathcal{V}_y\ \text{en kN})$$

Este resultado indica que con un cortante $\mathcal{V}_y$ supuesto positivo se tendría un flujo q_s negativo, es decir, hacia la izquierda en el ala inferior (como muestra la figura 5.3.4).

El lector puede apreciar que los flujos q_s obtenidos en las alas presentan antisimetría respecto del eje z (o sea, que son las simétricos pero cambiados de signo). Esto es así porque el problema es antisimétrico, lo cual sucede cuando el perfil es simétrico y el cortante antisimétrico respecto del eje z, como el caso que nos ocupa. Por tanto, si se aplica esta conclusión, se verá que no era necesario hacer el cálculo explícito del flujo q_s en el ala inferior, pues es el antisimétrico del superior.

En la figura 5.3.4 se observa que el valor máximo del flujo, que se produce en el punto O, no se ha calculado. Como se dijo anteriormente, en este ejercicio no es necesario conocer dicho valor para obtener la solución.

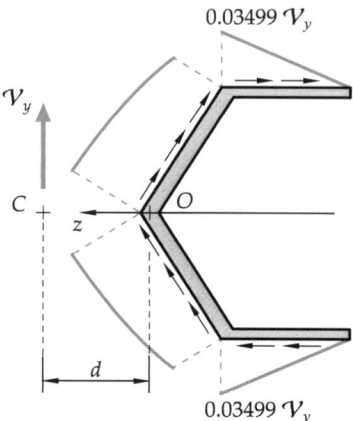

Figura 5.3.4. Diagrama del flujo de tensiones tangenciales en la sección. Obsérvese la antisimetría del problema respecto del eje z.

La posición de C se acota en la figura 5.3.4 como una distancia desconocida d, hasta el punto O. Para determinar dicha distancia, se impone que el momento respecto de O —o respecto de cualquier otro punto, pero se ha elegido este por arrojar un cálculo más sencillo— provocado por el cortante sea igual al momento provocado por el flujo q_s existente en los flejes.

Teniendo en cuenta que la línea media de las dos alas está a la misma distancia mínima $\frac{h}{2}$ del punto O, y que el área de la ley triangular es la fuerza resultante de q_s en cada fleje, se tiene

$$M_O(\mathcal{V}_y) = \sum M_O(q_s) \quad \Rightarrow \quad -\mathcal{V}_y\, d = -2\left(\frac{1}{2}0.003499\,\mathcal{V}_y\, a\right)\frac{h}{2}$$

Los momentos respecto a O son ambos negativos por ser horarios. Simplificando $\mathcal{V}_y$ se llega al resultado pedido:

$$d = 0.03499\, a\, \frac{h}{2} = 2.239\,\text{cm}$$

Nota. En este caso, la distancia d ha resultado ser positiva, lo cual significa que, como inicialmente se había supuesto en la figura 5.3.4, el punto C está a la izquierda de O.

Si se hubiese obtenido como resultado una distancia d negativa, ello querría decir que C estaría a la derecha de O. En este caso es sencillo predecir que tal situación no es posible, pues el momento de $\mathcal{V}_y$ y el del flujo siempre deben ser del mismo sentido respecto de O. Para que ambos sean horarios, C ha de estar a la izquierda de O.

No obstante, por error podría haberse situado inicialmente el punto C a la derecha de O; en ese caso, al resolver se habría obtenido una solución de d negativa, indicando que C en efecto está a su izquierda. Se sugiere al lector comprobar esta afirmación escribiendo de nuevo la igualdad de momentos, pero dibujando previamente C a una distancia incógnita d a la derecha de O: la solución obtenida en tal caso deberá ser

$$M_O(\mathcal{V}_y) = \sum M_O(q_s) \quad \Rightarrow \quad d = -2.239 \, \text{cm}$$

Se deja también como ejercicio propuesto comprobar que el valor máximo del flujo, que se da en el punto O, es el siguiente:

$$q_s(O) = 0.07625 \, \mathcal{V}_y \quad (\text{kN/cm}, \, \mathcal{V}_y \text{ en kN})$$

Ejercicio 5.4 Perfil en C con alma vertical y alas inclinadas

Hallar la distribución de tensiones tangenciales y la posición del centro de esfuerzos cortantes C respecto al centroide G, cuando el perfil de pared delgada que se muestra en la figura 5.4.1 (a) está sometido a la acción de un esfuerzo $\mathcal{V}_y$, aplicado en dicho centro de esfuerzos cortantes.

Datos: Las cotas del perfil están referidas a su línea media. Según la figura 5.4.1 (b), el momento de inercia de un fleje inclinado de espesor t y longitud L, respecto de un eje que pasa por un extremo es:

$$I_z = \frac{t \, L^3}{3} \, \text{sen}^2 \, \alpha$$

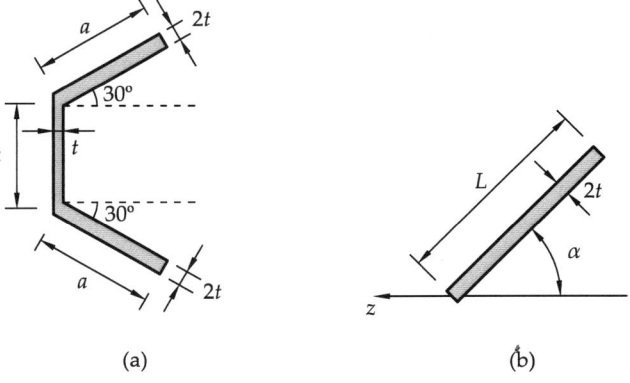

(a)   (b)

Figura 5.4.1

▷ **Solución**

Puesto que en el enunciado se pide la posición del CEC respecto al centroide de la sección, se procede, en primer lugar, a calcular la posición del centro de gravedad. Según la figura 5.4.2, se acota a una distancia d_1 horizontal respecto a la línea media del fleje vertical (alma). En dicha línea media vertical se sitúa un eje auxiliar y', y el momento estático respecto de él debe cumplir:

$$S_{y'}(A) = \sum_i S_{y'}(A_i) \quad \Rightarrow \quad A \cdot d_1 = \sum_i A_i d_{1i}$$

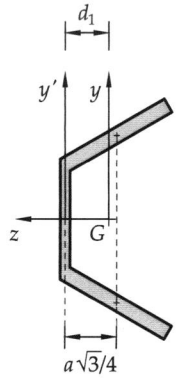

Figura 5.4.2. Determinación del centroide

Se recuerda que los perfiles de pared delgada se tratan como líneas con un cierto espesor asociado, despreciándose los pequeños solapes de material que esta simplificación implica en los puntos de encuentro entre flejes. Esta forma de proceder se aplica al cálculo de todas sus características mecánicas (áreas, momentos estáticos y momentos de inercia).

El área es $A = a\,t + 2 \cdot a \cdot 2\,t$.

Por otro lado para el cálculo de la sumatoria, el alma no da momento estático respecto a y' al estar superpuesta a dicho eje; en cuanto a las dos alas, se multiplica por dos ya que las distancias de sus centroides a y' son iguales en ambas alas (por ser z eje de simetría), siendo la distancia del centroide de un ala al eje y' igual a

$$(a/2)\cos 30° = a\sqrt{3}/4$$

Aplicando esto a la fórmula anterior, se tiene:

$$(a\,t + 2\,a \cdot 2\,t) \cdot d_1 = 2\left((a \cdot 2\,t)\frac{a}{2}\cos 30°\right) \quad \Rightarrow$$

$$\Rightarrow \quad 5\,a\,t\,d_1 = 2\,a^2\,t\,\frac{\sqrt{3}}{2} \quad \Rightarrow \quad d_1 = \frac{\sqrt{3}}{5}\,a$$

Se calcula a continuación el momento de inercia I_z. En la figura 5.4.3 (a) se muestra cómo la longitud de la prolongación de las alas hasta el corte con el eje z tiene también valor a. Entonces, usando la fórmula dada en el enunciado, el momento de inercia de una ala puede determinarse calculando el de un rectángulo inclinado de longitud $2a$ y espesor $2t$, y restándole el de un rectángulo inclinado de la mitad de longitud, según la figura 5.4.3 (b):

$$I_{z,\text{ala}} = \frac{2\,t \cdot (2a)^3}{3}\,\text{sen}^2(30°) - \frac{2\,t \cdot a^3}{3}\,\text{sen}^2(30°) = \frac{7}{6}\,t\,a^3$$

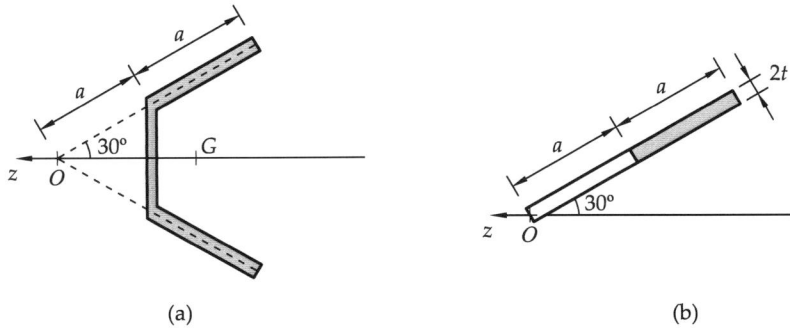

(a)   (b)

Figura 5.4.3. Croquis auxiliares para el cálculo del momento de inercia de las alas inclinadas

Sumando el momento de inercia de las dos alas más el del alma se tiene

$$I_z = I_{z,\text{alma}} + 2\,I_{z,\text{ala}} = \frac{1}{12}\,t\,a^3 + 2\left(\frac{7}{6}\,t\,a^3\right) = \frac{29}{12}\,t\,a^3$$

Ahora se calculará el flujo de tensiones tangenciales q_s tomando tres orígenes distintos para s. El criterio adoptado para los signos de la coordenada s (igual al de crecimiento del área $\widetilde{A}$) y del flujo q_s, es el expuesto en el apartado 5.0.2 de la introducción: dado que en la figura 5.4.4 se toma s positiva (creciente) según muestran las puntas de flecha, los flujos q_s serán positivos justamente en los sentidos contrarios a dichas puntas de flecha.

Puesto que el cortante $\mathcal{V}_z$ es nulo, aplicando la ecuación (5.0.4) se tiene que:

$$q_s = \frac{\widetilde{S}_z}{I_z}\mathcal{V}_y$$

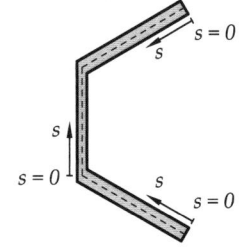

Figura 5.4.4. Sentidos positivos para la coordenada s. En cada fleje, el flujo q_s es positivo si lleva sentido contrario a la coordenada s creciente.

Ala inferior: $0 \leq s < a$, espesor $= 2t$, figura 5.4.5 (a)

Por estar el centroide del rectángulo sombreado de longitud s en la zona de coordenada y negativa, se tendrá que $\widetilde{S}_z < 0$. Llamando h a la siguiente longitud auxiliar:

$$h = \frac{s\,\text{sen}\,30°}{2}$$

Se tiene entonces que:

$$\widetilde{S}_z = (s\cdot 2\,t)\cdot[-(a-h)] = (s\cdot 2e)\cdot\left[-\left(a - \frac{s\cdot\text{sen}\,30°}{2}\right)\right] \Rightarrow$$

$$\Rightarrow \widetilde{S}_z = -s\cdot 2t\left(a - \frac{s}{4}\right) = 2t\left(\frac{s^2}{4} - a\cdot s\right)$$

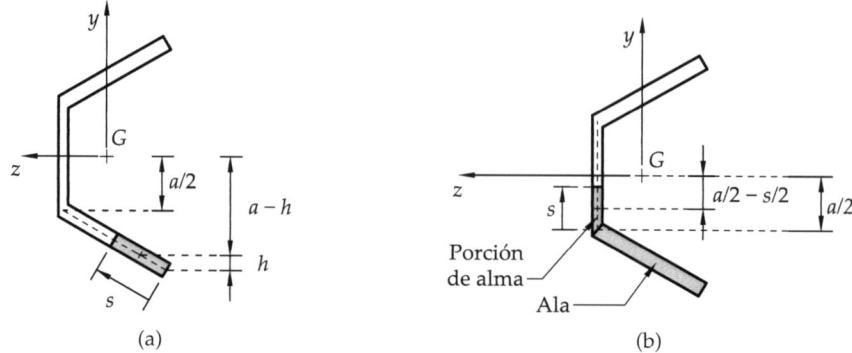

(a)   (b)

Figura 5.4.5. Croquis para el cálculo de $\widetilde{S}_z$ para puntos: (a) del ala inferior; (b) del alma

Sustituyendo $s = a$ en la expresión anterior se obtiene el momento estático de todo el ala inferior, que se usará a continuación para obtener $\widetilde{S}_z$ en el alma:

$$\widetilde{S}_{z,\text{ala}} = 2\,t\left(\frac{a^2}{4} - a^2\right) = -\frac{3}{2}\,t\,a^2$$

Alma: $0 \leq s < a$, espesor $= t$, figura 5.4.5 (b)

$$\widetilde{S}_z = \widetilde{S}_{z,\text{ala}} + \widetilde{S}_{z,\text{porción de alma}} = -\frac{3}{2}\,t\,a^2 + (s \cdot t)\cdot\left[-\left(\frac{a}{2} - \frac{s}{2}\right)\right] \Rightarrow$$

$$\Rightarrow \quad \widetilde{S}_z = \frac{1}{2}\,t\left(s^2 - a\,s - 3\,a^2\right)$$

Ala superior: $0 \leq s < a$, espesor $= 2\,t$

Por simetría debe ser igual al del ala inferior, pero con signo opuesto:

$$\widetilde{S}_z = 2\,t\left(a\,s - \frac{s^2}{4}\right)$$

Una vez determinados los momentos estáticos ya pueden obtenerse las leyes de flujo q_s, como se muestra a continuación.

Ala superior:

$$q_s = \frac{\widetilde{S}_z}{I_z}\,\mathcal{V}_y = \frac{2\,t\left(a\cdot s - \dfrac{s^2}{4}\right)}{\dfrac{29}{12}\,t\,a^3}\,\mathcal{V}_y = \frac{24}{29a^3}\left(a\,s - \frac{s^2}{4}\right)\mathcal{V}_y$$

Alma:

$$q_s = \frac{\widetilde{S}_z}{I_z}\,\mathcal{V}_y = \frac{\dfrac{1}{2}\,t\left(s^2 - a\cdot s - 3\,a^2\right)}{\dfrac{29}{12}\,t\,a^3}\,\mathcal{V}_y = \frac{6}{29a^3}\left(s^2 - a\,s - 3\,a^2\right)\mathcal{V}_y$$

Ala inferior:

$$q_s = \frac{\widetilde{S}_z}{I_z}\,\mathcal{V}_y = \frac{2\,t\left(\dfrac{s^2}{4} - a\cdot s\right)}{\dfrac{29}{12}\,t\,a^3}\,\mathcal{V}_y = \frac{24}{29a^3}\left(\frac{s^2}{4} - a\,s\right)\mathcal{V}_y$$

Diagrama de tensiones tangenciales

Se calcula ahora la tensión tangencial en los puntos más representativos, a efectos de representar el diagrama de τ_{xs}.

Ala superior:

$$\tau_{xs} = \frac{q_s}{2\,t}\begin{cases} s = 0 & \Rightarrow & \tau_{xs} = 0 \\[2ex] s = a & \Rightarrow & \tau_{xs} = \dfrac{9}{29}\cdot\dfrac{\mathcal{V}_y}{t\,a} = \tau_{xs,1} \end{cases}$$

Este resultado indica que, si el cortante $\mathcal{V}_y$ es positivo, también lo serán τ_{xs} y q_s en el ala superior. Es decir, en dicha ala tendrán sentido contrario a la coordenada s creciente, como muestra la figura 5.4.6.

Alma:

$$\tau_{xs} = \frac{q_s}{t}\begin{cases} s = 0 & \Rightarrow & \tau_{xs} = -\dfrac{18}{29}\cdot\dfrac{\mathcal{V}_y}{t\,a} = -\tau_{xs,2} \\[2ex] s = \dfrac{a}{2} & \Rightarrow & \tau_{xs} = -\dfrac{39}{58}\cdot\dfrac{\mathcal{V}_y}{t\,a} = -\tau_{xs,3} \\[2ex] s = a & \Rightarrow & \tau_{xs} = -\dfrac{18}{29}\cdot\dfrac{\mathcal{V}_y}{t\,a} = -\tau_{xs,2} \end{cases}$$

A diferencia del ala superior, estos valores de tensión tangencial han resultado negativos. Ello indica que, en el alma, el flujo y la tensión tangencial llevan el mismo sentido que la coordenada s creciente, como muestra la figura 5.4.6.

En esta figura las tensiones se muestran en valor absoluto ($\tau_{xs,1}$, $\tau_{xs,2}$, $\tau_{xs,3}$). El sentido de la tensión se indica con las flechas paralelas a cada fleje que se representan dentro del diagrama.

Ala inferior:

$$\tau_{xs} = \frac{q_s}{2\,t} \begin{cases} s = 0 \quad \Rightarrow \quad \tau_{xs} = 0 \\[2mm] s = a \quad \Rightarrow \quad \tau_{xs} = -\dfrac{9}{29} \cdot \dfrac{\mathcal{V}_y}{t\,a} = -\tau_{xs,1} \end{cases}$$

Estos valores de tensión tangencial también han resultado negativos y, por tanto, en el ala inferior el flujo y la tangencial llevan el mismo sentido que la coordenada s creciente (ver figura 5.4.6). Nótese como, al igual que en el ejercicio 5.3, no hubiera sido necesario realizar el cálculo de q_s (ni τ_{xs}) si se hubiese aplicado la propiedad de antisimetría del problema.

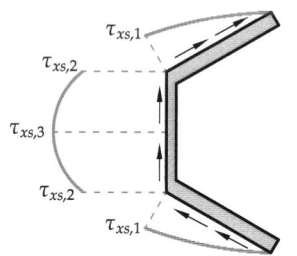

Figura 5.4.6. Diagrama de tensiones tangenciales

Por ser q_s una expresión cuadrática de s en cada fleje, todas las gráficas del diagrama de tensiones tangenciales son parabólicas. Empleando el lenguaje habitual de las funciones representadas en un plano cartesiano x-y, podría afirmarse que dichas parábolas son cóncavas vistas desde el eje y^+ —es decir, presentan un mínimo local para algún valor de s—, salvo en el ala superior donde las tensiones son positivas, por lo que esa parábola (convexa vista desde el eje y^+) tendrá un máximo local. Los extremos locales de la función τ_{xs} en las alas se producen en $s = 2a$, es decir, fuera de la propia ala[6]. En el alma el extremo local se encuentra en $s = a$, coincidiendo precisamente con el máximo de $\widetilde{S}_z$.

Al pasar de las alas al alma, q_s se mantiene constante, pero τ_{xs} se duplica, ya que el espesor se reduce a la mitad.

Centro de esfuerzos cortantes

Para hallar el centro de esfuerzos cortantes C se emplea el esquema mostrado en la figura 5.4.7 (a). Se sitúa C sobre un punto del eje de simetría z, y se iguala el momento que producen $\mathcal{V}_y$ y la distribución q_s respecto de un punto O cualquiera. Se elige O en el corte de la prolongación de las alas pues, de ese modo **sólo produce momento el flujo q_s que actúa en el alma.**

En la figura 5.4.7 (a), el sentido del flujo q_s se plantea tal como se haya definido positivo: en este caso, en el alma, es positivo hacia abajo. Posteriormente, en la integral se sustituirá la expresión matemática de q_s obtenida en el apartado anterior, lo cual hará que el flujo adopte el sentido correcto. En la figura 5.4.7 (a), se plantea la distancia de O a C como:

$$c_z = d - \frac{7\sqrt{3}}{10}\,a$$

---

[6]Esto se puede comprobar obteniendo la primera derivada e igualándola a cero.

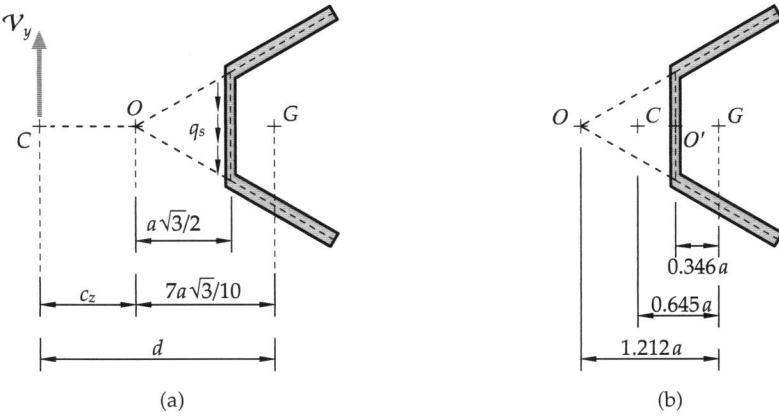

(a)   (b)

Figura 5.4.7. (a) Cálculo del centro de esfuerzos cortantes C; (b)croquis de la solución

La cual se calcula imponiendo que:

$$M_O(\mathcal{V}_y) = \sum M_O(q_s) \quad \Rightarrow \quad -\mathcal{V}_y\, c_z = -\int_{\text{alma}} q_s \cdot \frac{a\sqrt{3}}{2}\, ds$$

En este ejercicio ambos momentos tomados respecto de O resultan negativos por ser horarios. Desarrollando la integral

$$-\mathcal{V}_y\left(d - \frac{7\sqrt{3}}{10}\cdot a\right) = -\int_0^a \left(\frac{6}{29a^3}\left(s^2 - a\cdot s - 3\,a^2\right)\mathcal{V}_y\right)\cdot \frac{a\sqrt{3}}{2}\, ds$$

por lo que simplificando $\mathcal{V}_y$, e integrando, se tiene:

$$d - \frac{7\sqrt{3}}{10}\cdot a = \frac{3\sqrt{3}}{29\,a^2}\left[\frac{a^3}{3} - \frac{a^3}{2} - 3\,a^3\right]$$

y operando se llega finalmente al resultado buscado:

$$d = \frac{54\sqrt{3}}{145}\, a \simeq 0.645\, a$$

En la figura 5.4.7 (b) se presenta un croquis con la solución. Teniendo en cuenta que O' es la intersección del alma con el eje z:

Puede predecirse que el centro de esfuerzos cortantes C debe de estar situado en el segmento OO', por el motivo de que en C las tensiones tangenciales producen momento resultante nulo, por tanto, si se sitúa C a la izquierda de O esto no es posible ya que todas las tensiones producirían momento en el sentido antihorario respecto de C, mientras que, al contrario, si se sitúa C a la derecha de O' todas las tensiones producen momento horario, no pudiéndose anular en ninguno de esos dos casos al ser todos los momentos del mismo signo.

Ejercicio 5.5   Perfil en C rectangular con labios de refuerzo

La figura 5.5.1 muestra un perfil de pared delgada, cuyo espesor es igual a 5 mm en todos los flejes. Empleando como unidades para los cálculos el centímetro (cm) y el kilopondio (kp), se pide:

1. Hallar la posición del centroide o centro de gravedad (G) de la sección, y sus momentos principales de inercia (I_z, I_y). La posición de G debe acotarse en horizontal desde el alma del perfil.

2. Representar la distribución del flujo de tensiones tangenciales (q_s), sabiendo que únicamente actúa un esfuerzo cortante $\mathcal{V}_y = -4000$ kp.

3. Hallar la posición del centro de esfuerzos cortantes (C), acotando en centímetros su distancia en horizontal al alma del perfil.

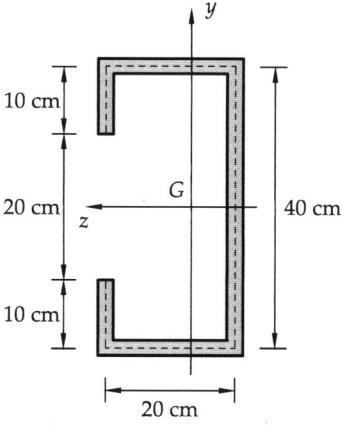

Figura 5.5.1

▷ Solución

1) Centro de gravedad y momentos de inercia

Para hallar la posición de G y realizar el cálculo de I_z e I_y conviene trabajar con los flejes acotados respecto a sus líneas medias. Al hacer esto se admite como simplificación que cada fleje es una línea suficientemente delgada, lo que permite caracterizarla únicamente por su línea media y, en cada punto de dicha línea, por su espesor asociado.

La figura 5.5.2 muestra la sección acotada tomando como referencia la línea media del perfil (líneas medias de sus flejes recortadas en sus intersecciones).

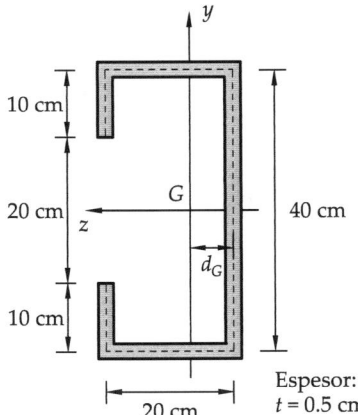

Figura 5.5.2. Cotas del perfil referidas a su línea media. Distancia d del centroide a la línea media del alma.

Para calcular la distancia d_G se procede como sigue. Siendo d_{Gi} la distancia del centroide de cada fleje a la línea media del alma, y operando en centímetros:

$$A = 0.5\,(10 + 20 + 40 + 20 + 10) = 50\,\text{cm}^2$$

$$d_G = \frac{\sum_i A_i\,d_{Gi}}{A} = \frac{40 \cdot 0 + 2 \cdot (20 \cdot 0.5) \cdot \dfrac{20}{2} + 2 \cdot (10 \cdot 0.5) \cdot 20}{50} = 8\,\text{cm}$$

Para hallar el momento de inercia I_z, los flejes verticales se tratan como rectángulos mediante la fórmula $\frac{1}{12}bh^3$ (restando el hueco central de altura $20\,\text{cm}$ en la zona abierta). En cambio, los dos flejes horizontales se considera que no tienen momento de inercia respecto a su propia linea media[7] y, por tanto, sólo contribuyen a I_z con el término del teorema de Steiner, igual a su área $(20 \cdot 0.5)$ multiplicada por la distancia de su línea media al eje z al cuadrado $\left(\frac{40}{2}\right)^2$.

$$I_z = \frac{1}{12}\,0.5 \cdot 40^3 + \frac{1}{12}\left(0.5 \cdot 40^3 - 0.5 \cdot 20^3\right) + 2 \cdot \left(20 \cdot 0.5 \cdot \left(\frac{40}{2}\right)^2\right) = 13\,000\,\text{cm}^4$$

Con consideraciones análogas, el cálculo de I_y arroja el siguiente resultado:

$$I_y = 0.5 \cdot 40 \cdot 8^2 + 2 \cdot \left(10 \cdot 0.5 \cdot (20-8)^2\right) + 2 \cdot \left(\frac{1}{12}\,0.5 \cdot 20^3 + 0.5 \cdot 20 \cdot 2^2\right)$$

$$I_y = 3466.67\,\text{cm}^4 \simeq 3467\,\text{cm}^4$$

---

[7]Se desprecia dicho momento de inercia, por haber admitido que cada fleje es una línea con un espesor muy pequeño asociado.

2) Flujo de tensiones tangenciales

Este apartado se resuelve empleando diagramas de sólido libre de porciones de fleje. Dichos diagramas se usan para establecer equilibrios que permiten hallar el flujo q_s sin necesidad de prefijar un sentido obligado para la coordenada s. Para ello se utilizará la ecuación general (5.0.5), presentada en el apartado 5.0.3 de la introducción a este capítulo:

$$\frac{\mathrm{d}\widetilde{N}}{\mathrm{d}x} = \frac{\widetilde{S}_z}{I_z}\,\mathcal{V}_y + \frac{\widetilde{S}_y}{I_y}\,\mathcal{V}_z$$

Es frecuente que, como sucede en este caso, el cortante $\mathcal{V}_z$ sea nulo. En tal situación se emplea la relación siguiente:

$$\frac{\mathrm{d}\widetilde{N}}{\mathrm{d}x} = \frac{\widetilde{S}_z}{I_z}\,\mathcal{V}_y \qquad (5.5.1)$$

Labio Superior: $0 \leq s \leq 10\,\mathrm{cm}$

Se plantea el equilibrio longitudinal de una porción del labio superior, de longitud $\mathrm{d}x$ y cuya altura es igual a la coordenada s, según muestra la figura 5.5.3 (a). La porción a equilibrar es pues la representada en el diagrama de sólido libre de la figura 5.5.3 (b):

$$\sum F_x = 0 \; : \; \widetilde{N} + \mathrm{d}\widetilde{N} + q_s\,\mathrm{d}x - \widetilde{N} = 0 \quad \Rightarrow \quad q_s = -\frac{\mathrm{d}\widetilde{N}}{\mathrm{d}x}$$

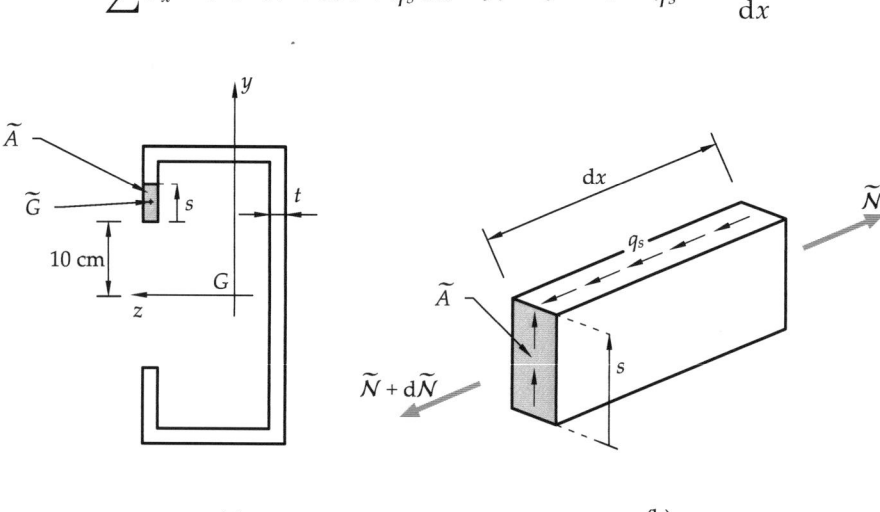

(a)   (b)

Figura 5.5.3. Croquis y diagrama de sólido libre para cálculo de q_s en el labio superior.

Es importante darse cuenta de que el término $+q_s\,\mathrm{d}x$ interviene con signo positivo en la ecuación de equilibrio porque, en la figura 5.5.3 (b), se ha adoptado un criterio de signos positivo para q_s que lleva el mismo sentido del semieje x positivo. Sin embargo, en dicha figura se podría haber planteado q_s con las puntas de flecha al contrario y, en ese caso, habría intervenido en la ecuación de equilibrio como $-q_s\,\mathrm{d}x$.

Tanto en un caso como otro, el paso siguiente consiste en sustituir en el resultado anterior la ecuación (5.5.1), con lo cual se obtiene la expresión del flujo de tangenciales en función del cortante, con el signo correcto. El sentido positivo de q_s será, simplemente, el que se haya adoptado en el diagrama de sólido libre; en este caso, por tanto, reiterar que $q_s > 0$ es el mostrado en la figura 5.5.3 (b). Este mismo procedimiento se seguirá para determinar q_s en los flejes restantes. Así pues

$$q_s = -\frac{\mathrm{d}\widetilde{N}}{\mathrm{d}x} \quad \Rightarrow \quad \text{por la ecuación (5.0.5)} \quad \Rightarrow \quad q_s = -\frac{\widetilde{S}_z}{I_z}\,\mathcal{V}_y$$

El paso siguiente es hallar la expresión del momento estático $\widetilde{S}_z$ en función de s. Para ello es necesario emplear la coordenada vertical $y_{\widetilde{G}}$ del centroide del área rayada medida según el eje y, según figura 5.5.3 (a):

$$\widetilde{S}_z = \widetilde{A} \cdot y_{\widetilde{G}} = (s \cdot t) \cdot y_{\widetilde{G}} = (s \cdot t) \cdot \frac{10 + (10 + s)}{2} = t \cdot \left(10s + \frac{s^2}{2}\right)$$

Dado que el espesor es $t = 0.5\,\mathrm{cm}$, el flujo de tangenciales será

$$q_s = -\frac{0.5 \cdot \left(10s + \dfrac{s^2}{2}\right)}{13000} \cdot (-4000) = 0.1538\left(10s + \frac{s^2}{2}\right)$$

por lo que:

$$q_s(s = 0) = 0; \qquad q_s(s = 10) = 23.07\,\mathrm{kp/cm}$$

sin extremos locales en el intervalo $s \in [0, 10]\,\mathrm{cm}$.

Ala Superior: $0 \leq s \leq 20\,\mathrm{cm}$

Se plantea ahora el equilibrio longitudinal de la porción de barra representada en el diagrama de sólido libre de la figura 5.5.4 (b). El área de la sección normal al eje x es $\widetilde{A}_1 + \widetilde{A}_2$, como muestra la figura 5.5.4 (a). Véase en dicha figura cómo la coordenada s recorre ahora exclusivamente el ala superior. Estableciendo el equilibrio, y sustituyendo a continuación la ecuación (5.5.1), se tiene

$$\sum F_x = 0 \;:\; \widetilde{N} + \mathrm{d}\widetilde{N} + q_s\,\mathrm{d}x - \widetilde{N} = 0 \quad \Rightarrow \quad q_s = -\frac{\mathrm{d}\widetilde{N}}{\mathrm{d}x} \quad \Rightarrow \quad q_s = -\frac{\widetilde{S}_z}{I_z}\,\mathcal{V}_y$$

Para el cálculo del momento estático se recuerda que los flejes de pared delgada se tratan como líneas con un cierto espesor asociado. Así, el momento estático de todo el labio superior se calcula como si este midiera 10 cm de longitud, teniendo su

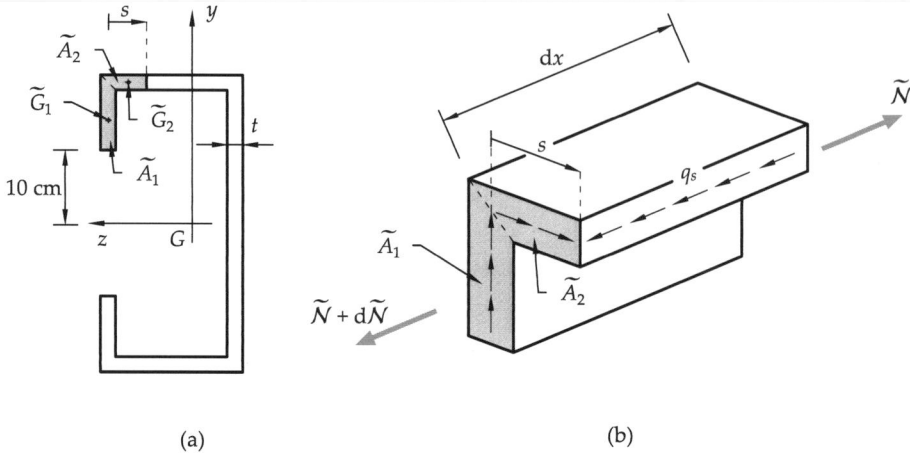

(a)   (b)

Figura 5.5.4. Croquis y diagrama de sólido libre para cálculo de q_s en el ala superior.

centroide $\widetilde{G}_1$ coordenada vertical $y_{\widetilde{G}_1} = 15$ cm; por su parte, el momento estático del trozo de ala superior tiene longitud s, y su centroide $\widetilde{G}_1$ tiene coordenada vertical $y_{\widetilde{G}_2} = 20$ cm. Por lo tanto

$$\widetilde{S}_z = \widetilde{A}_1 \cdot y_{\widetilde{G}_1} + \widetilde{A}_2 \cdot y_{\widetilde{G}_2} = (10 \cdot t) \cdot 15 + (s \cdot t) \cdot 20 = t \cdot (150 + 20\,s)$$

Recuérdese que los cálculos se están realizando en cm. Se tiene pues la siguiente variación lineal del flujo de tangenciales en el ala superior:

$$q_s = -\frac{0.5 \cdot (150 + 20\,s)}{13000} \cdot (-4000) = 0.1538\,(150 + 20\,s)$$

por lo que:

$$q_s(s = 0) = 23.07\,\text{kp/cm}; \qquad q_s(s = 20) = 84.59\,\text{kp/cm}$$

Alma: $0 \leq s \leq 40$ cm

Para hallar el flujo en el alma se repite el mismo procedimiento, planteando el equilibrio de la porción de barra representada en el diagrama de sólido libre de la figura 5.5.5 (b). El área de la sección normal al eje x es $\widetilde{A}_1 + \widetilde{A}_2 + \widetilde{A}_3$, como muestra la figura 5.5.5 (a). Para hallar el momento estático se deberá tener en cuenta, respecto al calculado en el ala superior, que debe añadirse el término $\widetilde{A}_3 \cdot y_{\widetilde{G}_3}$, según se observa en la figura 5.5.5 (a). Repitiendo pasos análogos a los realizados para el ala superior se tiene que:

$$\sum F_x = 0 : \quad \widetilde{N} + d\widetilde{N} + q_s\,dx - \widetilde{N} = 0 \quad \Rightarrow \quad q_s = -\frac{d\widetilde{N}}{dx} \quad \Rightarrow \quad q_s = -\frac{\widetilde{S}_z}{I_z}\,\mathcal{V}_y$$

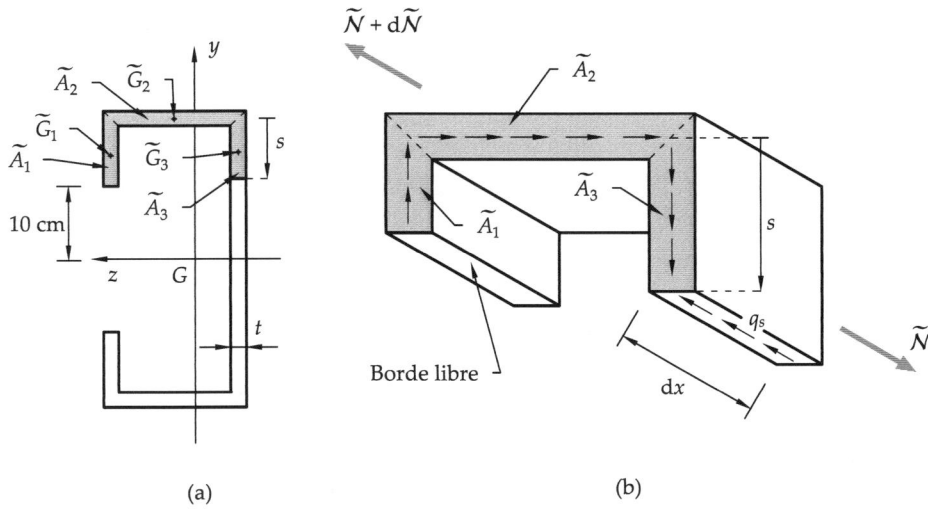

(a)   (b)

Figura 5.5.5. Croquis y diagrama de sólido libre para cálculo de q_s en el alma.

$$\widetilde{S}_z = \widetilde{A}_1 \cdot y_{\widetilde{G}_1} + \widetilde{A}_2 \cdot y_{\widetilde{G}_2} + \widetilde{A}_3 \cdot y_{\widetilde{G}_3} = (10 \cdot t) \cdot 15 + (20 \cdot t) \cdot 20 + (s \cdot t) \cdot (20 - \frac{s}{2}) =$$

$$= t \cdot \left(550 + 20\,s - \frac{s^2}{2}\right)$$

La variación del flujo de tangenciales en el alma resulta pues parabólica:

$$q_s = -\frac{0.5\,(150 + 400 + 20\,s - s^2/2)}{13\,000}(-4000) = 0.1538\,(550 + 20\,s - s^2/2)$$

Por lo que:

$$q_s(s = 0) = 84.59\,\text{kp/cm}; \quad q_s(20) = 115.35\,\text{kp/cm}; \quad q_s(20) = 84.59\,\text{kp/cm}$$

con máximo local en $s = 20$, es decir, en el corte con el eje z.

El lector puede comprobar por sí mismo que las distribuciones de q_s en el labio inferior y en el ala inferior resultan las antisimétricas de los superiores, lo cual es debido a que los momentos estáticos son iguales, pero de signo opuesto (como ya se ha explicado en ejercicios previos).

Por lo tanto, el diagrama del flujo de tensiones tangenciales queda como muestra la figura 5.5.6:

3) Centro de esfuerzos cortantes

El cortante negativo $\mathcal{V}_y = -4000\,\text{kp}$ aplicado en C tiene que producir el mismo momento respecto de cualquier punto que la distribución de q_s, y, en particular,

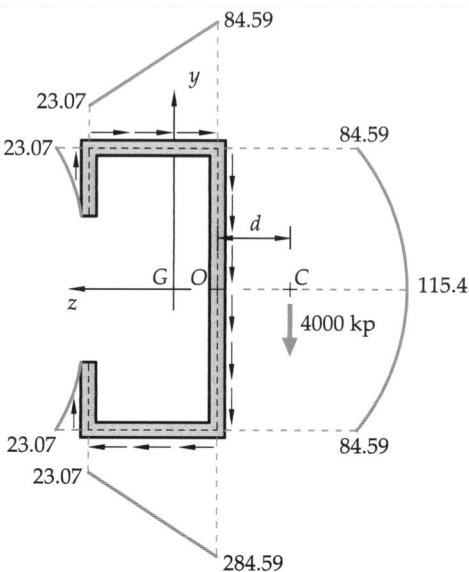

Figura 5.5.6. Diagrama del flujo q_s (kp/cm). Nótese como en las esquinas el flujo q_s se conserva de un fleje al siguiente; por el contrario, si los espesores fuesen distintos, la tensión tangencial τ_{xs} sufriría un salto.

respecto del punto O (ver figura 5.5.6). Puesto que las tensiones en el ala superior e inferior producen el mismo momento respecto de O por simetría (son antisimétricas respecto del eje z), y lo mismo sucede con las tensiones en los labios superior e inferior, puede escribirse (usando "sup." como abreviatura de "superior")

$$M_O(\mathcal{V}_y) = \sum M_O(q_s) \quad \Rightarrow \quad -4000\,d = 2 \cdot \left[M_O(q_{s,\text{ala sup.}}) + M_O(q_{s,\text{labio sup.}}) \right]$$

En este ejercicio todos los momentos tomados respecto de O resultan negativos al ser horarios:

$$M_O(q_{s,\text{ala sup.}}) = -(\text{área del diagrama}) \cdot 20 =$$

$$= -\left(20 \cdot \frac{23.07 + 84.59}{2} \right) \cdot 20 = -21\,532\,\text{kp cm}$$

$$M_O(q_{s,\text{labio sup.}}) = -\int_{s=0}^{s=10} q_s \cdot 20\,\mathrm{d}s =$$

$$= -\int_{s=0}^{s=10} 0.1538 \left(10\,s + \frac{s^2}{2} \right) \cdot 20\,\mathrm{d}s = -2051\,\text{kp cm}$$

Igualando momentos y despejando se obtiene el resultado buscado:

$$M_O(\mathcal{V}_y) = \sum M_O(q_s) \quad \Rightarrow \quad -4000\,d = 2 \cdot (-21532 - 2051) \quad \Rightarrow \quad d = 11.79\,\text{cm}$$

Ejercicio 5.6 Perfil semicircular con labios de refuerzo

Se tiene un perfil de pared delgada simétrico según muestra la figura 5.6.1. Se trata de una sección en forma de semicírculo ($\beta = \pi/2$), reforzada con labios superior e inferior. Se pide calcular el flujo de tensiones tangenciales cuando hay aplicado un cortante vertical $\mathcal{V}_y$, y determinar la posición del centro de esfuerzos cortantes respecto del centro de gravedad.

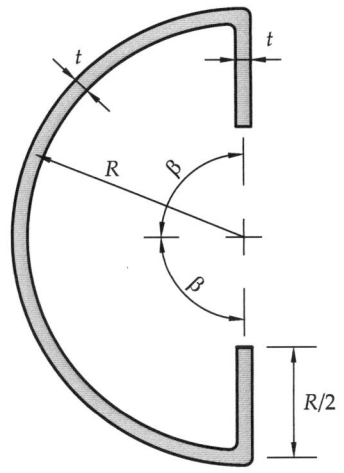

Figura 5.6.1

▷ Solución

Este ejercicio encierra mayor dificultad al tratarse de un perfil de línea media curva. En él resulta más laborioso plantear los croquis de equilibrio como se hizo en el ejercicio 5.5 y, por ello, se prefiere seguir la estrategia de los ejercicios 5.3 y 5.4, es decir: se plantea en la figura 5.6.2 un mismo sentido de crecimiento del área $\widetilde{A}$ y positivo de la coordenada s, y luego se toma el contrario como sentido positivo de q_s (y por tanto, el de τ_{xs}); a partir de ahí se determina el flujo (o la tensión tangencial) empleando la ecuación (5.0.4):

$$q_s = \tau_{xs}\, t = \frac{\widetilde{S}_z}{I_z}\,\mathcal{V}_y \qquad (5.6.1)$$

La sección presenta simetría, con carga antisimétrica (el cortante $\mathcal{V}_y$), lo cual quiere decir que se trata de un problema antisimétrico, por lo que se calculará únicamente el flujo en la parte superior de la misma.

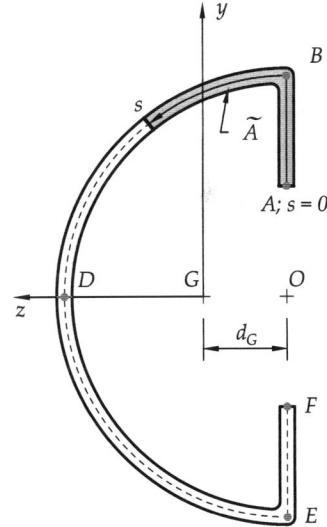

Figura 5.6.2. Se establece una única abscisa curvilínea s para todo el perfil

Antes de proseguir, conviene aclarar que en este ejercicio la coordenada curvilínea s se define con un único origen (en A), otra alternativa, similar a la seguida en el resto de ejercicios de pared delgada, hubiera sido tomar un origen para cada fleje que compone la sección: en A para el fleje recto del labio superior, y en B para el fleje circular.

Se desarrollan ahora cada uno de los términos de la fórmula anterior. Se recuerda que el momento de inercia de una corona circular de radio R y pequeño espesor t puede calcularse como la mitad del momento polar de inercia de una *línea* de longitud $2\pi R$, que tuviera un espesor asociado (t), es decir

$$I_z = \frac{1}{2} I_x = \frac{1}{2} 2\pi R \cdot R^2 \cdot t = \pi t R^3$$

En este caso debe tomarse la mitad de dicho valor por tratarse de un semicírculo. Si a ello se añade el momento de inercia de los labios rectangulares se tiene

$$I_z = \frac{1}{2}\pi t R^3 + \frac{1}{12} t \cdot \left((4R)^3 - R^3 \right) = \left(\frac{\pi}{2} + \frac{7}{12} \right) t R^3$$

Labio superior (tramo $A - B$). El momento estático en el labio superior es, por tratarse de un rectángulo

$$\widetilde{S}_z(s) = t \cdot s \cdot \left(\frac{R}{2} + \frac{s}{2} \right) = \frac{t\,s}{2}(R + s), \quad \text{en} \quad 0 \leq s \leq \frac{R}{2} \quad \text{(entre } A \text{ y } B\text{)}$$

Alma circular (tramo $B - D$). Se calcula ahora el momento estático en la parte semicircular. Cuando se toma el labio superior completo (punto B, $s = \frac{R}{2}$), la expresión anterior arroja un valor $\frac{3}{8} t R^2$. A ello hay que sumarle el momento estático de la zona curva, el cual puede determinarse mediante la siguiente integral, donde l representa la coordenada curvilínea auxiliar (similar a s) necesaria para llevar a cabo la integración:

$$\widetilde{S}_z(s) = \int_{l=\frac{R}{2}}^{s} R \cos\left(\frac{l - \frac{R}{2}}{R} \right) t \, \mathrm{d}l = t\,R^2 \operatorname{sen}\left(\frac{s - \frac{R}{2}}{R} \right)$$

Por tanto, el valor del momento estático cuando s pertenece a la zona semicircular es

$$\widetilde{S}_z(s) = \frac{3}{8} t R^2 + t R^2 \operatorname{sen}\left(\frac{s - \frac{R}{2}}{R} \right), \quad \text{en} \quad \frac{R}{2} \leq s \leq \left(\frac{R}{2} + \pi \cdot R \right) \quad \text{(entre } B \text{ y } D\text{)}$$

A continuación se procede a calcular el flujo en algunos puntos para poder representar el diagrama de flujo q_s de la figura 5.6.3. Al ser la sección simétrica, basta con hallar los valores del flujo en los puntos siguientes para poder representar el diagrama:

Punto A: En el punto A el flujo es nulo ya que el momento estático vale cero

$$q_s(s = 0) = 0$$

Punto B:

$$q_s \left(s = \frac{R}{2} \right) = \frac{\widetilde{S}_z \left(\frac{R}{2} \right)}{I_z} \, \mathcal{V}_y = \frac{3}{4\,\pi + \dfrac{14}{3}} \, \frac{\mathcal{V}_y}{R} = 0.1741 \, \frac{\mathcal{V}_y}{R}$$

Punto D:

$$q_s \left(s = \frac{R}{2} + \frac{\pi\,R}{2} \right) = \frac{\widetilde{S}_z \left(\frac{R}{2} + \frac{\pi R}{2} \right)}{I_z} \, \mathcal{V}_y = \frac{33}{12\,\pi + 14} \, \frac{\mathcal{V}_y}{R} = 0.6383 \, \frac{\mathcal{V}_y}{R}$$

Se recuerda que según el criterio establecido, el signo positivo del flujo q_s indica que el sentido es el contrario al del avance de la abscisa s.

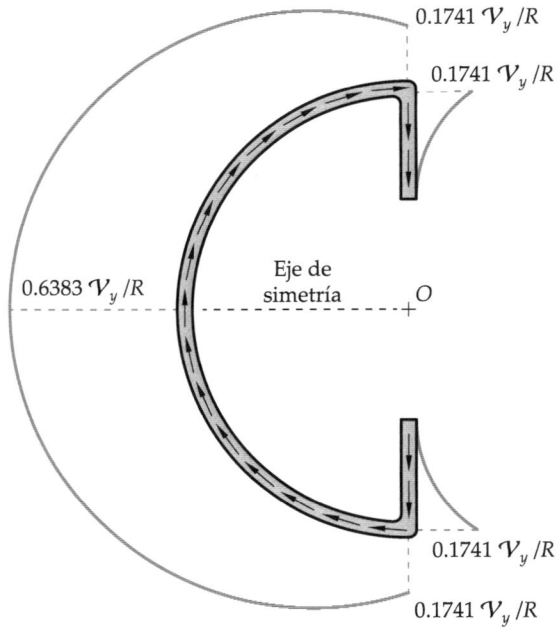

Figura 5.6.3. Diagrama del flujo de tangenciales q_s

Distancia del centro de esfuerzos cortantes C respecto al centro de gravedad G

El centro de gravedad se encuentra sobre el eje de simetría. Para calcular su posición en horizontal se toman momentos estáticos respecto del eje vertical que pasa por el centro de la circunferencia —respecto a dicho eje, los labios de refuerzo no producen momento estático—. Siendo el área total de la sección $A = t\,R(1 + \pi)$, y definiendo el ángulo auxiliar de integración α con origen en el eje z^+, se tiene:

$$d_G = \frac{\int_{-\frac{\pi}{2}}^{\frac{\pi}{2}} (R \cdot \cos \alpha)\, t\, R\, \mathrm{d}\alpha}{A} = \frac{2R}{1 + \pi} = 0.482906\, R$$

Para calcular la posición del CEC se toman momentos respecto del punto O por ser el más sencillo, pues, en primer lugar respecto de él se anulan los momentos del flujo en los labios de refuerzo; en segundo lugar la distancia a la zona semicircular del fleje es constante e igual R, y en tercer lugar el flujo en cada punto (de dicha zona) es perpendicular al radio R, lo que facilita la labor de tomar momentos.

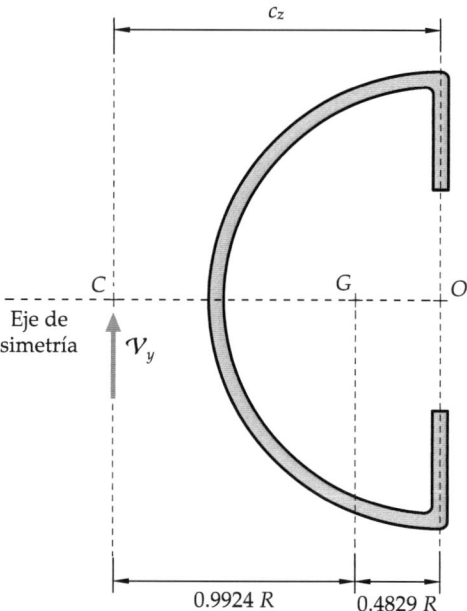

Figura 5.6.4. Posición del CEC (C) sobre el eje de simetría z

El momento del flujo respecto de O es negativo (horario), del mismo modo que el del esfuerzo cortante $\mathcal{V}_y$ (ver figura 5.6.4). Por lo tanto, la igualdad de momentos se escribe como sigue:

$$M_O(\mathcal{V}_y) = \sum M_O(q_s) \quad \Rightarrow \quad -\mathcal{V}_y \cdot c_z = \int_B^E (-R\, q_s\, \mathrm{d}s) \quad \Rightarrow$$

$$\Rightarrow \quad \mathcal{V}_y \cdot c_z = 2R \int_B^D \frac{\widetilde{S}_z}{I_z}\, \mathcal{V}_y\, \mathrm{d}s \quad \Rightarrow \quad c_z = \frac{2R}{I_z} \int_B^D \widetilde{S}_z\, \mathrm{d}s$$

sustituyendo y despejando c_z:

$$c_z = \frac{2R}{I_z} \int_{\frac{R}{2}}^{\frac{R}{2}+\frac{\pi R}{2}} \left[\frac{3}{8}t\,R^2 + t\,R^2 \, \text{sen}\left(\frac{s-\frac{R}{2}}{R}\right) \right] ds = \frac{3(16+3\pi)}{2(7+6\pi)} R = 1.47535\,R$$

Por lo tanto, la distancia d del CEC (punto C) al centro de gravedad (G) es:

$$d = c_z - d_G = 0.9924\,R$$

como se representa en la figura 5.6.4.

Ejercicio 5.7   Perfil en C con flejes rectos prolongados

En la figura se representa un perfil de pared delgada simétrico respecto a la horizontal. Los flejes verticales tienen un espesor $t_1 = 10\,\text{mm}$ y los flejes horizontales $t_2 = 15\,\text{mm}$.

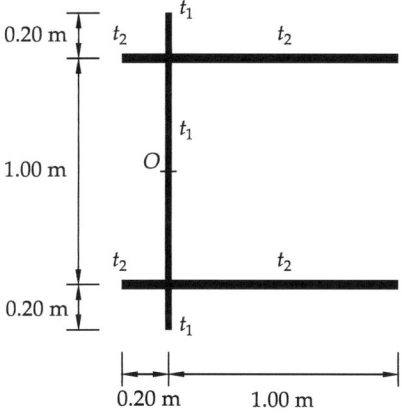

Figura 5.7.1

Se pide:

1. Calcular la posición del centro de esfuerzos cortantes (CEC) respecto del punto O (intersección del eje de simetría con el alma del perfil).

2. Suponiendo que el perfil está sometido a un cortante vertical (hacia arriba) de $1\,\text{kN}$ aplicado en el CEC, representar un croquis acotado del flujo de las tensiones tangenciales q_s en todo el perfil. No es necesario calcular las leyes analíticas de q_s.

▷ Solución

1) Determinación del CEC

Para hallar el CEC pueden igualarse momentos respecto del punto O de un cortante vertical $\mathcal{V}_y$ y del flujo de tensiones $q_s = \tau_{xs}\, t$. Así podrá calcularse la distancia d indicada en la figura 5.7.2. La coordenada vertical es inmediata ya que el CEC es un punto único característico de cada sección y, por tanto, debe estar sobre el eje de simetría.

Como criterio de signos para el flujo, se considerará en este caso q_s positivo en el sentido creciente del eje s en cada fleje. Por lo tanto, según se indicaba en el apartado 5.0.3, convendrá realizar croquis de equilibrio de los flejes como también se hizo en el ejercicio 5.5.

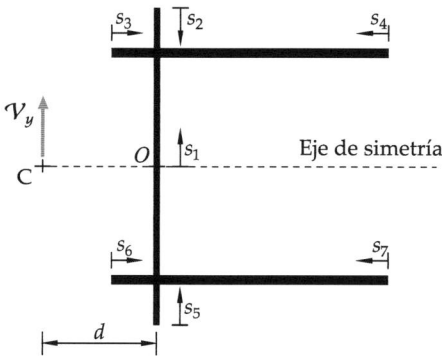

Figura 5.7.2. Criterios de signos para abscisa s_i en cada fleje

Este es un problema simétrico con cargas ($\mathcal{V}_y$) antisimétricas, por lo que en los flejes horizontales los flujos q_s son iguales pero de sentido opuesto, y en los flejes verticales también se cumple la antisimetría. No obstante, en los verticales no es necesario calcular q_s para determinar el CEC, ya que su línea de acción pasa por O y, por tanto, no produce momento respecto de ese punto.

Ecuación de igualdad de momentos, tomados respecto de O:

$$-\mathcal{V}_y \cdot d = 2 \int_{s_3=0}^{0.20} -0.5\, q_s\, \mathrm{d}s_3 + 2 \int_{s_4=0}^{1.00} 0.5\, q_s\, \mathrm{d}s_4 = -\int_{s_3=0}^{0.20} q_s\, \mathrm{d}s_3 + \int_{s_4=0}^{1.00} q_s\, \mathrm{d}s_4$$

El factor 2 que multiplica a cada integral proviene de tener en cuenta el momento que produce la distribución de tensiones tangenciales en los flejes 6 y 7, que es igual a la distribución en los flejes 3 y 4 —por la antisimetría— y, por tanto, produce el mismo momento.

Pasando $\mathcal{V}_y$ al segundo miembro para que divida a cada uno de los flujos, se tiene:

$$d = \int_{s_3=0}^{0.20} \frac{q_s}{\mathcal{V}_y} \, \mathrm{d}s_3 - \int_{s_4=0}^{1.00} \frac{q_s}{\mathcal{V}_y} \, \mathrm{d}s_4 \tag{5.7.1}$$

El beneficio de tener la fracción $q_s/\mathcal{V}_y$ es que es independiente de $\mathcal{V}_y$, pues como bien es sabido el flujo q_s es proporcional a $\mathcal{V}_y$.

Se empleará la ecuación (5.0.5) vista en el apartado 5.0.3, que proporciona la variación de la fuerza axial. Teniendo en cuenta que, en este caso, $\mathcal{V}_z = 0$, queda:

$$\frac{\mathrm{d}\widetilde{N}}{\mathrm{d}x} = \frac{\widetilde{S}_z}{I_z} \, \mathcal{V}_y$$

Teniendo en cuenta el criterio antes mencionado para q_s (positivo en el mismo sentido que s), el equilibrio de porciones de los flejes 3 y 4 permite hallar la relación entre la variación $\mathrm{d}\widetilde{N}/\mathrm{d}x$ y el flujo. Para ello se emplean los croquis de la figura 5.7.3; puede verse que en ambos croquis la ecuación de equilibrio resulta idéntica:

$$\sum F_x = 0 \quad \Rightarrow \quad \widetilde{N} + \mathrm{d}\widetilde{N} + q_s \, \mathrm{d}x - \widetilde{N} = 0 \quad \Rightarrow \quad q_s = -\frac{\mathrm{d}\widetilde{N}}{\mathrm{d}x}$$

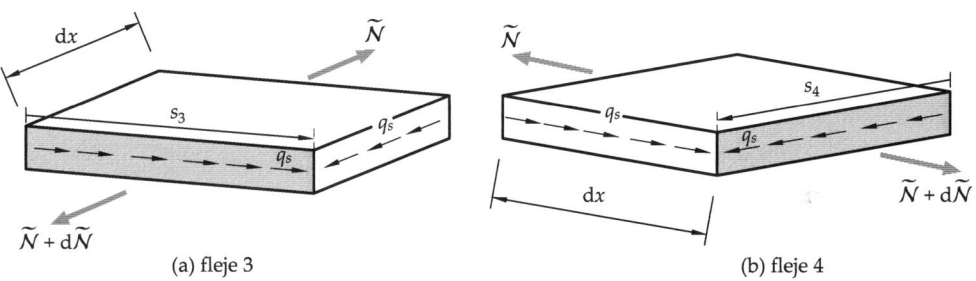

(a) fleje 3   (b) fleje 4

Figura 5.7.3. Diagramas de sólido libre para cálculo de q_s en los flejes superiores 3 y 4

Así pues, en este caso el signo obtenido al establecer el equilibrio es negativo para los dos flejes (3 y 4). Por lo tanto el flujo en dichos flejes se obtendrá como sigue:

$$q_s = -\frac{\mathrm{d}\widetilde{N}}{\mathrm{d}x} = -\frac{\widetilde{S}_z}{I_z} \, \mathcal{V}_y \quad \Rightarrow \quad \frac{q_s}{\mathcal{V}_y} = -\frac{\widetilde{S}_z}{I_z}$$

Sustituyendo esta ecuación en la (5.7.1):

$$d = -\int_{s_3=0}^{0.20} \frac{\widetilde{S}_z}{I_z} \, \mathrm{d}s_3 + \int_{s_4=0}^{1.00} \frac{\widetilde{S}_z}{I_z} \, \mathrm{d}s_4 \tag{5.7.2}$$

que como ya se avanzó, es independiente del cortante.

Se calculan ahora los momentos estáticos $\widetilde{S}_z$. Para el fleje 3 se tiene

$$\widetilde{S}_z = (t_2 \cdot s_3) \cdot 0.5 = 15 \cdot 10^{-3} \cdot 0.5 \cdot s_3 = 7.5 \cdot 10^{-3}\, s_3 \qquad (\text{m}^3, \text{con } s_3 \text{ en m})$$

obteniéndose para el fleje 4 idéntico resultado:

$$\widetilde{S}_z = (t_2 \cdot s_4) \cdot 0.5 = 7.5 \cdot 10^{-3}\, s_4 \qquad (\text{m}^3, \text{con } s_4 \text{ en m})$$

En cuanto al momento de inercia, su cálculo resulta también más rápido al considerar que se trata de un perfil de pared delgada:

$$I_z = \frac{1}{12}\, t_1 \cdot 1.4^3 + 2\left(t_2 \cdot 1.2 \cdot 0.5^2\right) = 11\,287 \cdot 10^{-6}\, \text{m}^4$$

Sustituyendo estos valores en la ecuación (5.7.2):

$$d = -\int_{s_3=0}^{0.20} \frac{7.5 \cdot 10^{-3}\, s_3}{I_z}\, \mathrm{d}s_3 + \int_{s_4=0}^{1.00} \frac{7.5 \cdot 10^{-3}\, s_4}{I_z}\, \mathrm{d}s_4 \quad \Rightarrow$$

$$\Rightarrow \quad d = \frac{7.5 \cdot 10^{-3}}{11\,287 \cdot 10^{-6}}\left(-\left[\frac{s_3^2}{2}\right]_0^{0.20} + \left[\frac{s_4^2}{2}\right]_0^{1.00}\right) = 0.3190\, \text{m}$$

Procedimiento alternativo a las integrales analíticas

Como se ha visto, q_s tiene leyes lineales en las alas, por lo que podrían tomarse momentos fácilmente sin necesidad de integrar[8]. La resultante de las áreas triangulares del diagrama de q_s se calcula trivialmente (son sus respectivas áreas), y la distancia de sus líneas de acción a O es 0.5 m. El signo negativo del flujo que se ha obtenido anteriormente en ambos flejes implica que su signo es contrario a las respectivas abscisas s. Ver figura 5.7.4.

Según lo anterior, la ecuación de igualdad de momentos, tomados respecto de O se podría escribir de la siguiente forma:

$$-\mathcal{V}_y \cdot d = 2\left(\frac{1}{2}\,0.2 \cdot 0.13290\,\mathcal{V}_y\right)0.5 - 2\left(\frac{1}{2}\,1.0 \cdot 0.66448\mathcal{V}_y\right)0.5 \quad \Rightarrow \quad d = 0.3190\, \text{m}$$

que lógicamente coincide con el resultado anterior.

---

[8]Este método sólo es aplicable para el caso particular de que las leyes de q_s que produzcan momento sean lineales; para un caso general debe utilizarse el procedimiento anterior basado en integración analítica.

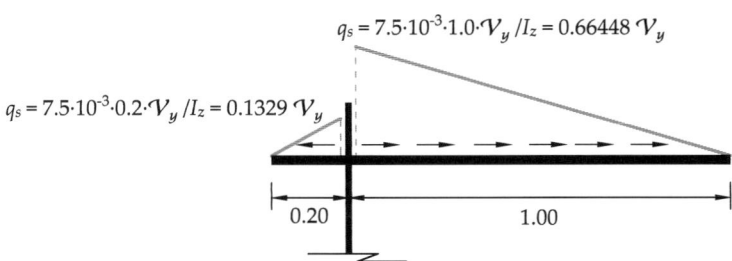

$q_s = 7.5 \cdot 10^{-3} \cdot 1.0 \cdot \mathcal{V}_y / I_z = 0.66448 \, \mathcal{V}_y$

$q_s = 7.5 \cdot 10^{-3} \cdot 0.2 \cdot \mathcal{V}_y / I_z = 0.1329 \, \mathcal{V}_y$

0.20   1.00

Figura 5.7.4. Flujos q_s triangulares en los flejes horizontales 3 y 4 (en kN/m si $\mathcal{V}_y$ en kN)

2) Representación del flujo q_s en todo el perfil

Para esta representación falta únicamente por determinar la variación del flujo en los flejes verticales. Dichas leyes llevarán sentido hacia arriba —su resultante debe ser igual a $\mathcal{V}_y$—, y su forma será parabólica ya que el alma y sus prolongaciones son rectangulares y, por tanto, al variar s lo hace el área y también la posición del centro de gravedad (véase el ejercicio 5.1).

Para la representación del croquis pedido se calculará pues el flujo en tres fibras concretas, mostradas en la figura 5.7.5: fibras A, B y O.

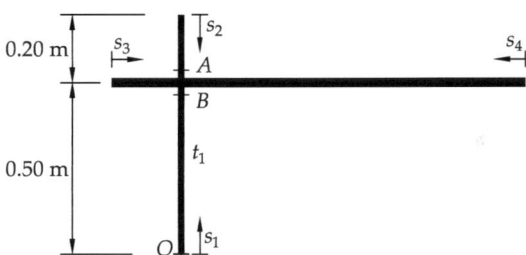

0.20 m s_3 s_2 A s_4
                            B
0.50 m t_1
            O s_1

Figura 5.7.5. Croquis para cálculo de q_s en los flejes verticales. Posición de las fibras A, B y O.

Por ser el alma y sus prolongaciones rectángulos verticales, se resuelve esta parte empleando los métodos del ejercicio 5.1, donde la anchura de la fibra b empleada en dicho ejercicio[9] se reemplaza por el espesor del alma t_1. Entonces, el sentido positivo del flujo será hacia arriba.

En la fibra A se tiene el siguiente valor:

$$q_s = \tau_{xy} \cdot t_1 = \frac{\widetilde{S}_z}{t_1 I_z} \mathcal{V}_y \cdot t_1 = \frac{\widetilde{S}_z}{I_z} \mathcal{V}_y = \frac{(0.2 \cdot e_1) \cdot (0.5 + \frac{0.2}{2})}{I_z} \mathcal{V}_y = 0.10632 \, \mathcal{V}_y$$

[9]Denotar el ancho de la fibra con b es propio de secciones macizas.

En la fibra B aumenta sensiblemente el momento estático en comparación con A, pues por encima de B se tiene también el ala superior completa, de longitud 1.2 m:

$$q_s = \frac{\widetilde{S}_z}{I_z}\,\mathcal{V}_y = \frac{(0.2 \cdot t_1) \cdot (0.5 + \frac{0.2}{2}) + (1.2 \cdot t_2) \cdot 0.5}{I_z}\mathcal{V}_y = 0.90369\,\mathcal{V}_y$$

Finalmente, en la fibra O hay que añadir el momento estático de la parte de alma situada entre O y B:

$$q_s = \frac{\widetilde{S}_z}{I_z}\,\mathcal{V}_y = \frac{(0.2 \cdot t_1) \cdot (0.5 + \frac{0.2}{2}) + (1.2 \cdot t_2) \cdot 0.5 + (0.5 \cdot t_1) \cdot \frac{0.5}{2}}{I_z}\mathcal{V}_y = 1.01444\,\mathcal{V}_y$$

Hallados estos valores, la representación del flujo q_s es la que se muestra en la figura 5.7.6, tomando $\mathcal{V}_y = 1.0$ kN de acuerdo con el enunciado.

Nota.   Habitualmente basta dar los resultados finales con cuatro cifras significativas. En este caso, habiéndose empleado más para el cálculo de los flujos q_s —pues eran resultados intermedios necesarios para hallar la posición del CEC—, se mantienen todas las cifras significativas en la figura 5.7.6.

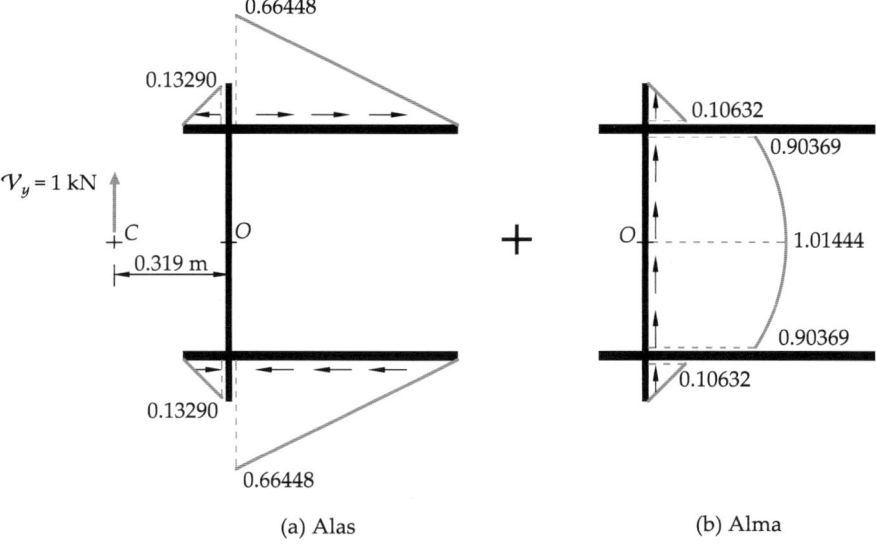

(a) Alas   (b) Alma

Figura 5.7.6. Diagrama del flujo de tangenciales q_s para $\mathcal{V}_y = 1.0$ kN (en kN/m)

Barras sometidas a torsión

Contenido

6.0 Introducción

En el presente capítulo se abordan ejercicios relativos a la *torsión uniforme*. Los problemas que se resuelven cubren la distinta casuística que se puede presentar:

- Cálculo de leyes de esfuerzos de momento torsor.
- Secciones circulares para resolver según la torsión de Coulomb.
- Secciones no circulares para resolver según la teoría de Saint-Venant.
- Perfiles de pared delgada, como caso particular del anterior.
- Interacción entre la torsión y el cortante en perfiles de pared delgada.

Conviene ser preciso en el uso del lenguaje en este tema para evitar confusiones, sobre todo al principio. Por tanto, se adoptará esta nomenclatura:

- T_x : Carga o reacción tipo momento puntual (par de fuerzas) en el eje x.
- m_x : Carga tipo momento distribuido en el eje x.
- M_x : Esfuerzo momento torsor, o simplemente, torsor.

A continuación se resumen los aspectos teóricos y fórmulas básicas que se emplearán en los ejercicios resueltos, si bien, como en el resto de capítulos, una descripción teórica completa se puede encontrar en el capítulo correspondiente en el libro de teoría[1].

Antes de continuar se hace una aclaración sobre el término *torsión uniforme*. La teoría de Saint-Venant establece que las secciones sometidas a torsión pueden experimentar un alabeo o movimientos diferenciales de la sección en el eje x, de forma que las secciones planas dejan de ser planas tras estos desplazamientos. Además dicho alabeo de la sección es proporcional al momento torsor al que se ve sometida dicha sección. A lo anterior hay que sumar la hipótesis de partida de la teoría de Saint-Venant, según la cual este alabeo no se ve restringido de ninguna forma; para que ello pueda cumplirse no solo debe de haber una libertad de movimientos en los extremos de la barra, sino que todas las secciones deben de intentar alabearse la misma cantidad, pues de lo contrario surgiría un conflicto entre secciones, apareciendo cierta *restricción al alabeo*.

Para que esto no suceda el esfuerzo momento torsor debe de ser uniforme en la barra, siendo aquí donde aparece el término *torsión uniforme*. Las secciones circulares son un caso particular, ya que en ellas el alabeo es siempre nulo, por lo que esta teoría es válida aunque la ley de momentos torsores no sea uniforme, ya que al no haber alabeo no puede aparecer en ningún caso restricción al mismo[2].

Por último, conviene aclarar que se trabajará de forma simplificada con barras de sección no circular sometidas a leyes de esfuerzos de torsores variables, al despreciarse el efecto de la restricción al alabeo que se produce. En rigor, este tipo de barras

---

[1]*Resistencia de materiales, teoría de estructuras e introducción a la elasticidad* (Juan José Granados; Editorial Garceta; 2025, 5ª Edición).

[2]Por tanto, según lo anterior, aunque es el término *torsión uniforme* el comúnmente usado para referirse a este tipo de torsión, también se usan los términos *torsión sin restricciones al alabeo* y *torsión libre*.

quedan fuera de la teoría de Saint-Venant, requiriendo de una teoría general de la torsión que queda fuera del alcance de este libro[3].

6.0.1   Criterios de signos

El criterio de signos de cargas y esfuerzos se especificó en el apartado 1.0.3, el cual conviene repasar ahora.

Recuérdese en primer lugar que una manera conveniente de entender los esfuerzos es como **resultantes sobre la sección, tanto de fuerza como de momento**. El cálculo de dichas resultantes se realiza en los tres ejes locales (x, y, z), e **indistintamente** en el lado frontal o dorsal de la sección: por ejemplo, el axil es la fuerza resultante en el eje x local, y el torsor es el momento resultante también en el eje x local. Como dichas resultantes se pueden calcular tanto en el lado frontal como en el dorsal, se tiene en realidad que **cada esfuerzo puede entenderse como una pareja de resultantes**, ya sea de fuerzas como en el caso del axil, o ya sea de momentos como en el caso del torsor.

Dichas resultantes a un lado u otro de la sección siempre son del mismo valor y de sentido opuesto, y así se representan en los criterios de signos; véase la importante figura 1.0.5, que se repite a continuación:

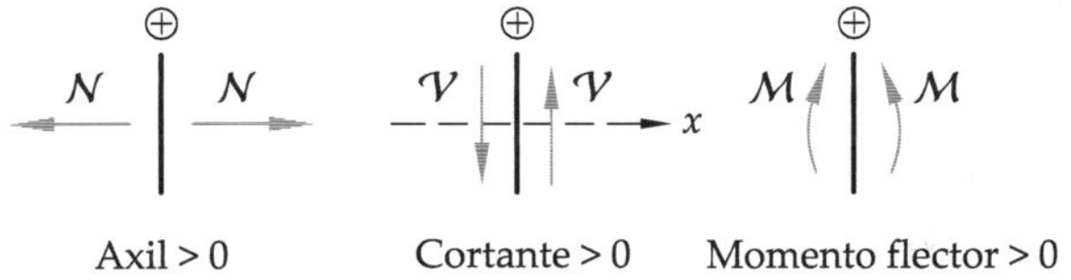

Axil > 0   Cortante > 0   Momento flector > 0

Figura 6.0.1. *Símbolos del signo* de los esfuerzos positivos (figura 1.0.5 repetida)

En resumen, un esfuerzo cualquiera, ya sea este axil, cortante, flector o torsor, puede entenderse como un estado de solicitación experimentado por la sección, que se expresa como una pareja de resultantes. En el caso del axil o cortante dicha pareja serán dos fuerzas iguales y opuestas; en el caso del flector o torsor, la pareja que constituye el esfuerzo serán dos momentos iguales y opuestos.

---

[3]Conviene apuntar que es común en aplicaciones prácticas utilizar esta aproximación simplificada si el tipo de sección tiene poca tendencia al alabeo. Ello sucede en secciones macizas o de pared delgada cerrada, cuando **no** se trata de una barra corta y las proporciones de la sección no son excesivamente descompensadas: cuadrados, rectángulos con lados de longitud similar, elipses de ejes similares, etc. Como muestra de lo anterior, el Código Estructural (CE, 2021) en el artículo 6.2.7(7) del anejo 22 sobre el Proyecto de Estructuras de Acero, establece: "Como simplificación, los efectos de la torsión por alabeo se podrán despreciar, en el caso de que un elemento sea de sección hueca cerrada, tal como un perfil tubular. También como simplificación, los efectos de la torsión de Saint-Venant se podrán despreciar, en el caso de un elemento de sección abierta, tales como I o H". Por lo tanto, para perfiles en I o H, cuya tendencia al alabeo es elevada, el CE nos indica que la torsión a considerar es únicamente la alabeada, que no se trata en este libro.

No olvide el lector que, además, un momento siempre puede entenderse como un *par de fuerzas*, por lo que tiene sentido afirmar a partir de ahora que el *esfuerzo momento torsor* es **una pareja de pares de fuerza** (al igual que sucede con el flector). Este hecho se aprecia con claridad en la figura del criterio de signos de la figura 6.0.2 (b), donde los dos pares de fuerzas se muestran mediante sus correspondientes símbolos de flecha saliente ⊙ o penetrante ⊗ en el papel. Alternativamente, los dos momentos torsores se pueden representar, como de hecho es muy frecuente, solo con las dos flechas horizontales de punta doble de la figura 6.0.2 (b).

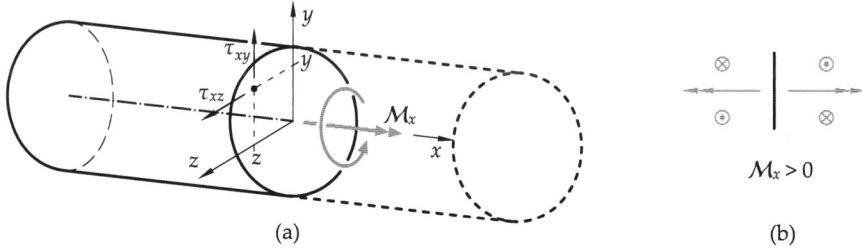

Figura 6.0.2. (a) Tensiones tangenciales y momento o par de fuerzas positivo en extremo frontal; (b) Símbolo del signo del esfuerzo momento torsor positivo.

Así pues, se seguirá el criterio ya empleado en capítulos anteriores, que enunciamos resumidamente como sigue: **de la pareja de resultantes (fuerzas o momentos) que componen el esfuerzo, es la resultante actuante en el lado frontal la que marca el signo del esfuerzo**. Por ello, el momento torsor positivo sería el indicado en la figura 6.0.2 (b), habiéndose representado en la figura (a) el momento positivo solo en el lado frontal, por claridad.

La representación del torsor positivo sigue el mismo criterio que los esfuerzos axil y cortante: los esfuerzos positivos se dibujan por el lado positivo del eje local y, o sea, por arriba en una barra horizontal, según se aprecia en la figura 6.0.3. Los valores numéricos en la representación gráfica de estas leyes serán siempre en valor absoluto, dejando la función de determinar si es un valor positivo o negativo al símbolo del signo y al lado por el que se dibuja la ley, como se ha hecho para el resto de esfuerzos.

Figura 6.0.3. Representación del esfuerzo momento torsor positivo

6.0.2   Torsión de Coulomb

En este apartado se recuerdan las fórmulas básicas de la teoría elemental de la torsión para barras de sección circular, o torsión de Coulomb. Véase figura 6.0.4

Fórmula de las tensiones tangenciales en la sección: $\tau(r) = \dfrac{M_x}{I_x} r$ (6.0.1)

Ecuación de comportamiento de la rebanada: $\kappa_x = \dfrac{M_x}{GI_x}$ (6.0.2)

Ecuación de compatibilidad cinemática: $\kappa_x = \dfrac{\mathrm{d}\theta_x}{\mathrm{d}x}$ (6.0.3)

Usando las dos anteriores se obtiene la ecuación diferencial de los giros, e integrando entre dos puntos genéricos A y B se obtiene la ecuación integral:

$$\frac{\mathrm{d}\theta_x}{\mathrm{d}x} = \frac{M_x}{GI_x} \quad \Rightarrow \quad \theta_{Bx} - \theta_{Ax} = \int_A^B \frac{M_x}{GI_x}\,\mathrm{d}x$$
(6.0.4)

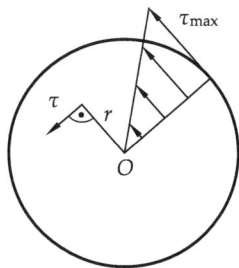

Esta teoría es válida para secciones macizas o huecas, siendo en el primer caso $I_x = \pi R^4/2$, y en el segundo $I_x = \pi(R_\mathrm{e}^4 - R_\mathrm{i}^4)/2$.

Figura 6.0.4. Distribución de tensiones τ en secciones circulares

6.0.3   Torsión de Saint-Venant: secciones macizas

En este apartado se recuerdan las fórmulas básicas de la teoría de Saint-Venant de la torsión uniforme, que se debe aplicar para secciones macizas no circulares.

- La expresión de las tensiones máximas alcanzadas y el lugar donde estas se producen se pueden consultar en la tabla 6.0.1 para varios perfiles comunes.

- La ecuación de comportamiento de la rebanada, similar a la de perfiles circulares sustituyendo I_x por el módulo de torsión J, es:

$$\kappa_x = \frac{M_x}{GJ}$$
(6.0.5)

El valor de J también se encuentra en la mencionada tabla 6.0.1.

- La ecuación de compatibilidad cinemática es idéntica a la de la torsión de Coulomb (6.0.3).

- La ecuación diferencial e integral de los giros es similar a la de Coulomb (6.0.4) en la que se usa el símbolo del módulo de torsión J en lugar de I_x:

$$\frac{\mathrm{d}\theta_x}{\mathrm{d}x} = \frac{M_x}{GJ} \quad \Rightarrow \quad \theta_{Bx} - \theta_{Ax} = \int_A^B \frac{M_x}{GJ}\,\mathrm{d}x$$
(6.0.6)

6.0.4   Torsión de Saint-Venant: secciones de pared delgada

En el caso de tener un *perfil de pared delgada abierto*, compuesto por n flejes de dimensiones $b_i \times t_i$, su módulo de torsión será:

$$J = \sum_{i=1}^{n} \frac{b_i\, t_i^3}{3} = \sum_{i=1}^{n} J_i \tag{6.0.7}$$

soportando cada fleje un porcentaje de momento torsor $(\mathcal{M}_{xi})$ del total, proporcional a su módulo de torsión (J_i), es decir:

$$\mathcal{M}_x = \sum_{i=1}^{n} \mathcal{M}_{xi}\,; \quad \text{siendo} \quad \mathcal{M}_{xi} = \frac{J_i}{J}\mathcal{M}_x \tag{6.0.8}$$

por lo que la expresión de la tensión tangencial máxima en el fleje i-ésimo será (como se observa, la tensión máxima en cada fleje es proporcional a su espesor t_i):

$$\tau_{\max,i} = \frac{\mathcal{M}_x}{J}\, t_i \quad ; \quad i = 1 \ldots n \tag{6.0.9}$$

Los perfiles de pared delgada abiertos resisten muy poco a torsión, por el contrario, los *perfiles de pared delgada cerrados* son muy eficaces para resistir el esfuerzo torsor. El lector puede comprobar este efecto en el ejercicio 6.4, en el que se compara un perfil abierto y uno cerrado.

En el caso de un *perfil de pared delgada cerrado* de una célula, se tiene que:

- Las tensiones tangenciales τ_{xs} son constantes a lo largo del espesor (t) del perfil (para un punto s dado de la línea media del perfil).

- El flujo de tensiones tangenciales q_s (definido en el capítulo de cortante del libro de teoría, $q_s = \tau_{xs}\, t$) es constante a lo largo de todo el perfil, cumpliéndose:

$$\mathcal{M}_x = 2\Omega\, q_s \tag{6.0.10}$$

  donde Ω es el área total encerrada por la línea media del fleje.

- El módulo de torsión viene dado por la expresión

$$J = \frac{4\Omega^2}{\oint \dfrac{1}{t}\, \mathrm{d}s} \tag{6.0.11}$$

Lo anterior también es válido para un perfil de pared delgada cerrado de dos células que sea simétrico respecto del fleje intermedio. Es fácil deducir, debido a que se trata de una sección simétrica con cargas antisimétricas —el torsor—, que el flujo en el fleje común a ambas células debe de ser nulo por encontrarse en el eje de simetría. Según lo anterior, este tipo de perfiles se aborda como si fuesen de una célula que abarca a las dos iniciales (como si el fleje divisorio no existiese).

Módulo de torsión	Tensión máxima	Sección
$J = \dfrac{\sqrt{3}}{80}\, a^4$	$\tau_{\max} = \dfrac{20\mathcal{M}_x}{a^3}$	Triángulo equilátero
$J = \dfrac{a^4}{7.11}$	$\tau_{\max} = \dfrac{\mathcal{M}_x}{0.208 a^3}$	Cuadrado
$J = \dfrac{bt^3}{3}$	$\tau_{\max} = \dfrac{3\mathcal{M}_x}{bt^2}$	Fleje $(a \gg t)$
$J = \dfrac{\pi a^3 b^3}{a^2 + b^2}$	$\tau_{\max} = \dfrac{2\mathcal{M}_x}{\pi a b^2}$	Elipse $(a > b)$
$J = I_x = \dfrac{\pi}{2}\, R^4$	$\tau_{\max} = \dfrac{\mathcal{M}_x}{I_x}\, R$	Círculo
✖	Indica los puntos de tensión máxima.	

Tabla 6.0.1. Comportamiento a torsión de secciones básicas

Ejercicio 6.1   Ejes de sección circular maciza y hueca

En el eje de transmisión de una máquina que muestra la figura, el número de roda-
mientos que lo sostienen es lo suficientemente elevado como para despreciar el efecto
del momento flector. Para dicho eje se pide:

1. Dimensionar el diámetro del eje, sabiendo que las poleas A y C son motrices, de
    100 CV y 30 CV, respectivamente, y que las B y D mueven máquinas de 55 CV y
    75 CV, respectivamente. La velocidad de giro de la máquina es 3000 rpm. El eje
    es macizo y está fabricado en acero de tensión tangencial última $\tau_u = 120$ MPa.

2. Representar en una gráfica los giros relativos de torsión, calculando el máximo.

3. Diseñar el eje suponiendo que sea de sección circular hueca, de forma que el
    radio interior (R_i) sea el 75 % del exterior (R_e). Calcular cuánto pesaría dicho
    eje con respecto al macizo, y comparar los giros relativos máximos de ambos.

Datos: $g = 10\,\text{m/s}^2$; $G = 8 \cdot 10^4$ MPa.

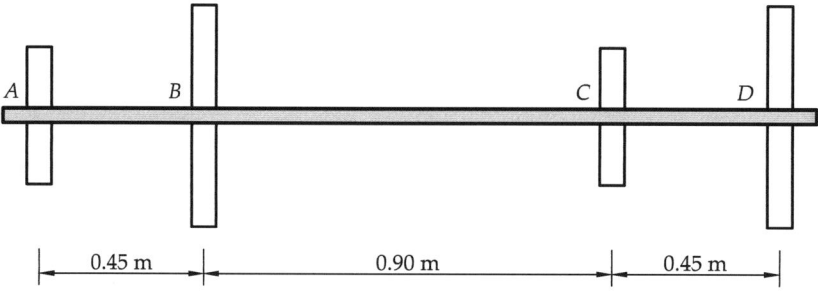

Figura 6.1.1

▷ Solución

1) Dimensionado del eje

En primer lugar se determinará el diagrama de momentos torsores en el eje. Para ello
se calculará el diagrama de potencias, y se transformarán a continuación en torsores.
Se supondrá que la potencia entrante en la polea motora A provoca torsión positiva
en el tramo AB, lo cual sucederá si el momento T_A que origina dicha polea en el eje
lleva el sentido hacia la izquierda, según se muestra en la figura 6.1.2. Como la polea
B es resistente, en ella la potencia sale del eje para mover otra máquina y, por tanto,
el par T_B que provoca en el eje debe llevar sentido opuesto a T_A, según se observa en
la figura 6.1.2. El par T_A llevará el mismo sentido de giro que la velocidad angular,
entrando así potencia en el eje, mientras que el par T_B llevará sentido de giro contrario

a la velocidad angular. Siguiendo el mismo razonamiento, T_C tendrá el mismo sentido que T_A, y T_D el mismo sentido que T_B.

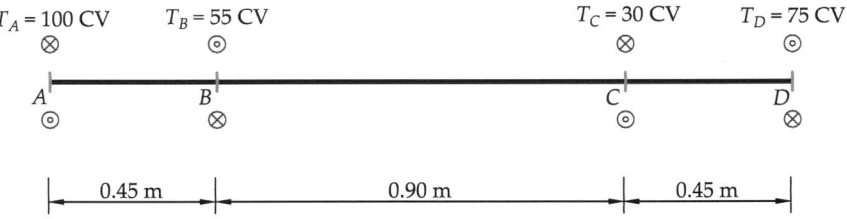

Figura 6.1.2. Pares de fuerzas introducidos por las poleas sobre el eje

Conocidos los sentidos de los pares que actúan sobre el eje, el diagrama de potencias, puede representarse como muestra la figura 6.1.3. Los 100 CV de la polea A se reducen en 55 CV en la polea B, que los consume para mover otra máquina. Por ello, en la zona central la potencia que debe transmitir el eje es más baja, de sólo 45 CV. Más a la derecha, la polea motora C vuelve a introducir potencia adicional en el eje (30 CV), para alcanzar así los 75 CV que serán finalmente consumidos por la máquina conectada a la polea D. La conclusión es que todo el eje queda sometido a torsión positiva, siendo dicha torsión más fuerte en el tramo AB, menor en CD, y aún menor en BC.

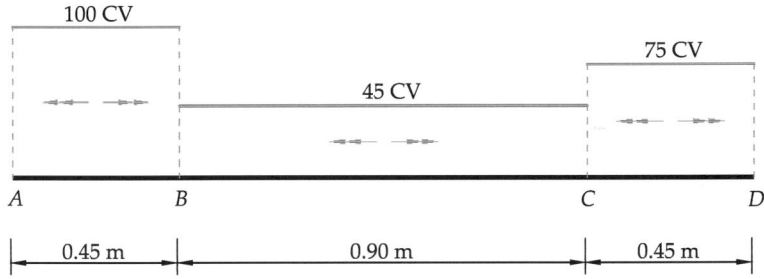

Figura 6.1.3. Diagramas de potencias

Usando las relaciones siguientes, se transforma el diagrama de potencias en diagrama de torsores, necesarios para dimensionar el eje. Denominando P a la potencia, ω a la velocidad angular en rad/s, y n a la velocidad angular en rpm, se tiene:

$$P = M_x\, \omega \quad \Rightarrow \quad M_x = \frac{P}{\omega}$$

siendo 1 rpm = 2π rad/60 s, y como 1 CV = 750 W[4].

---

[4]Conocida la equivalencia 1 CV = 75 kp m/s, para pasar a vatios basta multiplicar por g (que es dato), por lo tanto: 1 CV = 75 kp m/s $\cdot$ g $\simeq$ 75 kp m/s $\cdot$ 10 m/s^2 = 750 W.

Entonces puede obtenerse el torsor T, en unidades S.I. (N m) como sigue:

$$\mathcal{M}_x = \frac{750 \cdot P(\text{CV})}{\frac{2\pi}{60} \, n(\text{rpm})} = 7161.97 \, \frac{P}{n}$$

y, puesto que $n = 3000 \, \text{rpm}$, se llega a la siguiente expresión para transformar la potencia en CV a torsores en N m:

$$\mathcal{M}_x = 2.3873 \, P$$

El diagrama de torsores así obtenido se muestra en la figura 6.1.4. El eje se dimensiona buscando el valor mínimo del radio que lo haga capaz soportar el momento torsor más desfavorable, o sea, 238.73 N m, pues es el que produce la máxima tensión. Por lo tanto, debe cumplirse

$$\tau_{\max} = \frac{\mathcal{M}_{x,\max}}{I_x} R = \frac{\mathcal{M}_{x,\max}}{\frac{\pi}{2} R^4} R = \frac{2 \mathcal{M}_{x,\max}}{\pi R^3} \leq \tau_u = 120 \cdot 10^6 \, \text{Pa}$$

y de la inecuación anterior se despeja el radio mínimo buscado:

$$R \geq \sqrt[3]{\frac{2 \cdot 238.73}{\pi \cdot 120 \cdot 10^6}} = 1.0819 \cdot 10^{-2} \, \text{m} \simeq 1.082 \, \text{cm}$$

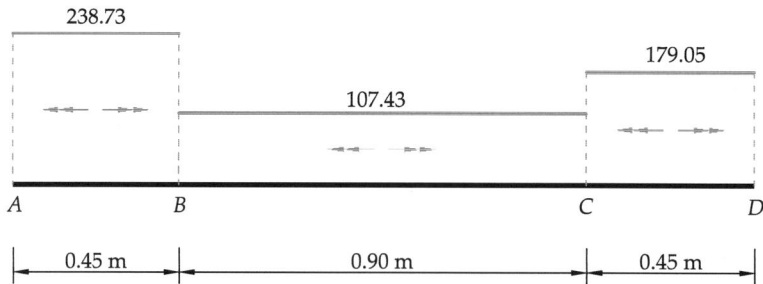

Figura 6.1.4. Diagrama de torsores ($\mathcal{M}_x$, en N m)

2) Giros relativos de torsión

Al ser el eje de sección circular maciza, está sometido a torsión de Coulomb. Por lo tanto, puede emplearse la ecuación (6.0.4) para hallar los giros relativos:

$$\theta_{xB} - \theta_{xA} = \int_A^B \frac{\mathrm{d}\theta_x}{\mathrm{d}x} \, \mathrm{d}x = \int_A^B \frac{\mathcal{M}_x}{G I_x} \, \mathrm{d}x, \qquad \text{donde A, B son dos secciones genéricas}$$

Por ser M_x constante a trozos, $\theta(x)$ será lineal a trozos, ya que al integrar una constante, se obtiene una ley lineal. Se toma como punto de referencia para los giros relativos la sección más a la izquierda (A). La rigidez a torsión de la sección del eje es

$$GI_x = (8 \cdot 10^4 \cdot 10^6 \, \text{Pa}) \cdot \frac{\pi}{2} \left(1.0819 \cdot 10^{-2}\right)^4 \text{m}^4 = 1721.7 \, \text{N m}^2$$

Se denominará el giro relativo respecto de A como $\Delta\theta = \theta - \theta_A$. El origen de la coordenada x se sitúa también en A. Entonces, al ser la ley de torsores constante a tramos, puede realizarse la integral entre dos secciones de cada tramo tomando el área del diagrama de torsores entre las mismas, y dividiéndola por GI_x:

Entre secciones A y B $\Rightarrow \Delta\theta_x(x = 0.45) = \dfrac{M_{x,AB}}{GI_x}0.45 = \dfrac{238.73}{GI_x}0.45 = 0.0624 \, \text{rad}$

Entre secciones B y C $\Rightarrow \Delta\theta_x(x = 1.35) = 6.240 \cdot 10^{-2} + \dfrac{107.43}{GI_x}0.90 = 0.1186 \, \text{rad}$

Entre secciones C y D $\Rightarrow \Delta\theta_x(x = 1.80) = 0.1186 + \dfrac{179.05}{GI_x}0.45 = 0.1654 \, \text{rad}$

La representación gráfica de la ley de giros en el eje se muestra en la figura 6.1.5. Cuando el eje está en funcionamiento, entre las dos poleas extremas A y D se produce un giro de torsión relativo de $0.1654 \, \text{rad} = 9.48°$, lo cual se debe a que el radio del eje es pequeño, del orden de un centímetro, siendo dicho valor suficiente para resistir la tensión máxima pero no para garantizar la necesaria rigidez. Al ser la deformación de torsión tan elevada, en la práctica debería elegirse un radio mayor para este eje de transmisión.

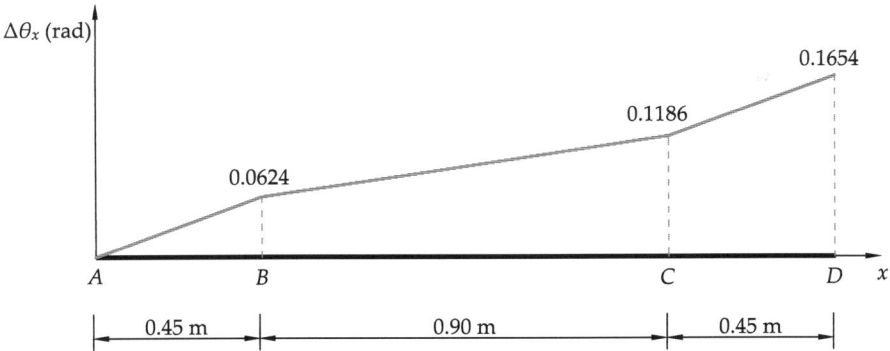

Figura 6.1.5. Giro relativo de torsión calculado respecto a la sección A

3) Dimensionado del tubo con sección circular hueca

Una alternativa siempre interesante en piezas a torsión es emplear perfiles huecos cerrados, que optimizan la resistencia y rigidez de la sección. En este caso se analiza, por tanto, la alternativa de emplear un tubo cuya sección circular es hueca en lugar de maciza (ver figura 6.1.6). Se calcula en primer lugar su inercia a torsión:

$$I_x = \frac{\pi}{2}\left(R_e^4 - R_i^4\right) = \frac{\pi}{2}\left[R_e^4 - \left(\frac{3}{4}R_e\right)^4\right] = \frac{175\pi}{512}R_e^4$$

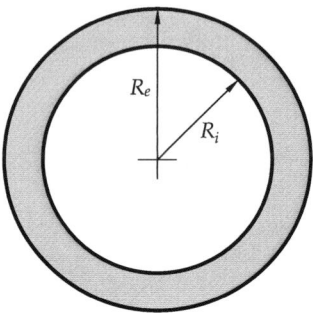

Figura 6.1.6. Sección tubular

Una vez que hallada esta inercia polar en función del radio exterior —con el radio interior (R_i) igual al 75 % del exterior (R_e), según indica el enunciado—, se dimensiona R_e obligando de nuevo a que el material llegue a su agotamiento:

$$\tau_{\max} = \frac{M_{x,\max}}{I_x}R_e = \frac{238.73}{\dfrac{175\pi}{512}R_e^4}R_e \leq \tau_u = 120 \cdot 10^6\,\text{Pa} \quad \Rightarrow \quad R_e = 1.228 \cdot 10^{-2}\,\text{m}$$

Conocido R_e, y por tanto, R_i, puede hallarse el área de la sección y con ello computar el ahorro de material:

$$A_1 = \pi \cdot 1.082^2 = 3.678\,\text{cm}^2 \quad ; \quad A_2 = \pi\frac{7}{16}1.228^2 = 2.073\,\text{cm}^2 \quad \Rightarrow$$

$$\Rightarrow \quad \frac{A_2}{A_1} = 56.4\,\%$$

El área del tubo hueco es igual al 56.4 % del área del tubo macizo, con lo cual el ahorro de material, y por tanto de peso, es del 43.6 %.

La nueva rigidez a torsión es ahora $GI_x = 1953.4\,\text{N m}^2$, lo que significa que la rigidez del eje hueco ha aumentado 1.135 veces, habiendo disminuido en esa misma cantidad el giro relativo entre los extremos del eje hueco.

Conclusión: el eje hueco, no solo tiene un ahorro de peso del 43.6 % frente al macizo, sino que además, es más rígido, disminuyendo en 1.135 veces el giro relativo entre sus secciones extremas.

Ejercicio 6.2   Eje de sección cuadrada maciza

El eje de la figura es de sección cuadrada maciza, y gira a una velocidad angular de 3000 rpm llevando montadas tres poleas. La polea B es la única motora, siendo la potencia del motor que la acciona $P_B = 20\,CV$. Una máquina conectada a la polea A absorbe $P_A = 2/3\,P_B$, mientras que otra máquina conectada a C absorbe $P_C = 1/3\,P_B$. Se admite que el eje tiene sus apoyos dispuestos de tal forma que no está sometido a momentos flectores. Se pide:

1. Dimensionar dicho eje empleando el criterio de Tresca. Dar el lado a de la sección redondeando en milímetros al número entero inmediatamente superior.

2. Si se reduce la velocidad de giro del eje manteniéndose constantes el resto de datos del problema, razonar si la sección tendrá que ser mayor o menor.

Datos: criterio de Tresca: $\sigma_{comp} = 2\tau_{max}$; $\sigma_u = 3000\,kp/cm^2$; la tensión tangencial máxima en una sección cuadrada maciza es $\tau_{max} = \dfrac{M_x}{0.208a^3}$; $g = 10\,m/s^2$.

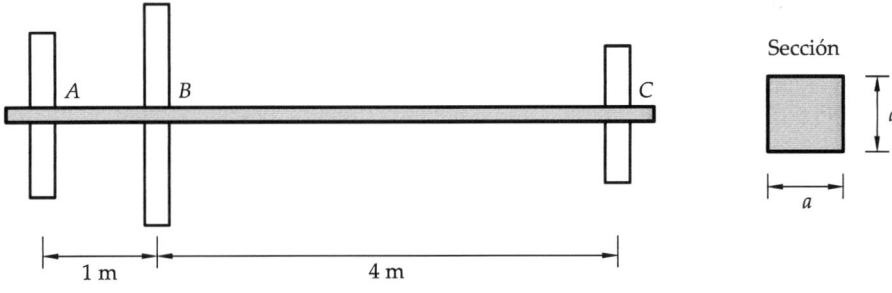

Figura 6.2.1

▷ Solución

1) Dimensionado del eje

Al igual que en el ejercicio 6.1 se determina en primer lugar la ley de potencias en el eje, para después transformarla en la ley de momentos torsores necesaria para dimensionarlo. La figura 6.2.2 muestra las potencias introducidas y absorbidas por las poleas montadas sobre el eje.

Figura 6.2.2. Potencias introducidas y absorbidas en el eje

Dicha figura muestra un tipo de representación mediante flechas de doble punta que, para estudiar la torsión de barras rectas, es una alternativa a la mostrada en la figura 6.1.2 del ejercicio 6.1, según se explicó en la introducción a este capítulo (véase también la figura 6.0.2 (b)). Se recuerda que se puede optar por emplear cualquiera de ambos tipos de representación.

Con el factor de conversión $1\,CV = 0.75\,kW$[5] se obtienen las potencias en kW mostradas en la figura 6.2.3 (a).

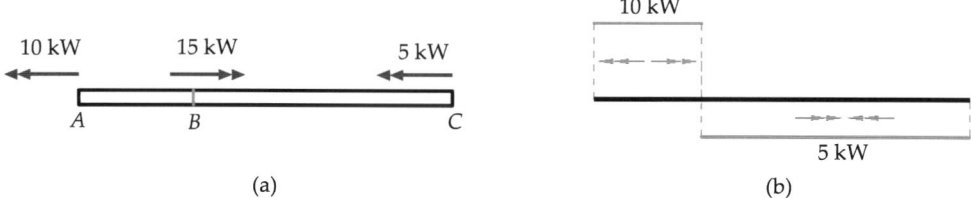

(a)   (b)

Figura 6.2.3. Diagrama de potencias: (a) diagrama de sólido libre; (b) ley de potencias.

Una vez obtenida la ley de potencias en el eje (figura 6.2.3 (b)), se calcula la ley de torsores a partir de ella usando las siguientes relaciones, y teniendo en cuenta que $1\,rpm = 1\,rev/min$:

$$P = \mathcal{M}_x\,\omega \quad \Rightarrow \quad \mathcal{M}_x\,(kN\,m) = \frac{P\,(kW)}{\omega\,(rad/s)} = \frac{P\,(kW)}{3000\,\dfrac{rev}{min}\,\dfrac{2\pi\,rad}{1\,rev}\,\dfrac{1\,min}{60\,s}}$$

Por lo tanto, la ley de momentos torsores queda como ser representa en la figura 6.2.4, una vez pasada a unidades de $N\,m$.

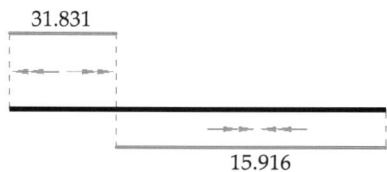

Figura 6.2.4. Diagrama de momentos torsores ($\mathcal{M}_x$, en N m).

Empleando los resultados relativos a secciones cuadradas macizas que se proporcionan en la tabla 6.0.1 (véase la introducción teórica a este capítulo), se tiene que la tensión tangencial máxima será

$$\tau_{max} = \frac{\mathcal{M}_{x,max}}{0.208a^3} = \frac{31.831}{0.208a^3}$$

---

[5]Conocida la equivalencia $1\,CV = 75\,kp\,m/s$, para pasar a vatios basta multiplicar por g (que es dato), por lo tanto: $1\,CV = 75\,kp\,m/s \cdot g \approx 75\,kp\,m/s \cdot 10\,m/s^2 = 750\,W$.

El criterio de Tresca establece que el doble de τ_{max} debe ser igual a la tensión de comparación, cuando el material se agota, por tanto se debe imponer que

$$2\tau_{max} = \sigma_{comp} = 3000\,\text{kp/cm}^2 = 300 \cdot 10^6\,\text{N/m}^2$$

$$2\,\frac{31.831}{0.208a^3} = 300 \cdot 10^6 \quad \Rightarrow \quad a = 1.01 \cdot 10^{-2}\,\text{m} = 10.1\,\text{mm}$$

Puesto que se pide el resultado en milímetros y redondeado al alza[6], la respuesta que debe darse es $a = 11$ mm.

Los puntos de tensión máxima se muestran en la figura 6.2.5, siguiendo lo indicado en la tabla 6.0.1.

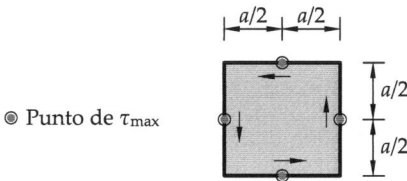

Figura 6.2.5. Puntos de tensión tangencial máxima en sección cuadrada maciza a torsión.

2) Reducción de la velocidad de giro, a igual potencia

Si se reduce la velocidad de giro y se mantienen los demás datos constantes, la sección del eje debería ser mayor para soportar las tensiones generadas en dicha situación, ya que

$$\mathcal{M}_x = \frac{P}{\omega}$$

por tanto, como la potencia es la misma pero ω es menor, el momento torsor $\mathcal{M}_x$ en el eje aumenta. Dado que τ_{max} es directamente proporcional a $\mathcal{M}_x$ la sección debería ser mayor para que se siga cumpliendo el criterio de Tresca, con el que se ha dimensionado el eje.

---

[6]En la práctica siempre se debe redondear el resultado final del lado de la seguridad, en este caso, al alza.

Ejercicio 6.3   Sección de pared delgada en voladizo

La figura 6.3.1 (a) representa un voladizo de siete metros de longitud sometido únicamente a su peso propio. La sección de la viga es un perfil de pared delgada simétrico representado en la figura 6.3.1 (b), en la que se acotan sus medidas y la posición del centro de esfuerzos cortantes respecto al alma (se trata de la sección previamente analizada a cortante en el ejercicio 5.7).

Se pide:

1. Representar en un croquis acotado las acciones (fuerzas y momentos) respecto al centro de esfuerzos cortantes a lo largo de la viga.

2. Representar las leyes de esfuerzos: cortantes, momentos flectores y momentos torsores respecto al CEC.

3. Calcular el giro de torsión en el extremo del voladizo (θ_{Bx}).

Datos: $\gamma = 78.5\,\mathrm{kN/m^3}$; $G = 80\,\mathrm{GPa}$; $t_1 = 10\,\mathrm{mm}$; $t_2 = 15\,\mathrm{mm}$.

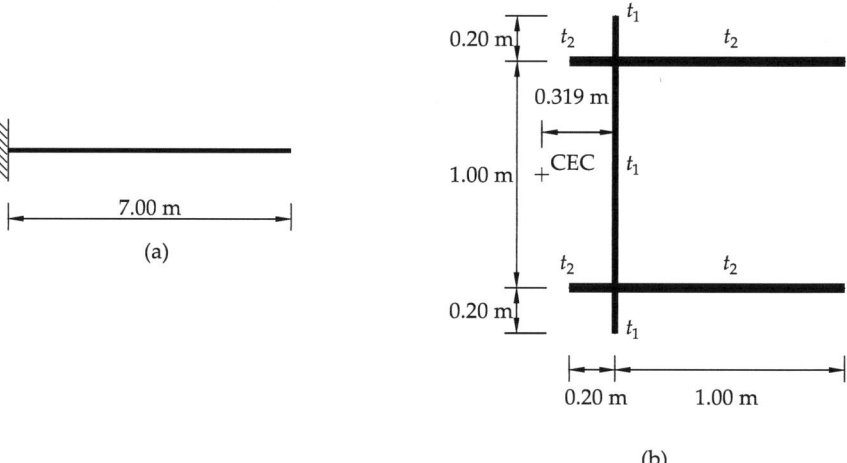

Figura 6.3.1

▷ Solución

1) Acciones reducidas al centro de esfuerzos cortantes

En primer lugar se halla el área de la sección (aplicando las simplificaciones propias de los perfiles de pared delgada):

$$A = t_1 \cdot 1.4 + 2 \cdot (t_2 \cdot 1.2) = 5 \cdot 10^{-2}\,\mathrm{m^2}$$

Por tanto, el peso propio equivale a una carga uniforme q de valor:

$$q = \gamma A = 78.5 \, \text{kN/m}^3 \cdot 5 \cdot 10^{-2} \, \text{m}^2 = 3.925 \, \text{kN/m}$$

La resultante del peso propio pasa por el centro de gravedad (G). Si se quiere reducir dicha acción externa al centro de esfuerzos cortantes (CEC), hay que añadir un momento torsor (por unidad de longitud) para mantener la equivalencia estática, como muestra la figura 6.3.2.

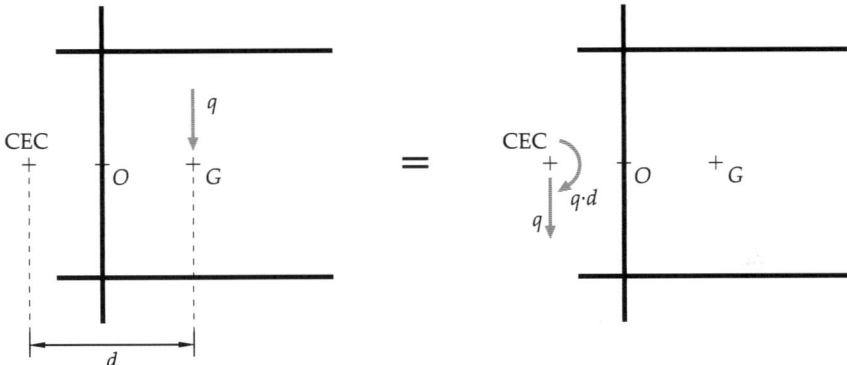

Figura 6.3.2. Reducción del peso propio al centro de esfuerzos cortantes

El centro de gravedad G se sitúa en el eje de simetría, que contiene además al CEC y al punto O. La posición de G en horizontal se determina tomando momentos estáticos de la sección respecto a O, lo cual es conveniente para así prescindir del fleje vertical:

$$A \cdot \overline{OG} = 2 \left(1 \cdot t_2 \cdot 0.5 + 0.2 \cdot t_2 \cdot (-0.1) \right) \quad \Rightarrow \quad \overline{OG} = 0.288 \, \text{m}$$

Así pues, la distancia d resulta

$$d = 0.319 + \overline{OG} = 0.319 + 0.288 = 0.607 \, \text{m}$$

y, por tanto:

$$q \cdot d = 3.925 \cdot 0.607 = 2.382 \, \text{mkN/m}$$

En resumen, las acciones respecto al CEC son $q = 3.925 \, \text{kN/m}$ y un momento torsor distribuido $m_x = q \cdot d = 2.382 \, \text{kN m/m}$, con los sentidos indicados en la figura 6.3.2. Además, la figura 6.3.3 muestra dichas acciones en un esquema longitudinal del voladizo.

2) Leyes de esfuerzos en la viga, respecto del CEC

Los diagrama de cortantes y flectores son inmediatos a la vista de las acciones dadas en la figura 6.3.3 (a). Ambos se representan en la figura 6.3.5 (a) y (b), respectivamente.

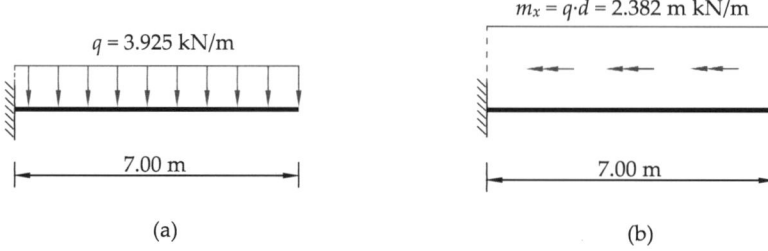

(a)   (b)

Figura 6.3.3. Acciones externas reducidas al eje longitudinal de la viga que pasa por el CEC de cada sección: (a) carga distribuida vertical; (b) momento distribuido m_x.

En cuanto al momento torsor, la figura 6.3.4 muestra un croquis para su cálculo. En dicho croquis se sitúa una sección genérica en abscisa x, y se calcula el momento torsor resultante provocado por todas las acciones y reacciones que queden a la derecha de dicha sección —es preferible en este caso a tomar la resultante a la izquierda, pues no es necesario conocer la reacción del empotramiento—. Dichas acciones no son sino el valor del área sombreada en el diagrama de carga momento (o par) distribuido externa, con signo negativo por tratarse de un torsor penetrante en la sección, según se explicó en la introducción del capítulo (véase la figura 6.0.2 (b)).

Por lo tanto: $\mathcal{M}_x = -2.382\,(7 - x) = -16.674\left(1 - \dfrac{x}{7}\right)$;   (en kN m, x en m)

que se representa en la figura 6.3.5 (c).

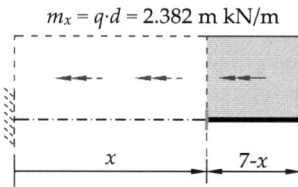

Figura 6.3.4. Croquis auxiliar para calculo del torsor en abscisa genérica x

3) Giro relativo de torsión entre los dos extremos de la viga

En rigor, este apartado debe resolverse mediante la teoría general de la torsión, como sucede siempre que no se cumplen las premisas de la torsión uniforme. Dicha teoría general de la torsión contempla el efecto del alabeo seccional y las restricciones al mismo. Ello es especialmente importante en este caso al tratarse de un perfil de pared delgada abierto[7] con un extremo empotrado —donde el alabeo está coaccionado— y que, además, está sometido a una ley de esfuerzo torsor variable.

---

[7]Véase nota al pie número 3 en la introducción de este capítulo.

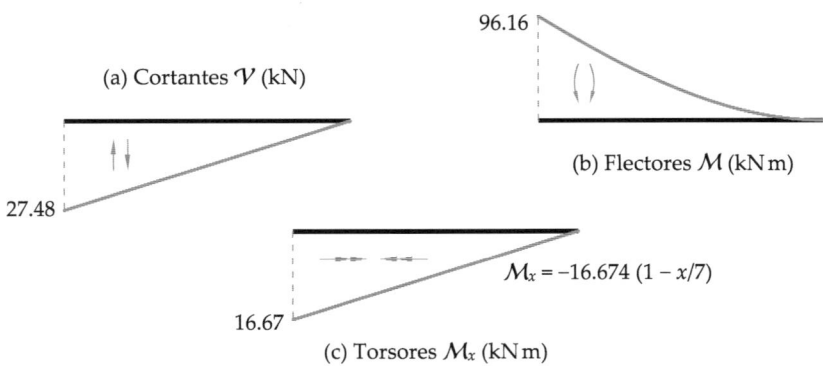

(a) Cortantes $\mathcal{V}$ (kN)

96.16

27.48

(b) Flectores $\mathcal{M}$ (kN m)

$\mathcal{M}_x = -16.674\,(1 - x/7)$

16.67

(c) Torsores $\mathcal{M}_x$ (kN m)

Figura 6.3.5. Diagramas de esfuerzos respecto al CEC

Dado que dicha teoría general queda fuera del alcance del libro, el resultado calculado a continuación puede considerarse una cota superior del giro relativo, pues se determinará admitiendo que la torsión del perfil es puramente de Saint-Venant —es decir, sin restricciones al alabeo, lo cual implica que el perfil es menos rígido ante una deformación de torsión—.

Admitiendo torsión de Saint-Venant puede emplearse la ecuación (6.0.6) para hallar los giros relativos:

$$\theta_{Bx} - \theta_{Ax} = \int_A^B \frac{M_x}{GJ}\,dx, \qquad \text{donde A, B son dos secciones genéricas}$$

Este cálculo permite ilustrar cómo determinar el módulo de torsión en un perfil abierto de pared delgada, empleando la ecuación (6.0.7):

$$J = \sum_{i=1}^n \frac{b_i\, t_i^3}{3} = \frac{1}{3}\left(1.4 \cdot t_1^3 + 2 \cdot 1.2 \cdot t_2^3\right) = 3.167 \cdot 10^{-6}\,\text{m}^4 \qquad (6.3.1)$$

Por tanto, la rigidez torsional resulta

$$GJ = 80 \cdot 10^6\,\text{kN/m}^2 \cdot 3.167 \cdot 10^{-6}\,\text{m}^4 = 253.33\,\text{kN m}^2$$

Finalmente, el giro relativo se obtiene como sigue:

$$\theta_{Bx} - \theta_{Ax} = \int_0^L \frac{M_x(x)}{GJ}\,dx = \frac{1}{GJ}\frac{(-16.674) \cdot 7}{2} = -0.2304\,\text{rad}$$

En este caso $\theta_{Ax} = 0$ por estar empotrado, por lo que $\theta_{Bx} = -0.2304\,\text{rad}$, que representa, como se ha dicho, una cota superior del giro del extremo del voladizo. La integral se ha calculado como el área de un triángulo dado que la ley de torsores es lineal.

Por último, la figura 6.3.6 muestra la cinemática del movimiento de la sección extrema B del voladizo ($x = 7$ m), resultante de componer una traslación (descenso) debida a la flexión del perfil, más la rotación θ_{Bx} horaria originada por el torsor. La torsión de perfiles de pared delgada lleva también asociados en ocasiones fenómenos de *distorsión de la sección*, para cuyo estudio se remite al lector a textos especializados sobre el particular[8].

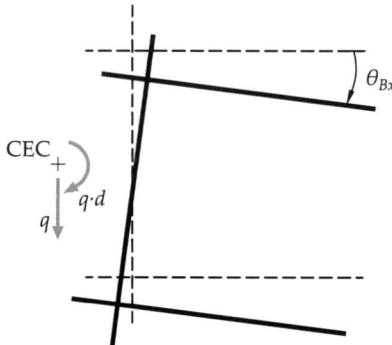

Figura 6.3.6. Movimiento del extremo B del voladizo: composición de traslación (descenso) debido a la flexión, más rotación horaria por torsión.

Nota. El lector se puede preguntar porqué se debe calcular el torsor respecto al CEC, en lugar de respecto al centro de gravedad. La respuesta está en el proceso de desacoplamiento del problema cortante-torsor para aplicar el principio de superposición.

- En primer lugar se sabe que las tensiones dadas por la fórmula de Collignon-Zhuravski tienen su eje central pasando por el CEC[9]. Esto quiere decir que dichas tensiones se reducen en el CEC a una fuerza exclusivamente (el cortante $\mathcal{V}_y, \mathcal{V}_z$), sin momento alguno en el eje x.
- Según lo anterior, si el cortante, reducido al CEC, se viese acompañado de un momento en el eje x, es porque este vendría dado por otras tensiones distintas a las de Collignon-Zhuravski. Estas otras tensiones, que no pueden producir resultante de fuerzas (pues ello variaría el cortante), sólo tienen resultante de momentos en x, resultante que es precisamente el torsor $\mathcal{M}_x$.

Según lo expuesto, se deduce que el **torsor $\mathcal{M}_x$ es el momento en x de las acciones respecto del CEC**. Para una explicación detallada de véanse los capítulos dedicados al cortante y torsor del libro de teoría.

---

[8]Véase por ejemplo *Teoría unificada de elementos estructurales esbeltos* (Salvador Monleón; Editorial UPV).
[9]Recuérdese que el CEC es la intersección de todos los posibles ejes centrales.

Ejercicio 6.4   Perfil metálico en H reforzado

Se tiene una barra formada por un perfil HEB-240 que se somete a un momento torsor $M_x = 150\,\text{kN m}$. Se pide:

1. Calcular la máxima tensión tangencial, indicando los puntos en los que se produce. Comprobar si el perfil resiste.

2. En el caso de que la comprobación resistente anterior no resulte satisfactoria, diseñar un posible refuerzo de la sección para que cumpla, con la condición de que se respeten las medidas exteriores del HEB-240. Indicar la nueva tensión tangencial máxima y el lugar donde se produce.

3. Comparar la rigidez a torsión del perfil reforzado y del HEB original.

Datos: Resistencia del acero: 275 MPa; usar el criterio de plastificación de Von Mises en el que la tensión equivalente (o de comparación) es $\sigma_e = \sqrt{3}\,\tau_{max}$; se usará la geometría simplificada de la sección HEB-240 de la figura siguiente, en la que se prescinde de las uniones redondeadas entre el alma (*web*, en inglés) y las alas (*flange*, en inglés); se dispone de los siguientes espesores de chapa para realizar el esfuerzo: $t_r = 10\,\text{mm}$, $15\,\text{mm}$ y $20\,\text{mm}$.

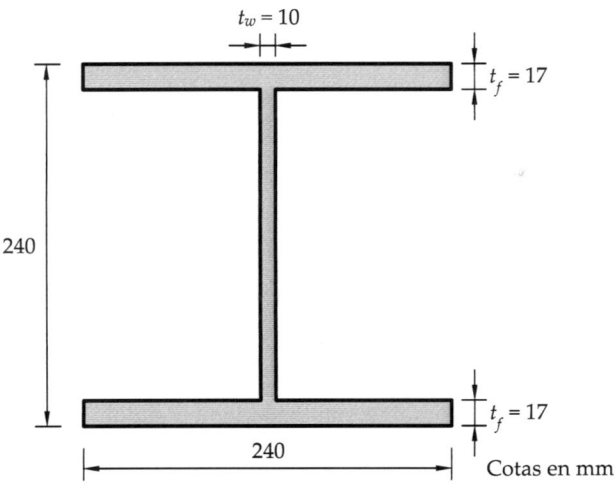

Figura 6.4.1

▷ Solución

Se comienza con un cálculo previo de la tensión tangencial última que soporta este acero. Según el enunciado, se aplica el criterio de Von Mises:

$$\tau_u = \frac{\sigma_e}{\sqrt{3}} = \frac{275\,\text{MPa}}{\sqrt{3}} = 158.77\,\text{MPa}$$

1) Máxima tensión en el HEB original

En primer lugar se trabaja con la sección HEB-240 original, comenzando por el cálculo del módulo de torsión J de la misma según la ecuación (6.0.7). De acuerdo con lo explicado en la introducción teórica de este capítulo, las dimensiones de cada fleje se acotan sobre su línea media, según la figura 6.4.2. Por lo tanto, la altura del alma es $h_w = 223\,\text{mm}$, y se obtiene un módulo de torsión

$$J = \sum_{i=1}^{n} \frac{b_i\, t_i^3}{3} = \frac{h_w\, t_w^3 + 2h_f\, t_f^3}{3} = \frac{223 \cdot 10^3 + 2 \cdot 240 \cdot 17^3}{3} = 860\,413\,\text{mm}^4$$

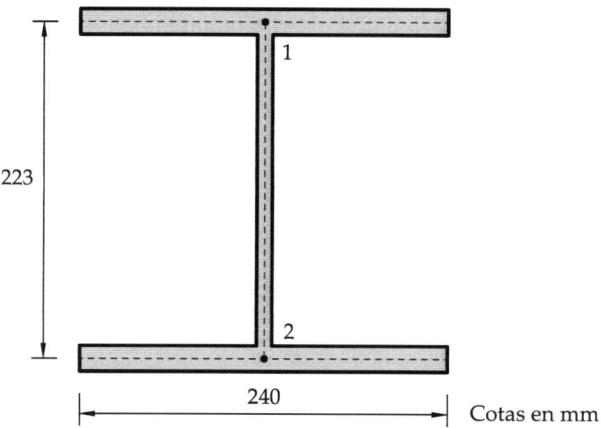

Figura 6.4.2. Modelo alámbrico de los flejes representado por la línea media. Según este modelo, la altura del alma es la distancia entre los puntos 1 y 2, es decir 223 mm.

La tensión tangencial máxima en cada fleje se calcula según la ecuación (6.0.9), por lo que la tensión será máxima en las alas (pues su espesor es mayor que el del alma):

$$\tau_{\text{max},i} = \frac{M_x}{J}\, t_i \quad \Rightarrow \quad \tau_{\text{max}} = \frac{M_x}{J}\, t_{\text{max}} = \frac{150 \cdot 10^6\,\text{N mm}}{860\,413\,\text{mm}^4}\, 17\,\text{mm} = 11\,946\,\text{MPa}$$

valor que está muy por encima de la tensión tangencial última que resiste el material, calculada anteriormente ($\tau_u = 158.77\,\text{MPa}$). Esta tensión máxima se produciría en toda la longitud de los dos bordes largos (exterior e interior) de ambas alas.

2) HEB reforzado

Puesto que la comprobación anterior no ha resultado satisfactoria, se procede a diseñar un refuerzo de la sección. Según se indicaba en la introducción, los perfiles más eficientes para resistir a torsión son los de pared delgada cerrados, por lo que se adopta la estrategia de convertir el perfil en cerrado, soldando sendas chapas (*platabandas*) en los bordes de las alas. La soldadura se realiza por dentro, cumpliendo así la condición de que se respeten las medidas exteriores del HEB-240 pedida en el enunciado (ver figura 6.4.3).

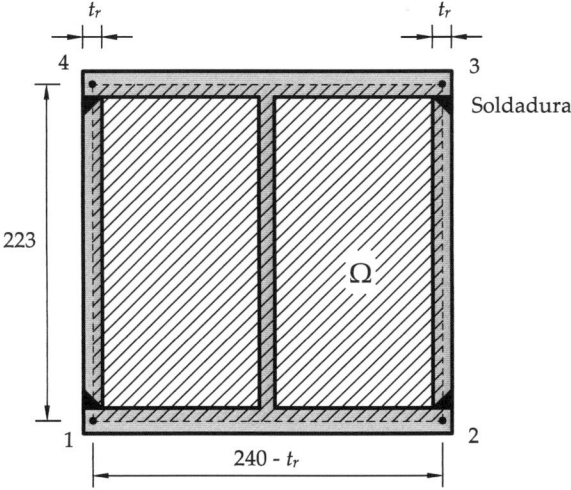

Figura 6.4.3. Perfil HEB reforzado

Una vez soldadas las platabandas laterales se tiene un perfil cerrado con dos células simétrico, el cual, según se ha explicado al final del apartado 6.0.4 de la introducción, trabaja frente a torsión como si fuera de una célula (como si el alma no estuviera).

En los perfiles cerrados de una célula el flujo de tensiones q_s es constante, teniendo el mismo valor en todos los flejes. Por tanto, como $q_s = \tau_{xs}\, t$, es obvio que el fleje con mayor tensión será el de menor espesor. Si se comienza suponiendo que los refuerzos van a tener un espesor t_r inferior a los 17 mm de las alas, se deduce que será dicho valor el crítico.

El flujo en las platabandas, cuyo espesor es t_r, es igual a $\tau_{xs,r}\, t_r$ ($\tau_{xs,r}$ es la tensión tangencial en la platabanda). Para calcular el espesor se utiliza la expresión (6.0.10) en la que se sustituye q_s por dicho valor:

$$\mathcal{M}_x = 2\Omega\, q_s = 2\Omega\, \tau_{xs,r}\, t_r$$

En esta expresión se impone ahora que $\tau_{xs,r}$ sea igual a la tensión última que resiste el perfil. Por su parte, Ω representa el área encerrada por la línea media de los flejes que conforman la célula, como se representa en la figura 6.4.3:

$$\Omega = h_{\mathrm{w}}\,(240 - t_{\mathbf{r}}) = 223 \cdot (240 - t_{\mathbf{r}})$$

Sustituyendo se tiene

$$\mathcal{M}_x = 2 \cdot 223 \cdot (240 - t_{\mathrm{r}})\,\tau_{\mathrm{u}}\,t_{\mathrm{r}} \quad \Rightarrow \quad t_{\mathrm{r}}^2 - 240 t_{\mathrm{r}} + \frac{\mathcal{M}_x}{446\tau_{\mathrm{u}}} = 0$$

Introduciendo en la expresión anterior los valores de $\mathcal{M}_x$ y τ_{u} —empleando unidades homogéneas—, se llega a la siguiente ecuación de segundo grado:

$$t_{\mathrm{r}}^2 - 240 t_{\mathrm{r}} + \frac{150 \cdot 10^6}{446 \cdot 158.77} = t_{\mathrm{r}}^2 - 240 t_{\mathrm{r}} + 2118.28 = 0$$

cuya solución válida es $t_{\mathrm{r}} = 9.18\,\mathrm{mm}$. Por tanto, la suposición inicial de que el espesor de los refuerzos es menor que el de las alas es correcta. Según este resultado, y redondeando del lado de la seguridad, se selecciona la chapa de espesor 10 mm de las disponibles (según el enunciado).

Para dicho espesor del refuerzo, $t_{\mathrm{r}} = 10\,\mathrm{mm}$, el área Ω es:

$$\Omega = 223 \cdot (240 - t_{\mathbf{r}}) = 223 \cdot (240 - 10) = 223 \cdot 230 = 51\,290\,\mathrm{mm}^2$$

por lo que la tensión máxima es:

$$\mathcal{M}_x = 2\Omega\,q_s = 2\Omega\,\tau_{xs,\mathrm{r}}\,t_{\mathrm{r}} \quad \Rightarrow \quad \tau_{xs,\mathrm{r}} = \frac{\mathcal{M}_x}{2\Omega\,t_{\mathrm{r}}} = \frac{150 \cdot 10^6}{2 \cdot 51\,290 \cdot 10} = 146.23\,\mathrm{MPa}$$

no lejana a la tensión última del material, y que se localiza en toda la longitud y espesor de ambos refuerzos.

3) Comparación de rigideces

Para comparar la rigidez (GJ) de ambos perfiles basta ahora calcular el módulo de torsión del perfil cerrado, empleando la fórmula (6.0.11):

$$J = \frac{4\Omega^2}{\displaystyle\oint \frac{1}{t}\,\mathrm{d}s} = \frac{4\Omega^2}{2\dfrac{h_{\mathrm{w}}}{t_{\mathrm{r}}} + 2\dfrac{230}{t_{\mathbf{f}}}} = \frac{4 \cdot 51\,290^2}{2\dfrac{223}{10} + 2\dfrac{230}{17}} = 146.84 \cdot 10^6\,\mathrm{mm}^4$$

por tanto, la comparación de rigidez que se pide es

$$\frac{GJ_{\mathrm{HEB\ reforz.}}}{GJ_{\mathrm{HEB}}} = \frac{146.84 \cdot 10^6\,\mathrm{mm}^4}{860\,413\,\mathrm{mm}^4} = 170.7$$

Este resultado indica que el HEB cerrado mediante chapas de refuerzo tiene una rigidez torsional más de 170 veces superior a la del HEB original.

CAPÍTULO 7

Cálculo de movimientos

Contenido

7.0 Introducción

En los ejercicios de este capítulo se calculan movimientos de vigas y pórticos isostáticos planos cargados en su plano, y se dibujan sus deformadas. Los cálculos se realizan aplicando los denominados *teoremas de Mohr*, a lo que hay que añadir que:

- el ejercicio 7.2 también se resuelve mediante la ecuación diferencial de la elástica (3.0.10);
- el ejercicio 7.5 se resuelve mediante las *fórmulas de Bresse*, ya que tiene aplicado un incremento de temperatura y los teoremas de Mohr no permiten analizar estructuras sometidas a dicho tipo de acción.

El cálculo de movimientos aplicando el *principio del trabajo virtual* se puede encontrar en la segunda parte del siguiente capítulo.

A continuación se describen los aspectos teóricos y fórmulas básicas empleadas en este capítulo. Como en el resto de capítulos, una descripción teórica completa puede encontrarse en el capítulo correspondiente en el libro de teoría[1]. Como excepción y por su interés, se informa de que pueden encontrarse en el libro de teoría dos ejemplos resueltos simbólicamente: uno de ellos con el que se explica de forma detallada la aplicación de los teoremas de Mohr, y otro análogo para las fórmulas de Bresse.

7.0.1 Ecuaciones de comportamiento incluyendo el efecto de cambios de temperatura

Las ecuaciones de comportamiento de la rebanada en barras rectas considerando el posible efecto de la temperatura, son[2]:

$$\varepsilon = \frac{N}{EA} + \alpha \Delta T_{\mathrm{d}} \tag{7.0.1}$$

$$\kappa = \frac{M}{EI} + \frac{\alpha}{h}(\Delta T_{\mathrm{i}} - \Delta T_{\mathrm{s}}) \tag{7.0.2}$$

siendo:

α: el coeficiente de dilatación térmica, siendo su valor numérico para el hormigón y el acero es $10^{-5}\,°\mathrm{C}^{-1}$ aproximadamente;

h: el canto de la sección;

ΔT_{d}: el incremento de temperatura en la directriz (es decir, en la fibra $y = 0$);

ΔT_{i}: el incremento de temperatura en la fibra inferior de la sección (en $y_{\mathrm{i}} = y_{\mathrm{min}}$);

---

[1]*Resistencia de materiales, teoría de estructuras e introducción a la elasticidad* (Juan José Granados; Editorial Garceta; 2025, 5ª Edición).

[2]No se considera la deformación por cortante, ya que en las barras habituales es despreciable, al ser lo suficientemente esbeltas ($L \geq 5h$).

ΔT_s: el incremento de temperatura en la fibra superior de la sección (en $y_s = y_{max}$).

Nótese que la ecuación (7.0.1) coincide con la (3.0.4), y la (7.0.2) es la versión de la (3.0.8) que incluye el efecto de la variación de temperatura. Más detalles sobre estas fórmulas pueden encontrarse en el capítulo introductorio dedicado a los esfuerzos axil y momento flector en el libro de teoría.

7.0.2   Fórmulas de Bresse

A continuación se presentan las *fórmulas de Bresse*, tanto las generales como las particularizadas para pórticos formados por barras rectas.

Se debe recordar que esta formulación es válida para recorridos *continuos* que unen dos puntos A y B cualesquiera de la estructura. Los resultados que se exponen no son válidos si en el camino de A a B hay algún mecanismo que invalide la continuidad, como una rótula o una deslizadera. En tal caso, habría que abordar el cálculo dividiendo el recorrido por dichos mecanismos, para que queden tramos que no contengan dichas discontinuidades.

Primera fórmula de Bresse

La forma escalar de la primera fórmula de Bresse relaciona el giro en un punto A (θ_A) con el giro en un punto B (θ_B):

$$\theta_B = \theta_A + \int_A^B \kappa \, dx \tag{7.0.3}$$

y usando (7.0.2) se tiene:

$$\theta_B = \theta_A + \int_A^B \left(\frac{M}{EI} + \frac{\alpha}{h}(\Delta T_i - \Delta T_s) \right) dx \tag{7.0.4}$$

integral que se suele ser conveniente hacer por tramos, separando los sumandos positivos de los negativos, quedando:

$$\theta_B = \theta_A \pm \sum_{i=1}^{i_{max}} \int_i \frac{M}{EI} \, dx \pm \sum_{j=1}^{j_{max}} \int_j \frac{\alpha}{h}(\Delta T_i - \Delta T_s) \, dx \tag{7.0.5}$$

Segunda fórmula de Bresse

La forma escalar de la segunda fórmula de Bresse relaciona dos desplazamientos, calculados según una determinada dirección m (δ_{Am} y δ_{Bm}), y un giro (θ_A):

$$\delta_{Bm} = \delta_{Am} + \operatorname{sgn} \alpha_A \, r_A \, \theta_A + \int_A^B \operatorname{sgn} \alpha \, \kappa \, r \, dx + \int_A^B \varepsilon \cos \gamma \, dx \tag{7.0.6}$$

Usando (7.0.2) y separando los sumandos positivos y negativos para desarrollar las integrales por tramos, se tiene:

$$\delta_{Bm} = \delta_{Am} \pm \theta_A\, r_A \pm \sum_{i=1}^{i_{max}} \int_i \frac{M}{EI}\, r\, \mathrm{d}x \pm \sum_{j=1}^{j_{max}} \int_j \frac{\alpha}{h}(\Delta T_{\mathrm{i}} - \Delta T_{\mathrm{s}})\, r\, \mathrm{d}x \pm \sum_{k=1}^{k_{max}} \int_k \varepsilon \cos\gamma\, \mathrm{d}x \quad (7.0.7)$$

El doble signo ±, que aparece también en el siguiente apartado dedicado a los teoremas de Mohr, indica que en cada tramo se toma la función a integrar en valor absoluto, especificando su signo aparte; esto, además de en el ejemplo resuelto de fórmulas de Bresse en el libro de teoría, se explica en el ejercicio 7.5. El ángulo γ es el que forma la **línea o recta de medida** m con la tangente a la directriz en el punto x considerado en la integral. Las distancias r y r_A son las especificadas en la figura 7.0.1, y se explican con más detalle en la sección 7.0.3, sobre el segundo teorema de Mohr. El vector unitario o versor $\hat{m}$ en la figura 7.0.1 indica el sentido positivo de los desplazamientos calculados sobre la recta de medida m.

7.0.3   Teoremas de Mohr

Calcular los movimientos de piezas compuestas por tramos rectos puede abordarse mediante los *teoremas de Mohr*, también conocidos como *teoremas área-momento* o

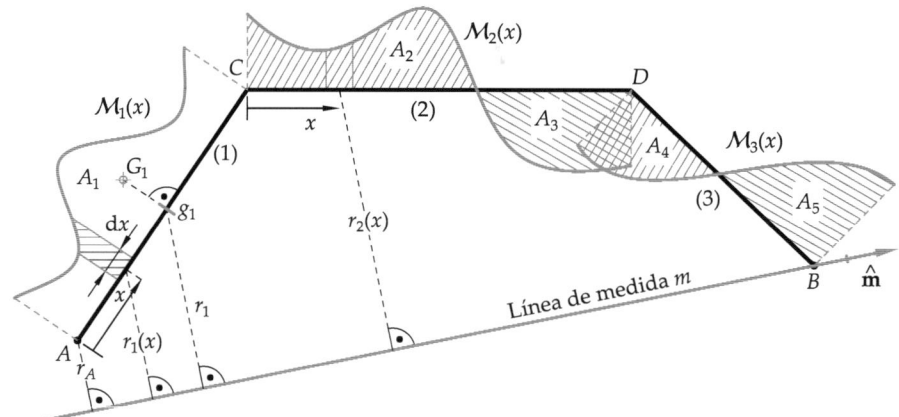

Figura 7.0.1. Camino entre dos puntos A y B formado por barras rectas extraído de una estructura

teoremas de las áreas de momentos, los cuales se obtienen como caso particular de las dos fórmulas de Bresse cuando se cumplen las siguientes hipótesis simplificadoras:

- La zona de la estructura en la que se va a trabajar está formada por una o varias barras rectas.
- No existe deformación longitudinal debida al axil —o se desprecia—.

- No hay variaciones de temperatura.

Estas dos últimas condiciones se resumen en: $\varepsilon = 0$ y $\kappa = \dfrac{M}{EI}$.

Esto permite transformar las fórmulas de Bresse, apareciendo en ellas las áreas de los momentos flectores y los momentos de dichas áreas (de ahí el nombre de área-momento).

Para el desarrollo conviene ayudarse de la figura 7.0.1, en la que se muestran varios tramos rectos, pertenecientes a una estructura cualquiera, sometidos a leyes de momentos flectores arbitrarias.

En cuanto a los giros θ_A y θ_B, se empleará el criterio global ya definido en la figura 1.0.4 del apartado 1.0.3. Dicha figura se repite a continuación por su importancia: en ella se define el criterio habitual de signos empleado para desplazamientos horizontales, verticales, y giros (figura 7.0.2).

Volviendo a la figura 7.0.1, se aprecia en ella que la recta de medida orientada por el versor $\hat{\mathbf{m}}$ puede tener cualquier dirección, y sobre ella se medirán los desplazamientos δ_{Am} y δ_{Bm}. Suele ser conveniente situar la recta en el punto B, que es el punto final del recorrido de integración sobre las barras de la estructura.

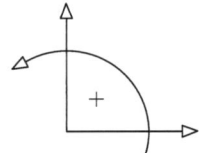

Figura 7.0.2. Criterio de signos para movimientos

Primer teorema de Mohr o primer teorema área-momento

Partiendo de la primera fórmula de Bresse y aplicando las hipótesis simplificadoras se obtiene el primer teorema de Mohr:

$$\theta_B = \theta_A + \int_A^B \kappa \, dx = \theta_A + \int_A^B \frac{M}{EI} \, dx \tag{7.0.8}$$

Si además se supone que EI es constante a trozos, lo cual es habitual, el primer teorema queda del siguiente modo:

$$\theta_B = \theta_A + \sum_{i=1}^{i_{max}} \frac{1}{EI_i} \int_i M \, dx = \theta_A \pm \sum_{i=1}^{i_{max}} \frac{A_i}{EI_i} \tag{7.0.9}$$

El símbolo $\pm$ es debido a que, para aplicar los teoremas de Mohr, las áreas de los momentos flectores A_i se tomarán siempre en valor absoluto, mientras que el sentido del giro que dicho flector produzca sobre el punto final del recorrido de integración (es decir, el sentido del giro que A_i produzca en θ_B) vendrá determinado por un signo $+$ o $-$, que resulta más práctico asignar para cada problema en cuestión.

El número de sumandos i_{max}, vendrá dado por los puntos en los que se separe la integral, lo cual debe suceder cuando:

- La directriz cambie de dirección.
- Haya discontinuidad en EI.
- Cambie el signo del momento flector, ya que, como se decía anteriormente, se tomarán en valor absoluto las áreas positivas y las negativas para tratarlas por separado[3].

Segundo teorema de Mohr o segundo teorema área-momento

Partiendo de la segunda fórmula de Bresse y eliminando ε se obtiene el segundo teorema de Mohr:

$$\delta_{Bm} = \delta_{Am} + \operatorname{sgn} \alpha_A \, r_A \, \theta_A + \int_A^B \operatorname{sgn} \alpha \, \kappa \, r \, \mathrm{d}x + \int_A^B \varepsilon \cos \gamma \, \mathrm{d}x =$$

$$= \delta_{Am} + \operatorname{sgn} \alpha_A \, r_A \, \theta_A + \int_A^B \operatorname{sgn} \alpha \, \frac{M}{EI} \, r \, \mathrm{d}x \quad (7.0.10)$$

Si además, EI es constante a trozos, se llega a

$$\delta_{Bm} = \delta_{Am} + \operatorname{sgn} \alpha_A \, r_A \, \theta_A + \sum_{j=1}^{j_{max}} \frac{\operatorname{sgn} \alpha_j}{EI_j} \int_j r \, M \, \mathrm{d}x = \delta_{Am} \pm \theta_A \, r_A \pm \sum_{j=1}^{j_{max}} \frac{A_j \, r_j}{EI_j} \quad (7.0.11)$$

Nuevamente aparece el símbolo $\pm$, que esta vez afecta tanto al término de giro de sólido rígido ($\theta_A \, r_A$) como al efecto de las áreas A_j de flectores; el valor final de dicho símbolo $\pm$ conviene analizarlo para cada caso particular, al igual que en el primer teorema. Se quiere recordar de nuevo que en el libro de teoría hay un detallado ejemplo de aplicación de los teoremas de Mohr, en el que se explica el procedimiento al completo, incluyendo la metodología a seguir para determinar este signo.

La distancia r_i es la que hay entre el punto g_i y la línea de medida m[4], siendo g_i la proyección del centro de gravedad del área A_i (punto G_i) sobre la directriz de la barra (figura 7.0.1); y el producto $A_j \, r_j$ representa el momento estático del área A_j del momento flector respecto de la línea de medida.

La separación de las integrales determinará el número de sumandos j_{max}. Los puntos en los que, al menos, se debe hacer esta separación son cuando:

---

[3]Realmente esto no es estrictamente necesario, ya que se podría calcular el área neta de un tramo completo, pero sí es conveniente, ya que en el siguiente teorema sí es obligatoria la división cuando el momento flector cambia de signo.

[4]Se recuerda que la distancia entre un punto y una recta se define como la mínima distancia entre dicho punto y cualquier punto de la recta.

- La directriz cambie de dirección.
- Haya discontinuidad en EI.
- El momento $M(x)$ cambie de signo. Esta división es ahora obligatoria, al contrario que en el teorema anterior.
- La línea o recta de medida (m) corte a la directriz.

7.0.4 Apunte sobre la representación de deformadas en secciones con deslizadera

En ciertos ejercicios debe representarse la deformada de una estructura donde una o más barras tienen deslizaderas en alguna sección. Véase a modo de ejemplo la figura 7.0.3, donde dicho tipo de enlace interno aparece en la sección C.

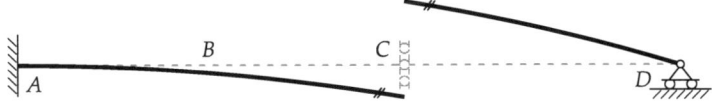

Figura 7.0.3. Ejemplo de representación de la igualdad de giros a ambos lados de una deslizadera (en la sección C)

En tales casos la deslizadera obliga a que las tangentes a las barras permanezcan paralelas a ambos lados de la misma. En este libro, ello se indicará en la figura recalcando dicho paralelismo mediante trazos dobles realizados sobre la deformada, a izquierda y derecha de C. Este tipo de representación también indica que los giros de la sección, calculados por la izquierda y por la derecha de C, son idénticos[5].

En cambio, el desplazamiento transversal de ambos lados de la deslizadera (en este caso se trata de un desplazamiento vertical) será, en general, de valor distinto. Es habitual que un lado de la deslizadera se mueva en sentido opuesto al otro, como sucede en la figura 7.0.3, aunque ello no es obligatorio: pueden darse casos en los que ambos lados se muevan hacia arriba, o ambos hacia abajo, con desplazamientos distintos en general, debiendo respetarse únicamente la condición de paralelismo de las tangentes —es decir, de igualdad de giros en valor y signo— a ambos lados de la deslizadera.

Otro ejemplo análogo al de la figura 7.0.3 puede verse en el ejercicio 7.6, en su figura 7.6.11.

---

[5]Si, tras resolver el ejercicio, ello no resultase así, constituiría una evidencia de error.

Ejercicio 7.1   Viga biapoyada con momento en un extremo

Dada la viga de la figura, de rigidez EI constante, se pide calcular los giros en ambos apoyos y dibujar la deformada a estima.

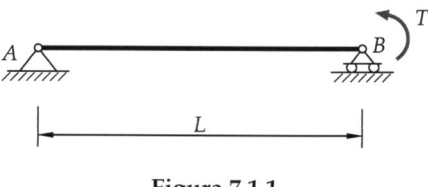

Figura 7.1.1

▷ Solución

Sobre las deformaciones por axil y cortante.   Los ejercicios de los capítulos 7, 8 y 9 se resolverán, salvo que se indique expresamente lo contrario, despreciando las deformaciones de las barras debidas a los esfuerzos axil y cortante.

La resolución de esta sencilla estructura, formada por una sola viga, contiene ideas y resultados muy útiles para posteriormente abordar problemas más complejos. En cuanto al cálculo de reacciones, es idéntica al arco resuelto en el ejercicio 2.2: el par de fuerzas aplicado T se equilibra mediante dos reacciones verticales iguales y opuestas de valor T/L; el par T es antihorario, y las reacciones T/L forman un par horario del mismo módulo (ver figura 7.1.2).

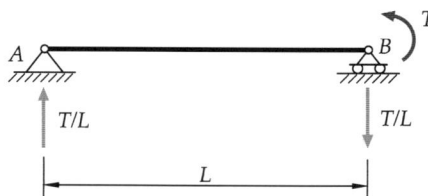

Figura 7.1.2. Reacciones que equilibran la viga ante el par T aplicado

La figura 7.1.3 muestra el diagrama de flectores. En el extremo A, apoyo terminal sin momento aplicado, el flector es nulo. En el extremo B, apoyo terminal con momento aplicado, el flector es precisamente dicho momento (según el criterio habitual en cara frontal de una sección, el flector es positivo si es antihorario).

Ambos giros en los apoyos, θ_A y θ_B son desconocidos, por lo que no es posible aplicar de entrada el primer teorema de Mohr. Si se intentase hacerlo, la ecuación resultante tendría ambos giros como incógnitas y sería irresoluble.

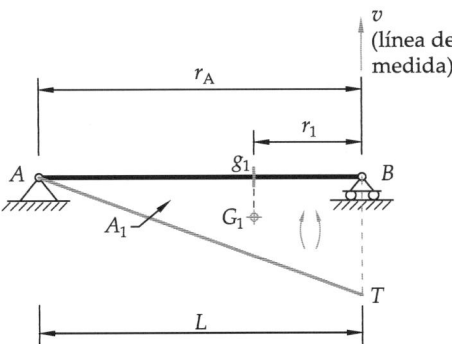

Figura 7.1.3. Diagrama de flectores y línea de medida v pasando por B

En cambio, ambos desplazamientos verticales son conocidos (ambos nulos), por lo que sí que es posible plantear el segundo teorema de Mohr y hallar θ_A o θ_B. A modo ilustrativo, se aplicará dicho teorema para calcular primero θ_A (integrando de izquierda a derecha), y luego θ_B (integrando de derecha a izquierda). Posteriormente, se comprobará que los valores de los giros obtenidos cumplen el primer teorema de Mohr, integrando también en ambos sentidos.

Calculo de θ_A

Se aplica el segundo teorema de Mohr, definiendo como **recta de medida** m la vertical en B; por lo tanto, para esta aplicación del teorema se toma m igual al eje global vertical v que pasa por B, o sea, una recta vertical que pasa por B, siendo el sentido positivo hacia arriba (ver figura 7.1.3). Al solo haber un área de flector A_1, y siendo la rigidez a flexión constante, el segundo teorema queda como sigue:

$$\delta_{Bv} = \delta_{Av} \pm \theta_A \, r_A \pm \frac{A_1 \, r_1}{EI} \tag{7.1.1}$$

Se hallan ahora las distancias r necesarias:

- r_A es la distancia mínima desde A a la recta de medida, luego $r_A = L$;
- r_1 es la distancia mínima desde g_1 a la recta de medida, luego $r_1 = L/3$.

El área del flector se toma en valor absoluto: $A_1 = TL/2$. Dado que $\delta_{Bv} = \delta_{Av} = 0$, solo resta discernir si los signos dobles $\pm$ del segundo teorema deben concretarse en signo positivo o negativo, pudiendo entonces despejarse el valor de θ_A.

Para elegir entre el signo $+$ o $-$, se propone construir una pequeña tabla que se irá ampliando a lo largo del desarrollo del ejercicio, según se necesite. Tomando como referencia la tabla 7.1.1 se explican sus partes:

- En la fila de encabezado, la superior, etiquetada como [fila 1], se colocan los movimientos en el punto final de integración, o sea, el movimiento que aparece inicialmente despejado en el teorema de Mohr en cuestión.
- En la columna de encabezado, la de más a la izquierda, etiquetada como [col. 1], se colocan los distintos términos de los teoremas de Mohr cuyos signos hay que determinar. Se aconseja que se comience con las áreas A_i del flector, y que al final se coloquen los diferentes giros (del punto inicial de integración), según se vayan necesitando.
- En la zona inferior derecha de la tabla, etiquetada como [zona de signos], se irán colocando los signos (+ o −) de la siguiente forma: en la posición (i, j), o sea, fila i y columna j, se pondrá el signo del término i-ésimo de la [col. 1], cuando se calcula el movimiento j-ésimo de la [fila 1].
- No es necesario completar la tabla al 100 % en todas las filas y columnas, sino solo aquellas a emplear en la resolución del problema (el resto de casillas pueden dejarse en blanco).

	[fila 1]
[col. 1]	[zona de signos]

Tabla 7.1.1. Esquema de una tabla para elegir los signos al aplicar los teoremas de Mohr

Cada fila de la tabla corresponde a un pequeño croquis (o varios, dependiendo del problema) **que conviene hacer aparte** hasta que se desarrolle suficiente destreza para visualizarlos mentalmente. En ejercicios más complejos, en general conviene dibujar siempre los croquis para evitar que la intuición pueda inducir a error. **Cuando existan varias áreas A_i de signos distintos en una misma barra, no es necesario repetir el croquis para cada una de ellas, pues simplemente los signos se invierten de unas a otras filas.**

	δ_{Bv}
A_1	+
θ_A	+

Tabla 7.1.2

A continuación se explica con detalle cómo construir esta tabla de signos para este ejercicio. La figura 7.1.4 (a) muestra que un flector positivo en la barra AB provocará, al integrar de izquierda a derecha, desplazamiento $\delta_{Bv} > 0$: ese signo se recoge en la primera fila de la tabla 7.1.2 (excluyendo la fila de encabezado). Por conveniencia, la figura 7.1.4 (b) recuerda el criterio positivo de movimientos. Por otro lado, la figura 7.1.5 muestra que un giro $\theta_A > 0$ provocará también $\delta_{Bv} > 0$, signo que queda recogido en la segunda fila de la misma tabla.

Por lo tanto, la ecuación (7.1.1) puede escribirse ahora como sigue:

$$0 = 0 + \theta_A \, r_A + \frac{A_1 \, r_1}{EI}$$

Sustituyendo los valores de área y distancias calculados previamente se tiene:

$$0 = 0 + \theta_A \, L + \frac{(TL/2) \, L/3}{EI}$$

de donde se despeja el valor del giro en el apoyo izquierdo:

$$\theta_A = -\frac{T \, L}{6 \, EI} \qquad \left[\text{negativo} \quad \Rightarrow \quad \circlearrowleft \ \text{antihorario}\right]$$

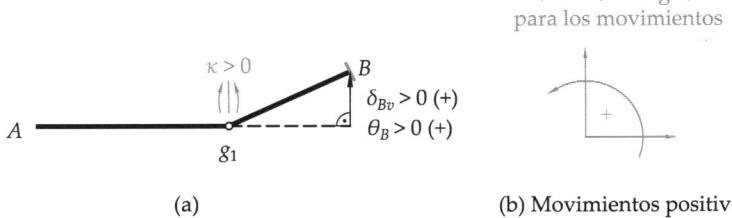

(a) (b) Movimientos positivos

Figura 7.1.4. (a) Signos para teoremas de Mohr asociados a flector/curvatura positivos en la barra AB: cálculo de δ_{Bv} y θ_B integrando de izquierda a derecha. (b) Criterio de signos.

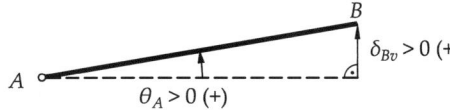

Figura 7.1.5. Signo para el 2° teorema de Mohr asociado a $\theta_A > 0$: cálculo de δ_{Bv} integrando de izquierda a derecha.

Calculo de θ_B

Par calcular el giro en B se procede a aplicar el segundo teorema de Mohr, para lo cual se define como **recta de medida** m la recta vertical que pasa por A, tomándose hacia arriba el sentido positivo, lo que equivale a decir que m es el eje global vertical v pasando por A, como se puede apreciar la figura 7.1.6.

Al haber solo un área de flector A_1, y con rigidez a flexión constante, el segundo teorema resulta

$$\delta_{Av} = \delta_{Bv} \pm \theta_B \, r_B \pm \frac{A_1 \, r_1}{EI}$$

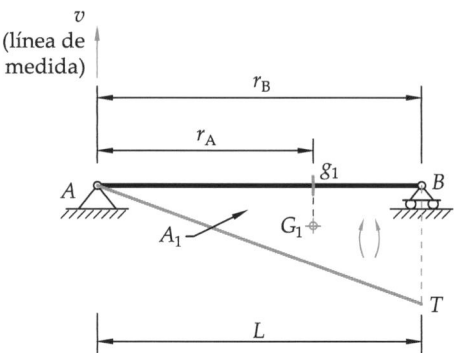

Figura 7.1.6. Diagrama de flectores y línea de medida v pasando por A

Las distancias r necesarias son las siguientes:

- r_B es la distancia mínima desde B a la recta de medida, luego $r_B = L$;
- r_1 es la distancia mínima desde g_1 a la recta de medida, luego $r_1 = 2L/3$.

El área del flector se toma en valor absoluto: $A_1 = TL/2$. Sólo resta discernir las alternativas correctas en relación a los dobles signos $\pm$ del segundo teorema, pudiendo entonces despejarse el valor de θ_B.

La figura 7.1.7 muestra que un flector positivo en la barra AB provocará, al integrar de derecha a izquierda, desplazamiento $\delta_{Av} > 0$: ese signo se recoge en la primera fila de la tabla (ampliada) 7.1.3. Como en la primera fila ambos signos son positivos, **deducimos que en una viga horizontal, independientemente de que se integre en un sentido o en otro, los flectores positivos dan signo positivo para el segundo teorema de Mohr. Por motivos análogos, si se tuvieran flectores negativos, estos darían signos negativos para el segundo teorema independientemente del recorrido de integración. Las conclusiones anteriores son válidas para cualquier viga horizontal.**

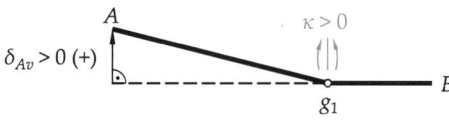

Figura 7.1.7. Signo para el 2º teorema de Mohr asociados a flector/curvatura positivos en la barra AB: cálculo de δ_{Av} integrando de derecha a izquierda.

Por otro lado, la figura 7.1.8 muestra que un giro $\theta_B > 0$ provocará $\delta_{Av} < 0$, signo que queda recogido en la tercera fila de la tabla 7.1.3. Se han dejado en blanco las casillas de la tabla que no van a utilizarse (de hecho, en dichas casillas en blanco deberían aparecer valores nulos, dado que un giro en un punto no provoca desplazamiento en dicho punto, ni positivo, ni negativo).

	δ_{Bv}	δ_{Av}
A_1	+	+
θ_A	+	
θ_B		–

Tabla 7.1.3

Sustituyendo las distancias y área correspondientes, el segundo teorema para cálculo de δ_{Av} queda como sigue:

$$0 = 0 - \theta_B\, L + \frac{(TL/2)\,(2L/3)}{EI}$$

De la expresión anterior se puede despejar el giro en el apoyo derecho:

$$\theta_B = \frac{T\,L}{3\,EI} \qquad \left[\text{positivo} \;\Rightarrow\; \circlearrowleft \text{ antihorario}\right]$$

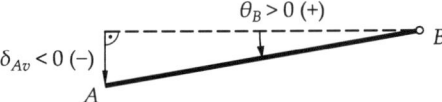

Figura 7.1.8. Signo para el 2° teorema de Mohr asociado a $\theta_B > 0$: cálculo de δ_{Av} integrando de derecha a izquierda.

Comprobación mediante el primer teorema de Mohr, integrando de izquierda a derecha

Previamente en este ejercicio se ha determinado que

$$\theta_B = -2\theta_A = \frac{T\,L}{3\,EI} \tag{7.1.2}$$

lo que indica que la directriz de la viga sufre el doble de rotación en el apoyo B, donde está aplicado el momento T, que en el apoyo opuesto A. Dichos giros son, además, de sentidos contrarios.

Por otro lado, el giro θ_B coincide en sentido con el par aplicado, siendo ambos horarios. Ello es consecuencia del *primer principio de la termodinámica*: dado que la única carga externa sobre la viga es el par de fuerzas T, si dicho par y el giro fuesen opuestos el trabajo externo realizado sobre la viga habría sido negativo, por lo que esta no podría haber acumulado energía de deformación, sino que, al contrario, debería haberla cedido —lo cual es imposible dado que partía de una situación indeformada, carente, por tanto, de energía de deformación—.

Se comprueba ahora que los valores de los giros obtenidos satisfacen el primer teorema de Mohr, integrando de izquierda a derecha. Dicho teorema, habiendo sólo un área de flectores A_1 y siendo la rigidez constante en la barra, queda como sigue:

$$\theta_B = \theta_A \pm \frac{A_1}{EI}$$

Para elegir entre el signo + o − se emplea de nuevo la figura 7.1.4 (a). En ella se observa que, **al integrar de izquierda a derecha, un flector positivo en la barra horizontal AB provoca un giro de B positivo. Esta conclusión es válida para cualquier viga horizontal**.

Se amplía una vez más la tabla de signos que se ha venido construyendo a lo largo del ejercicio, tabla 7.1.4.

	δ_{Bv}	δ_{Av}	θ_B
A_1	+	+	+
θ_A	+		
θ_B			−

Tabla 7.1.4

Las dos casillas que se dejan en blanco en la última columna añadida a la tabla 7.1.4, correspondiente al giro θ_B, carecen de utilidad para la aplicación de los teoremas de Mohr. La de la fila correspondiente a θ_B tiene una explicación trivial; y respecto a la fila de θ_A, cuando un punto gira en un cierto sentido, el arrastre de sólido rígido que provoque en el resto de puntos siempre será del mismo signo en cuanto al giro, y por ello, el primer sumando del primer teorema no presenta el doble signo ± [6]. Sustituyendo el signo y el área en el primer teorema escrito anteriormente:

$$\theta_B = \theta_A + \frac{TL/2}{EI}$$

y al sustituir el valor de θ_A se deduce que:

$$\theta_B = -\frac{TL}{6\,EI} + \frac{TL/2}{EI} = \frac{TL}{3\,EI}$$

como se quería demostrar.

Comprobación mediante el primer teorema de Mohr, integrando de derecha a izquierda

Para concluir, se muestra que los valores de los giros obtenidos también satisfacen el primer teorema de Mohr al integrar de derecha a izquierda. El teorema se plantea

---

[6]De manera análoga a cuanto le sucede al primer sumando del segundo teorema.

como sigue:

$$\theta_A = \theta_B \pm \frac{A_1}{EI} \tag{7.1.3}$$

Para elegir entre el signo + o −, se completa la información de la figura 7.1.7 con un último croquis, figura 7.1.9. Se observa en ella que, **al integrar de derecha a izquierda, un flector positivo en la barra horizontal** AB **provoca un giro de** A **negativo. Esta conclusión es válida para cualquier viga horizontal.**

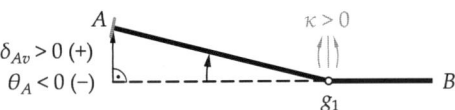

Figura 7.1.9. Se completa la figura 7.1.7, añadiendo el signo para el 1er teorema de Mohr asociado a flector/curvatura positivo en la barra AB: cálculo de θ_A integrando de derecha a izquierda.

Se completa así finalmente la tabla de signos del ejercicio, añadiendo una última columna correspondiente al cálculo de θ_A (tabla 7.1.5). Excluyendo las de encabezados, puede verse que hay tantas columnas en la tabla como veces se apliquen los teoremas de Mohr, cuatro en este caso. El número de filas de la tabla será el número de áreas de flectores en la estructura (una en este ejercicio), más el número de giros que aparezcan involucrados en la/s aplicación/es del segundo teorema (dos en este caso).

	δ_{Bv}	δ_{Av}	θ_B	θ_A
A_1	+	+	+	−
θ_A	+			
θ_B		−		

Tabla 7.1.5

Se desarrolla ahora la ecuación (7.1.3) sustituyendo el valor del área de flectores:

$$\theta_A = \theta_B - \frac{TL/2}{EI}$$

Al sustituir el valor de θ_B se deduce que

$$\theta_A = \frac{TL}{3\,EI} - \frac{(TL/2)}{EI} = -\frac{TL}{6\,EI}$$

como se quería demostrar.

Deformada a estima

La figura 7.1.10 representa la deformada a estima de la viga. Como puede observarse, la flecha máxima vertical (punto en el que el giro θ es nulo) no se produce en el centro del vano, sino más cerca del apoyo derecho donde se aplica el par T, pues es donde se produce el mayor giro.

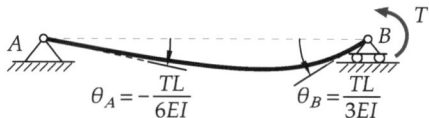

$$\theta_A = -\frac{TL}{6EI} \qquad \theta_B = \frac{TL}{3EI}$$

Figura 7.1.10. Deformada a estima

Conclusiones en Vigas Horizontales para la elección del signo en términos con doble signo ($\pm$) en los teoremas de Mohr

Por su utilidad, se resumen aquí las conclusiones extraídas de las figuras 7.1.4, 7.1.5, 7.1.8 y 7.1.9. Dichas conclusiones son **válidas para cualquier viga continua horizontal**, independientemente de su longitud, número de vanos y esquema de apoyos.

Para aplicar el **primer teorema de Mohr**:

1. Al integrar de izquierda a derecha entre dos puntos denominados A y B, un área de flector positivo en una barra horizontal AB provoca un giro positivo en el punto B, final del recorrido de integración.
2. Al contrario, al integrar de derecha a izquierda entre dos puntos denominados B y A, un área de flector positivo en una barra horizontal AB provoca un giro negativo en el punto A, final del recorrido de integración.
3. En relación a los criterios 1 y 2 anteriores, si se tuvieran áreas de flector negativo las conclusiones serían las opuestas: la integración de izquierda a derecha provocaría un giro negativo, y la integración de derecha a izquierda provocaría un giro positivo (en los puntos finales del recorrido de integración).

Para aplicar el **segundo teorema de Mohr**:

1. Independientemente de que se integre de izquierda a derecha o al contrario, las áreas de flectores positivos en una barra horizontal dan signo positivo para el segundo teorema de Mohr. En consecuencia, si se tuvieran áreas de flectores negativas estas darían signos negativos para dicho segundo teorema.
2. Al integrar de izquierda a derecha entre dos puntos denominados A y B, un giro positivo en A provoca una flecha positiva en el punto B, final del recorrido de integración.
3. Al contrario, al integrar de derecha a izquierda entre dos puntos denominados B y A, un giro positivo en B provoca una flecha negativa en el punto A, final del recorrido de integración.

Ejercicio 7.2   Viga con carga distribuida lateral y rótula

Dada la viga de la figura, de rigidez a flexión EI constante, se pide:

1. Obtener la flecha en C y los giros en A, B y D.
2. Obtener la ecuación de la elástica en el tramo AB en función de x.
3. Dibujar la deformada a estima.

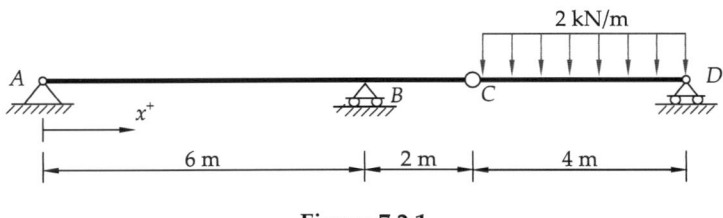

Figura 7.2.1

▷ Solución

Nota. Respecto a las unidades de los resultados, se va a suponer que EI viene dado en kN m^2, por lo que los resultados de desplazamientos y giros serán en metros y radianes (adimensional), respectivamente, evitando tener que volver a hacer esta aclaración continuamente durante la resolución.

Para resolver los ejercicios de movimientos, así como los de temas posteriores relacionados con estos, es importante tener claros los conceptos explicados en el ejercicio 7.1 anterior y, en especial, las conclusiones que se resumen al final del mismo, pues son aplicables al cálculo de movimientos en cualquier viga horizontal —como la que se pretende resolver ahora—.

1) Flecha en C y giros en A, B y D

Se separa la estructura por la rótula para trabajar con más facilidad con cada una de las dos subestructuras resultantes. La obtención de los diagramas de flectores de las mismas, que se muestran en la figura 7.2.2, se deja como ejercicio para el lector.

Comparando las figuras 7.2.2 y 7.2.3 se llega a la conclusión de que el tramo AB se comporta como si fuese una viga biapoyada con un momento puntual en su apoyo derecho de -8 kN m. Los giros en los extremos de una viga de ese tipo se han determinado precisamente en el ejercicio 7.1 anterior, por lo que ahora se aprovecharán esos resultados previos.

En este caso se sabe que el giro en B es horario ya que la única carga actuante es un par de fuerzas aplicado en la viga, justamente en B y, por tanto, **el giro debe producirse**

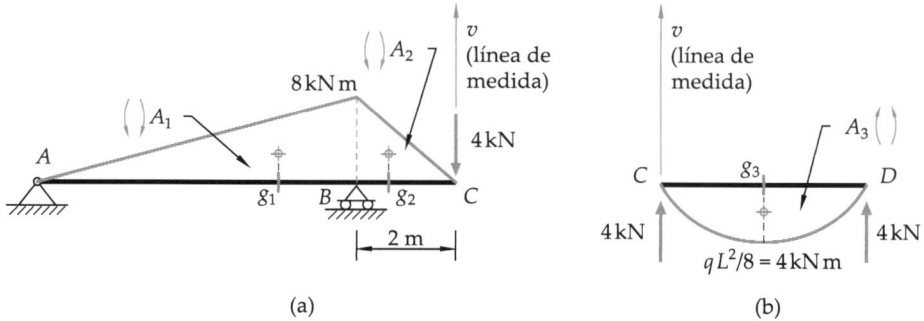

(a)   (b)

Figura 7.2.2. Diagramas de flectores de ambos tramos de la viga. Nótese que ambas líneas de medida son la misma.

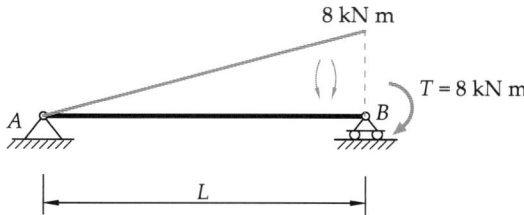

Figura 7.2.3. Tramo AB, equivalente a una viga biapoyada sometida a un par de fuerzas en un extremo.

en el mismo sentido que dicho único par externo. Según se vio en el ejercicio 7.1, el giro en A será de signo opuesto al de B y, por tanto, será antihorario:

$$\theta_A = \frac{TL}{6EI} \qquad \theta_B = -\frac{TL}{3EI}$$

Así pues, sustituyendo los valores del enunciado:

$$\theta_A = \frac{8 \cdot 6}{6EI} = \frac{8}{EI} \qquad [\circlearrowleft \text{ antihorario}]$$

$$\theta_B = -\frac{8 \cdot 6}{3EI} = -\frac{16}{EI} \qquad [\circlearrowright \text{ horario}]$$

Se plantea ahora una tabla para agrupar los signos a emplear en los teoremas de Mohr. Del mismo modo en que se hizo en el ejercicio 7.1, la tabla se construye progresivamente: en las primeras filas de su columna de encabezado, la de más a la izquierda, se colocan las áreas de flectores, según la figura 7.2.2 (A_1, A_2, A_3), y en las restantes filas van colocándose los giros según se necesiten (ver tabla 7.2.1). No es necesario completar toda la tabla, como ya se ha dicho, sino sólo las casillas que resulten de interés.

Así, para hallar la flecha en C, integrando de izquierda a derecha desde B, el giro de B entra con signo positivo en el segundo teorema de Mohr, y los flectores negativos dan signo negativo para dicho segundo teorema. Estos criterios pueden repasarse si es necesario en las conclusiones recogidas al final del ejercicio 7.1. Recuérdese que las áreas de flectores se manejan en valor absoluto, asignando el signo al escribir el teorema según indique la tabla.

	δ_{Cv}
A_1	
A_2	−
A_3	
θ_B	+

Tabla 7.2.1

Los vínculos existentes en A, B y D indican que $\delta_{Ah} = \delta_{Av} = \delta_{Bv} = \delta_{Dv} = 0$. Se escribe ahora el 2° teorema de Mohr para calcular la flecha en el punto C:

$$\delta_{Cv} = \delta_{Bv} \pm \theta_B\, r_B \pm \sum \frac{A_i\, r_i}{EI_i} \xrightarrow[\text{tabla 7.2.1}]{\text{según la}} \delta_{Cv} = \delta_{Bv} + \theta_B\, r_B - \frac{A_2\, r_2}{EI}$$

La distancia r_B es la que hay de B a la línea de medida que, en este caso, es la recta vertical que pasa por C, dado que se está calculando δ_{Cv}. Entonces $r_B = 2\,\text{m}$ (ver figura 7.2.2). Por otra parte, r_2 es la distancia que hay de g_2 a la línea de medida, por lo cual $r_2 = \frac{2}{3} \cdot 2\,\text{m}$. El área A_2 se calcula trivialmente por ser un triángulo. Entonces:

$$\delta_{Cv} = 0 + \left(-\frac{16}{EI}\right) \cdot 2 - \frac{\dfrac{8 \cdot 2}{2} \cdot \left(\dfrac{2}{3} \cdot 2\right)}{EI} = -\frac{128}{3EI}$$

Se determina ahora el giro en D aplicando el segundo teorema de Mohr. Para ello se amplía la tabla con una nueva columna, teniendo en cuenta que se va a integrar desde D a C, es decir, de derecha a izquierda; por tanto, el giro en D provoca flecha negativa en C, y el área de flectores positivos A_3 provoca flecha positiva en C. Ver tabla 7.2.2.

Podría haberse incluido esta información en la primera columna ya existente, pues en ambos casos se está calculando δ_{Cv}, primero de izquierda a derecha (de B a C) y luego al revés (de D a C), pero se prefiere mantener ambas columnas por claridad —se añade una columna nueva a la tabla cada vez que se aplica uno de los teoremas de Mohr—.

$$\delta_{Cv} = \delta_{Dv} \pm \theta_D\, r_D \pm \sum \frac{A_i\, r_i}{EI_i} \xrightarrow[\text{tabla 7.2.2}]{\text{según la}} \delta_{Cv} = \delta_{dv} - \theta_D\, r_D + \frac{A_3\, r_3}{EI}$$

La distancia r_D es la que hay desde D hasta la línea de medida, que vuelve a ser la recta vertical que pasa por C, luego $r_D = 4\,\text{m}$. En cuanto a r_3, es la distancia que hay

	δ_{Cv} (de B a C)	δ_{Cv} (de D a C)
A_1		
A_2	−	
A_3		+
θ_B	+	
θ_D		−

Tabla 7.2.2

desde g_3 hasta la línea de medida, por lo cual $r_3 = 2$ m. El área A_3 es el área encerrada en la parábola de flectores, que se calcula mediante la ley de flectores en el tramo CD (ver figura auxiliar 7.2.4, en la que $q = 2$ kN/m):

$$\mathcal{M}_{CD}(x_1) = \frac{qL}{2}x_1 - \frac{qx_1^2}{2}$$

$$A_3 = \int_0^L \left(\frac{qL}{2}x_1 - \frac{qx_1^2}{2} \right) \, dx_1 = \frac{qL}{2}\frac{L^2}{2} - \frac{q}{2}\frac{L^3}{3} = \frac{qL^3}{12} = \frac{32}{3} \text{ kN m}^2$$

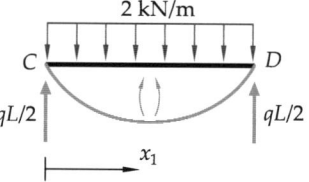

Figura 7.2.4

Cálculo del área mediante la fórmula de la enjuta parabólica. Según la fórmula del área de la enjuta parabólica cóncava de la figura 8.0.2: $A_2 = 2bh/3$, se obtendría de forma alternativa el área A_3 de la parábola:

$$A_3 = 2 \left(\frac{2 \cdot 2 \cdot 4}{3} \right) = \frac{32}{3} \text{ kN m}^2$$

Entonces, el segundo teorema de Mohr escrito anteriormente queda como sigue:

$$\delta_{Cv} = 0 - \theta_D \cdot 4 + \frac{\dfrac{32}{3} \cdot 2}{EI}$$

De la ecuación anterior puede despejarse finalmente el giro en D pedido:

$$\theta_D = -\frac{\delta_{Cv}}{4} + \frac{A_1 r_1}{4EI} = \frac{1}{EI} \left(+\frac{128}{3}\frac{1}{4} + \frac{32}{2 \cdot 3} \right) = \frac{16}{EI} \quad [\circlearrowleft \text{ antihorario}]$$

2) Ecuación de la elástica en AB

Se sabe que la ecuación de la elástica esta relacionada con la ley de flectores de la siguiente manera:

$$v''_{AB}(x) = \frac{M_{AB}(x)}{EI} \; ; \quad \text{siendo en este caso} \quad M_{AB}(x) = -\frac{8}{6}x = -\frac{4}{3}x$$

La expresión matemática anterior de $M_{AB}(x)$ se deduce trivialmente de la observación de la figura 7.2.3. Integrando dos veces respecto de x dicha ley de flectores, y ajustando las constantes de integración, puede obtenerse la ecuación de la elástica.

$$EI\,v(x) = -\frac{4}{3}\frac{1}{2}\frac{1}{3}x^3 + C_1 x + C_2$$

Condiciones de contorno:

$$v(0) = \delta_{Av} = 0$$
$$v'(0) = \theta_A = \frac{8}{EI}$$

Al imponer dichas condiciones se obtiene el valor de C_1 y C_2, resultando la siguiente ecuación de la elástica en AB:

$$v(x) = \frac{1}{EI}\left(-\frac{2}{9}x^3 + 8x\right)$$

Para asegurarse de que la ecuación obtenida es correcta pueden hacerse unas comprobaciones rápidas, verificando movimientos de valor conocido como, por ejemplo, la flecha y el giro en B:

$$v(x = 6) = 0 \qquad \text{y} \qquad v'(x = 6) = -\frac{16}{EI} = \theta_B$$

Efectivamente, los valores obtenidos a partir de la elástica son correctos y, por tanto, dicha ecuación lo es también.

3) Deformada a estima

Se representa la deformada en la figura 7.2.5 basándose en los siguientes resultados previos:

- Los giros en A y D son positivos, antihorarios.
- El giro en B es negativo, horario.
- La flecha en C es negativa (descenso).

- La rótula C permite giro relativo entre las barras que llegan a ella por la izquierda y por la derecha, con lo cual se tiene en C una deformada con un punto anguloso.
- La curvatura de la barra ABC es toda ella negativa (debido a que el flector es negativo desde A hasta C).
- Al contrario, la curvatura en toda la barra CD es positiva (flector positivo entre C y D).

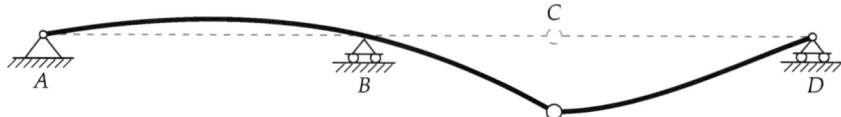

Figura 7.2.5. Deformada a estima

Se deja como ejercicio al lector comprobar, mediante la aplicación del 1er teorema de Mohr, que el giro por la izquierda y por la derecha en la rótula C, son:

$$\theta_C^- = -\frac{24}{EI} \quad [\circlearrowright \text{ horario}] \quad ; \quad \theta_C^+ = \frac{16}{3EI} \quad [\circlearrowleft \text{ antihorario}]$$

formando un punto anguloso en la deformada. Para realizar esta comprobación debe integrarse primero de B a C, y posteriormente de D a C, aplicando el primer teorema. La tabla 7.2.3 muestra los signos que para ello deberán utilizarse[7].

	δ_{Cv} (B a C)	δ_{Cv} (D a C)	θ_C^-	θ_C^+
A_1				
A_2	$-$		$-$	
A_3		$+$		$-$
θ_B	$+$			
θ_D		$-$		

Tabla 7.2.3

---

[7]Nótese que la primera fila de la tabla ha quedado en blanco, lo cual se debe a que no ha sido necesario aplicar ninguna vez los teoremas de Mohr integrando entre A y B.

Ejercicio 7.3   Pórtico con momento en un nudo

Dado el pórtico de la figura, en el que la rigidez a flexión EI es constante en todas las barras, se pide obtener:

1. Los diagramas de esfuerzos.
2. Giro del punto A.
3. Giros y desplazamientos de los puntos B, C y D.
4. Dibujar a estima la deformada.

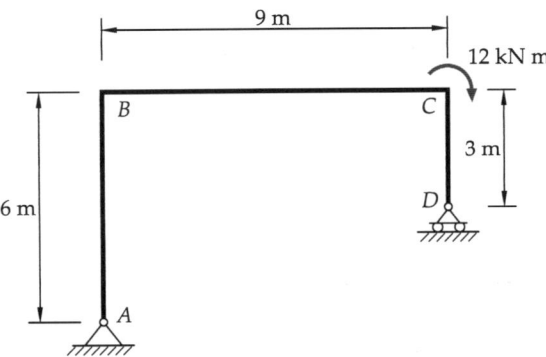

Figura 7.3.1

▷ Solución

Nota.   Respecto a las unidades de los resultados, se va a suponer que EI viene dado en $kN\,m^2$, por lo que los resultados de desplazamientos y giros serán en metros y radianes (adimensional), respectivamente, evitando tener que volver a hacer esta aclaración continuamente durante la resolución.

1) Leyes de esfuerzos

Se comienza calculando las reacciones en los apoyos de la estructura. En ese sentido, este problema es virtualmente idéntico a los ejercicios previos 2.2 y 7.1: puesto que la única solicitación es un momento, la reacciones en los dos apoyos de la estructura tienen que formar un par opuesto a la acción, como muestra la figura 7.3.2.

$$\sum M_A = 0 : \quad -12 + R \cdot 9 = 0 \quad \Rightarrow \quad R = \frac{4}{3} = 1.33\,kN$$

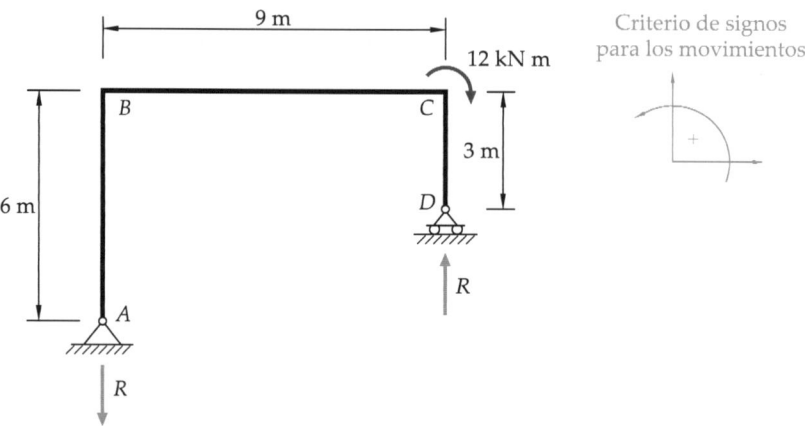

Figura 7.3.2. Diagrama de la estructura en equilibrio y criterio de signos para los movimientos

No hay reacción horizontal en A; de haberla sería la única fuerza horizontal no nula y, en consecuencia, no existiría equilibrio estático.

Los diagramas de esfuerzos en la estructura se muestran en las figuras 7.3.3 y 7.3.4. Su determinación se deja al lector como ejercicio. Nótese que, en el dintel o viga del pórtico (barra horizontal BC) los diagramas son análogos a los de la viga del ejercicio 7.1, completados con los axiles en los pilares AB y CD del pórtico, que son debidos a las fuerzas de reacción. Dado que dichas reacciones tienen como línea de acción el propio eje de cada pilar, no provocan en ellos ni cortante ni flector.

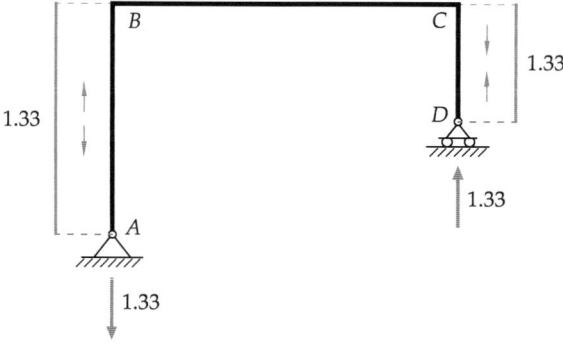

Figura 7.3.3. Diagrama esfuerzos axiles N (kN)

2) Giro del punto A

Se calcula de manera similar a como se hizo en el ejercicio 7.1, por tanto, de los vínculos existentes en A y D se sabe que $\delta_{Av} = \delta_{Dv} = 0$; por ello, se plantea el 2º

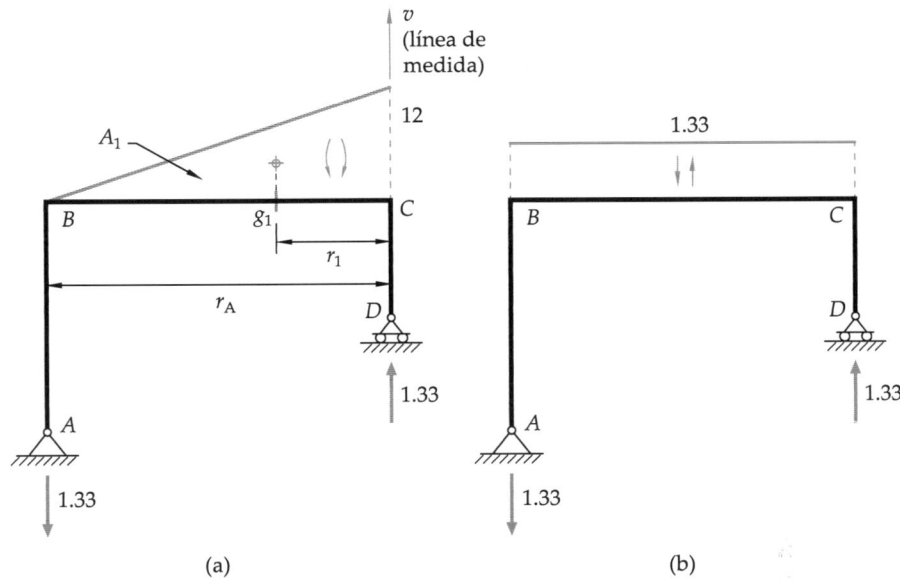

Figura 7.3.4. Diagramas de: (a) momentos flectores $\mathcal{M}(\text{kN m})$; (b) cortantes $\mathcal{V}(\text{kN})$

teorema de Mohr entre ambos puntos para calcular θ_A:

$$\delta_{Dv} = \delta_{Av} \pm \theta_A r_A \pm \sum \frac{A_i r_i}{EI_i}$$

Debe discernirse entre los dobles signos ± de la ecuación anterior representando los croquis adecuados. En este caso se necesita un croquis para visualizar cómo el giro θ_A influye en δ_{Dv} (figura 7.3.5), y otro para saber cómo el área de flector negativo A_1 influye en δ_{Dv} (figura 7.3.6). Los signos positivo y negativo que se deducen de las figuras 7.3.5 y 7.3.6, respectivamente, se han rcogido en la tabla 7.3.1.

	δ_{Dv}
A_1	−
θ_A	+

Tabla 7.3.1

La distancia r_A, desde A en perpendicular a la línea de medida v (vertical que pasa por D) es $r_A = 9$ m. Por otra parte, la distancia r_1 desde g_1 en perpendicular a la línea de medida es $r_1 = \frac{1}{3}9$ m. Recuérdese que son distancias mínimas y, por lo tanto, siempre se calculan trazando una perpendicular a la línea de medida correspondiente. Ver figura 7.3.4 (a).

Con estos valores y signos, el 2º teorema de Mohr entre A y D queda ahora del siguiente modo:

$$\delta_{Dv} = \delta_{Av} + \theta_A r_A - \frac{A_1 r_1}{EI} = 0 + \theta_A \cdot 9 - \frac{1}{EI}\frac{9 \cdot 12}{2}\left(\frac{1}{3} \cdot 9\right)$$

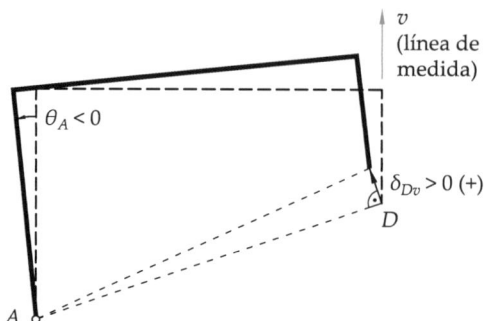

Figura 7.3.5. Signo para el 2º teorema de Mohr asociado a $\theta_A > 0$: cálculo de δ_{Dv} integrando de izquierda a derecha.

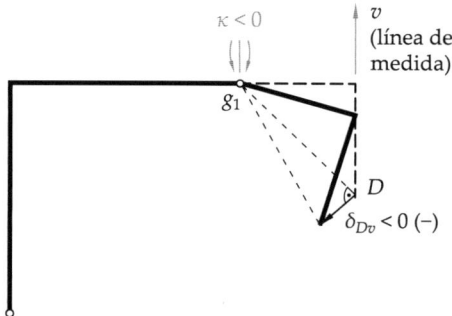

Figura 7.3.6. Signo para el 2º teorema de Mohr asociado a flector/curvatura negativos en la barra BC: cálculo de δ_{Dv} integrando de izquierda a derecha.

Como se sabe que $\delta_{Dv} = 0$, puede despejarse θ_A:

$$\theta_A = \frac{9 \cdot 12}{6EI} = \frac{18}{EI} \quad [\circlearrowleft \text{ antihorario}]$$

Procedimiento alternativo

Se sabe que hay apoyos verticales en A y D, respectivamente, y además el enunciado indica que la deformabilidad axil de las barras es despreciable. Por lo tanto, si el punto A no puede desplazarse en vertical, y la barra AB se admite que ni se alarga ni se acorta, entonces el desplazamiento vertical de B será forzosamente nulo. Análogamente le sucede al punto C. Así pues, $\delta_{Bv} = \delta_{Cv} = 0$.

A partir de esa importante conclusión, el mismo valor de θ_A podría obtenerse planteando inicialmente el 2º teorema de Mohr entre B y C. Aplicando las reglas acerca de dobles signos para los teoremas de Mohr en vigas horizontales, resumidas al final del ejercicio 7.1, se tendría que:

$$\delta_{Cv} = \delta_{Bv} + \theta_B \, r_B - \frac{A_1 \, r_1}{EI} \quad \Rightarrow \quad 0 = 0 + \theta_B \cdot 9 - \frac{1}{EI}\frac{9 \cdot 12}{2}\left(\frac{1}{3} \cdot 9\right) \quad \Rightarrow$$

$$\Rightarrow \quad \theta_B = \frac{18}{EI} \quad [\circlearrowleft \text{ antihorario}]$$

El giro que se ha obtenido de este modo es θ_B. A continuación viene un interesante razonamiento: **como en la barra AB no hay curvatura, su deformada es un movimiento de sólido rígido**, por lo que todos sus puntos giran por igual, y en consecuencia $\theta_A = \theta_B$. A la misma conclusión se puede llegar por aplicación del 1er teorema de Mohr[8]: sabiendo que no hay flector entre A y B, se tiene

$$\theta_B = \theta_A \pm \sum \frac{A_i}{EI_i} = \theta_A \pm 0 = \theta_A \quad \Rightarrow \quad \theta_A = \theta_B = \frac{18}{EI}$$

Como se ha dicho, el resultado anterior es lógico ya que la barra AB permanece recta al no tener curvatura (pues no está sometida a momentos flectores ni efectos térmicos que la curven, por lo que el giro de todas sus secciones será idéntico).

3) Giros y desplazamientos de los puntos B, C y D

En la parte final del apartado anterior se ha determinado ya el giro del punto B. Como la barra AB no se curva, y además se desprecia su alargamiento, entonces se comporta como un sólido rígido girando alrededor de A. Puesto que se admite que el giro θ_A es pequeño y puede tratarse como un infinitésimo se puede aplicar que "arco es igual a ángulo por radio"[9], y dado que la longitud de AB es de 6 m, se tiene:

$$\delta_{Bh} = -\theta_A \cdot 6 = -\frac{108}{EI} \quad [\text{hacia la izquierda}]$$

Además, como se ha razonado en el apartado anterior, $\delta_{Bv} = \delta_{Cv} = 0$. Ello se debía a que las barras se consideran inextensibles (se desprecia su deformabilidad por axil). Por ese mismo motivo, los movimientos horizontales de B y C deben ser idénticos y, en consecuencia

$$\delta_{Ch} = \delta_{Bh} = -\frac{108}{EI} \quad [\text{hacia la izquierda}]$$

Ahora se debe hallar el giro de C, para lo cual se plantea el 1er teorema de Mohr integrando de B a C. Para ello se amplía la tabla de signos 7.3.2 siguiendo las reglas sobre dobles signos $\pm$ resumidas al final del ejercicio 7.1.

---

[8]También se puede llegar a la dicha conclusión integrando la ecuación diferencial de la elástica $v''(x) = 0$, obteniéndose que $v'(x) = \theta(x) = C = $ cte.

[9]El lector puede comprobar que "arco es igual a ángulo por radio" es una expresión que se obtiene al aplicar el 2° teorema de Mohr entre los puntos A y B para calcular δ_{Bh}, ya que no hay curvatura en la barra AB.

	δ_{Dv}	θ_C
A_1	–	–
θ_A	+	

Tabla 7.3.2

Por lo tanto

$$\theta_C = \theta_B \pm \sum \frac{A_i}{EI_i} = \theta_B - \frac{A_1}{EI} = \frac{18}{EI} - \frac{1}{EI}\frac{9 \cdot 12}{2} = -\frac{36}{EI} \quad [\circlearrowleft \ \text{horario}]$$

La barra CD tampoco está sometida a flectores que la curven y, por ello, permanece recta —al igual que le sucede a la barra AB—. Entonces, el giro de D debe ser idéntico al de C. Aunque no es necesario, se puede corroborar aplicando el 1er teorema de Mohr:

$$\theta_D = \theta_C \pm \sum \frac{A_i}{EI_i} = \theta_C \pm 0 = \theta_C = -\frac{36}{EI} \quad [\circlearrowleft \ \text{horario}]$$

Finalmente, para hallar el desplazamiento horizontal de D se aplica el 2° teorema de Mohr integrando hacia abajo desde C a D. Como a lo largo de ese recorrido de integración no existen áreas de flectores, basta con un croquis para determinar el

	δ_{Dv}	θ_C	δ_{Dh}
A_1	–	–	
θ_A	+		
θ_C			+

Tabla 7.3.3

signo relativo a cómo influye θ_C en δ_{Dh}. Dicho croquis se muestra en la figura 7.3.7, y con él se amplía la tabla de signos una última vez, obteniéndose la 7.3.3.

La aplicación del 2° teorema de Mohr será pues

$$\delta_{Dh} = \delta_{Ch} \pm \theta_C \, r_C \pm \sum \frac{A_i \, r_i}{EI_i} = \delta_{Ch} \pm \theta_C r_C \pm 0 = \delta_{Ch} \pm \theta_C r_C$$

De acuerdo con la última columna de la tabla 7.3.3, y teniendo en cuenta que la distancia de C a la línea de medida de la figura 7.3.7 es $r_C = 3 \, \text{m}$, se tendrá

$$\delta_{Dh} = \delta_{Ch} + \theta_C r_C = -\frac{108}{EI} + \left(-\frac{36}{EI}\right) \cdot 3 = -\frac{216}{EI} \quad [\text{hacia la izquierda}] \qquad (7.3.1)$$

Procedimiento alternativo para el cálculo de δ_{Dh}.   Aunque no es el procedimiento óptimo, sí es un ejercicio recomendable para el aprendizaje plantear el cálculo de δ_{Dh}

aplicando el 2º teorema de Mohr entre los puntos A y D. A continuación se escribe directamente la ecuación, dejando para el lector el trabajo de razonarla:

$$\delta_{Dh} = \delta_{Ah} \pm \theta_A\, r_A \pm \sum \frac{A_i\, r_i}{EI_i} = \delta_{Ah}^{} \overset{0}{-} \theta_A\, r_A - \frac{A_1\, r_1}{EI_i} = -\frac{18}{EI}(6-3) - \frac{54\cdot 3}{EI} = -\frac{216}{EI}$$

comprobándose el resultado previo.

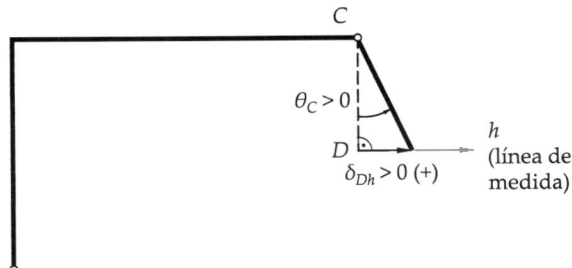

Figura 7.3.7. Signo para el 2º teorema de Mohr asociado a $\theta_C > 0$: cálculo de δ_{Dh} integrando de arriba a abajo.

Se hacen ahora dos consideraciones finales. En primer lugar, se observa que la ecuación (7.3.1) anterior es la propia de un movimiento de sólido rígido, donde el primer sumando (δ_{Ch}) es la traslación horizontal de C y el segundo ($\theta_C r_C$) la rotación alrededor de C. Por ello, no habría sido realmente necesario dibujar un nuevo croquis, sino que la ecuación (7.3.1) podría haberse escrito directamente, teniendo en cuenta que el giro de C ya se conocía que era negativo, es decir:

$$\delta_{Dh} = -\frac{108}{EI} - \frac{36}{EI}\cdot 3 = -\frac{216}{EI}$$

En segundo lugar, en los ejercicios de este capítulo se está trabajando sistemáticamente con las áreas de flectores en valor absoluto al sustituir su valor en los teoremas de Mohr. Sin embargo, los giros se sustituyen con su valor y signo (positivo o negativo), como se ha hecho en la ecuación (7.3.1) con $\theta_C = -\frac{36}{EI}$. Ello se debe a que los diagramas de flectores normalmente se conocen antes de aplicar cualquier teorema de Mohr y, por ello, se dibujan los croquis para discernir entre dobles signos dándole a la curvatura el signo que tenga el área de flector correspondiente. Por ejemplo, en la figura 7.3.6, puesto que se sabe que A_1 es un área de flector negativo, se plantea la curvatura negativa en la barra BC. En cambio, la mayoría de los giros a priori son desconocidos, por lo cual es habitual dibujar los croquis como los de las figuras 7.3.5 y 7.3.7 planteando el giro positivo; bien, pues nótese que en el caso de un giro cuyo valor ya se conozca, como es θ_C en la ecuación (7.3.1), si dicho giro es negativo, como es el caso, debe sustituirse con signo "$-$" en el 2º teorema de Mohr.

4) Deformada a estima

Se representa la deformada basándose en los siguientes resultados previos:

- La barra AB debe dibujarse recta, sin curvatura, siendo su giro antihorario. El giro de la barra es igual a los giros de A y B.
- La barra CD es recta, siendo su giro horario (igual a los giros de C y D).
- Todos los puntos salvo A se mueven hacia la izquierda, y $\delta_{Bh} = \delta_{Ch}$.
- Deben representarse los nudos B y C sobre la misma recta horizontal que pasaba por ellos en la configuración inicial (indeformada), pues el movimiento vertical de ambos es nulo.
- La barra BC debe dibujarse con curvatura negativa.

Se representan los movimientos y giros en los sentidos que realmente se producen.

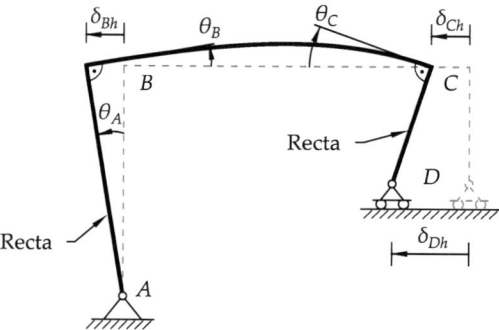

Figura 7.3.8. Deformada a estima

Ejercicio 7.4   Soporte en ménsula con carga horizontal

Calcular los movimientos del punto B de la estructura de la figura. Tómese la rigidez a flexión EI constante en todas las barras.

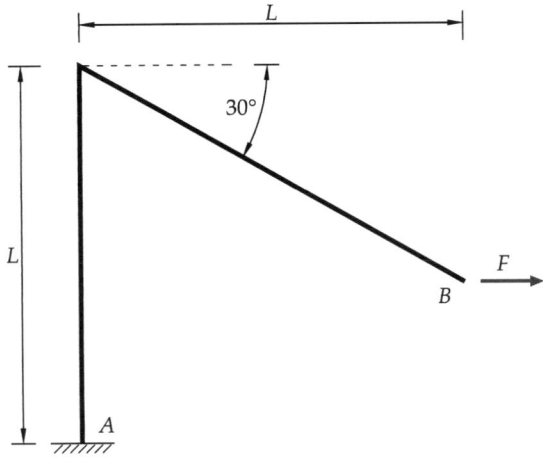

Figura 7.4.1

▷ Solución

La determinación del diagrama de flectores de la estructura se deja como ejercicio al lector. En primer lugar es necesario acotar ciertas distancias que se emplean en la resolución del ejercicio; dichas distancias se muestran en la figura 7.4.2.

Inciso sobre la representación de diagramas de flectores.   Al representar diagramas de momentos flectores para el cálculo de movimientos mediante teoremas de Mohr, hay ocasiones en las que conviene **no respetar** el criterio de dibujo habitual para flectores positivos y negativos, pues, de respetarse, las áreas de los diagramas se solaparían entre sí, dificultando con ello el dibujo de los centros de gravedad de dichas áreas y sus proyecciones (puntos g_i). Así pues, véase cómo en la figura 7.4.3 se han dibujado los momentos flectores en el lado de la fibra comprimida, que es el opuesto al habitual, en cada barra: en la inclinada los positivos están dibujados encima de la misma, y en la vertical los positivos se han dibujado a la izquierda. En lo sucesivo se aconseja emplear esta estrategia según convenga, si ello facilita la resolución de los ejercicios de cálculo de movimientos; dibujar siempre el símbolo del signo evita confusiones al respecto.

Las áreas A_i del diagrama de flectores se calculan a continuación. Recuérdese que se trabaja con sus valores absolutos, que se sustituirán posteriormente en los teoremas

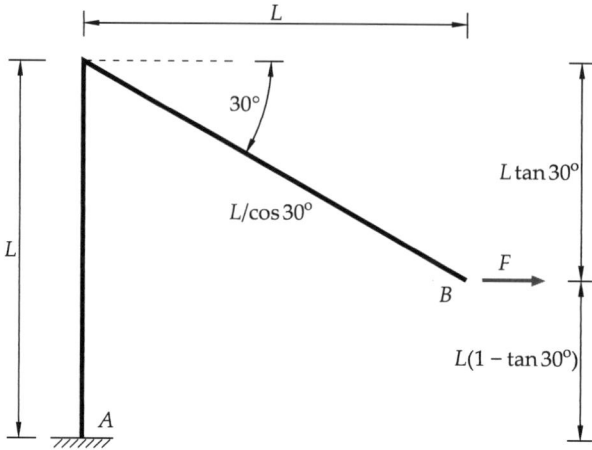

Figura 7.4.2. Distancias auxiliares

de Mohr:

$$L(1 - \tan 30°) = \frac{3 - \sqrt{3}}{3}L \quad ; \qquad L \tan 30° = \frac{\sqrt{3}}{3}L$$

$$A_1 = \frac{1}{2}\left(\frac{3 - \sqrt{3}}{3}\right)L \cdot FL\left(\frac{3 - \sqrt{3}}{3}\right) = \frac{1}{18}FL^2\left(3 - \sqrt{3}\right)^2$$

$$A_2 = \frac{1}{2}\frac{\sqrt{3}}{3}L \cdot FL\frac{\sqrt{3}}{3} = \frac{1}{6}FL^2$$

$$A_3 = \frac{1}{2}\frac{2L}{\sqrt{3}} \cdot FL\frac{\sqrt{3}}{3} = \frac{1}{3}FL^2$$

Los **movimientos en A son nulos** por haber un empotramiento en dicho punto. Ello facilita considerablemente el cálculo de movimientos mediante los teoremas de Mohr:

$$\theta_A = 0 \; ; \quad \delta_{Ah} = 0 \; ; \quad \delta_{Av} = 0$$

Al ser $\theta_A = 0$, no se necesita croquis para saber si dicho giro influye con signo positivo o negativo sobre los desplazamientos de B. En cambio, sí que son necesarios tres croquis para determinar los signos a emplear en los teoremas de Mohr relativos a las áreas A_1, A_2 y A_3 (figuras 7.4.4, 7.4.5 y 7.4.6).

El motivo de que no pueda emplearse el mismo croquis para A_1 y A_2 sobre la barra vertical, en lo que respecta al cálculo de δ_{Bh} es que la línea de medida h corta a la barra vertical en C, según la figura 7.4.3. Para una explicación más extensa de este motivo se remite al lector al capítulo relativo a cálculo de movimientos del libro de teoría, tanto a la parte teórica como al ejemplo que allí hay resuelto.

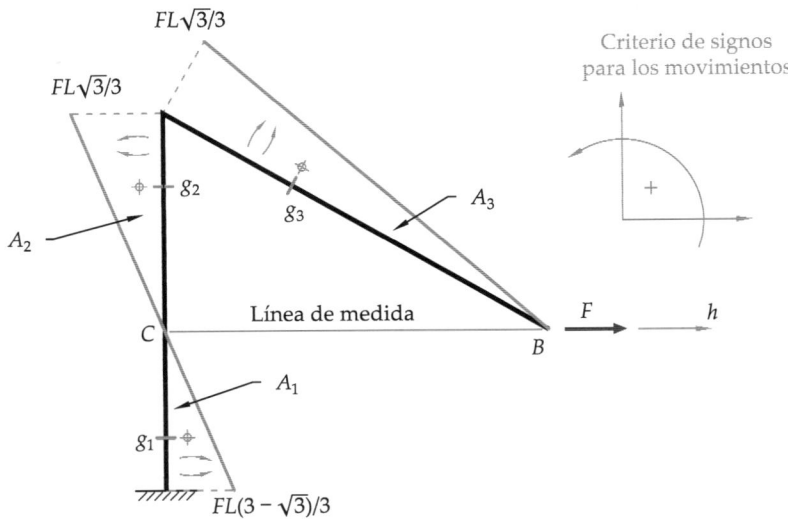

Figura 7.4.3. Diagrama de momentos flectores

En cambio, si se hubiese pedido únicamente calcular δ_{Bv} no habría sido necesario dividir en dos los croquis de la barra vertical, porque la línea vertical que pasa por B no la corta. Tampoco habría sido necesario si se hubiera pedido calcular sólo θ_B, ya que la separación en dos croquis para una misma barra nunca es necesaria al aplicar el 1er teorema de Mohr. En ese caso, de las dos figuras 7.4.4 y 7.4.5 habría bastado con una sola.

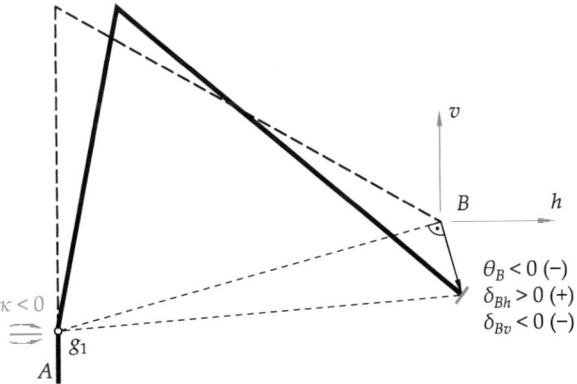

Figura 7.4.4. Signos para teoremas de Mohr asociados a flector/curvatura negativos en barra vertical, **por debajo de la línea de acción de F**: cálculo de θ_B, δ_{Bh} y δ_{Bv} integrando de A a B.

El giro del punto B se calcula por aplicación del 1er teorema de Mohr. Puesto que A está empotrado, el giro en B es igual a la suma de las áreas de curvatura (A_i/EI_i),

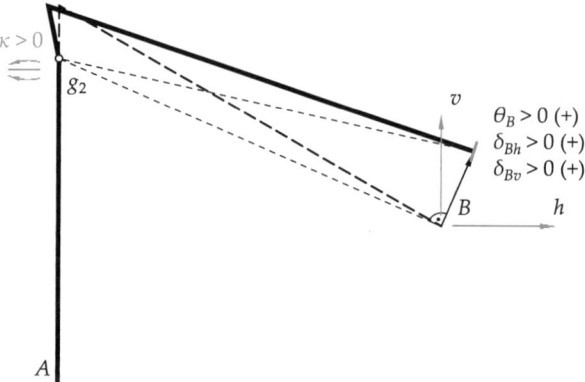

Figura 7.4.5. Signos para teoremas de Mohr asociados a flector/curvatura positivos en barra vertical, **por encima de la línea de acción de F**: cálculo de θ_B, δ_{Bh} y δ_{Bv} integrando de A a B.

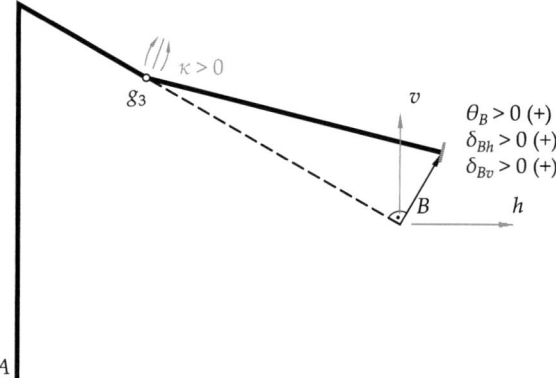

Figura 7.4.6. Signos para teoremas de Mohr asociados a flector/curvatura positivos en barra inclinada: cálculo de θ_B, δ_{Bh} y δ_{Bv} integrando de A a B.

teniendo en cuenta adecuadamente los signos. De acuerdo con los croquis de las figuras 7.4.4, 7.4.5 y 7.4.6, se empieza a construir la tabla de signos 7.4.1.

El 1er teorema queda entonces:

$$\theta_B = \theta_A \pm \sum \frac{A_i}{EI_i} = 0 + \frac{1}{EI}\left(-A_1 + A_2 + A_3\right) =$$

$$= \frac{-1 + 2\sqrt{3}}{6EI}FL^2 = 0.4107\frac{FL^2}{EI} \quad [\circlearrowleft \ \text{antihorario}]$$

El desplazamiento horizontal en B se calculará ahora por aplicación del 2° teorema de Mohr. Para ello hay que ampliar la tabla de signos anterior con una nueva columna; esto se hace a continuación, añadiendo también sin más demora la columna

	θ_B
A_1	$-$
A_2	$+$
A_3	$+$

Tabla 7.4.1

correspondiente al desplazamiento vertical de B. Nótese que, ya finalizada la tabla, no ha aparecido fila asociada al giro θ_A ya que, como se dijo anteriormente, dicho giro es nulo y no influye en los resultados.

	θ_B	δ_{Bh}	δ_{Bv}
A_1	$-$	$+$	$-$
A_2	$+$	$+$	$+$
A_3	$+$	$+$	$+$

Tabla 7.4.2

En la tabla 7.4.2 se aprecia el motivo por el que se han debido representar dos croquis para la barra vertical (figuras 7.4.4 y 7.4.5). En efecto, para el cálculo de θ_B y de δ_{Bv}, los signos que aparecen en las filas correspondientes a A_1 y A_2 en la tabla 7.4.2 son opuestos. Ello se debe simplemente a que, mientras A_1 es un área de flectores negativos, A_2 es de flectores positivos; por ello, al corresponder ambas a la misma barra, el signo con el que actúan en los teoremas de Mohr cambia[10]. El motivo radica en que la estrategia seguida en este libro es la de sustituir dichas áreas en los teoremas en valor absoluto.

En conclusión.   Para calcular θ_B y de δ_{Bv} no eran necesarias las dos figuras 7.4.4 y 7.4.5, sino sólo una de ellas. Por ejemplo, habría bastado con dibujar la figura 7.4.4 para A_1, sabiendo que al sumando correspondiente a A_2, al cambiar de signo, se le debe asignar el signo contrario al de A_1 en los teoremas de Mohr.

En cambio, puede observarse en la tabla 7.4.2 que para δ_{Bh} no se cumple esa regla y, aunque A_1 y A_2 representan flectores de distinto signo, los sumandos correspondientes en el 2º teorema de Mohr van a intervenir con el mismo signo, como se verá a continuación. Se quiere insistir en la idea de que esto sucede únicamente al aplicar el 2º teorema de Mohr, cuando la línea de medida corte a la barra en cuestión.

---

[10]Esta idea ya se enunció previamente, en las reglas acerca de dobles signos resumidas al final del ejercicio 7.1.

Las distancias desde los puntos g_1, g_2 y g_3 a la línea de medida horizontal en B son:

$$r_1 = \frac{2}{3} L \left(1 - \tan 30°\right) = \frac{2(3 - \sqrt{3})}{9} L$$

$$r_2 = r_3 = \frac{2}{3} L \tan 30° = \frac{2\sqrt{3}}{9} L$$

Por lo tanto, teniendo en cuenta los signos de la columna correspondiente a δ_{Bh} en la tabla 7.4.2, y sustituyendo los valores conocidos de A_i y r_i, se tiene:

$$\delta_{Bh} = \delta_{Ah} \pm \theta_A \, r_A \pm \sum \frac{A_i \, r_i}{EI_i} =$$

$$= 0 + 0 + \frac{1}{EI} \left(A_1 \, r_1 + A_2 \, r_2 + A_3 \, r_3\right) = \left(2 - \sqrt{3}\right) \frac{FL^3}{EI} = 0.2679 \frac{FL^3}{EI}$$

Por último, para determinar δ_{Bv}, las distancias mínimas desde los puntos g_1, g_2 y g_3 a la línea de medida vertical en B son:

$$r_1 = r_2 = L$$

$$r_3 = \frac{2}{3} L$$

Teniendo en cuenta los signos de la columna correspondiente ahora a δ_{Bv} en la tabla 7.4.2, y sustituyendo los valores de A_i y r_i, se llega al último resultado pedido:

$$\delta_{Bv} = \delta_{Av} \pm \theta_A r_A \pm \sum \frac{A_i \, r_i}{EI_i} =$$

$$= 0 + 0 + \frac{1}{EI} \left(-A_1 \, r_1 + A_2 \, r_2 + A_3 \, r_3\right) = \frac{-5 + 6\sqrt{3}}{18EI} FL^3 = 0.2996 \frac{FL^3}{EI}$$

Ejercicio 7.5   Dintel *a dos aguas* con carga y variación de temperatura

La estructura de la figura pertenece a la cubierta a dos aguas de una nave industrial, y sobre la misma actúan las siguientes solicitaciones:

- Una fuerza F de valor 10 kN y sentido descendente colocada en el centro de la estructura debida al peso de las cargas que levanta una grúa.

- Un aumento de temperatura en la cara externa de la barra derecha debido a la incidencia de los rayos solares (tanto la barra izquierda como la cara interna de la derecha no sufre variación térmica alguna).

Se pide obtener el desplazamiento horizontal en el extremo derecho de la estructura.

Datos: $\alpha = 10^{-5}\,{}^{\circ}\mathrm{C}^{-1}$; $EI = 10^{6}\,\mathrm{kN\,m^{2}}$; canto de la sección: $h = 0.5\,\mathrm{m}$; altura de su centro de gravedad: $h_G = \frac{h}{2} = 0.25\,\mathrm{m}$; distribución lineal de temperaturas entre ambas caras de la barra CB.

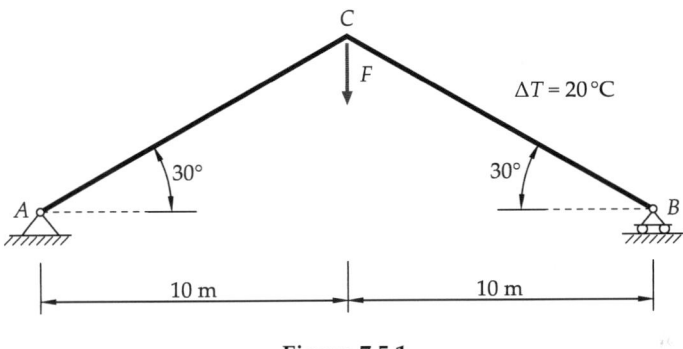

Figura 7.5.1

▷ Solución

Dado que la estructura es isostática, el cambio de temperatura no provoca esfuerzos en la misma, aunque sí deformaciones en la barra CB, que provocan movimientos en general de la estructura. Por tanto, el diagrama de momentos flectores es debido a la fuerza F exclusivamente; dicho diagrama se muestra en la figura 7.5.3, siendo este el único esfuerzo que interesa conocer, ya que se admite —según indica el enunciado— que la estructura es indeformable ante axil y cortante. Las reacciones en los apoyos se intuyen fácilmente, puesto que tanto la carga como los apoyos verticales son simétricos respecto a la línea vertical que pasa por C (nótese que la reacción horizontal debe ser forzosamente nula, al no haber otras fuerzas horizontales sobre la estructura). Por lo tanto, por simetría, las reacciones son de 5 kN hacia arriba en ambos apoyos.

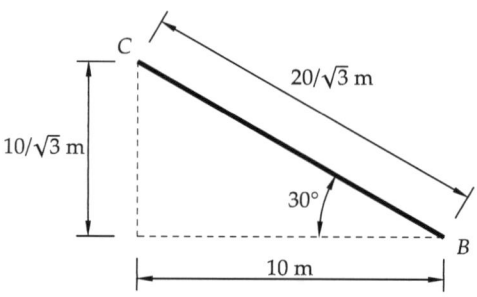

Figura 7.5.2. Croquis de la geometría de la barra CB

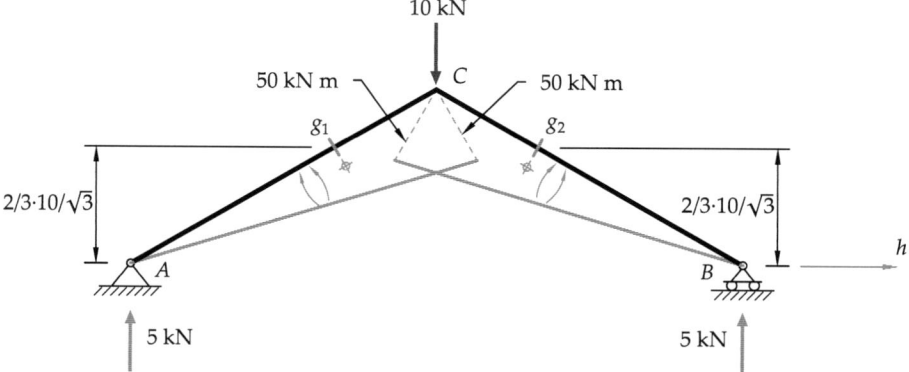

Figura 7.5.3. Reacciones, diagrama de flectores, y línea de medida para calcular δ_{Bh}

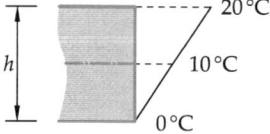

Figura 7.5.4. Variación de la temperatura en el canto h de la sección

La variación térmica entre la cara superior e inferior de la viga BC, cuyo canto es h, según se aprecia en la figura 7.5.4, es la siguiente:

$$\begin{cases} \Delta T_s = 20\,^{\circ}\text{C} & \text{en cara superior} \\ \Delta T_d = 10\,^{\circ}\text{C} & \text{en } G, \text{a } \frac{h}{2} \\ \Delta T_i = 0\,^{\circ}\text{C} & \text{en cara inferior} \end{cases}$$

El ejercicio se resuelve por aplicación de las fórmulas de Bresse; en particular se utilizará la relativa al cálculo de desplazamientos, ecuación (7.0.7) vista en la introducción de este capítulo. Se muestra dicha fórmula a continuación, razonándose posteriormente sobre el valor de cada sumando. Las integrales se realizarán sobre cada tramo de curvatura κ o deformación ε, según muestra la ecuación (7.0.7):

$$\delta_{Bh} = \delta_{Ah} \pm \theta_A \, r_A \pm \int_A^B \kappa \, r_i \, ds \pm \int_A^B \varepsilon \cos\gamma \, ds$$

donde según (7.0.2) y (7.0.1), se tiene:

$$\kappa = \frac{M}{EI} + \frac{\alpha}{h}(\Delta T_i - \Delta T_s)$$

$$\simeq 0$$

$$\varepsilon = \frac{\cancel{N}}{\cancel{EA}} + \alpha\,\Delta T_d = \alpha\,\Delta T_d$$

Nótese que despreciar la deformación por axil es equivalente a suponer $EA \to \infty$.

Por existir en A un apoyo fijo, $\delta_{Ah} = 0$. Además, la línea de medida para calcular δ_{Bh} es la recta horizontal que pasa por B, la cual también pasa por A (ver figura 7.5.3); por lo tanto, la distancia mínima r_A desde el punto A a la línea de medida es nula en este caso, y el sumando $\pm\theta_A\,r_A$ se hace nulo. En consecuencia:

$$\delta_{Bh} = \pm\int_A^B \kappa\,r_i\,\mathrm{d}s \pm \int_A^B \varepsilon\,\cos\gamma\,\mathrm{d}s \tag{7.5.1}$$

Se necesita ahora realizar varios croquis para discernir entre los dobles signos $\pm$ que preceden a ambas integrales en la fórmula de Bresse. Se procederá de igual modo que con los teoremas de Mohr en ejercicios anteriores, tomando las áreas de curvatura (κ, debida a flector y a temperatura en este ejercicio) y las áreas de deformación ε en valor absoluto. Los signos necesarios se agruparán en una tabla.

En cuanto a la curvatura por flector, la figura 7.5.5 muestra que en las barras AC y CB el signo a elegir es el positivo, ya que un flector positivo en ambas barras desplaza B hacia la derecha $\delta_{Bh} > 0$. Véase que no ha sido necesario situar el punto donde se aplica el giro (diferencial) por curvatura justamente sobre los puntos g_1 o g_2 de la figura 7.5.3: basta con colocar esa pequeña "rótula" imaginaria aproximadamente centrada en cada barra de la figura 7.5.5 para poder visualizar correctamente la cinemática del movimiento. Los dos signos $(+)$ que se derivan de la figura 7.5.5 se reflejan en las dos primeras filas de la tabla 7.5.1.

	δ_{Bh}
κ debida a A_1 en AC	$+$
κ debida a A_2 en CB	$+$
κ debida a $(\Delta T_i - \Delta T_s)$ en CB	$-$
ε debida a ΔT_d en CB	$+$

Tabla 7.5.1

En cambio, la curvatura térmica $\kappa = \frac{\alpha}{h}(\Delta T_i - \Delta T_s)$ es negativa en la barra CB, ya que en este caso $(\Delta T_i - \Delta T_s) = (0\,^{\circ}\mathrm{C} - 20\,^{\circ}\mathrm{C}) = -20\,^{\circ}\mathrm{C} < 0$. Por lo tanto, el signo que debe aparecer en la tercera fila de la tabla 7.5.1 es $(-)$, contrario al signo $(+)$ de la segunda fila. Ver figura 7.5.5 (b).

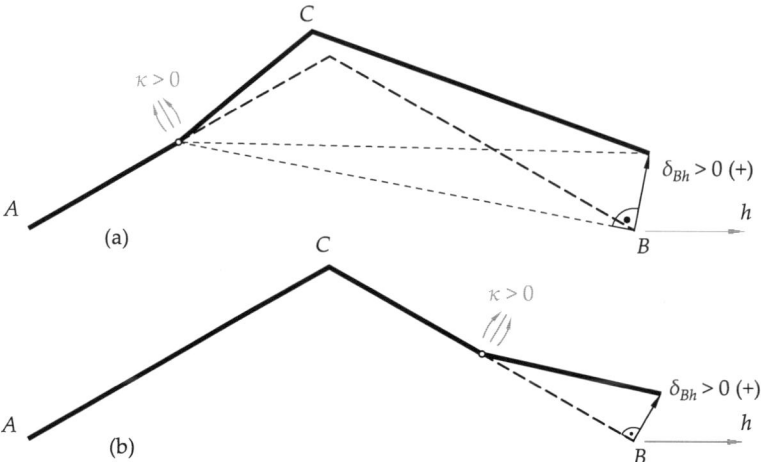

Figura 7.5.5. Signos para la 2ª fórmula de Bresse asociados a flector/curvatura positivos en ambas barras: cálculo de δ_{Bh} integrando de A a B.

También en la tabla 7.5.1 se ha recogido ya el signo (+) relativo a la integral de la deformación longitudinal ε que aparece en la ecuación (7.5.1). Dicha deformación es debida al cambio de temperatura ΔT_{d} experimentado por la directriz de la barra CB. Se observa en el croquis de la figura 7.5.6 que, efectivamente, dado que al integrar desde C hacia B se considera que C permanece fijo, la deformación ε positiva debida al calentamiento (dilatación) hace que el punto B se mueva hacia la derecha[11]. Nótese cómo en la figura 7.5.6 se ha supuesto una deformación longitudinal $\varepsilon > 0$ en un punto cualquiera I; dicha deformación provoca un desplazamiento del punto I al I' en la dirección tangente de la barra en dicho punto, que arrastra al trozo de barra que hay a la derecha provocándole un movimiento de sólido rígido, siendo el segmento $II' = BB'$.

La primera integral en la ecuación (7.5.1) se descompone en dos sumandos:

- La parte correspondiente a las áreas de flector, que se computa con el mismo tipo de sumatorio empleado en los teoremas de Mohr, por ser la rigidez de la barra constante. Para ello, la distancia de los puntos g_1 y g_2 a la línea de medida se muestra en la figura 7.5.3:

$$r_1 = r_2 = \frac{2}{3}\frac{10}{\sqrt{3}} = \frac{20}{3\sqrt{3}}$$

---

[11]Si este tipo de integral se plantease al contrario, desde B hacia la izquierda, sería B el que se consideraría fijo y, por lo tanto, cualquier punto de la barra AC se vería arrastrado por la dilatación hacia la izquierda, y su signo en la tabla debería ser $(-)$. En este ejemplo, ello correspondería a calcular δ_{Ah} a partir de δ_{Bh} con la 2ª fórmula de Bresse, imponiendo finalmente $\delta_{Ah} = 0$ debido al apoyo fijo, y despejando así δ_{Bh}. Se deja ello propuesto como ejercicio para el lector.

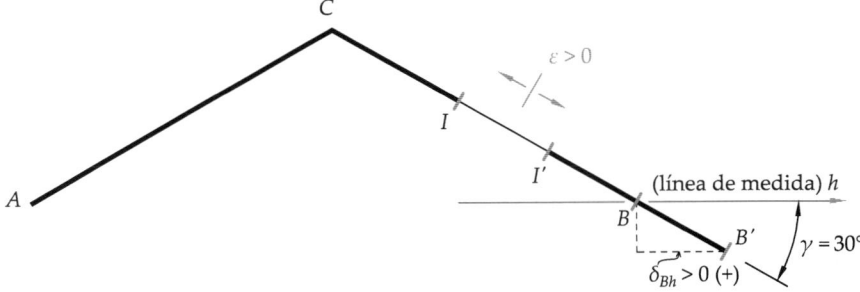

Figura 7.5.6. Signo para 2ª fórmula de Bresse asociado a deformación longitudinal positiva en la barra CB: cálculo de δ_{Bh} integrando de A a B.

- La parte correspondiente a la curvatura térmica: $\kappa = \frac{\alpha}{h}(\Delta T_i - \Delta T_s)$. Ese valor es constante y, por lo tanto, el centro de gravedad del área de curvatura corresponderá a una sección g_3 equidistante de C y B. La distancia de g_3 a la línea de medida será pues, simplemente:

$$r_3 = \frac{1}{2}\frac{10}{\sqrt{3}} = \frac{5}{\sqrt{3}}$$

Por último, la segunda integral en la ecuación (7.5.1) se calcula como el valor de $\varepsilon = \alpha\,\Delta T_d$, que es constante, multiplicado por la longitud de la barra, no debiendo olvidar el factor $\cos\gamma = \sqrt{3}/2$ en la operación. Con todo ello, la ecuación (7.5.1) se desarrolla como sigue:

$$\delta_{Bh} = + \sum \frac{A_i\,r_i}{EI_i} - \int_A^B \frac{\alpha}{h}\,|\Delta T_i - \Delta T_s|\,r_3\,ds + \alpha\,\Delta T_d\,L\,\cos\gamma \qquad (7.5.2)$$

Sustituyendo los valores numéricos, y teniendo en cuenta que

$$|\Delta T_i - \Delta T_s| = |0\,°C - 20\,°C| = 20\,°C$$

se tendrá:

$$\delta_{Bh} = \frac{\left(\dfrac{20}{\sqrt{3}}\cdot\dfrac{50}{2}\right)\cdot\dfrac{20}{3\sqrt{3}}}{EI} + \frac{\left(\dfrac{20}{\sqrt{3}}\cdot\dfrac{50}{2}\right)\cdot\dfrac{20}{3\sqrt{3}}}{EI} -$$
$$-\frac{10^{-5}\,°C}{0.5}(20\,°C)\frac{20}{\sqrt{3}}\cdot\frac{5}{\sqrt{3}} + 10^{-5}\,°C^{-1}\,(10\,°C)\frac{20}{\sqrt{3}}\cdot\frac{\sqrt{3}}{2}$$

obteniéndose finalmente el siguiente resultado:

$$\delta_{Bh} = 2.222\cdot10^{-3} - 1.333\cdot10^{-2} + 1\cdot10^{-3} = -10.11\cdot10^{-3}\,\text{m} \quad \left[\text{hacia la izquierda}\right]$$

Se observa que el desplazamiento resulta ser negativo, hacia la izquierda, ya que el efecto de la curvatura térmica —representada por el segundo sumando, negativo— supera en este caso a los dos sumandos con signo positivo.

Ejercicio 7.6   Pórtico con rótulas y deslizadera

Dada la estructura isostática de la figura, se pide:

1. Representar los diagramas de esfuerzos.
2. Hallar los movimientos de los puntos más representativos de la estructura, y dibujar su deformada a estima.

Datos: $EI = 10^7 \, \text{kN m}^2$.

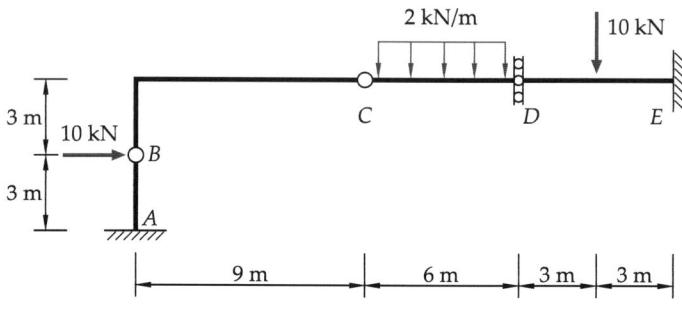

Figura 7.6.1

▷ Solución

1) Diagramas de esfuerzos

Se trata de una estructura, que con sus seis reacciones más sus dos rótulas y una deslizadera, es isostática.

Se comienza planteando equilibrio de las partes de la estructura que están delimitadas por mecanismos (Véase figura 7.6.2), así habrá menos fuerzas incógnita y, por tanto, será posible calcularlas, si no todas, al menos algunas. Es por ello que en primer lugar se aborda el tramo CD y luego el BC:

Tramo CD
$$\begin{cases} \sum F_v = 0 \;:\; -\mathcal{V}_C - 2 \cdot 6 = 0 \;\Rightarrow\; \mathcal{V}_C = -12\,\text{kN} \\ \sum M_C = 0 \;:\; M_D - 2 \cdot 6 \cdot 3 = 0 \;\Rightarrow\; M_D = 36\,\text{kN/m} \\ \sum F_h = 0 \;:\; \mathcal{N}_C = \mathcal{N}_D \end{cases}$$

Tramo BC
$$\begin{cases} \sum F_v = 0 \;:\; \mathcal{V}_C - \mathcal{N}_B = 0 \;\Rightarrow\; \mathcal{N}_B = \mathcal{V}_C = -12\,\text{kN} \\ \sum F_h = 0 \;:\; \mathcal{V}_B^+ + \mathcal{N}_C = 0 \;\Rightarrow\; \mathcal{V}_B^+ = -\mathcal{N}_C = 36\,\text{kN} \\ \sum M_B = 0 \;:\; -3\mathcal{N}_C + 9\mathcal{V}_C = 0 \;\Rightarrow\; \mathcal{N}_C = 3\mathcal{V}_C = -36\,\text{kN} \end{cases}$$

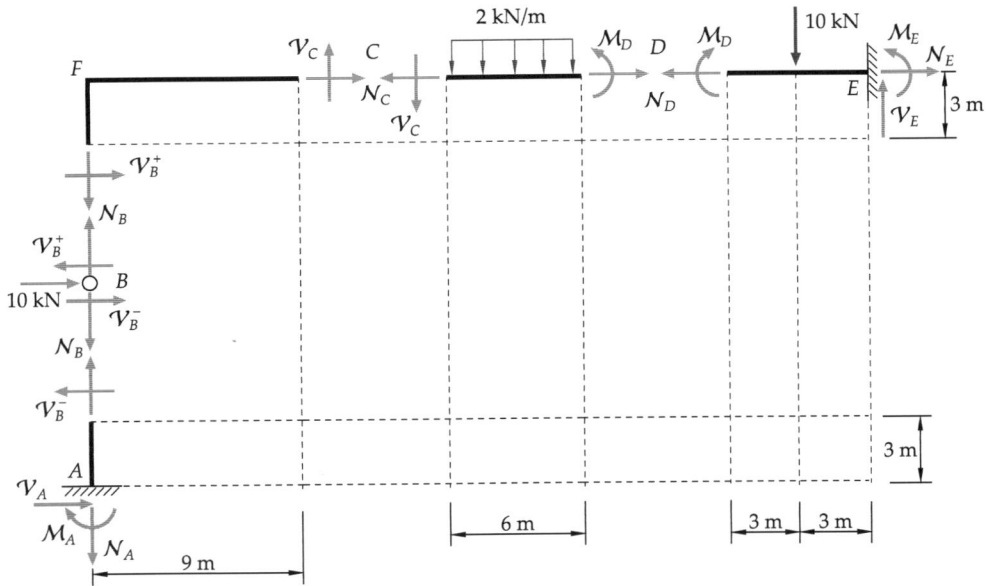

Figura 7.6.2. División de la estructura por sus mecanismos y equilibrio de las distintas partes

Equilibrio de fuerzas horizontales en la rótula B:

$$\sum F_h = 0 : \quad 10 - \mathcal{V}_B^+ + \mathcal{V}_B^- = 0 \quad \Rightarrow \quad \mathcal{V}_B^- = -10 + \mathcal{V}_B^+ = -10 + 36 = 26\,\text{kN}$$

Una vez calculados los esfuerzos en los dos tramos anteriores, es fácil calcular las reacciones en A y en E, simplemente hay que imponer el equilibrio de los tramos AB y DE:

Tramo AB
$$\begin{cases} \sum M_A = 0 : & 26 \cdot 3 - M_A = 0 \quad \Rightarrow \quad M_A = 78\,\text{kN/m} \\ \sum F_v = 0 : & -12 - N_A = 0 \quad \Rightarrow \quad N_A = -12\,\text{kN} \\ \sum F_h = 0 : & \mathcal{V}_A - 26 = 0 \quad \Rightarrow \quad \mathcal{V}_A = 26\,\text{kN} \end{cases}$$

Tramo DE
$$\begin{cases} \sum M_E = 0 : & M_E - 36 + 10 \cdot 3 = 0 \quad \Rightarrow \quad M_E = 6\,\text{kN/m} \\ \sum F_v = 0 : & \mathcal{V}_E - 10 = 0 \quad \Rightarrow \quad \mathcal{V}_E = 10\,\text{kN} \\ \sum F_h = 0 : & N_E - (-36) = 0 \quad \Rightarrow \quad N_E = -36\,\text{kN} \end{cases}$$

En la figura 7.6.3, se representan las cargas sobre la estructura y las reacciones en los empotramientos.

Una vez obtenidos los valores de los esfuerzos en todos los puntos *clave*, se pueden hallar las leyes de esfuerzos en toda la estructura. En la figura 7.6.4 se representa el diagrama de axiles, en la figura 7.6.5 el de cortantes y en la figura 7.6.6 el de flectores. Nótese como el vértice de la parábola del tramo CD estará en la deslizadera (D), pues ahí el cortante es nulo.

2) Movimientos representativos y deformada a estima

En esta estructura, más compleja que las anteriores, conviene hacer un resumen de los movimientos conocidos y desconocidos a priori. Los que se conocen a priori, siendo nulos todos ellos, son los siguientes:

- $\delta_{Ah} = \delta_{Av} = \theta_A = \delta_{Eh} = \delta_{Ev} = \theta_E = 0$, por estar A y E empotrados.
- $\delta_{Bv} = 0$. Dado que B no puede moverse en vertical al considerarse inextensibles (indeformables a axil) las barras. En otras palabras, el punto A no se desplaza en vertical y, por ello, B tampoco lo hará; igualmente, no se desplazará en vertical el nudo rígido F situado encima de B (ver figura 7.6.3).
- $\delta_{Ch} = \delta_{Dh} = 0$, dado que C y D no pueden desplazarse en horizontal al considerarse inextensibles las barras —es un razonamiento análogo al del punto anterior, basado en que E está empotrado—. Por el mismo motivo, el nudo rígido F tampoco se desplazará en horizontal, o sea, el punto F es lo que se denomina *intraslacional*, solo puede girar.

Por otra parte, los movimientos desconocidos, o incógnita, que deberán calcularse para poder representar la deformada son los siguientes:

- θ_B^-, θ_B^+: giro en la sección por debajo de la rótula B y por encima, respectivamente.
- θ_C^-, θ_C^+ = giro en la sección a la izquierda de la rótula C y a la derecha.
- θ_D = giro en la deslizadera D, que es idéntico a ambos lados de la misma.
- δ_{Bh} = desplazamiento horizontal de B.
- δ_{Cv} = desplazamiento vertical de C.
- δ_{Dv}^-, δ_{Dv}^+ = desplazamiento vertical de la sección a la izquierda de la deslizadera D y a la derecha, respectivamente.

El nudo rígido F, como se decía anteriormente, no se desplaza ni en horizontal ni en vertical. Sin embargo, dicho nudo sí puede girar, y podría, por tanto, plantearse el cálculo de θ_F; no obstante, se verá que dicho cálculo no es necesario para representar la deformada a estima.

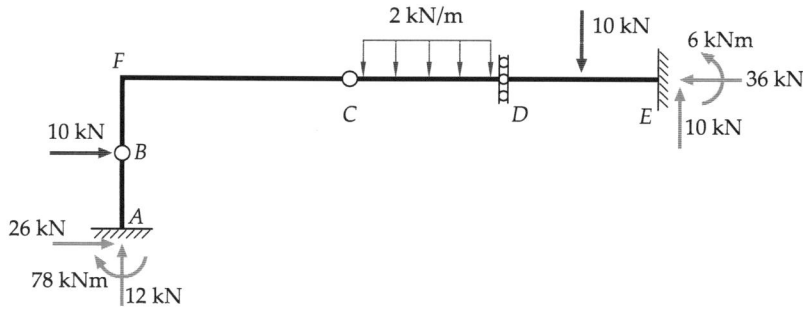

Figura 7.6.3. Esquema de cargas y reacciones

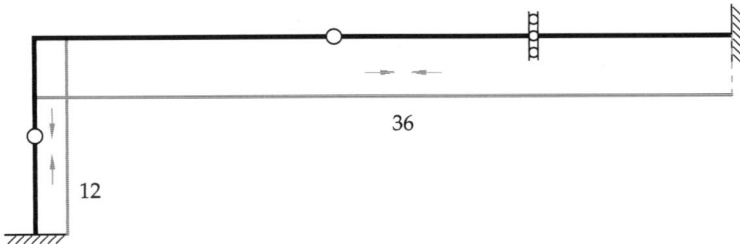

Figura 7.6.4. Diagrama de axiles (N, en kN)

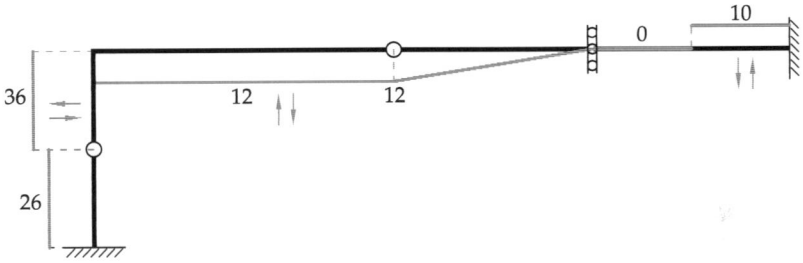

Figura 7.6.5. Diagrama de cortantes (V, en kN)

Tratándose de una estructura de barras rectas, con propiedades mecánicas y seccionales constantes en cada barra, y sin variaciones de temperatura aplicadas, se resolverán los movimientos mediante los teoremas de Mohr. Siendo este el último ejercicio del capítulo dedicado a movimientos, se abrevia su resolución mostrando a continuación la tabla de signos ya en su forma definitiva, y discutiendo dichos signos a partir de los croquis de las figuras siguientes.

Las áreas de momentos flectores se muestran en la figura 7.6.6, habiéndose descompuesto los flectores positivos sobre la barra DE en un rectángulo (área A_6) más

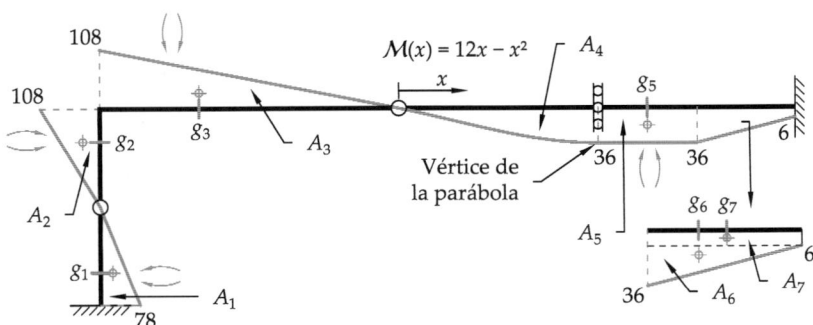

Figura 7.6.6. Diagrama de flectores (M, en kN m)

	θ_B^-	θ_C^-	θ_E	δ_{Bh}	δ_{Ch}	δ_{Cv}	δ_{Dv}^-	δ_{Ev}
A_1	+			−				
A_2		−			+	−		
A_3		−			−			
A_4			+				+	
A_5			+				+	
A_6			+					+
A_7			+					+
θ_B^+					−	+		
θ_C^+							+	
θ_D								+

Tabla 7.6.1. Signos para el cálculo de los distintos movimientos mediante teoremas de Mohr

un triángulo (área A_7) para ubicar así fácilmente las proyecciones g_6 y g_7 de sus respectivos centros de gravedad.

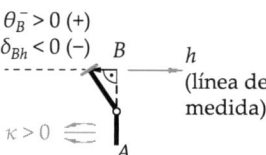

$\theta_B^- > 0\ (+)$
$\delta_{Bh} < 0\ (-)$ B h
     (línea de medida)
$\kappa > 0$ A

Figura 7.6.7. Signos para teoremas de Mohr asociados a flector/curvatura positivos en la barra AB: cálculo de θ_B^- y δ_{Bh} integrando de A a B.

Los signos en la fila correspondiente al área A_1 de la tabla 7.6.1 se deducen del croquis mostrado en la figura 7.6.7. Con dichos signos, y teniendo en cuenta que la distancia r_1 desde g_1 en perpendicular a la línea de medida horizontal que pasa por B es $\frac{2}{3}3$ m, se escriben los teoremas de Mohr como sigue:

$$\theta_B^- = \theta_A \pm \sum \frac{A_i}{EI_i} = \theta_A + \frac{A_1}{EI} = 0 + \frac{78 \cdot 3/2}{EI} = 117 \cdot 10^{-7} \text{rad} = (6.704 \cdot 10^{-4})^\circ$$

$$\delta_{Bh} = \delta_{Ah} \pm \theta_A\, r_A \pm \sum \frac{A_i\, r_i}{EI_i} = \delta_{Ah} \pm \theta_A\, r_A - \frac{A_1\, r_1}{EI} =$$

$$= 0 \pm 0 \cdot r_A - \frac{1}{EI}\frac{78 \cdot 3}{2}\frac{2}{3}3 = -234 \cdot 10^{-7}\,\text{m} = -0.0234\,\text{mm}$$

De los resultados anteriores se deduce que θ_B^- es antihorario y δ_{Bh} lleva sentido hacia la izquierda, negativo según el criterio habitual para movimientos en ejes globales. Se asume que, de ejercicios anteriores, este criterio es ya conocido por el lector.

De las figuras 7.6.8, 7.6.9 y 7.6.10 se deducen los signos a emplear para el cálculo de δ_{Ch} (el cual, por ser nulo, permite despejar θ_B^+), θ_C^- y δ_{Cv}, los cuales se han recogido en las columnas correspondientes de la tabla 7.6.1. Las filas correspondientes en dicha tabla son las de A_2, A_3 y θ_B^+.

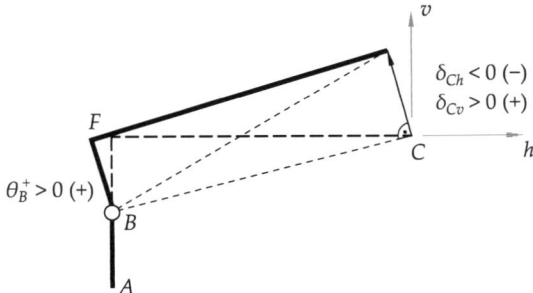

Figura 7.6.8. Signos para teoremas de Mohr asociados a giro positivo θ_B^+: cálculo de δ_{Ch} y δ_{Cv} integrando de B a C.

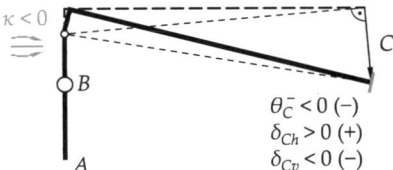

Figura 7.6.9. Signos para teoremas de Mohr asociados a flector/curvatura negativos en la barra BF: cálculo de θ_C^-, δ_{Ch} y δ_{Cv} integrando de B a C.

Para determinar θ_B^+ se plantea el cálculo del desplazamiento horizontal (nulo) en C. La línea de medida es pues la horizontal que pasa por C, y las distancias mínimas a ella son: $r_B = 3$ m desde B, $r_2 = \frac{1}{3}3$ m desde g_2. Por lo tanto:

$$\delta_{Ch} = \delta_{Bh} \pm \theta_B^+ r_B \pm \sum \frac{A_i r_i}{EI_i} = \delta_{Bh} - \theta_B^+ r_B + \frac{A_2 r_2}{EI} =$$

$$= -234 \cdot 10^{-7} - \theta_B^+ \cdot 3 + \frac{1}{EI}\frac{108 \cdot 3}{2} \cdot \frac{1}{3}3 = 0 \quad \Rightarrow$$

$$\Rightarrow \quad 0 = -234 \cdot 10^{-7} - \theta_B^+ \cdot 3 + 162 \cdot 10^{-7} \quad \Rightarrow$$

$$\Rightarrow \quad \theta_B^+ = -24 \cdot 10^{-7} \text{rad} = (-1.375 \cdot 10^{-4})^\circ$$

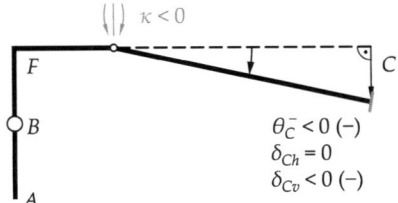

Figura 7.6.10. Signos para teoremas de Mohr asociados a flector/curvatura negativos en la barra FC: cálculo de θ_C^-, δ_{Ch} y δ_{Cv} integrando de B a C.

El ángulo θ_C^- puede calcularse ahora mediante el 1er teorema de Mohr:

$$\theta_C^- = \theta_B^+ \pm \sum \frac{A_i}{EI_i} = \theta_B^+ - \frac{1}{EI}(A_2 + A_3) =$$

$$= -24 \cdot 10^{-7} - \frac{1}{EI}\left(\frac{108 \cdot 3}{2} + \frac{108 \cdot 9}{2}\right) = -672 \cdot 10^{-7}\text{rad} = (-3.850 \cdot 10^{-3})^\circ$$

Los signos de la tabla determinados con ayuda de las figuras 7.6.8, 7.6.9 y 7.6.10 se emplean una última vez para determinar δ_{Cv}. Para ello se emplea como línea de medida la vertical que pasa por C, y las distancias a la misma son: $r_B = 9\,\text{m}$ desde B, $r_2 = 9\,\text{m}$ desde g_2, y $r_3 = \frac{2}{3}9\,\text{m}$ desde g_3. En consecuencia:

$$\delta_{Cv} = \delta_{Bv} \pm \theta_B^+ r_B \pm \sum \frac{A_i r_i}{EI_i} = \delta_{Bv} + \theta_B^+ r_B - \frac{1}{EI}(A_2 r_2 + A_3 r_3) =$$

$$= 0 + (-24 \cdot 10^{-7}) \cdot 9 - \frac{1}{EI}\left(\frac{108 \cdot 3}{2} \cdot 9 + \frac{108 \cdot 9}{2} \cdot \frac{2}{3}9\right) =$$

$$= -24 \cdot 10^{-7} \cdot 9 - 437 \cdot 10^{-7} = -4590 \cdot 10^{-7}\,\text{m} = -0.459\,\text{mm}$$

En relación a este cálculo anterior, nótese cómo el croquis de la figura 7.6.8 se había planteado en la hipótesis de que θ_B^+ fuese positivo y, sin embargo, el valor obtenido para dicho giro resultó negativo ($-24 \cdot 10^{-7}\text{rad}$), motivo por el cual se ha sustituido con signo menos en el 2° teorema de Mohr.

Dado que la deslizadera conserva los giros, se puede ahora aplicar el 1er teorema de Mohr, integrando desde C^+ a E: sabiendo que $\theta_E = 0$, se despejará así θ_C^+. Se necesitará para ello conocer el área de la parábola de flector (A_4), que se determina como sigue[12]:

$$A_4 = \int_0^6 (12x - x^2)\,\mathrm{d}x = 144\,\text{kN}\,\text{m}^2$$

En la parte final del ejercicio 7.1 se resumieron los criterios para discernir entre dobles signos al integrar sobre barras horizontales, que es el caso que ahora se quiere resolver. Por ello, empleando aquellos criterios de elección entre dobles signos, y siendo positivas todas las áreas de flector entre C y E, se tiene

$$\theta_E = \theta_C^+ \pm \sum \frac{A_i}{EI_i} = \theta_C^+ + \frac{1}{EI}(A_4 + A_5 + (A_6 + A_7)) =$$

$$= \theta_C^+ + \frac{1}{EI}\left(144 + 36 \cdot 3 + \frac{36 + 6}{2} \cdot 3\right) = 0$$

---

[12]Según la fórmula del área de la enjuta parabólica cóncava de la figura 8.0.2: $A_2 = 2bh/3$, se obtendría de forma alternativa el área A_4 de la parábola:

$$A_4 = \frac{2 \cdot 6 \cdot 36}{3} = 144\,\text{kN}\,\text{m}^2$$

Despejando resulta

$$\theta_C^+ = -\frac{1}{EI}(144 + 108 + 63) = -315 \cdot 10^{-7}\text{rad} = (-1.805 \cdot 10^{-3})°$$

De manera análoga se calcula el giro de la deslizadera, θ_D:

$$\theta_E = \theta_D \pm \sum \frac{A_i}{EI_i} = \theta_D + \frac{1}{EI}(A_5 + (A_6 + A_7)) = \theta_D + \frac{1}{EI}\left(36 \cdot 3 + \frac{36 + 6}{2} \cdot 3\right) = 0$$

Por lo tanto

$$\theta_D = -\frac{1}{EI}(108 + 63) = -171 \cdot 10^{-7}\text{rad} = (-9.798 \cdot 10^{-4})°$$

Nota.   Se habrá observado que, por ser los flectores positivos entre C y D, y dado que se está integrando de izquierda a derecha, en los dobles signos que van apareciendo relativos a las áreas en ese tramo de la estructura se opta siempre por el (+). Ello se refleja en las cuatro filas de la tabla 7.6.1 correspondientes a A_4, A_5, A_6 y A_7. Lo mismo sucede en las dos filas de la tabla correspondientes a θ_C^+ y θ_D, por integrar también de izquierda a derecha. Esta tónica se mantiene en los cálculos restantes, relativos a los desplazamientos de la deslizadera δ_{Dv}^- y δ_{Dv}^+.

Para hallar δ_{Dv}^- la línea de medida es una vertical por D. Se usará la distancia mínima a la misma $r_C = 6$ m, integrando desde C^+. Por otra parte, el término del 2º teorema de Mohr $A_4 r_4$, que representa el momento estático del área A_4 respecto de la línea de medida, se determina como sigue [13]:

$$A_4\, r_4 = \int_0^6 (12x - x^2)(6 - x)\,\mathrm{d}x = 324\,\text{kN m}^3$$

Así pues:

$$\delta_{Dv}^- = \delta_{Cv} \pm \theta_C^+ r_C \pm \sum \frac{A_i\, r_i}{EI_i} = \delta_{Cv} + \theta_C^+ r_C + \frac{A_4\, r_4}{EI} =$$
$$= -4590 \cdot 10^{-7} + (-315 \cdot 10^{-7}) \cdot 6 + 324 \cdot 10^{-7} = -6156 \cdot 10^{-7}\,\text{m} = -0.6156\,\text{mm}$$

Finalmente, sabiendo que δ_{Ev} es nulo se halla el valor de δ_{Dv}^+. Las distancias mínimas a emplear, medidas hasta la línea vertical que pasa por E, son: $r_D = 6$ m, desde D;

---

[13]Según la fórmula de la posición del centro de gravedad de la enjuta parabólica cóncava de la figura 8.0.2: distancia del vértice a $C_2 = 3b/8$, se obtendría de forma alternativa del momento estático del área A_4:

$$A_4\, r_4 = 144 \frac{3 \cdot 6}{8} = 324\,\text{kN m}^3$$

$r_5 = 4.5\,\text{m}$, desde g_5; $r_6 = 2\,\text{m}$, desde g_6, y $r_7 = 1.5\,\text{m}$, desde g_7. Desarrollando el 2º teorema de Mohr:

$$\delta_{Ev} = \delta_{Dv}^+ \pm \theta_D\, r_D \pm \sum \frac{A_i\, r_i}{EI_i} = \delta_{Dv}^+ + \theta_D\, r_D + \frac{1}{EI}\left(A_5\, r_5 + A_6\, r_6 + A_7\, r_7\right) = 0 \;\Rightarrow$$

$$\Rightarrow\; 0 = \delta_{Dv}^+ + \left(-171 \cdot 10^{-7}\right) \cdot 6 + \frac{1}{EI}\left(36 \cdot 3 \cdot 4.5 + \frac{30 \cdot 3}{2} \cdot 2 + 6 \cdot 3 \cdot 1.5\right) \;\Rightarrow$$

$$\Rightarrow\; \delta_{Dv}^+ = -\left(-171 \cdot 10^{-7}\right) \cdot 6 - \frac{1}{EI}\left(486 + 90 + 27\right) = 423 \cdot 10^{-7}\,\text{m} = 0.0423\,\text{mm}$$

Deformada a estima.   Se representa la deformada basándose en los siguientes resultados previos:

- El desplazamiento vertical de la rótula C es menor en valor absoluto que el del lado izquierdo de la deslizadera.
- Los desplazamientos verticales de la rótula C y del lado izquierdo de la deslizadera son, en valor absoluto, mucho mayores que el desplazamiento horizontal de la rótula B, y que el desplazamiento vertical del lado derecho de la deslizadera.
- Aunque no se ha calculado el valor de θ_F, se sabe que θ_B^+ es horario y que la curvatura de la barra BF es negativa; de ello se deduce que θ_F será también horario y mayor en valor absoluto que θ_B^+. Nótese que se mantiene el ángulo recto original entre la viga y el pilar en el nudo F.
- El punto F es intraslacional: no sufre desplazamiento alguno, solo giro, conservándose la perpendicularidad de las dos barras que llegan a F.
- Los puntos C y D no se desplazan en horizontal, y el punto B no se desplaza en vertical.
- Las barras AB, CD y DE deben dibujarse con curvatura positiva.
- Las barras BF y FC deben dibujarse con curvatura negativa.
- Las barras CD y DE deben tener la misma inclinación de la tangente en D (e igual a θ_D).

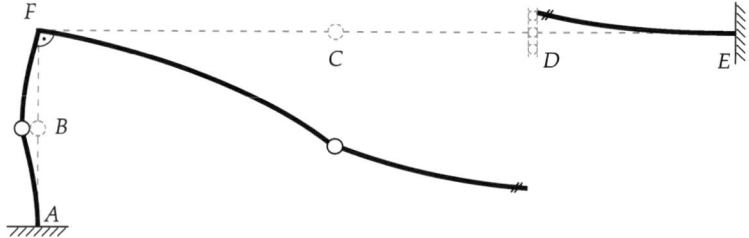

Figura 7.6.11. Deformada a estima

Principio del Trabajo Virtual

Contenido

8.0 Introducción

En este capítulo se aplica el *principio del trabajo virtual* (en adelante PTV) a estructuras isostáticas planas cargadas en su plano, tanto para el cálculo de reacciones y esfuerzos como para el cálculo de movimientos. Por un lado, el cálculo de reacciones y esfuerzos aplicando el PTV que se presenta en la primera parte del capítulo, es un procedimiento alternativo a usar las ecuaciones de equilibrio, mientras que el cálculo de movimientos, tratado en la segunda parte, proporciona un método alternativo a los vistos en el capítulo 7 para este propósito.

Como en el resto de capítulos, se resumen aquí las fórmulas y métodos prácticos para la resolución de los ejercicios. El lector puede consultar una presentación detallada del método del PTV en el tema dedicado a ello en el libro de teoría[1].

8.0.1 Expresión del PTV

Todas las estructuras tratadas presentan linealidad geométrica, entendiendo por tal la propiedad por la que las ecuaciones de equilibrio se pueden plantear en la configuración inicial (es decir, indeformada) de la estructura. Para este tipo de estructuras el PTV puede enunciarse de la siguiente forma: *el trabajo virtual desarrollado por un sistema de fuerzas exteriores aplicadas sobre una estructura en equilibrio a la que se le supone cualquier deformada compatible, es igual al trabajo virtual de los esfuerzos*. De forma resumida se suele escribir:

$$\text{Equilibrio} \quad \Longleftrightarrow \quad \mathcal{T}^*_{\text{ext}} = \mathcal{T}^*_{\text{esf}}(\mathcal{M}, \mathcal{N}, \mathcal{N}) \quad \forall \delta^* \tag{8.0.1}$$

Se desglosa a continuación la expresión anterior. Por un lado está el trabajo virtual de las fuerzas exteriores, que es la sumatoria del producto escalar de cada fuerza por su movimiento virtual asociado[2]. Si la fuerza fuese una carga distribuida, la sumatoria anterior tendría forma de integral.

Por otro lado, respecto a los esfuerzos, su trabajo virtual se resume en:

$$\mathcal{T}^*_{\text{ext}} = \mathcal{T}^*_{\text{esf}}(\mathcal{M}, \mathcal{N}, \mathcal{V}) = \mathcal{T}^*_{\text{esf}}(\mathcal{M}) + \mathcal{T}^*_{\text{esf}}(\mathcal{N}) + \mathcal{T}^*_{\text{esf}}(\mathcal{V}) =$$
$$= \int_E \mathcal{M}\,\kappa^*\,dx + \int_E \mathcal{N}\,\varepsilon^*\,dx + \int_E \mathcal{V}\,\gamma^*\,dx \tag{8.0.2}$$

El subíndice E de cada integral viene de la inicial de "Estructura" y significa que la integral se extiende a lo largo de la estructura completa. Esta expresión tiene en cuenta la deformación por flexión, axil, cortante y eventual variación de temperatura, siendo **válida para cualquier tipo de comportamiento del material** (lineal o no).

---

[1]*Resistencia de materiales, teoría de estructuras e introducción a la elasticidad* (Juan José Granados; Editorial Garceta; 2025, 5ª Edición).

[2]Entiéndase fuerza en su sentido genérico, o sea, puede ser una fuerza propiamente dicha o un par. En el caso de una fuerza el movimiento asociado es el desplazamiento, y en el caso de un par es el giro.

En el caso habitual de que la deformación longitudinal ε^* y la deformación por cortante γ^* quieran despreciarse, se tiene

$$\mathcal{T}^*_{\text{ext}} = \mathcal{T}^*_{\text{esf}}(\mathcal{M}) = \int_E \mathcal{M}\,\kappa^*\,\mathrm{d}x \tag{8.0.3}$$

Y si además, el comportamiento de la rebanada es el elástico lineal (sin efectos térmicos) se cumple que $\kappa^* = \mathcal{M}^*/(EI)$, quedando la usual expresión

$$\mathcal{T}^*_{\text{ext}} = \mathcal{T}^*_{\text{esf}}(\mathcal{M}) = \int_E \frac{\mathcal{M}\,\mathcal{M}^*}{EI}\,\mathrm{d}x \tag{8.0.4}$$

de uso común en problemas de cálculo de movimientos mediante el PTV.

8.0.2 Aplicación práctica del PTV

Como se mencionaba, la integral de la ecuación (8.0.4) es común en los problemas de cálculo de movimientos mediante el PTV, por lo que se analiza a continuación como abordarla en la práctica.

En primer lugar, lo habitual es que la rigidez a flexión EI sea constante a trozos, por lo que, una vez extraída de la integral, y suponiendo que se quiera integrar en un tramo de longitud l entre dos puntos de una barra (ver figura 8.0.1 (a) y (b)), deberá calcularse el resultado de la siguiente operación:

$$\int_0^l \mathcal{M}\,\mathcal{M}^*\,\mathrm{d}x \tag{8.0.5}$$

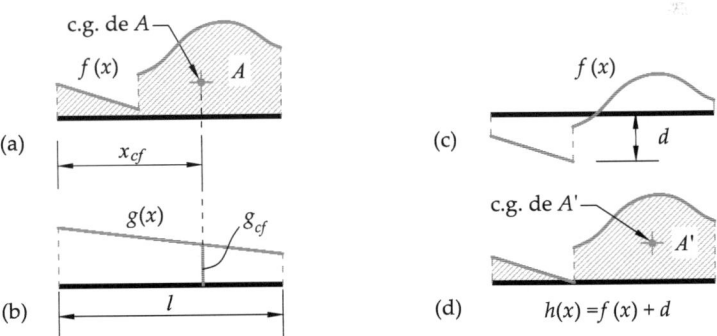

Figura 8.0.1. (a) Función f genérica; (b) función g lineal; (c) función f que cambia de signo y su transformación (d)

A continuación se describe un sencillo método que permite evaluar dichas integrales sin necesidad de desarrollar su expresión analítica completa, y que tiene por ello considerable interés en la aplicación práctica del PTV.

Integración mediante multiplicación de gráficos

Se trata de un procedimiento gráfico rápido e intuitivo, motivo por el cual se denomina habitualmente método de *multiplicación de gráficos*.

Sea el caso de tener una función genérica, que incluso podría ser discontinua, pero que no cambie de signo, $f(x)$; y una función lineal (que sí podría cambiar de signo) $g(x) = a + b\,x$; ver las figuras 8.0.1 (a) y (b). Es fácil comprobar que la integral puede transformarse de la siguiente forma:

$$\int_0^l f(x)\,g(x)\,\mathrm{d}x = a\int_0^l f(x)\,\mathrm{d}x + b\int_0^l f(x)\,x\,\mathrm{d}x =$$

$$= a\,(A) + b\,(A\,x_{cf}) = A(a + b\,x_{cf}) = A\,g(x_{cf}) = A\,g_{cf} \quad (8.0.6)$$

En el segundo miembro de la primera igualdad, la primera integral es el área marcada bajo la curva $f(x)$ en la figura 8.0.1 (a), o sea, A; y la segunda es el momento estático de A respecto al origen de x (en el extremo izquierdo del intervalo), o sea, $A\,x_{cf}$. El significado de $g_{cf} = g(x_{cf})$ es el valor de g en el punto donde está situado el centro de gravedad del área A (el subíndice cf significa "centroide de f").

Si la función $f(x)$ tuviese una parte en la que fuese negativa y otra en la que fuese positiva, como en la figura 8.0.1 (c), existen dos posibilidades:

1. Separar la integral en los tramos positivo y negativo de $f(x)$, aplicando el método descrito a cada uno de ellos. En la mayoría de casos, esta opción resulta conveniente.
2. Puede definirse una función auxiliar $h(x)$ que no cambie de signo, por ejemplo positiva. Para ello bastará sumar a $f(x)$ una constante de valor $d > 0$, suponiendo que $-d$ sea el mínimo de $f(x)$. La función $h(x)$ sería obviamente: $h(x) = f(x) + d$, como en la figura 8.0.1 (d). Se realiza la transformación de la integral sumando y restando la cantidad d para que la integral no varíe:

$$\int_0^l (-d + f(x) + d)g(x)\mathrm{d}x = -\int_0^l d\,g(x)\mathrm{d}x + \int_0^l \overbrace{(f(x) + d)}^{h(x)\geq 0}g(x)\mathrm{d}x =$$

$$= -d\,l\,g(l/2) + \int_0^l h(x)g(x)\mathrm{d}x \quad (8.0.7)$$

En la primera integral, la función que acompañaba a $g(x)$ es la constante d, y se ha resuelto aplicando multiplicación de gráficos (siendo $A = d\,l$). La integral que queda, puesto que $h(x) \geq 0$, se puede ya resolver mediante multiplicación de gráficos.

Tabla de integrales comunes en el PTV

Según lo anterior, en la tabla 8.0.1 que se muestra a continuación se han representado los resultados de la integral $\int_0^l f(x)g(x)\mathrm{d}x$ para las formas sencillas de f y g que suelen aparecer en la aplicación del PTV.

Notas:

- En el caso de un trapecio se puede trabajar descomponiéndolo o en suma de un triángulo más un rectángulo o en suma de dos triángulos de vértices opuestos.
- En caso de que g sea un triángulo simétrico, para aplicar el método gráfico se debe descomponer la integral en dos tramos lineales, salvo en los casos en los que f es lineal, en los cuales ambas funciones intercambian sus papeles.
- Las funciones curvas son parábolas con los vértices en los puntos marcados. Según el siguiente apartado de *enjutas parabólicas*: el área de la primera parábola (con vértice en el centro) es $2Ml/3$; y la de la segunda (con vértice en la derecha) es $Ml/3$.
- Si $f(x) = M^* = $ cte., es claro que: $\int_0^l f(x)g(x)\mathrm{d}x = M^* l\, g(l/2)$.

Aplicación a enjutas parabólicas

En el siguiente croquis se puede observar un rectángulo de base b y altura h dividido por una parábola con el vértice en el extremo inferior derecho del mismo (marcado con un punto). El rectángulo queda por tanto dividido en dos superficies, a las que se denomina *enjutas parabólicas*, que se han llamado A_1 y A_2. En dicho croquis se ha reflejado el valor de las áreas y acotado la posición de los centroides de cada una de las enjutas, que pueden ser usados para integrar mediante multiplicación de gráficos. Ello es de particular utilidad en casos de carga distribuida uniforme, donde aparecerán leyes de flectores parabólicas.

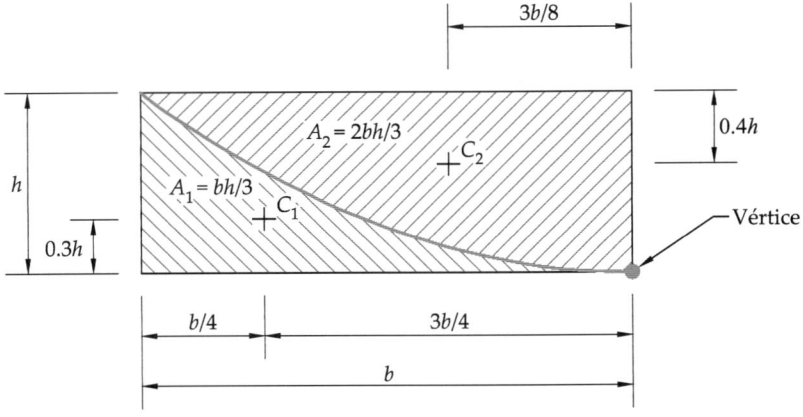

Figura 8.0.2. Enjutas parabólicas

$f(x)$ \ $g(x)$	M^* (triángulo, l)	M^* (triángulo, $l/2$ $l/2$)
M (rectángulo, l)	$M\,M^*\,l/2$	$M\,M^*\,l/2$
M (triángulo descendente, l)	$M\,M^*\,l/3$	$M\,M^*\,l/4$
M (triángulo ascendente, l)	$M\,M^*\,l/6$	$M\,M^*\,l/4$
M (triángulo central, $l/2$ $l/2$)	$M\,M^*\,l/4$	$M\,M^*\,l/3$
M_1, M_2 (trapecio, l)	$(2M_1 + M_2)M^*\,l/6$	$(M_1 + M_2)M^*\,l/4$
M (parábola, $l/2$ $l/2$)	$M\,M^*\,l/3$	$5M\,M^*\,l/12$
M (parábola descendente, l)	$M\,M^*\,l/4$	$7M\,M^*\,l/48$

Tabla 8.0.1. Valores comunes de $\displaystyle\int_0^l f(x)g(x)\,\mathrm{d}x$

Parte 1ª   PTV aplicado al cálculo de reacciones

Ejercicio 8.1   Viga *Gerber* con deslizadera

Calcular la reacción vertical en el empotramiento de la viga *Gerber*[3] de la figura.

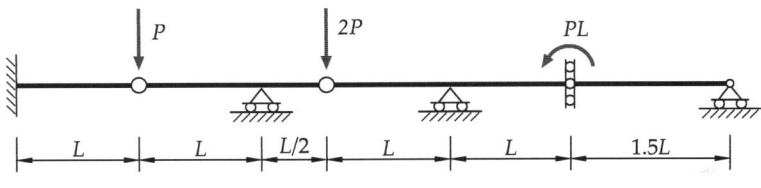

Figura 8.1.1

▷ Solución

Se recuerda que, según se indicó en el ejercicio 7.1, los ejercicios de los capítulos 7, 8 y 9 se resuelven, salvo que se indique expresamente lo contrario, despreciando las deformaciones de las barras debidas a los esfuerzos axil y cortante.

Dado que la estructura es isostática, la forma más sencilla de resolver este problema es aplicando el PTV. El isostatismo se deduce al observar en la figura 8.1.1 que el sistema de barras tiene seis reacciones externas —lo que lo convertiría, de entrada, en hiperestático (externo) de grado 3—, pero tiene a la vez tres enlaces internos (nudos) que implican, cada uno de ellos, que un esfuerzo es conocido en dichos puntos: flector nulo en las rótulas, cortante nulo en la deslizadera. Por tanto, estas condiciones adicionales dadas por los tres esfuerzos conocidos compensan a las tres reacciones externas superabundantes, resultando la estructura isostática.

En el resto de ejercicios de este capítulo se trabajará con estructuras cuyo isostatismo puede verificarse con razonamientos similares al anterior, dejando para el capítulo 9 la resolución de casos hiperestáticos.

Para calcular una reacción mediante el PTV es necesario liberar dicha fuerza incógnita (o momento incógnita) en la estructura isostática inicial, obteniendo con ello un mecanismo de un único grado de libertad que se denominará indistintamente *estructura auxiliar* o *mecanismo auxiliar*.

---

[3]Viga Gerber: aquella viga continua que es isostática gracias a la existencia de rótulas; en este caso una de las rótulas se ha sustituido por una deslizadera, manteniéndose el isostatismo.

Una vez hecho esto, en el resto del ejercicio se utilizará exclusivamente dicha estructura o mecanismo auxiliar, planteando en él dos estados diferenciados: un primer estado denominado de *fuerzas reales*, o simplemente *real*, en el cual actuarán las cargas aplicadas y la reacción pedida, por lo que el mecanismo estará en equilibrio (ver figura 8.1.2); más un segundo estado, denominado de *movimientos virtuales*, o simplemente *virtual*, en el que se supondrá un movimiento compatible e infinitesimal de sólido rígido del mecanismo (ver figura 8.1.3).

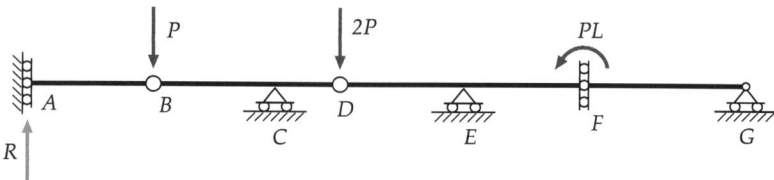

Figura 8.1.2. Estado de fuerzas reales en equilibrio, o simplemente **estado real**, donde se ha liberado la reacción R a calcular.

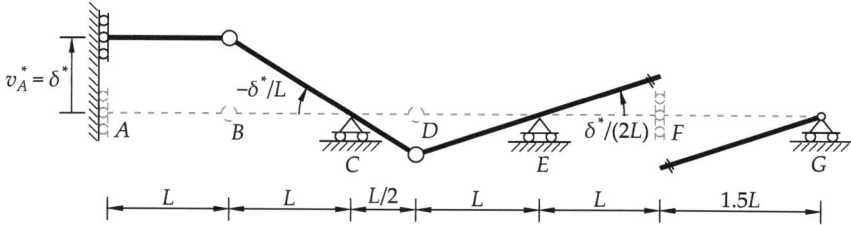

Figura 8.1.3. Estado de movimientos virtuales de sólido rígido, o simplemente **estado virtual**, donde el empotramiento deslizante A se desplaza en la dirección de la reacción R a calcular.

Puede observarse en la figura 8.1.3 que la estructura en ella representada es, en efecto, un mecanismo; por lo tanto su movimiento virtual, infinitesimal, es de sólido rígido. Ello resulta lógico, pues proviene de un sistema isostático al que se le ha eliminado una única reacción externa, adquiriendo así un grado de libertad de movimiento.

Se aplica ahora el PTV entre estos dos estados, estableciendo que: $\quad \mathcal{T}^*_{\text{ext}} = \mathcal{T}^*_{\text{esf}}$

Se analiza en primer lugar el trabajo virtual de los esfuerzos, dado por la ecuación (8.0.2) de la introducción del capítulo:

$$\mathcal{T}^*_{\text{esf}}(\mathcal{M}, \mathcal{N}, \mathcal{V}) = \mathcal{T}^*_{\text{esf}}(\mathcal{M}) + \mathcal{T}^*_{\text{esf}}(\mathcal{N}) + \mathcal{T}^*_{\text{esf}}(\mathcal{V}) =$$

$$= \int_E \mathcal{M} \kappa^* \, dx + \int_E \mathcal{N} \varepsilon^* \, dx + \int_E \mathcal{V} \gamma^* \, dx$$

Nótese que en el estado virtual de movimientos las barras no se deforman, sino que se mueven como sólidos rígidos, lo que implica que $\kappa^* = \varepsilon^* = \gamma^* = 0$; en consecuencia se tiene que $\mathcal{T}^*_{\text{esf}} = 0$, y la igualdad de dicho trabajo con el externo implica que también deberá cumplirse $\mathcal{T}^*_{\text{ext}} = 0$.

A continuación se calcula el trabajo de las fuerzas externas aplicadas en el estado real, sobre los movimientos del estado virtual, igualándose posteriormente a cero dicho trabajo. Para ello debe determinarse el valor de los movimientos de la figura 8.1.3, en los puntos donde haya aplicadas fuerzas y momentos en la figura 8.1.2, en función de un movimiento cualquiera, por ejemplo, v_A^*.

Con el mero objeto de facilitar su identificación, a la variable v_A^* se le asigna un valor infinitesimal arbitrario δ^*, lo que equivale a establecer que $v_A^* = \delta^*$, como se indica en la figura 8.1.3. El resto del ejercicio se resolverá en función de δ^* exclusivamente.

El cálculo de los desplazamientos verticales de los puntos de aplicación de las fuerzas en función del parámetro δ^* ofrece poca dificultad. Resulta evidente en la figura 8.1.3 que $v_B^* = \delta^*$. Por otra parte, dado que la barra BD gira como un sólido rígido alrededor del carrito C, y la distancia BC es el doble que CD, se tendrá que

$$\frac{v_D^*}{L} = -\frac{v_B^*}{2L} \quad \Rightarrow \quad v_D^* = -\frac{v_B^*}{2} = -\frac{\delta^*}{2}$$

En cuanto a los ángulos de giro de las barras, estos se calculan a partir de sus tangentes, ya que los movimientos virtuales son infinitesimales. Así, el ángulo de giro de la barra BCD, puede hallarse como

$$\theta_{BCD}^* = \theta_{BC}^* = \frac{\Delta v_{B \to C}^*}{\Delta x_{B \to C}} = \frac{v_C^* - v_B^*}{x_C - x_B} = \frac{0 - \delta^*}{L} = -\frac{\delta^*}{L} \qquad [\circlearrowright \text{ horario}]$$

De manera análoga, el ángulo de giro de la barra DEF será

$$\theta_{DEF}^* = \theta_{DE}^* = \frac{\Delta v_{D \to E}^*}{\Delta x_{D \to E}} = \frac{v_E^* - v_D^*}{x_E - x_D} = \frac{0 - (-\delta^*/2)}{L} = \frac{\delta^*}{2L} \qquad [\circlearrowleft \text{ antihorario}]$$

Este último giro es el que experimentan ambos lados de la deslizadera y, por tanto, es el que deberá emplearse para calcular el trabajo virtual del par de fuerzas PL aplicado en D en la figura 8.1.2. Es decir $\theta_F^* = \theta_{DEF}^* = \delta^*/(2L)$.

Empleando el criterio de signos global habitual, donde las fuerzas y desplazamientos verticales son positivos hacia arriba, y los pares y giros son positivos si antihorarios, se calcula el trabajo de las fuerzas exteriores:

$$\mathcal{T}_{\text{ext}}^* = R \cdot v_A^* + (-P) \cdot v_B^* + (-2P) \cdot v_D^* + PL \cdot \theta_F^* = (\text{sustituyendo movimientos}) =$$

$$= R \cdot \delta^* - P \cdot \delta^* - 2P \frac{(-\delta^*)}{2} + PL \frac{\delta^*}{2L} = R \cdot \delta^* - P \cdot \delta^* + 2P \frac{\delta^*}{2} + PL \frac{\delta^*}{2L}$$

Nótese que al calcular el trabajo virtual externo quedan siempre con signo positivo aquellos términos donde la fuerza (o par) lleven el mismo sentido que el desplazamiento (o giro) asociado, y con signo negativo los términos donde suceda lo contrario.

Igualando a cero y simplificando δ^* en la expresión anterior[4] se llega al resultado:

$$R = -\frac{P}{2} \quad [\text{hacia abajo}]$$

donde el signo menos indica que R va en sentido contrario al supuesto en la figura 8.1.2, o sea, hacia abajo.

Ejercicio 8.2   Pórtico con rótula y doble deslizadera

Dada la estructura de la figura, se pide calcular el momento de reacción en el empotramiento.

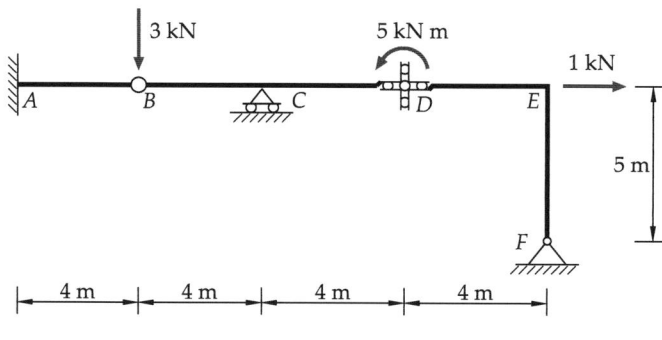

Figura 8.2.1

▷ Solución

Se trata de una estructura isostática que se resolverá haciendo uso del PTV. El isostatismo se deduce comprobando que, al igual que en el ejercicio 8.1, la estructura posee seis reacciones externas —lo cual la haría en principio hiperestática externa de grado 3—, teniendo a la vez dos nudos que proporcionan tres datos: flector nulo en la rótula, cortante y axil ambos nulos en la doble deslizadera. Estas tres condiciones adicionales compensan el hiperestatismo de las tres reacciones superabundantes, resultando el sistema isostático.

Las figuras 8.2.2 y 8.2.3 muestran los estados real y virtual a considerar en este caso.

Se aplica a continuación el PTV entre ambos estados. Como sucedía en el ejercicio 8.1, el trabajo virtual de los esfuerzos es nulo ya que las barras no se deforman en el estado virtual de movimientos (figura 8.2.3), sino que se mueven como sólidos rígidos y, por

---

[4]El motivo de haber calculado todos los movimientos virtuales en función de una sola variable, en este caso $v_A^* = \delta^*$, es que se puede simplificar dicha variable una vez impuesta la condición de que $\mathcal{T}_{\text{ext}}^* = 0$, pues el trabajo $\mathcal{T}_{\text{ext}}^*$ es proporcional al parámetro δ^*.

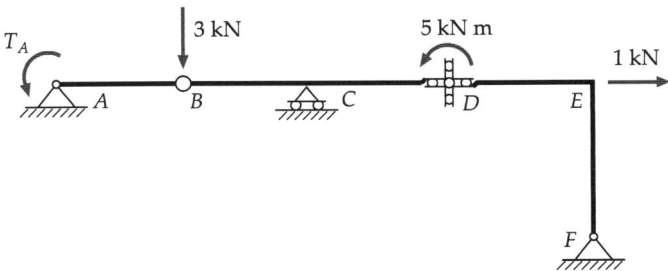

Figura 8.2.2. Estado de fuerzas reales en equilibrio, o simplemente **estado real**, donde se ha liberado el momento T_A a calcular.

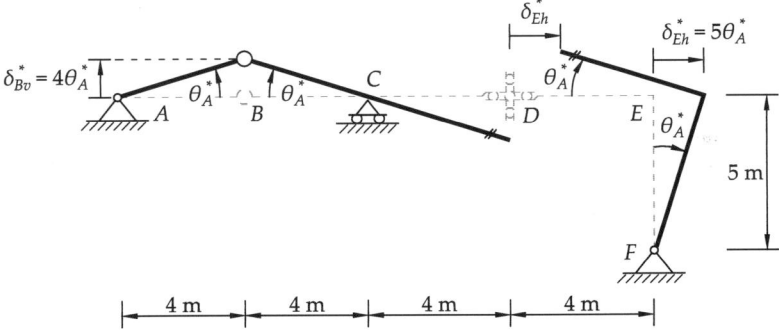

Figura 8.2.3. Estado de movimientos virtuales de sólido rígido, o simplemente **estado virtual**, donde el apoyo A gira en la dirección del momento T_A a calcular.

tanto, $\kappa^* = \varepsilon^* = \gamma^* = 0$. En consecuencia $\mathcal{T}^*_{\text{esf}} = 0$, y la igualdad de dicho trabajo con el externo implica que también deberá cumplirse $\mathcal{T}^*_{\text{ext}} = 0$, o sea:

$$\textbf{PTV}: \quad \mathcal{T}^*_{\text{ext}} = \mathcal{T}^*_{\text{esf}}; \quad \text{y, puesto que, } \mathcal{T}^*_{\text{esf}} = 0, \text{ entonces, } \mathcal{T}^*_{\text{ext}} = 0$$

Se calcula a continuación $\mathcal{T}^*_{\text{ext}}$, igualándose posteriormente a cero dicho trabajo. Para ello debe determinarse el valor de los movimientos de la figura 8.2.3, en los puntos donde haya aplicados fuerzas y momentos en la figura 8.2.2.

Se expresarán todos los movimientos virtuales en función de la variable virtual o parámetro θ^*_A. Ello permitirá simplificar dicho parámetro una vez impuesta la condición $\mathcal{T}^*_{\text{ext}} = 0$, y despejar así el valor del momento de reacción pedido. El valor del giro virtual θ^*_A es un infinitésimo arbitrario.

Los desplazamientos transversales de los extremos de las barras, ya sean verticales u horizontales, se relacionan con el parámetro θ^*_A a través de la longitud de dichas barras y de las tangentes de los ángulos girados por estas (tal cual se representa en la figura 8.2.3). Así, por ejemplo, se tiene que el movimiento vertical de la rótula es:

$$\delta^*_{Bv} = 4\theta^*_A$$

Como las barras AB y BC son de la misma longitud sufren el mismo giro, si bien en sentido opuesto; es decir, que el giro de cualquier punto de la barra BCD es

$$\theta^*_{BCD} = -\theta^*_A$$

horario, como muestra también la figura 8.2.3.

Además, la deslizadera D, cuyo giro es $-\theta^*_A$, obliga a que el ángulo girado por las barras a ambos lados de la misma —como sólidos rígidos, en este caso— sea idéntico y, por lo tanto:

$$\theta^*_{DEF} = \theta^*_{BCD} = -\theta^*_A$$

Así pues, el conjunto rígido formado por las barras DE y EF se mueve rotando al unísono alrededor del apoyo F, con el mismo ángulo horario que gira toda la barra BCD.

A partir del giro del apoyo F es inmediato deducir que el punto E se mueve en horizontal con un desplazamiento

$$\delta^*_{Eh} = 5\theta^*_A$$

Empleando el criterio de signos global habitual se tiene que

$$\mathcal{T}^*_{ext} = T_A \cdot \theta^*_A + (-3) \cdot \delta_{Bv} + 5 \cdot \theta_D + 1 \cdot \delta_{Eh}$$

y sustituyendo los valores de los movimientos antes hallados e igualando a cero:

$$\mathcal{T}^*_{ext} = T_A \cdot \theta^*_A - 3 \cdot (4 \cdot \theta^*_A) - 5 \cdot \theta^*_A + 1 \cdot (5 \cdot \theta^*_A) = 0$$

Según se explicó en el ejercicio 8.1, al calcular el trabajo virtual externo resultan siempre con signo positivo aquellos términos donde la fuerza (o par) lleven el mismo sentido que el desplazamiento (o giro) asociado, y con signo negativo los términos donde suceda lo contrario.

Simplificando el parámetro θ^*_A en la expresión anterior se llega al resultado buscado:

$$T_A = 12 \, \text{kN m} \qquad [\circlearrowleft \text{ antihorario}]$$

cuyo sentido es coincidente con el supuesto en la figura 8.2.2.

Parte 2ª   *PTV aplicado al cálculo de movimientos*

Ejercicio 8.3   Viga *Gerber* de dos vanos

En la viga Gerber de la figura, se pide:

1. Giros de la rótula C, tanto por la izquierda como por la derecha (θ_C^- y θ_C^+).

2. Ecuación de la elástica del tramo CD.

3. Dibujar a estima la deformada de toda la viga.

Datos: $EI_{AB} = EI = 0.5EI_{BD}$.

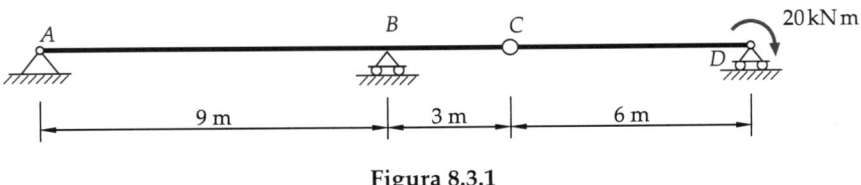

Figura 8.3.1

▷ **Solución**

1) Cálculo de giros en la rótula

Para resolver este apartado se aplicará el PTV entre el estado de movimientos reales[5] —que por ser los reales son con seguridad movimientos compatibles— y dos estados fuerzas virtuales en equilibrio, los cuales se denominarán "estado I" y "estado II".

Se representa en primer lugar el diagrama de momentos flectores para el estado real en la figura 8.3.2, el cual se empleará posteriormente. Por otra parte, la figura 8.3.3 muestra el estado real de movimientos, originados por dichos momentos flectores.

De la figura 8.3.2 es importante extraer la siguiente información: áreas de cada tramo del diagrama de flectores (con su signo), y posición del centroide de dichas áreas (en este caso, correspondientes con las secciones g_1, g_2 y g_3 de la viga). Más adelante, en dichas secciones g_1, g_2 y g_3 se habrá de buscar el valor del flector en los estados virtuales I y II, al objeto de realizar las integrales por multiplicación de gráficos según explica el apartado 8.0.2.

---

[5]Nótese cómo esta estrategia es la contraria de la empleada en los ejercicios 8.1 y 8.2: ahora hay que calcular movimientos, por lo que el estado real debe de ser movimientos, al contrario que antes, donde el estado de movimientos era el virtual.

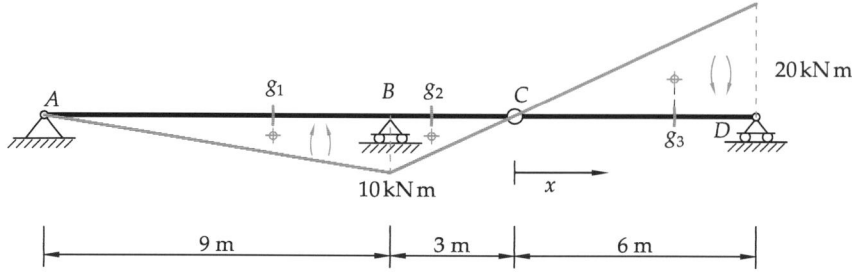

Figura 8.3.2. Diagrama de momentos flectores $\mathcal{M}$ del estado real

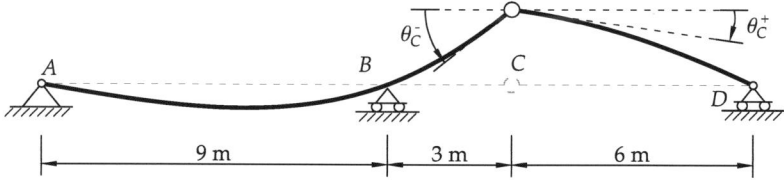

Figura 8.3.3. Estado de movimientos reales, o simplemente **estado real**

Los estados virtuales I y II se representan en las figuras 8.3.4 y 8.3.5. En dichos estados se observan sendos pares de fuerzas unitarios virtuales aplicados a cada lado de la rótula, los cuales permitirán determinar θ_C^- y θ_C^+ a través del trabajo virtual externo. Ambas figuras incluyen también los diagramas de momentos flectores virtuales, que se emplearán para computar el trabajo virtual de los esfuerzos.

En las figuras 8.3.4 y 8.3.5 se han señalado explícitamente los valores del flector virtual en las secciones correspondientes a los puntos g_1, g_2 y g_3 de la figura 8.3.2. Dichos valores se emplearán a continuación.

Para calcular el giro por la izquierda en C se aplica el PTV entre el estado real y el estado I, imponiendo que: $\mathcal{T}_{\text{ext}}^* = \mathcal{T}_{\text{esf}}^*$. Puesto que en el estado real no hay deformación longitudinal ($\varepsilon = 0$) y se desprecia la deformación por cortante, la expresión del PTV viene dada por la ecuación (8.0.4), es decir:

$$\mathcal{T}_{\text{esf}}^*(\mathcal{M},\, \mathcal{N},\, \mathcal{V}) = \mathcal{T}_{\text{esf}}^*(\mathcal{M}) + \mathcal{T}_{\text{esf}}^*(\mathcal{N}) + \mathcal{T}_{\text{esf}}^*(\mathcal{V}) = \mathcal{T}_{\text{esf}}^*(\mathcal{M}) + 0 + 0 =$$

$$= \int_E \mathcal{M}\,\kappa^*\,\mathrm{d}x = \int_A^D \frac{\mathcal{M}\,\mathcal{M}^I}{EI}\,\mathrm{d}x$$

En dicha expresión el trabajo virtual externo se calcula siguiendo lo explicado en los ejercicios 8.1 y 8.2. Se tiene por tanto $\mathcal{T}_{\text{ext}}^* = 1 \cdot \theta_C^-$. En cuanto al trabajo virtual de los esfuerzos (dado por la integral), se identifica el estado asterisco con el estado I ($\mathcal{M}^* \equiv \mathcal{M}^I$), obteniéndose la expresión del PTV:

$$1 \cdot \theta_C^- = \int_A^D \frac{\mathcal{M}\,\mathcal{M}^I}{EI}\,\mathrm{d}x = \int_A^B \frac{\mathcal{M}\,\mathcal{M}^I}{EI}\,\mathrm{d}x + \int_B^C \frac{\mathcal{M}\,\mathcal{M}^I}{2EI}\,\mathrm{d}x + \int_C^D \frac{\mathcal{M}\cdot 0}{2EI}\,\mathrm{d}x$$

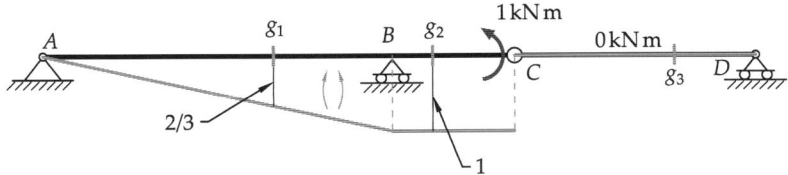

Figura 8.3.4. Estado I, fuerzas virtuales en equilibrio: ley de flectores M^I debido al momento unidad en C^-. Se emplea para hallar θ_C^-.

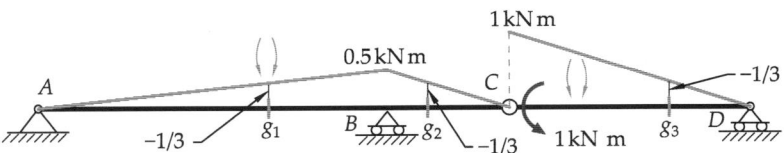

Figura 8.3.5. Estado II, fuerzas virtuales en equilibrio: ley de flectores M^{II} debida al momento unidad en C^+. Se emplea para hallar θ_C^+.

Sacando de las integrales los denominadores EI y $2EI$, estas resultan ser del tipo $\int M\,M^I\,dx$, que se pueden realizar según el procedimiento de multiplicación de gráficos explicado en el apartado 8.0.2. Para ello se emplean las figuras 8.3.2 y 8.3.4: se integra tomando el área de cada tramo del flector real M, y multiplicándola por el valor que tome el flector virtual M^I en la sección de barra que corresponda al centroide de ese tramo de la ley M. Desarrollando ambas integrales (recuérdese que M^I es nulo en el tramo CD) se llega a:

$$1 \cdot \theta_C^- = \frac{\left(\frac{1}{2} \cdot 9 \cdot 10\right) \cdot \frac{2}{3}}{EI} + \frac{\left(\frac{1}{2} \cdot 3 \cdot 10\right) \cdot 1}{2EI} = \frac{37.5}{EI} \quad \Rightarrow \quad \theta_C^- = \frac{37.5}{EI}$$

donde EI ha de expresarse en las unidades del numerador, es decir $kN\,m^2$.

Para calcular el giro por la derecha en C se aplica de nuevo el PTV, ahora entre el estado real y el Estado II. Aunque la figura 8.3.3 permite intuir que el giro θ_C^+ habrá de ser horario, a priori se supondrá que —al igual que se ha hecho con θ_C^-— se trata de un giro del que se desconoce su sentido y, por tanto, se supone antihorario, que es el positivo[6]. Así, el trabajo virtual externo sigue siendo el producto de dos factores positivos: $\mathcal{T}_{ext}^* = 1 \cdot \theta_C^+$ (nótese que el signo real que tenga el giro finalmente, dará el signo también al trabajo).

---

[6]**Es buena práctica considerar siempre un movimiento incógnita como si fuera positivo**, aunque se sepa que el resultado vaya a ser negativo. Hacer lo contrario equivale a cambiar el criterio de signo del movimiento, lo cual suele llevar a error al alumno poco experimentado.

Se emplea ahora como flector virtual $\mathcal{M}^* = \mathcal{M}^{II}$. Igualando al trabajo de los esfuerzos y desarrollando se tiene

$$
1 \cdot \theta_C^- = \int_A^D \frac{\mathcal{M}\,\mathcal{M}^{II}}{EI}\,\mathrm{d}x = \int_A^B \frac{\mathcal{M}\,\mathcal{M}^{II}}{EI}\,\mathrm{d}x + \int_B^C \frac{\mathcal{M}\,\mathcal{M}^{II}}{2EI}\,\mathrm{d}x + \int_C^D \frac{\mathcal{M}\,\mathcal{M}^{II}}{2EI}\,\mathrm{d}x =
$$

$$
= \frac{\left(\frac{1}{2}\cdot 9\cdot 10\right)\cdot\left(-\frac{1}{3}\right)}{EI} + \frac{\left(\frac{1}{2}\cdot 3\cdot 10\right)\cdot\left(-\frac{1}{3}\right)}{2EI} + \frac{\left(-\frac{1}{2}\cdot 6\cdot 20\right)\cdot\left(-\frac{1}{3}\right)}{2EI} \quad\Rightarrow\quad \theta_C^+ = -\frac{7.5}{EI}
$$

Se observa en la expresión anterior que todos los valores del flector virtual del estado II han resultado en este caso negativos $\left(-\frac{1}{3}\right)$, y el área del flector real en el tramo CD también es negativa $\left(-\frac{1}{2}\cdot 6\cdot 20\right)$. También se observa que el giro obtenido, como se intuía, es de sentido horario.

2) Ecuación de la deformada en el tramo CD

Según la ecuación diferencial de la elástica, dada por (3.0.10), y particularizando para el tramo CD, se tiene:

$$
v''_{CD}(x) = \frac{M_{CD}(x)}{2EI} \quad ; \quad \text{siendo}\ \ M_{CD}(x) = -\frac{10}{3}x \ \ \text{(ver figura 8.3.2)}
$$

Las dos condiciones de contorno son que el giro a la derecha de la rótula es conocido:

$$
v'(x = 0) = \theta_C^+ = -7.5/(EI)
$$

y que la flecha en el apoyo D es nula: $v(6) = 0$

Integrando una vez se tiene que:

$$
v'(x) = -\frac{5}{6EI}x^2 + C_1
$$

y aplicando la condición sobre el giro se calcula C_1:

$$
v'(0) = -\frac{7.5}{EI} \quad\Rightarrow\quad 0 + C_1 = -\frac{7.5}{EI}
$$

Integrando de nuevo:

$$
v(x) = -\frac{5}{18EI}x^3 - \frac{7.5}{EI}x + C_2
$$

y aplicando la condición sobre el desplazamiento, se determina C_2:

$$
v(6) = 0 \quad\Rightarrow\quad -\frac{5}{18EI}6^3 - \frac{7.5}{EI}6 + C_2 = 0 \quad\Rightarrow\quad C_2 = \frac{105}{EI}
$$

Por tanto, la ecuación de la deformada, o de la elástica, en CD, es:

$$
v(x) = -\frac{5}{18EI}x^3 - \frac{7.5}{EI}x + \frac{105}{EI} \simeq \frac{1}{EI}\left(-0.2778x^3 - 7.5x + 105\right)
$$

v en m, si x en m y EI en kN m^2.

3) Deformada a estima de la viga

La figura 8.3.6 muestra la deformada, en la que se observa que la curvatura de A a C es positiva, y de C a D es negativa, de forma coherente con el diagrama de flectores reales. El giro en la rótula es antihorario por la izquierda, y horario por la derecha.

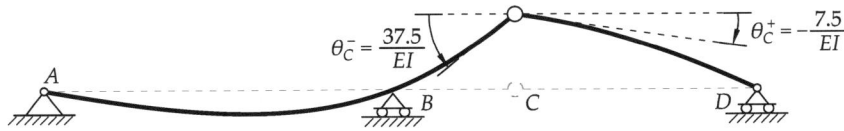

Figura 8.3.6. Deformada a estima

Ejercicio 8.4   Viga con deslizadera

Calcular el desplazamiento vertical y el giro en el punto B utilizando el PTV, y dibujar la deformada a estima.

Datos: $EI = 10^6 \, \mathrm{kN \, m^2}$.

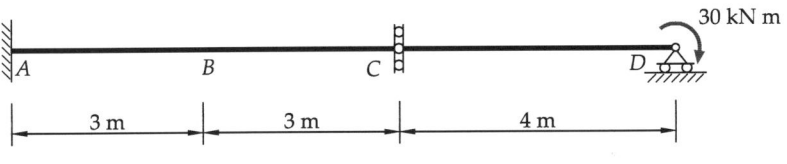

Figura 8.4.1

▷ **Solución**

Al igual que en el ejercicio 8.3, para resolver este problema se emplean tres estados: uno real, y dos estados virtuales ("estado I", que se usará para calcular el desplazamiento vertical, y "estado II" para el giro).

Primeramente se calcula la ley de momentos flectores reales en la viga, producida por el momento puntual aplicado en D. Al ser una viga isostática cuyo único mecanismo es una deslizadera —la cual transmite el momento de un lado a otro, pero no el cortante— y la solicitación un momento, se sabe que la ley de flectores sobre la viga es constante e igual al valor del momento aplicado en el extremo, sin necesidad de calcular las reacciones.

La ley de flectores del estado real es la mostrada en la figura 8.4.2. Además, el estado real es necesariamente de movimientos compatibles; de entre dichos movimientos, interesan los pedidos en el enunciado: el desplazamiento vertical δ_{Bv} y el giro θ_B.

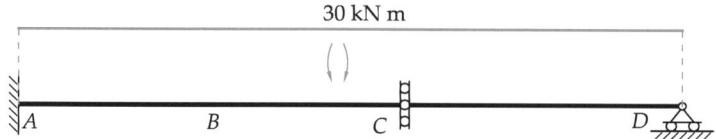

Figura 8.4.2. Estado real: diagrama de momentos flectores ($\mathcal{M}$).

Si bien en el ejercicio 8.3 se optó por representar, además de la ley de flectores, una deformada del estado real a priori (figura 8.3.3), ello no es estrictamente necesario para plantear el PTV, como se verá a continuación.

El estado virtual I elegido es el mostrado en la figura 8.4.3. Su carga unitaria en B permitirá calcular el desplazamiento vertical de dicho punto. La ley de flectores virtuales del estado I resulta, como puede verse, un sencillo triángulo.

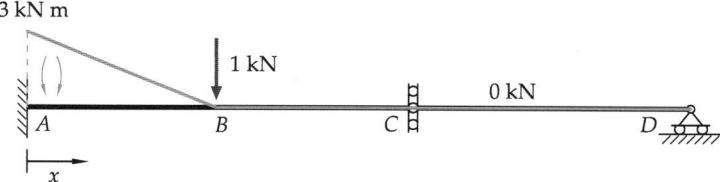

Figura 8.4.3. Estado I, fuerzas virtuales en equilibrio: ley de flectores $\mathcal{M}^I$ debida a la fuerza unidad en B. Se emplea para hallar δ_{Bv}.

Se plantea ahora el PTV entre el estado real y el estado I. Siguiendo el procedimiento mostrado en el ejercicio 8.3:

$$\textbf{PTV} \quad \Rightarrow \quad \mathcal{T}_{\text{ext}}^* = \mathcal{T}_{\text{esf}}^*$$

El desplazamiento δ_{Bv} se toma genérico, positivo hacia arriba. Entonces el trabajo virtual externo es $\mathcal{T}_{\text{ext}}^* = (-1) \cdot \delta_{Bv}$.

Por otra parte, el trabajo virtual de los esfuerzos, despreciando la deformación por cortante y en ausencia de axiles, se debe sólo al flector:

$$\mathcal{T}_{\text{esf}}^*(\mathcal{M}) = \int_E \mathcal{M}^* \, \kappa \, dx$$

En primer lugar se emplea como flector virtual el del estado I: $\mathcal{M}^* = \mathcal{M}^I$. Por lo tanto, el PTV se formula como

$$(-1) \cdot \delta_{Bv} = \int_A^D \frac{\mathcal{M}^I \mathcal{M}}{EI} \, dx$$

Dada la sencillez de la integral en este caso, se opta por su integración de forma analítica, dejando al lector que compruebe el resultado por el procedimiento de multiplicación de gráficos. Como el flector virtual $\mathcal{M}^I = \mathcal{M}^I(x) = (x-3)$ es no nulo únicamente entre A y B, se tendrá:

$$\delta_{Bv} = -\frac{1}{EI}\int_0^3 (x-3)\cdot(-30)\,dx = -\frac{1}{EI}\int_0^3 (90-30x)\,dx = -\frac{135}{EI} = -1.35\cdot10^{-4}\,m$$

A continuación, para calcular el giro en B se empleará el estado II, mostrado en la figura 8.4.4. En este estado la solicitación es un momento puntual horario en B, que produce una ley de flectores constante, limitada al tramo AB. La integral que representa el trabajo virtual de los esfuerzos, por lo tanto, quedará limitada a dicho tramo.

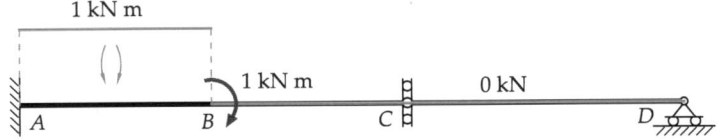

Figura 8.4.4. Estado II, fuerzas virtuales en equilibrio: ley de flectores $\mathcal{M}^{II}$ debida al momento unidad en B. Se emplea para hallar θ_B.

El giro en B se plantea a priori también genérico, antihorario. Así, el trabajo virtual externo es $\mathcal{T}^*_{ext} = (-1)\cdot\theta_B$.

Considerando el estado real y el estado II, puede hallarse el giro en B aplicando el PTV como sigue:

$$(-1)\cdot\theta_B = \int_A^D \frac{\mathcal{M}^{II}\mathcal{M}}{EI}\,dx$$

y desarrollando la expresión anterior se tiene que:

$$\theta_B = -\frac{1}{EI}\int_0^3 (-1)\cdot(-30)\,dx = -\frac{90}{EI} = -9\cdot10^{-5}\,rad \quad [\circlearrowright \text{ horario}]$$

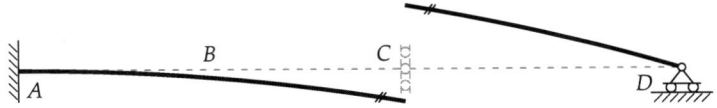

Figura 8.4.5. Deformada a estima de curvatura constante: $\kappa = \mathcal{M}/(EI) = 30\cdot10^{-6}\,m^{-1}$

Finalmente, se dibuja la deformada en la figura 8.4.5. Nótese que es importante tener en cuenta la ley de flectores del estado real que, en ausencia de curvatura térmica, indica cómo es la curvatura en toda la viga. Así se sabe que el descenso calculado en B y la curvatura negativa (y constante) en toda la viga obligan a que el lado izquierdo de la deslizadera también descienda ($\delta_C^- < 0$), y el giro de la deslizadera sea $\theta_C = \theta_C^- = \theta_C^+ < 0$ (horario). Por tanto, con curvatura negativa y giro horario en C, la deformada del tramo CD sólo podrá pasar por el apoyo D si el lado derecho de dicha deslizadera asciende, de lo cual se deduce que $\delta_C^+ > 0$.

Ejercicio 8.5   Viga con voladizo inclinado y temperatura

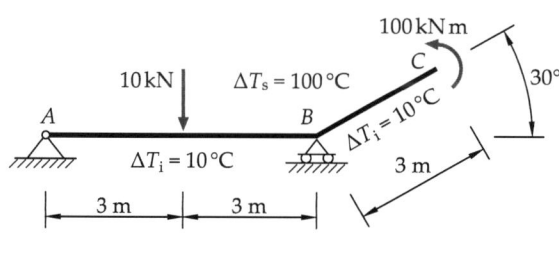

Figura 8.5.1

La estructura de la figura, compuesta por dos barras de idéntica sección rectangular, está sometida a las siguientes acciones: fuerza puntual en el centro de vano, momento en el extremo de la derecha (punto C), e incrementos de temperatura de 100°C en la cara superior, y 10°C en la cara inferior, con variación lineal entre ambas.

Se pide calcular el desplazamiento vertical del punto C, teniendo en cuenta las deformaciones (longitudinal y curvatura) debidas a la variación térmica.

Datos: $EI = 10^4 \, \text{kN m}^2$; $\alpha = 10^{-5} \, {}^\circ\text{C}^{-1}$; sección rectangular de canto $h = 0.5 \, \text{m}$.

▷ Solución

Para calcular δ_{Cv} por PTV se utilizarán dos estados: el primer estado será el de movimientos reales compatibles —correspondiente con el estado real de cargas—, y el segundo estado el de fuerzas virtuales en equilibrio —estado virtual— en el que se aplicará una carga unidad vertical positiva en C. Finalmente se aplicará el PTV entre ambos estados.

Las deformaciones en el estado real se calcularán según las ecuaciones (7.0.1) y (7.0.2) de la introducción al capítulo 7, es decir:

$$\varepsilon = \frac{N}{EA} + \alpha \, \Delta T_d$$

$$\kappa = \frac{M}{EI} + \frac{\alpha}{h} (\Delta T_i - \Delta T_s)$$

Operando en unidades del S.I. para desarrollar la curvatura térmica, se obtiene el siguiente resultado (cuyas unidades son m^{-1}):

$$\kappa = \frac{M}{EI} + \frac{\alpha}{h} (\Delta T_i - \Delta T_s) = \frac{M}{EI} + \frac{10^{-5}}{0.5}(100 - 10) = \frac{M}{EI} - 180 \cdot 10^{-5}$$

Para la deformación longitudinal (adimensional) hace falta calcular la temperatura de la directriz, la cual se halla como la media de las fibras superior e inferior, por ser la sección rectangular, o sea:

$$\varepsilon = \frac{N}{EA} + \alpha\,\Delta T_{\mathrm{d}} = 0 + 10^{-5}\left(\frac{10+100}{2}\right) = 55 \cdot 10^{-5}$$

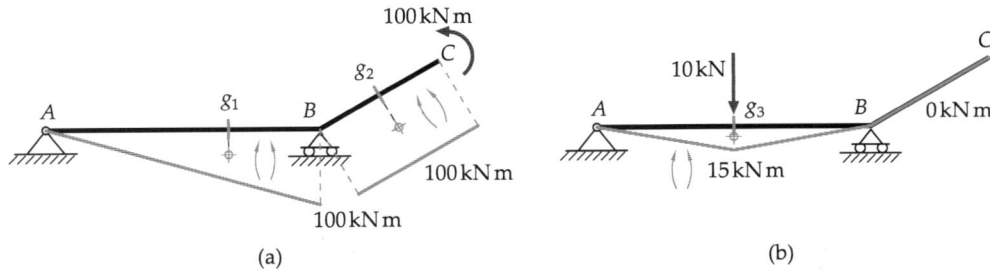

(a)   (b)

Figura 8.5.2. Estado real: diagramas de momentos flectores ($\mathcal{M}$): (a) debidos al momento en C; (b) debidos a la carga puntual en el centro del vano AB.

Para calcular δ_{Cv} se aplica el PTV entre el estado real y el virtual, o sea, $\mathcal{T}^*_{\mathrm{ext}} = \mathcal{T}^*_{\mathrm{esf}}$.

El trabajo virtual externo[7] es trivial, pues, $\mathcal{T}^*_{\mathrm{ext}} = 1 \cdot \delta_{Cv}$.

Se analizan a continuación los diferentes sumandos que originan el trabajo de los esfuerzos, dado por la ecuación (8.0.4). Se desprecian las deformaciones por cortante y axil, más no la deformación longitudinal por temperatura. Por tanto:

$$\mathcal{T}^*_{\mathrm{esf}} = \mathcal{T}^*_{\mathrm{esf}}(\mathcal{M}) + \mathcal{T}^*_{\mathrm{esf}}(\mathcal{N}) + \mathcal{T}^*_{\mathrm{esf}}(\mathcal{V}) = \mathcal{T}^*_{\mathrm{esf}}\left(\frac{M}{EI} + \frac{\alpha}{h}(\Delta T_{\mathrm{i}} - \Delta T_{\mathrm{s}})\right) + \mathcal{T}^*_{\mathrm{esf}}(\alpha\,\Delta T_{\mathrm{d}}) + 0 =$$

$$= \int_A^C M^* \kappa \, dx + \int_A^C N^* \varepsilon \, dx =$$

$$= \int_A^C \frac{M^* M}{EI} \, dx + \int_A^C M^* \frac{\alpha}{h}(\Delta T_{\mathrm{i}} - \Delta T_{\mathrm{s}}) \, dx + \int_A^C N^* \alpha\,\Delta T_{\mathrm{d}} \, dx$$

En las integrales anteriores aparecen diferentes términos constantes que pueden salir de las mismas, facilitando su evaluación. Observando la ley de axiles virtuales de la figura 8.5.3 (b), y teniendo en cuenta que la curvatura y elongación térmicas son constantes, y que N^* es nulo en AB y constante en BC, resulta

$$\mathcal{T}^*_{\mathrm{esf}} = \int_A^C \frac{M^* M}{EI} \, dx + \frac{\alpha}{h}(\Delta T_{\mathrm{i}} - \Delta T_{\mathrm{s}}) \int_A^C M^* \, dx + N^* \alpha\,\Delta T_{\mathrm{d}} \int_B^C dx$$

---

[7]Se supone δ_{Cv} genérico, es decir positivo si ascendente, como se hizo en los ejercicios previos.

Por tanto, evaluando la segunda integral (que viene dada por el área del diagrama de $\mathcal{M}^*$ representado en la figura 8.5.3 (a)), sustituyendo $\mathcal{N}^*$ por su valor de 0.5 kN, e igualando el trabajo externo y al de los esfuerzos, se tiene:

$$1 \cdot \delta_{Cv} = \int_A^C \frac{\mathcal{M}^*\mathcal{M}}{EI}\, dx - 180 \cdot 10^{-5} \cdot \frac{1}{2}\,(2.598 \cdot 6 + 2.598 \cdot 3) + 0.5 \cdot 55 \cdot 10^{-5} \cdot 3$$

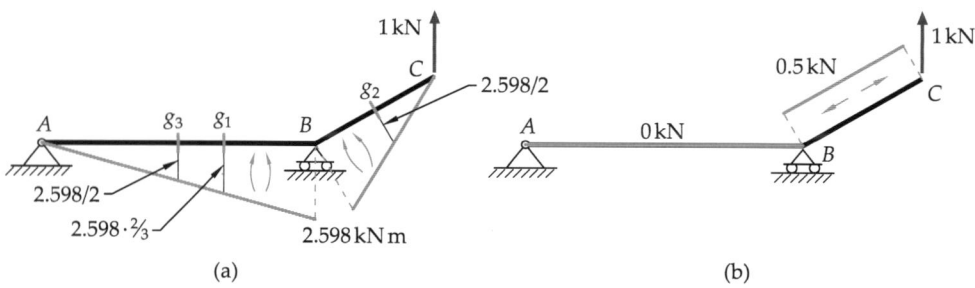

(a)   (b)

Figura 8.5.3. **Estado de fuerzas virtuales** en equilibrio cuya acción es una fuerza unidad en C: (a) diagrama de flectores $\mathcal{M}^*$; (b) diagrama de axiles $\mathcal{N}^*$. Ambos se emplean para hallar δ_{Cv}.

Unidades en la expresión anterior.   Nótese que en todos los sumandos aparece el kN como unidad, por lo que se simplifica. El origen de este hecho es la carga unidad de 1 kN, lo que conlleva que el kN m sea la unidad de $\mathcal{M}^*$ y el kN la unidad de $\mathcal{N}^*$.

Finalmente, la primera integral se resuelve por multiplicación de gráficos: se toman las áreas del flector real de la figura 8.5.2, se localizan las secciones correspondientes a sus centroides (g_1, g_2 y g_3), y se multiplica cada área de $\mathcal{M}$ por el valor de $\mathcal{M}^*$ en la sección g_i correspondiente. Operando así se tiene que

$$\int_A^C \frac{\mathcal{M}^*\mathcal{M}}{EI}\, dx = \frac{1}{EI}\left(\frac{1}{2}6 \cdot 100 \cdot \mathcal{M}^*_{g1} + 3 \cdot 100 \cdot \mathcal{M}^*_{g2} + \cdot\frac{1}{2}6 \cdot 15 \cdot \mathcal{M}^*_{g3}\right) =$$

$$= \frac{1}{EI}\left(\frac{1}{2}6 \cdot 100 \cdot \left(\frac{2}{3}2.598\right) + 3 \cdot 100 \cdot \left(\frac{1}{2}2.598\right) + \frac{1}{2}6 \cdot 15 \cdot \left(\frac{1}{2}2.598\right)\right) = \frac{967.76}{EI}$$

Sustituyendo la rigidez dada en el enunciado, y sumando este valor a los de las dos integrales previamente halladas, se llega a un desplazamiento vertical de valor

$$\delta_{Cv} = \frac{967.76}{10^4} - 0.02104 + 8.25 \cdot 10^{-4} = 0.07656\,\text{m} \quad \text{[hacia arriba]}$$

Se deja como ejercicio al lector verificar qué sucedería si se hubiese empleado un estado virtual con una carga vertical descendente, en lugar de ascendente. Para ello, nótese cómo cambiaría el signo de (a) el trabajo virtual externo, y (b) los diagramas $\mathcal{M}^*$ y $\mathcal{N}^*$, repercutiendo en todas las integrales evaluadas, por lo que no cambiaría el resultado final, $\delta_{Cv} = 0.07656$m, que representa un ascenso del punto C.

Estructuras hiperestáticas

Contenido

9.0   Introducción

En este capítulo se resuelven una serie de ejercicios de cálculo de estructuras hiperestáticas aplicando el *método de la compatibilidad*.

El capítulo se divide en dos partes: en la primera se aborda el cálculo de vigas hiperestáticas y en la segunda, más avanzada, el cálculo de pórticos hiperestáticos —en algunos de los cuales se llevan a cabo simplificaciones por simetría—.

En relación a este tema, en el libro de teoría[1] se pueden consultar, entre otros, los siguientes apartados en su capítulo dedicado a los métodos de cálculo de estructuras:

Isostatismo, hiperestatismo y mecanismo. Además de los conceptos teóricos se explica el cálculo práctico del grado de hiperestatismo, aplicándose a ejemplos.

Método de la compatibilidad. También llamado *método de las fuerzas* o *método de la flexibilidad*. Se explica la teoría de este método y se aplica a un ejemplo.

Método del equilibrio. También llamado *método de los desplazamientos* o *método de la rigidez*. Se explican las bases teóricas de este método, aplicándose a un ejemplo práctico. Además se incluye el método de la *pendiente-deformación* o *slope-deflection*.

Cálculo del grado de hiperestatismo

Siguiendo el planteamiento adoptado en el libro de teoría, para el cálculo del grado hiperestatismo global h_g se utilizarán aquí las siguientes fórmulas:

h_g es grado de hiperestatismo global, siendo: $h_g = h_e + h_i$

h_e es grado de hiperestatismo externo, siendo: $h_e = r - 3$

h_i es grado de hiperestatismo interno, siendo: $h_i = 3c - m$

en la segunda ecuación r es el número de reacciones; y en la tercera c es el número de cortes imaginarios necesarios para convertir la estructura en abierta y m es el número de datos aportados por los mecanismos internos (por ejemplo, una deslizadera aporta un dato, una rótula a la que llegan tres barras aporta dos datos, un carrito aporta dos datos, etc.).

Como ejemplo de aplicación de esta fórmula, la figura 9.0.1 (a) muestra un pórtico de nudos rígidos con dos alturas, en el que ambos soportes están vinculados mediante apoyos fijos. En tal caso, en cuanto a las reacciones se tiene $r = 4$, por lo que el hiperestatismo externo será $h_e = 4 - 3 = 1$. Además, como muestra la figura 9.0.1 (b), es necesario realizar un corte imaginario para abrir el único anillo o circuito cerrado que presenta la estructura ($BCFEGB$), formado por las barras BC, CF, FE, FG y GB.

---

[1]*Resistencia de materiales, teoría de estructuras e introducción a la elasticidad* (Juan José Granados; Editorial Garceta; 2025, 5ª Edición).

Realizando pues un único corte, por ejemplo, en la barra CF (concretamente en H) se obtiene una estructura abierta, lo cual implica $c = 1$. Por su parte, la rótula en G representa un mecanismo interno que aporta un dato ($m = 1$). Por tanto:

$$h_g = h_e + h_i = (r - 3) + (3c - m) = (4 - 3) + (3 \cdot 1 - 1) = 1 + 2 = 3$$

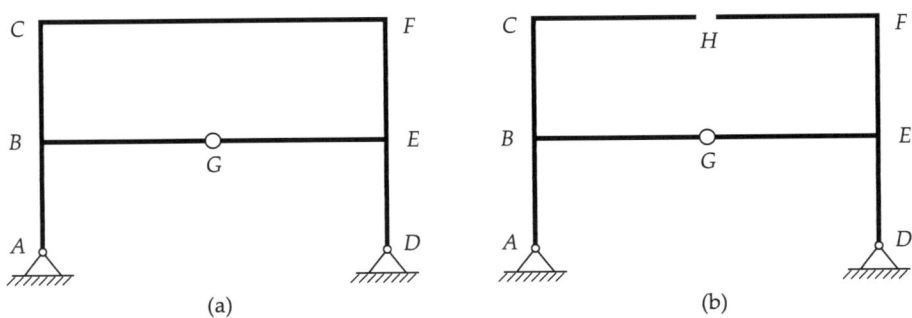

(a)   (b)

Figura 9.0.1. Estructura hiperestática de grado $h_g = h_e + h_i = 2 + 1 = 3$: (a) estructura original cerrada con un anillo ($BCFEGB$); (b) estructura abierta mediante un corte en la barra CF.

El método de la compatibilidad

En este capítulo se aplicará el *método de la compatibilidad* para la resolución de estructuras hiperestáticas, ya que es el más común al ser más fácil e intuitivo. A continuación se describen de forma resumida los pasos necesarios para aplicar dicho método, que se seguirán en los ejercicios posteriores:

▸ **Paso 1:** Calcular el grado de hiperestatismo de la estructura. Determinar el grado de hiperestatismo externo e interno (h_e y h_i) para poder calcular el global (h_g) como suma de ambos.

▸ **Paso 2:** Elegir las incógnitas hiperestáticas (el número de estas será igual a h_g) y escribir las ecuaciones de compatibilidad. Dichas ecuaciones son la que asegurarán la equivalencia, o igualdad, entre la estructura inicial y la *estructura isostática equivalente* —es decir, la estructura que resulta tras liberar las incógnitas hiperestáticas—.

▸ **Paso 3:** En virtud del principio de superposición, descomponer la estructura en $h_g + 1$ estados isostáticos (en determinadas situaciones, como en el ejercicio 9.2, solo se requieren h_g estados isostáticos).

▸ **Paso 4:** Calcular los movimientos asociados a las incógnitas hiperestáticas elegidas en cada uno de los estados isostáticos anteriores.

▸ **Paso 5:** Plantear mediante superposición el sistema de h_g ecuaciones de compatibilidad con h_g incógnitas, y resolverlo.

▸ **Paso 6:** Obtenidas las incógnitas hiperestáticas, cualquier otra incógnita de las variables estáticas que se desee averiguar puede calcularse aplicando simplemente las ecuaciones de equilibrio a cada uno de los estados isostáticos, y seguidamente superposición. Si lo que se desea calcular es un movimiento, se procede mediante los teoremas de Mohr, Bresse o PTV sobre cada uno de los estados isostáticos, y de nuevo se aplica finalmente superposición. También podría trabajarse directamente sobre la estructura real una vez que se tienen sus reacciones y leyes de esfuerzos totales, lo que suele ser menos conveniente.

Simetría

La simplificación por simetría es una herramienta muy útil para el cálculo de determinadas estructuras, ya que permite reducir su grado de hiperestatismo y su número de barras y, por tanto, su complejidad.

Por ello, toda estructura simétrica en forma y características mecánicas es preferible abordarla aplicando dicha simplificación, ya que su tiempo de resolución disminuye drásticamente, así como las posibilidades de cometer errores. Aunque cuando las cargas no cumplen la simetría el estado original se descompone en suma de dos estados, uno simétrico y otro antisimétrico de cargas, suele merecer la pena resolver el problema por este camino.

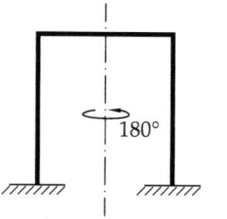

En este libro se limitará la resolución de problemas hiperestáticos con simetría a casos de *simetría axial* (ver figura 9.0.2), en la que el *eje simetría* está contenido en el plano de trabajo, y la *operación de simetría* es un giro de 180º a su alrededor. En particular, los ejercicios 9.6 y 9.7 se resolverán empleando las simplificaciones propias de este tipo de simetría.

Figura 9.0.2. Simetría axial

El libro de teoría incorpora un capítulo dedicado a la simetría en el que se hace un estudio pormenorizado de la misma, incluyendo numerosos ejemplos resueltos paso a paso.

Cálculo de esfuerzos y movimientos según los capítulos 1, 7 y 8

En los libros de Resistencia de Materiales y Teoría de Estructuras la resolución de estructuras hiperestáticas se suele posponer a los últimos capítulos por razones fáciles de comprender. En efecto, el lector verá a lo largo de este capítulo cómo se hace uso extensivo de los diagramas de esfuerzos tratados en el capítulo 1, y también del cálculo de movimientos mediante teoremas de Mohr (según el capítulo 7) o PTV (capítulo 8).

Por ello, durante la resolución de los ejercicios de hiperestatismo las explicaciones relativas a cálculo de esfuerzos y movimientos, o bien se darán sucintamente, o bien se omitirán —salvo excepciones—, pues se entiende que el estudiante deberá haber alcanzado un nivel de conocimiento previo adecuado de los capítulos 1, 7 y 8.

Parte 1ª   Vigas hiperestáticas

Ejercicio 9.1   Viga empotrada-apoyada con un momento

Dada la viga de la figura, de rigidez EI constante y sometida a la acción de un par de fuerzas T conocido, se pide calcular las reacciones y los movimientos en los nudos, así como representar los diagramas de esfuerzos y su deformada a estima.

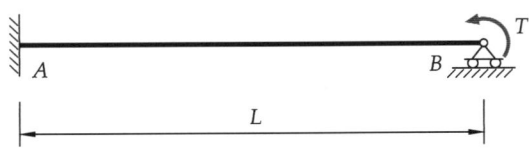

Figura 9.1.1

▷ Solución

La resolución de esta básica estructura hiperestática, formada por una sola viga empotrada-apoyada, contiene ideas y resultados útiles para problemas posteriores más complejos.

Se recuerda de nuevo que, como se indicó en el ejercicio 7.1, los ejercicios de los capítulos 7, 8 y 9 se resuelven, salvo que se indique expresamente lo contrario, despreciando las deformaciones de las barras debidas a esfuerzos axil y cortante.

Para resolver el ejercicio se siguen por orden los seis pasos indicados en la introducción a este capítulo.

▶ **Paso 1:** Calcular el grado de hiperestatismo h_g de la estructura

Se trata de una estructura abierta, con cuatro reacciones externas y sin mecanismos internos. Por lo tanto

$$h_g = h_e + h_i = (R - 3) + (3c - m) = (4 - 3) + (3 \cdot 0 - 0) = 1 + 0 = 1$$

▶ **Paso 2:** Elegir las incógnitas hiperestáticas y escribir ecuaciones de compatibilidad

Puesto que $h_g = 1$, debe elegirse una única incógnita hiperestática para resolver el problema. Debe recalcarse que la elección de la incógnita hiperestática es el paso más crítico pues, aunque al *liberar* dicha incógnita se obtendrá una estructura isostática, el grado de dificultad que presente su resolución puede ser muy variable. Esta delicada

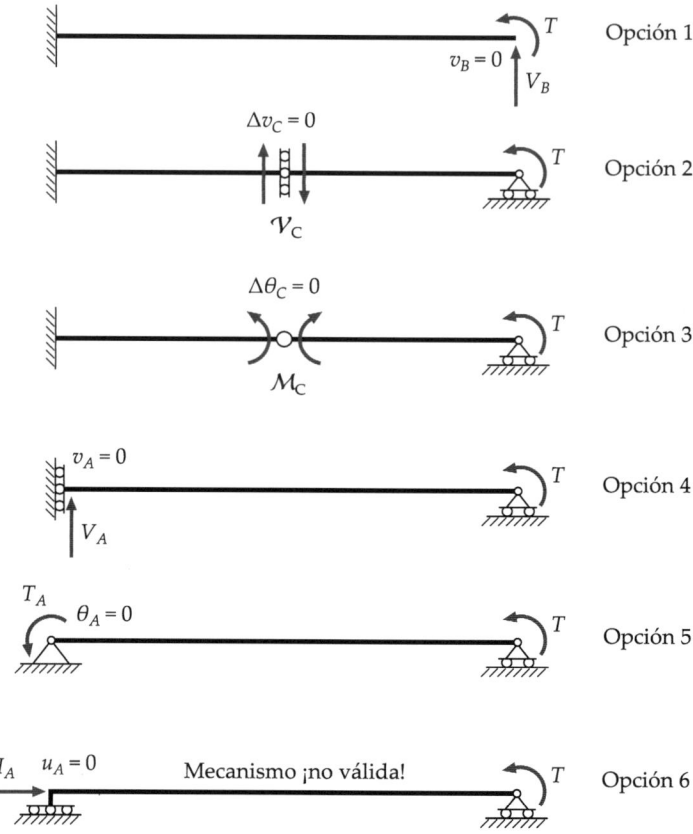

Figura 9.1.2. Elección de la incógnita hiperestática

elección se discute en la figura 9.1.2, en la que se muestran seis opciones de incógnitas hiperestáticas que se podrían elegir (es decir, liberar) para aplicar el método de la compatibilidad.

Cualquiera de las cinco primeras opciones propuestas serían válidas, pero no en cambio la última, que produce un mecanismo al liberar H_A. También puede detectarse que la opción 6 no es válida verificando que la incógnita elegida (H_A) se obtiene simplemente imponiendo el equilibrio estático:

$$\sum F_h = 0 \quad \Rightarrow \quad H_A = 0$$

Por tanto, H_A queda determinada sin recurrir a ecuaciones de compatibilidad, no representando una respuesta hiperestática de la estructura. Es recomendable que el lector compruebe por sí mismo que ninguna de las otras cinco opciones permite calcular por equilibrio las incógnitas V_B, $\mathcal{V}_C$, $\mathcal{M}_C$, V_A o T_A[2].

---

[2]Recuérdese que el par de fuerzas T aplicado en B es conocido, pues es un dato.

A la vista de las cinco primeras opciones, y buscando aquella que conduzca a un proceso más rápido y sencillo, se puede concluir que: la opción 1 (liberar la reacción en el carrito) conduce a una ménsula con cargas aplicadas en su extremo libre, cuyo tratamiento se considera fácil; y la opción 5 (liberar la reacción momento en el empotramiento), que conduce a una viga simplemente apoyada con momentos aplicados en sus extremos, parece igualmente acertada.

En la presente solución se va a optar por la opción 5, dejando como ejercicio propuesto al lector que explore la opción 1. Por tanto, la incógnita hiperestática elegida es $X \equiv T_A$, y la *estructura isostática equivalente* es una viga biapoyada con dos pares en sus extremos. Se adopta X como símbolo para destacar la incógnita hiperestática en la resolución del ejercicio, señalando que es el primer —e imprescindible— resultado a obtener. También se deja como ejercicio propuesto intentar plantear la solución utilizando alguna de las otras opciones, por ejemplo la 2 (donde se libera el cortante en el centro del vano) y comprobar su dificultad añadida.

La ecuación de compatibilidad que asegura que la estructura isostática de la opción 5 sera equivalente a la estructura inicial, es, como se indica en la propia figura

$$\theta_A = 0 \tag{9.1.1}$$

Resaltar que se ha escrito una única ecuación de compatibilidad porque $h_g = 1$. Nótese que la elección de la opción 5 viene motivada porque dicha ecuación —como ahora se comprobará— se considera, a priori, sencilla de escribir, o sea, es fácil de calcular el giro θ_A en cada uno de los estados isostáticos.

▸ **Paso 3:** Descomponer el problema en $h_g + 1 = 2$ estados isostáticos

La figura 9.1.3 muestra la descomposición a utilizar en virtud del principio de superposición. Teniéndose una única incógnita hiperestática, se plantean dos estados isostáticos, el [0] y el [I], cuya superposición equivale al estado real.

▸ **Paso 4:** Calcular movimientos asociados a las incógnitas hiperestáticas

Para poder desarrollar la ecuación (9.1.1) es necesario calcular el giro θ_A en los estados [0] y [I] de la figura 9.1.3.

Ambos estados producen sencillas leyes de flectores triangulares, idénticas a las vistas en el ejercicio 7.1. Si, por ejemplo, se utiliza el segundo teorema de Mohr para relacionar los desplazamientos verticales en los extremos, se puede despejar el valor del giro, como se hizo en dicho ejercicio. Incluso se puede calcular más rápidamente el giro aplicando el PTV. En cualquier caso, el resultado, como se obtuvo en la ecuación (7.1.2) del ejercicio 7.1, es

$$\theta_A^0 = -\frac{TL}{6EI} \text{ [horario] } ; \quad \theta_A^I = \frac{XL}{3EI} \text{ [antihorario]}$$

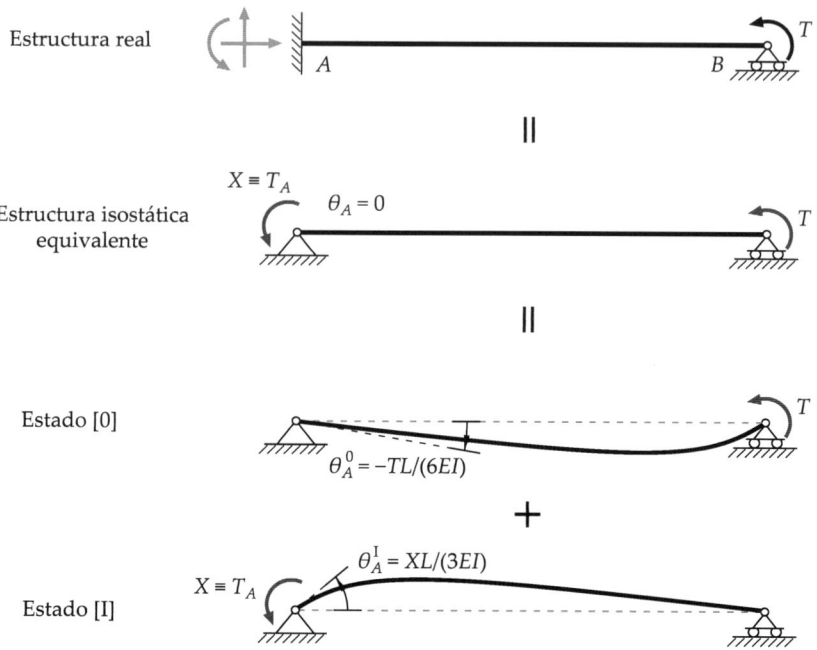

Figura 9.1.3. Descomposición en $h_g + 1 = 2$ estados isostáticos: principio de superposición

▸ **Paso 5:** Plantear mediante superposición el sistema de $h_g = 1$ ecuaciones de compatibilidad y resolverlo

Se escribe ahora de forma desarrollada la ecuación de compatibilidad $\theta_A = 0$. Aplicando superposición de estados se tiene

$$[\text{real}] = [0] + [I] \quad \Rightarrow \quad \theta_A = \theta_A^0 + \theta_A^I \quad \Rightarrow \quad 0 = -\frac{TL}{6EI} + \frac{XL}{3EI} \quad \Rightarrow \quad X = \frac{T}{2}$$

▸ **Paso 6:** Obtenidas las incógnitas hiperestáticas, calcular resto de resultados

Una vez obtenida la incógnita hiperestática ($T_A = X = T/2$), es sencillo hallar las reacciones restantes aplicando las ecuaciones de equilibrio. Para ello se emplea el croquis de la figura 9.1.4:

$$\sum F_h = 0 \; : \quad H_A = 0$$

$$\sum M_A = 0 \; : \quad \frac{T}{2} + T + V_B L = 0 \quad \Rightarrow \quad V_B = -\frac{3T}{2L}$$

$$\sum F_v = 0 \; : \quad V_A + V_B = 0 \quad \Rightarrow \quad V_A = -V_B = \frac{3T}{2L}$$

Figura 9.1.4. Diagrama de la viga en equilibrio

Una vez halladas las reacciones, se pueden obtener las leyes de esfuerzos cortantes y momentos flectores. Véase que para el cálculo del giro en B es igualmente fácil aplicar el 1er teorema de Mohr usando la ley de flectores de la figura 9.1.5:

$$\theta_B = \theta_A + \frac{A}{EI} = 0 + \frac{1}{EI}\left(\frac{-\frac{T}{2}+T}{2}L\right) = \frac{TL}{4EI} \tag{9.1.2}$$

o calcularlo por superposición de los estados [0] y [I]:

$$\theta_B = \theta_B^0 + \theta_B^I = \frac{TL}{3EI} - \frac{XL}{6EI} = \frac{TL}{3EI} - \frac{\frac{T}{2}L}{6EI} = \frac{TL}{4EI}$$

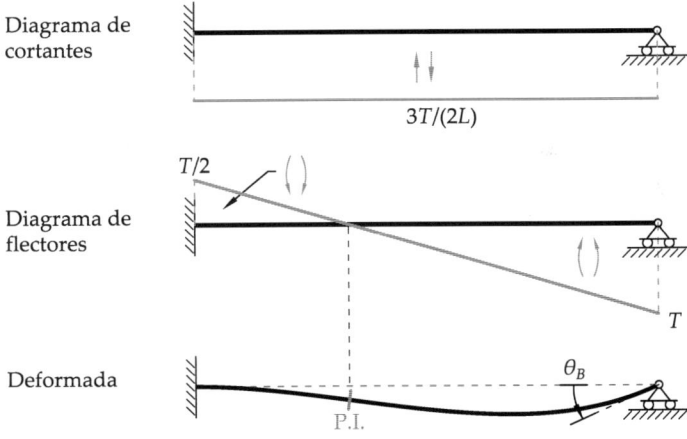

Figura 9.1.5. Diagramas de esfuerzos y deformada a estima

La deformada a estima se representa también en la figura 9.1.5. Nótese que donde el momento flector cambia de signo y, por ende, también la curvatura, aparece un punto de inflexión en la deformada (indicado como "P.I." en la figura).

Una conclusión interesante que se obtiene es que al aplicar un par de fuerzas T en el extremo de una barra empotrada-apoyada, este se "propaga" al empotramiento con la mitad de su valor $T/2$ y con el mismo sentido (horario, en este caso).

Planteamiento alternativo del estado [I]

El estado [I] podría plantearse también aplicando en A un momento unitario antihorario, en lugar de la incógnita hiperestática X. Esto se hace en ocasiones para aislar el coeficiente que multiplica a X en la ecuación de compatibilidad. En tal caso los giros serían

$$\theta_A^0 = -\frac{TL}{6EI} \text{ [horario]} \quad ; \quad \theta_A^I = \frac{1 \cdot L}{3EI} \text{ [antihorario]}$$

Se impondría acto seguido la ecuación de compatibilidad $\theta_A = 0$ como sigue:

$$[\text{real}] = [0] + [I] \cdot X \quad \Rightarrow \quad \theta_A = \theta_A^0 + \theta_A^I X \quad \Rightarrow \quad 0 = -\frac{TL}{6EI} + \frac{L}{3EI} X \quad \Rightarrow \quad X = \frac{T}{2}$$

Como se ve, el resultado obtenido es el mismo.

Esta práctica es habitual en los planteamientos teóricos del método de compatibilidad (véase el libro de teoría), pues se deja en evidencia que se llega a un sistema lineal de ecuaciones que permite resolver las incógnitas hiperestáticas elegidas.

Ejercicio 9.2   Ménsula con un tirante en su extremo

En la estructura de la figura 9.2.1, la barra BC sufre un incremento de temperatura de 60°C. Teniendo en cuenta que la barra BC sí se deforma por axil, se pide:

1. Calcular las reacciones.

2. Representar los diagramas de los esfuerzos.

3. Calcular la flecha en el punto B.

Datos: $EI_{AB} = 10^6 \text{ t m}^2$; $EA_{BC} = 2 \cdot 10^5 \text{ t}$; $\alpha_{BC} = 10^{-5} \, °\text{C}^{-1}$.

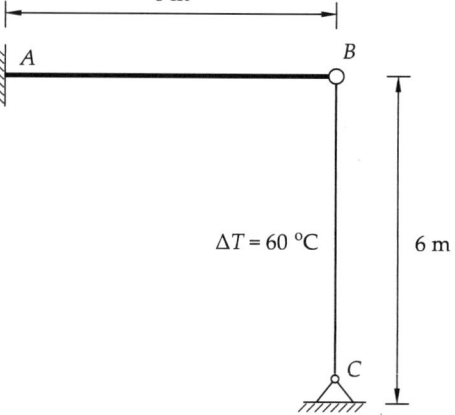

Figura 9.2.1

▷ Solución

Concepto de "biela" o "tirante".   A modo de anotación, partiendo de los resultados del ejercicio 1.4 previo, se retoma ahora un aspecto de interés sobre el mismo. En dicho ejercicio el soporte vertical AB del pórtico está articulado en ambos extremos, sin que haya ninguna carga aplicada en puntos intermedios del mismo. Precisamente, esa es también la situación que se tiene ahora en la barra BC de la figura 9.2.1. A partir de la ecuación 1.0.6 (la cual permitió determinar que $H_A = 0$ en el ejercicio 1.4), se dedujo, por $\sum F_h = 0$ en la barra, que debía cumplirse además $H_B = 0$. La conclusión que se extrae de ello es que este tipo de barra *biarticulada* está sometida únicamente a fuerzas axiales. Habitualmente se denomina a estos elementos *biela* o *tirante*[3]: pueden trabajar a compresión o a tracción con esfuerzo axil constante, pero no estarán sometidos ni a momento flector ni a esfuerzo cortante. **Este frecuente caso sucede siempre que los extremos de una barra son articulaciones y, además, no existen cargas intermedias aplicadas entre sus extremos.** La existencia de cambios de temperatura no altera esta conclusión, pues no influyen en las ecuaciones de equilibrio de la barra.

Ecuación del comportamiento de una biela o tirante.   Una pieza recta homogénea, de sección constante, sometida a esfuerzo axil constante y a un cambio de temperatura uniforme, sufre un alargamiento que viene dado por la siguiente expresión, fruto de la (3.0.4), y de uso frecuente en ejercicios con barras biarticuladas de este tipo:

$$\frac{\Delta L}{L} = \varepsilon = \frac{N}{EA} + \alpha\,\Delta T \quad \Rightarrow \quad \Delta L = \frac{NL}{EA} + \alpha L\,\Delta T \tag{9.2.1}$$

En la ecuación anterior, si se obtiene un valor positivo de ΔL implica alargamiento, mientras que un valor negativo implica acortamiento.

1) Cálculo de las reacciones

Como acaba de explicarse, en este ejercicio 9.2 la barra BC se comporta como un tirante o biela. Aunque una vez resuelto el problema podrá determinarse si trabaja a tracción o a compresión, por ahora lo fundamental es saber que el único esfuerzo que habrá en ella será un axil de valor constante. A partir de esta primera conclusión, se procede a resolver el hiperestatismo.

▶ **Paso 1:** Calcular el grado de hiperestatismo h_g de la estructura

En total, esta estructura abierta tiene 5 reacciones y un mecanismo interno (rótula B). Por lo tanto:

$$h_g = h_e + h_i = (R - 3) + (3c - m) = (5 - 3) + (3 \cdot 0 - 1) = 2 - 1 = 1$$

Un procedimiento ventajoso consiste en considerar que el tirante aporta una única incógnita (su axil), según lo cual basta calcular el grado de hiperestatismo de la estructura sin el tirante y luego sumarle uno. Es evidente que la estructura sin el tirante es isostática (pues es una viga en voladizo), por lo que

$$h_g = 0 \text{ (del voladizo)} + 1 \text{ (del tirante)} = 1$$

que coincide con lo dicho anteriormente.

---

[3]En Hormigón Armado, en el *modelo de bielas y tirantes*, se denomina biela a la barra sometida a axil de compresión y tirante a la sometida a tracción.

▶ **Paso 2:** Elegir las incógnitas hiperestáticas y escribir ecuaciones de compatibilidad

Siendo $h_g = 1$, se necesita elegir una incógnita hiperestática. En ejercicios donde aparezcan tirantes suele ser conveniente tomar el axil en ellos como incógnita hiperestática[4], y por tanto se elige $X \equiv N_{BC}$ para resolver el ejercicio, ver figura 9.2.2.

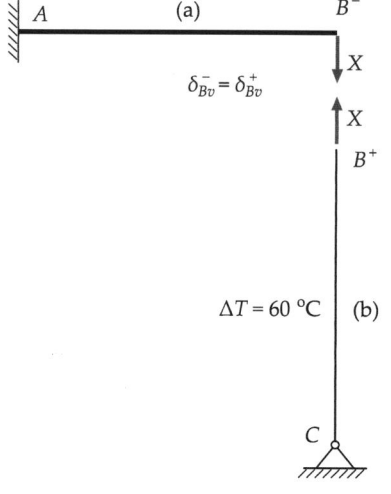

Hay varias formas de liberar esta incógnita hiperestática. Una de las más intuitivas es la representada en la figura 9.2.2, en la que el tirante (figura 9.2.2 (b)) se separa del resto de la estructura, que pasará a convertirse en el *estado isostático equivalente*, tras aplicarle el axil desconocido y la condición de compatibilidad de forma explícita (figura 9.2.2 (a)).

Respecto a la aplicación del axil, normalmente se plantea de modo que provoque tracción en el tirante, como muestra dicha figura: la fuerza X representada, en efecto, supone para el tirante una fuerza de tracción. Por acción-reacción, la misma fuerza X tira hacia abajo del extremo de la ménsula. Al resolver el ejercicio se verá si esta hipótesis de partida (tirante traccionado) era correcta o incorrecta; aunque se demostrase incorrecta, conviene recalcar que ello no supone ningún obstáculo para resolver el problema, simplemente *se obtendrá un resultado negativo* de X (compresión).

Figura 9.2.2. Elección del axil N_{BC} como incógnita hiperestática X; ecuación de compatibilidad.

Respecto a la ecuación de compatibilidad, obsérvese como se ha separado el tirante por la rótula B, dando origen a los puntos B^- (extremo derecho de la viga), y B^+ (extremo superior del tirante). Por haber separado ambos elementos, **la compatibilidad se expresa imponiendo que la fuerza incógnita X sea la misma que si estuviesen unidos**. Dado que X representa el axil en el tirante, y dicho axil depende de su alargamiento ΔL a través de la ecuación (9.2.1), la compatibilidad se conseguirá **expresando el alargamiento ΔL del tirante en función del desplazamiento del punto de la estructura al que está sujeto**[5] (en este caso el extremo de la viga B^-).

En resumen, la compatibilidad se logra **igualando los desplazamientos de ambos puntos, B^- y B^+, proyectados en la dirección del tirante**. Dado que en esta estructura el tirante **es vertical**, se impone que el desplazamiento del punto B^- de la viga **sea en vertical** idéntico al del punto B^+ del tirante, es decir:

$$\delta_{Bv}^- = \delta_{Bv}^+ \tag{9.2.2}$$

---

[4]Con la condición de que, al hacerlo, la estructura resultante no sea un mecanismo.

[5]Si el tirante fuese interno, sus dos extremos se desplazarían, por lo que habría que expresar su alargamiento en función de los desplazamientos de ambos puntos a los que están conectados sus extremos.

La siguiente consideración que se necesita es de tipo geométrico. En este caso resulta sencilla, ya que, por ser este tirante vertical y con su extremo inferior fijo, es evidente que

$$|\Delta L| = \left|\delta^+_{Bv}\right|$$

Para determinar ahora el signo de la expresión anterior se debe observar en la figura 9.2.3 que, si el punto B^+ asciende, serán positivos tanto el desplazamiento de la cabeza del tirante ($\delta^+_{Bv} > 0$, al ser hacia arriba) como su variación de longitud ($\Delta L_{BC} > 0$, al ser alargamiento). Por lo tanto

$$\Delta L_{BC} = \delta^+_{Bv} \qquad (9.2.3)$$

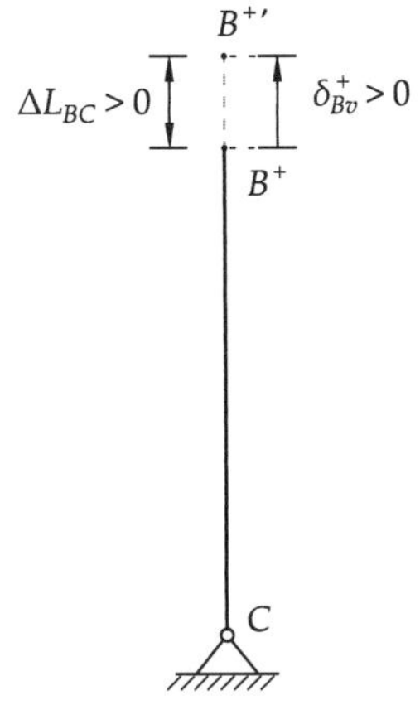

Figura 9.2.3. ΔL_{BC} y δ^+_{Bv} positivos

Sustituyendo la ecuación (9.2.3) en la (9.2.2) se logra escribir, como se buscaba, la ecuación de compatibilidad en función del alargamiento del tirante:

$$\delta^-_{Bv} = \Delta L_{BC} \qquad (9.2.4)$$

El desplazamiento δ^-_{Bv} de la estructura se calculará en el Paso 4. En cambio, el alargamiento puede expresarse inmediatamente en función del axil X, empleando la ecuación (9.2.1) que, sustituida en la (9.2.4), completa el Paso 2 en el caso de ejercicios con tirantes/bielas:

$$\delta^-_{Bv} = \frac{X L_{BC}}{E A_{BC}} + \alpha_{BC} L_{BC} \, \Delta T \qquad (9.2.5)$$

Solo resta la obtención del primer miembro (δ^-_{Bv}), para lo cual, en el resto del ejercicio, se trabajará únicamente con la *estructura isostática equivalente*, que en este caso es la viga en voladizo o ménsula AB^-, como se ha dicho anteriormente.

▶ **Paso 3:** Descomponer el problema en $h_g + 1$ estados isostáticos

La necesidad de plantear $h_g + 1$ estados isostáticos surge de que, en uno de ellos, se aplicarán las cargas actuantes sobre la estructura que no sean incógnitas hiperestáticas (de ahí el sumando "+1"). En este caso, la viga isostática AB^- no tiene ninguna carga aplicada y, por lo tanto, no es necesario plantear más que un estado, que será en el que aparezca la incógnita X. Dicho estado se representa en la figura 9.2.4.

▶ **Paso 4:** Calcular movimientos asociados a las incógnitas hiperestáticas

El desplazamiento δ^-_{Bv} se calcula por el 2º teorema de Mohr, especialmente sencillo de aplicar partiendo del punto A empotrado:

$$\delta^-_{Bv} = \delta_{Av} \pm \theta_A \, r_B \pm \frac{A \, r}{EI} = 0 + 0 + \frac{\left(-\frac{1}{2} L \, XL\right) \frac{2L}{3}}{EI_{AB}} = -\frac{XL^3}{3EI_{AB}}$$

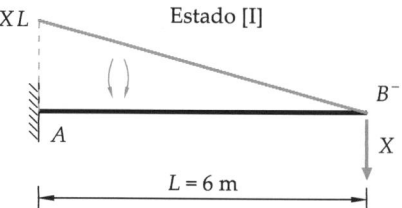

Figura 9.2.4. Descomposición en $h_g + 1$ estados isostáticos. En este caso *basta con un único estado* al no haber acciones externas aplicadas en AB^-: el [I] con la incógnita hiperestática X.

Esta expresión que se acaba de obtener proporciona la flecha en el extremo de un voladizo con una carga concentrada aplicada, y es útil en un buen número de ocasiones. Por ello, se recomienda memorizarla[6].

Con este resultado se tiene ya el movimiento necesario para desarrollar al completo la ecuación de compatibilidad (9.2.5).

▸ **Paso 5:** Plantear mediante superposición el sistema de $h_g = 1$ ecuaciones de compatibilidad y resolverlo

Realmente en este ejercicio no es necesario emplear superposición pues, como se ha explicado anteriormente, se emplea sólo un estado isostático (figura 9.2.4). Por tanto, sustituyendo el movimiento hallado en el Paso 4 en la ecuación (9.2.5), se tiene:

$$-\frac{XL^3}{3EI_{AB}} = \frac{XL_{BC}}{EA_{BC}} + \alpha_{BC}\Delta T\, L_{BC}$$

de donde se despeja el valor de la incógnita:

$$X = -\frac{\alpha_{BC}L_{BC}\,\Delta T}{\dfrac{L_{BC}}{EA_{BC}} + \dfrac{L^3}{3EI_{AB}}} = -\frac{10^{-5}\,{}^{\circ}\mathrm{C}^{-1}\cdot 6\,\mathrm{m}\cdot 60{}^{\circ}\mathrm{C}}{\dfrac{6\,\mathrm{m}}{2\cdot 10^5\,\mathrm{t}} + \dfrac{(6\,\mathrm{m})^3}{3\cdot 10^6\,\mathrm{t\,m}^2}} = -35.29\,\mathrm{t}$$

El signo negativo obtenido indica que el sentido verdadero de X es opuesto al mostrado en la figura 9.2.2 —tanto sobre la viga como sobre el tirante—. En este ejercicio, por tanto, el tirante trabaja a compresión[7].

▸ **Paso 6:** Obtenidas las incógnitas hiperestáticas, calcular resto de resultados

Para hallar las reacciones se recomienda invertir el sentido de la fuerza X, y operar con su valor absoluto, según la figura 9.2.5. Tratándose de una ménsula y una barra

---

[6]Siendo P la fuerza puntual en el extremo de una ménsula de longitud L y rigidez EI constante: $\delta = \frac{PL^3}{3EI}$

[7]Cuando un tirante resulta comprimido, en aplicaciones prácticas ello implica que podría sufrir inestabilidad por pandeo si su sección no es suficientemente rígida para evitarlo. Se trataría pues de una barra biarticulada, que se comporta como biela. En tal caso, cabe pensar que la sección del tirante debería ser considerablemente más robusta que si se tratase en cambio de un cable o varilla delgada trabajando a tracción, por lo que su deformación por esfuerzo axil probablemente sería muy inferior a la deformación térmica. En dicha situación podría aproximarse $\Delta L_{BC} \simeq \alpha_{BC}L_{BC}\,\Delta T$.

vertical a compresión pura, las reacciones se calculan inmediatamente por equilibrio.

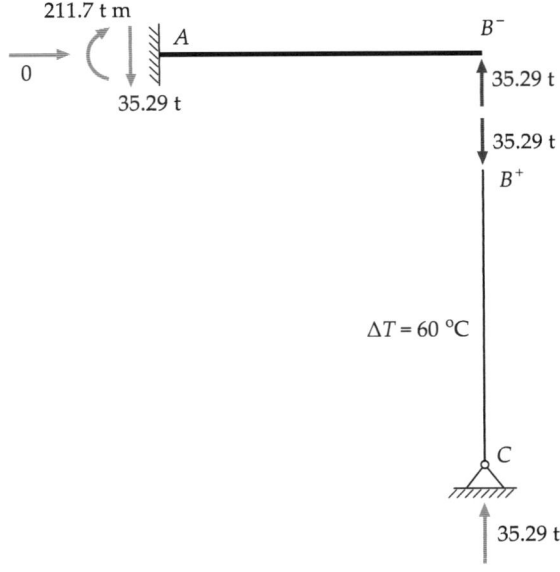

Figura 9.2.5. Estado isostático donde se representa la incógnita hiperestática actuando en su verdadero sentido. Cálculo de reacciones.

2) Representar los diagramas de esfuerzos

Diagramas de esfuerzos, a partir de las reacciones, en las figuras 9.2.6 y 9.2.7.

3) Calcular la flecha en B

Por último, la flecha en B se calcula sustituyendo X (con su signo) en la ecuación empleada para hallar δ_{Bv}^- en el Paso 3:

$$\delta_{Bv} = \delta_{Bv}^- = -\frac{XL^3}{3EI_{AB}} = -\frac{-(35.29\,\text{t}) \cdot (6\,\text{m})^3}{3 \cdot 10^6\,\text{t}\,\text{m}^2} = 0.002\,54\,\text{m} = 2.54\,\text{mm} \quad [\text{hacia arriba}]$$

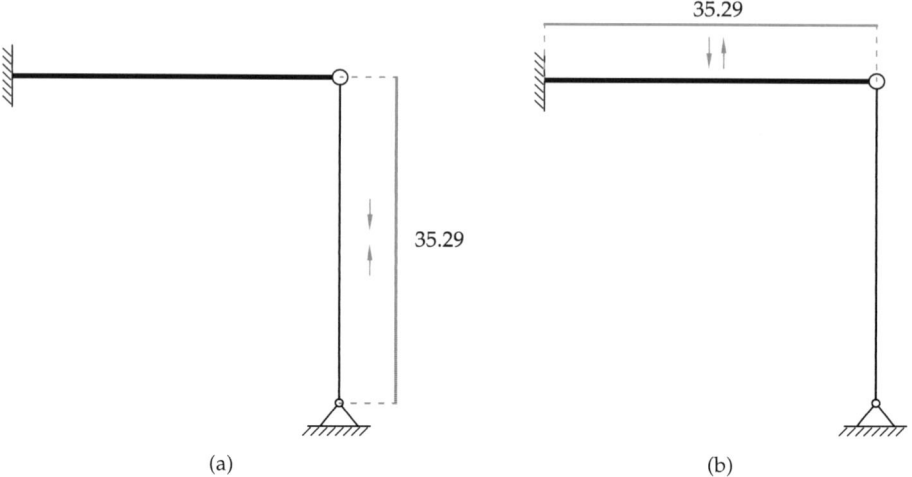

Figura 9.2.6. Diagramas de esfuerzos: (a) axiles ($\mathcal{N}$, en t); (b) cortantes ($\mathcal{V}$, en t).

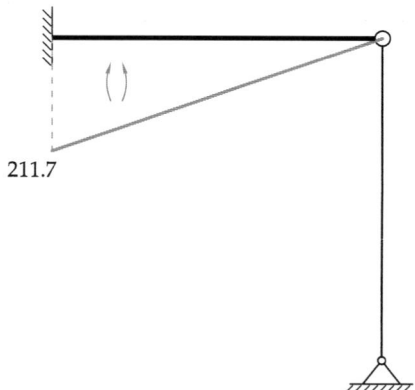

Figura 9.2.7. Diagrama de momentos flectores ($\mathcal{M}$, en t m)

Ejercicio 9.3   Viga continua de dos vanos con un momento

Dada la viga continua de la figura 9.3.1, se pide:

1. Representar las leyes de esfuerzos.
2. Calcular los giros en los puntos A y B.
3. Dibujar la deformada indicando los puntos de inflexión.

Datos: $EI = 10^6 \, \text{t m}^2$.

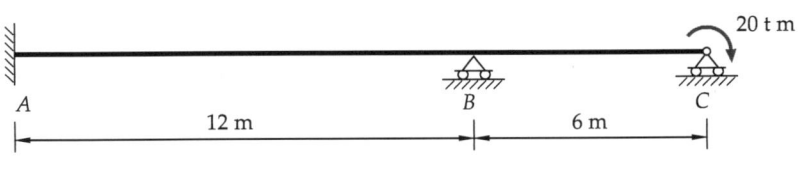

Figura 9.3.1

▷ Solución

1) Representar las leyes de esfuerzos

▸ **Paso 1:** Calcular el grado de hiperestatismo h_g de la estructura

La estructura es abierta, con cinco reacciones y sin mecanismos internos. Por lo tanto

$$h_\text{g} = h_\text{e} + h_\text{i} = (r - 3) + (3c - m) = (5 - 3) + (3 \cdot 0 - 0) = 2 + 0 = 2$$

Se trata de una viga idéntica a la del ejercicio 9.1, a la que se le ha añadido otro apoyo móvil, con lo cual su hiperestatismo (externo) aumenta en un grado.

▸ **Paso 2:** Elegir las incógnitas hiperestáticas y escribir ecuaciones de compatibilidad

Por ser $h_\text{g} = 2$, deberían elegirse dos incógnitas hiperestáticas. Una opción válida sería, por ejemplo, liberar las reacciones verticales en ambos apoyos móviles e imponer como ecuaciones de compatibilidad $v_B = \delta_{Bv} = 0$ y $v_C = \delta_{Cv} = 0$. Habría que resolver, en ese caso, tres estados isostáticos —tres vigas en ménsula— para poder desarrollar dichas ecuaciones de compatibilidad.

Se propone al lector que explore esa vía como ejercicio. Aquí se empleará, en cambio, un procedimiento más rápido, que se vale del resultado previo obtenido en el ejercicio 9.1 de la viga empotrada-apoyada (hiperestática de grado 1), que permitirá *eliminar una incógnita hiperestática*, lo cual es una ventaja importante.

Para ello se elige como (única) incógnita hiperestática X el momento flector en el apoyo B. Este tipo de elección es conveniente en las estructuras denominadas *intras-lacionales*, en las cuales los nudos pueden girar pero no desplazarse. En efecto, en este caso A está empotrado, y B y C no pueden moverse en vertical por la presencia de los apoyos, ni tampoco en horizontal al considerarse las barras inextensibles. Por tanto, B y C sólo pueden moverse sufriendo giros θ_B y θ_C, resultando la estructura de tipo intraslacional[8].

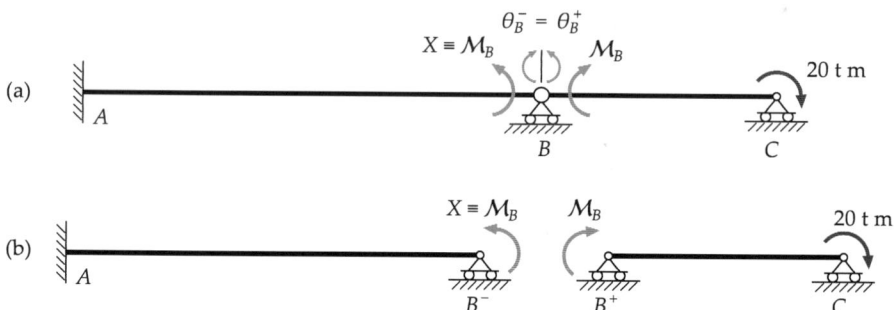

Figura 9.3.2. Elección del flector en B como incógnita hiperestática: $X \equiv \mathcal{M}_B$: (a) Se libera únicamente $X \equiv \mathcal{M}_B$ añadiendo una rótula; (b) separación en dos vigas independientes.

La figura 9.3.2 (a) muestra la elección del flector en B como incógnita hiperestática $X \equiv \mathcal{M}_B$; se libera el momento añadiendo una rótula, siendo la condición de compatibilidad mantener el giro igual a izquierda y derecha de la rótula añadida, como se explica más abajo. En la figura 9.3.2 (b) se ha separado completamente la estructura por B, con el objeto de que se obtengan dos vigas independientes que el lector puede identificar más fácilmente: la AB^- que resulta idéntica a la ya resuelta en el ejercicio 9.1 (empotrada-apoyada e hiperestática de grado 1); y la viga B^+C, que es biapoyada (y, por tanto, isostática), y del mismo tipo que la resuelta en el ejercicio 7.1, salvo por tener esta dos apoyos móviles y aquella uno fijo y uno móvil —pero en ausencia de cargas axiales el apoyo fijo en el ejercicio 7.1 no trabaja[9]—.

La condición de compatibilidad para que la estructura sea equivalente a la inicial es que la deformada sea continua y derivable en el apoyo B, ya que la viga del enunciado es continua y sin ningún mecanismo en B. Con seguridad la deformada será continua, pues el apoyo B obliga a que $\delta_{Bv}^- = \delta_{Bv}^+ = 0$ (o $v_B^- = v_B^+$), pero para que sea derivable la tangente a la deformada a ambos lados de B debe ser la misma y, por tanto, los giros a ambos lados de B han de ser iguales. Ello lleva a escribir la ecuación de compatibilidad como sigue:

$$\theta_B^- = \theta_B^+ \tag{9.3.1}$$

---

[8]No es posible que se produzcan movimientos de *traslación* de sus nudos.

[9]Y aunque hubiese cargas horizontales, el comportamiento axial y a flexión de una viga recta están desacoplados en la hipótesis de pequeños desplazamientos.

▶ **Paso 3:** Descomponer el problema en $h_g + 1$ estados isostáticos

En este ejercicio el Paso 3 no se realiza estrictamente, sino que se utilizan en cambio resultados ya conocidos, según se ha explicado, de los ejercicios previos 7.1 y 9.1. Dichos resultados son los que se aplican en el Paso 4 siguiente.

▶ **Paso 4:** Calcular movimientos asociados a las incógnitas hiperestáticas

Del ejercicio 9.1 se sabe que, para la viga empotrada-apoyada AB^- habrá, en el extremo B^-, el siguiente giro antihorario (ver ecuación (9.1.2), y figuras 9.1.4 y 9.1.5):

$$\theta_B^- = \frac{XL_{AB}}{4EI} \tag{9.3.2}$$

Y, por otro lado, en la viga B^+C de la figura 9.3.2 puede calcularse el giro θ_B^+ superponiendo (sumando) los giros mostrados en la figura 9.3.3. Dichos giros en los extremos de una viga biapoyada con momentos aplicados se conocen del ejercicio 7.1, o pueden calcularse alternativamente mediante el 2º teorema de Mohr. Por lo tanto

$$\theta_B^+ = \theta_{B,I}^+ + \theta_{B,II}^+ = \left(-\frac{XL_{BC}}{3EI}\right) + \frac{20\,\mathrm{t\,m} \cdot L_{BC}}{6EI} \tag{9.3.3}$$

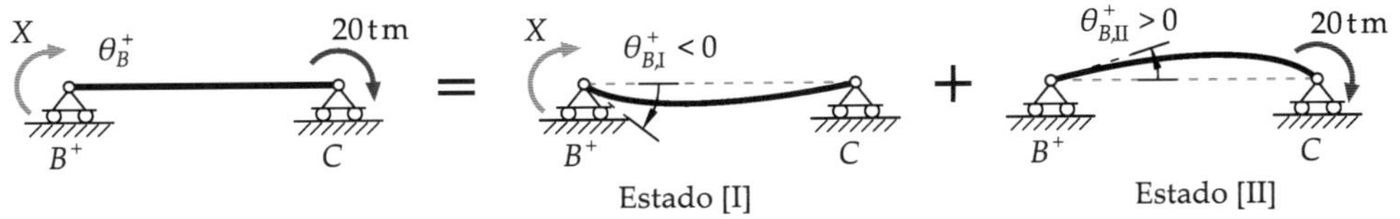

Figura 9.3.3. Superposición de dos estados auxiliares para obtener θ_B^+. La deformada total no se representa, pues, además de ser innecesario, aún es desconocido el signo del giro total θ_B^+.

▶ **Paso 5:** Plantear mediante superposición el sistema de h_g ecuaciones de compatibilidad y resolverlo

Al resolverse este ejercicio por un método abreviado, ciertos pasos del método se adaptan a conveniencia: en este caso no se tendrá, pues, un sistema de $h_g = 2$ ecuaciones de compatibilidad, sino una sola de ellas, lo cual es una ventaja importante, como se dijo al principio. Dicha ecuación se obtiene al desarrollar la (9.3.1), sustituyendo en ella los resultados de las ecuaciones (9.3.2) y (9.3.3):

$$\theta_B^- = \theta_B^+ \quad \Rightarrow \quad \frac{XL_{AB}}{4EI} = -\frac{XL_{BC}}{3EI} + \frac{20\,\mathrm{t\,m} \cdot L_{BC}}{6EI} \quad \Rightarrow$$

$$\Rightarrow \quad \frac{X \cdot 12}{4} = -\frac{X \cdot 6}{3} + \frac{20 \cdot 6}{6} \quad \Rightarrow \quad X \equiv \mathcal{M}_B = 4\,\mathrm{t\,m}$$

▶ **Paso 6:** Obtenidas las incógnitas hiperestáticas, calcular resto de resultados

Las reacciones y esfuerzos en el tramo AB^- pueden obtenerse en base a las figuras 9.1.4 y 9.1.5. En cuanto al tramo B^+C, de la figura 9.3.3 se deduce por $\sum M_{B^+} = 0$ que la reacción vertical en C vale

$$V_C = \frac{X + 20}{L_{BC}} = \frac{24}{6} = 4\,t$$

A partir de ese valor se calculan los esfuerzos en el tramo (ver las figuras 9.3.4 y 9.3.5).

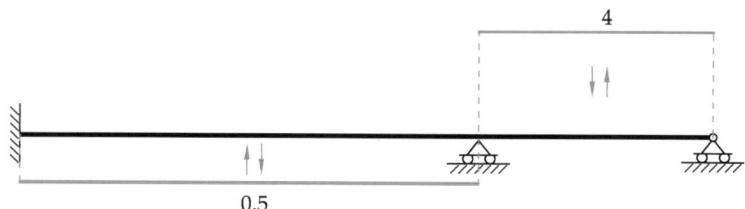

Figura 9.3.4. Diagrama de esfuerzos cortantes ($\mathcal{V}$, en t)

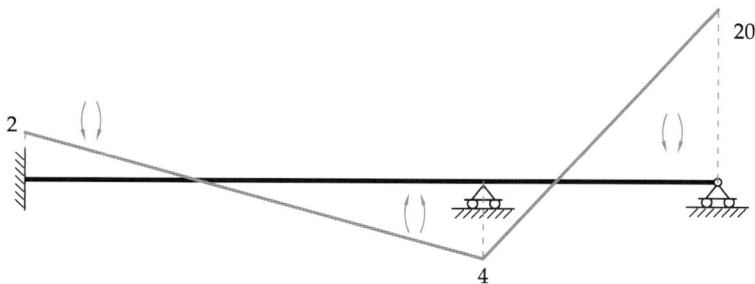

Figura 9.3.5. Diagrama de momentos flectores ($\mathcal{M}$, en t m)

2) Giros en los puntos B y C

El giro en B se puede calcular sustituyendo simplemente X en la ecuación (9.3.2), o en la (9.3.3). El giro en C se puede calcular directamente usando la misma técnica utilizada en (9.3.3) para calcular θ_B^+:

$$\theta_C = \theta_{C,I} + \theta_{C,II} = \frac{X L_{BC}}{6EI} - \left(\frac{20\,t\,m \cdot L_{BC}}{3EI} \right) = -36 \cdot 10^{-6}\,rad$$

Aunque lo anterior sería lo más rápido, también se puede aplicar el primer teorema de Mohr a las áreas de flectores como sigue:

$$\theta_B = \theta_A + \frac{A_{AB^-}}{EI} = 0 + \frac{\frac{4-2}{2} \cdot 12}{10^6} = 12 \cdot 10^{-6}\,rad \quad [\circlearrowleft \ antihorario]$$

$$\theta_C = \theta_B + \frac{A_{B^+C}}{EI} = 12 \cdot 10^{-6} + \frac{\frac{4-20}{2} \cdot 6}{10^6} = -36 \cdot 10^{-6}\,rad \quad [\circlearrowright \ horario]$$

3) Deformada a estima

La deformada debe representarse teniendo en cuenta (a) los signos de los giros previamente calculados en A y B, y (b) la existencia de tres zonas de curvatura negativa-positiva-negativa, respectivamente, separadas por dos puntos de inflexión situados en las secciones donde el momento flector se anula. La tangente a la deformada en el empotramiento debe permanecer horizontal. Ver figura 9.3.6.

Figura 9.3.6. Deformada a estima

Ejercicio 9.4   Viga biempotrada con tirantes y rótula

Dada la viga de la figura 9.4.1, se pide:

1. Obtener las reacciones y las leyes de esfuerzos.

2. Representar la deformada calculando lo movimientos en los puntos B y C.

Datos: $EI = EI_{AF} = 10^4 \, \mathrm{t \, m^2}$; $EA = EA_{BD} = EA_{CE} = 10^4 \, \mathrm{t}$

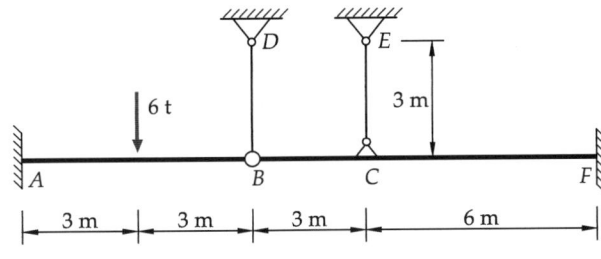

Figura 9.4.1

▷ Solución

1) Reacciones y leyes de esfuerzos

▶ **Paso 1:** Calcular el grado de hiperestatismo h_g de la estructura

Esta estructura se puede analizar de dos formas diferentes. Una primera se basa en la figura 9.4.2, donde, sabiendo que los tirantes sólo trabajarán a tracción/compresión, se han representado ambas fuerzas actuando sobre la viga como si fuesen reacciones externas. Entonces se tendrá que $R = 6 + 2 = 8$ (por ser desconocidos N_{BD} y N_{CE}), y el hiperestatismo resulta

$$h_g = h_e + h_i = (r - 3) + (3c - m) = (8 - 3) + (3 \cdot 0 - 1) = 5 - 1 = 4$$

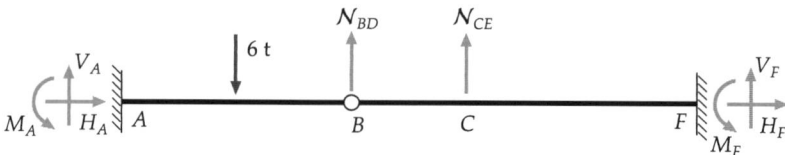

Figura 9.4.2. Estructura inicial donde los tirantes se sustituyen por sus axiles N_{BD} y N_{CE} actuando sobre la viga AF.

En la figura 9.4.2 es evidente que no puede resolverse el hiperestatismo axial, ya que la ecuación $\sum F_h = 0 = H_A + H_B$ no permite calcular ni H_A ni H_B. Este hecho es la fuente de uno de los cuatro grados de hiperestatismo global. Es decir, si se tuviera una ecuación independiente más para H_A y H_B, estas podrían determinarse; sin embargo, dicha ecuación independiente no puede obtenerse por equilibrio.

Se sabe en cambio que, bajo la hipótesis de pequeños movimientos, la carga transversal de 6 t no provocará axiles en la viga y, por tanto, puede deducirse que en este caso $H_A = H_B = 0$ y el hiperestatismo global queda así reducido a $h_g = 3$. Esto no sucedería si, por ejemplo, la carga de 6 t fuese oblicua, o si la viga estuviese sometida a un cambio de temperatura uniforme: en ambos casos no serían nulas ni H_A ni H_B, se tendría $h_g = 4$, y el hiperestatismo axial (un grado) se resolvería independiente del hiperestatismo de flexión (tres grados), ya que en problemas de vigas en pequeña deformación ambos comportamientos están desacoplados.

Una segunda forma de analizar h_g es partiendo de la figura original del enunciado, donde se tienen dos empotramientos (A y F), dos apoyos fijos (D y E), y cuatro mecanismos (dos en el nudo B, y uno en el nudo C). Por lo tanto, se tiene de nuevo

$$h_g = h_e + h_i = (r - 3) + (3c - m) = (10 - 3) + (3 \cdot 0 - (2 + 1)) = 7 - 3 = 4 \qquad (9.4.1)$$

A continuación se resuelve pues el hiperestatismo relativo a la flexión, con $h_g = 3$.

▶ **Paso 2:** Elegir las incógnitas hiperestáticas y escribir ecuaciones de compatibilidad

La elección adoptada es la siguiente:

> ▷ $X_1 \equiv \mathcal{V}_B^-$:   Cortante en B por la izquierda
> ▷ $X_2 \equiv N_{BD}$:   Axil en el tirante BD
> ▷ $X_3 \equiv N_{CE}$:   Axil en el tirante CE

En la figura 9.4.3 se muestra un croquis con las incógnitas hiperestáticas. Todas ellas son esfuerzos y se han planteado con sentido positivo, por lo que si al hallar su valor resultasen negativas, el esfuerzo en dicha sección también sería negativo.

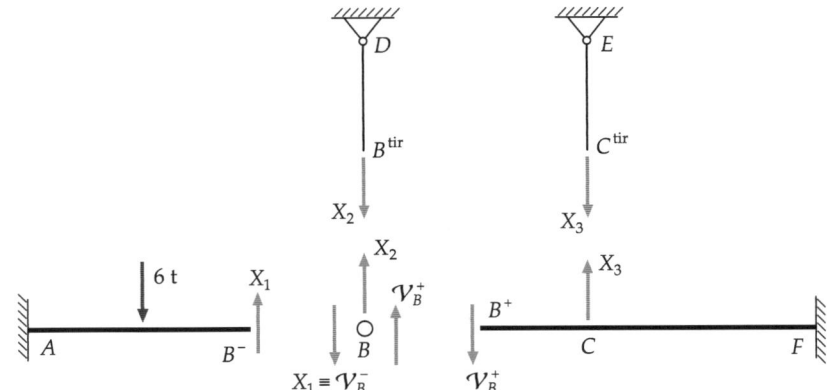

Figura 9.4.3. Elección de las incógnitas hiperestáticas

En la figura 9.4.3, el punto B^- representa el extremo de la viga izquierda en voladizo, B^+ el extremo de la viga derecha en voladizo, y B es la rótula que une ambas vigas y el tirante BD; el punto B^{tir} es el extremo inferior del tirante BD, y C^{tir} es el extremo inferior del tirante CE.

En dicha figura se han aislado (separado) las dos vigas y tirantes, y también la rótula. El equilibrio de la rótula es análogo al ya planteado en ejercicios anteriores (ver figuras 1.2.4 y 7.6.2), aunque en este caso a B sólo llegan esfuerzos cortantes $X_1 \equiv \mathcal{V}_B^-$, y $\mathcal{V}_B^+$, siendo nulos los axiles por los motivos explicados en el Paso 1. Por equilibrio vertical de la rótula B se deduce, pues, que

$$\sum F_v \,(\text{rótula } B) = 0 \quad \Rightarrow \quad \mathcal{V}_B^+ = X_1 - X_2$$

Las tres ecuaciones de compatibilidad que hacen que el sistema de vigas y cables de la figura 9.4.3 sea equivalente al original son:

▷ $\delta_{Bv}^- = \delta_{Bv}$:   asociada a la incógnita $X_1 \equiv \mathcal{V}_B^-$

▷ $\delta_{Bv} = \delta_{Bv}^{\text{tir}}$:   asociada a la incógnita $X_2 \equiv \mathcal{N}_{BD}$ (9.4.2)

▷ $\delta_{Cv} = \delta_{Bv}^{\text{tir}}$:   asociada a la incógnita $X_3 \equiv \mathcal{N}_{CE}$

Como en el ejercicio 9.2, los desplazamientos δ_{Bv}^{tir} y δ_{Cv}^{tir} implicados en las ecuaciones anteriores se han de tomar en la dirección del propio tirante, es decir, vertical.

Siguiendo también el procedimiento explicado en el ejercicio 9.2, se escribe acto seguido la relación geométrica de los movimientos anteriores con los alargamientos de los tirantes. Al contrario que en dicho ejercicio, en este caso los tirantes están **por**

encima de la viga, en lugar de **por debajo**, por lo que si se produce un ascenso de los puntos B y C los tirantes se acortarán. Así pues, planteando los signos del siguiente modo, y usando la ecuación de comportamiento del tirante $\Delta L = NL/(EA)$, se tiene:

$$\delta_{Bv}^{\text{tir}} = -\Delta L_{BD} = -\frac{X_2 L_{BD}}{EA_{BD}} \qquad \delta_{Cv}^{\text{tir}} = -\Delta L_{CE} = -\frac{X_3 L_{CE}}{EA_{CE}} \qquad (9.4.3)$$

Respecto al desplazamiento en B (δ_{Bv}). Este desplazamiento se refiere en realidad al del punto B perteneciente a la ménsula de la derecha B^+F, (o sea, al punto B^+), por lo que de aquí en adelante se le llamará δ_{Bv}^+. Por tanto, dado que $\delta_{Bv} = \delta_{Bv}^+$ y las ecuaciones (9.4.3), las ecuaciones de compatibilidad (9.4.2) resultan[10]:

$$\delta_{Bv}^- = \delta_{Bv}^+ \qquad \delta_{Bv}^+ = -\frac{X_2 L_{BD}}{EA} \qquad \delta_{Cv} = -\frac{X_3 L_{CE}}{EA} \qquad (9.4.4)$$

▶ **Paso 3:** Descomponer el problema en $h_g + 1 = 4$ estados isostáticos

Los cuatro estados en los que se descompone son los mostrados en la figura 9.4.4. Nótese cómo el estado [0] tiene las cargas externas (fuerza de 6 t), mientras que los tres restantes incorporan una incógnita hiperestática cada uno. Por conveniencia, en el estado [II] se ha incluido también la incógnita hiperestática X_1 que, en realidad, pertenece al estado [I] (lo que se representa realmente en [II] es el cortante en B^+, es decir, $\mathcal{V}_B^+ = X_1 - X_2$). Obsérvese que en cada estado se representa solo el tramo cuya ley de flectores no es nula; por ejemplo, en el [0] solo la ménsula AB^-.

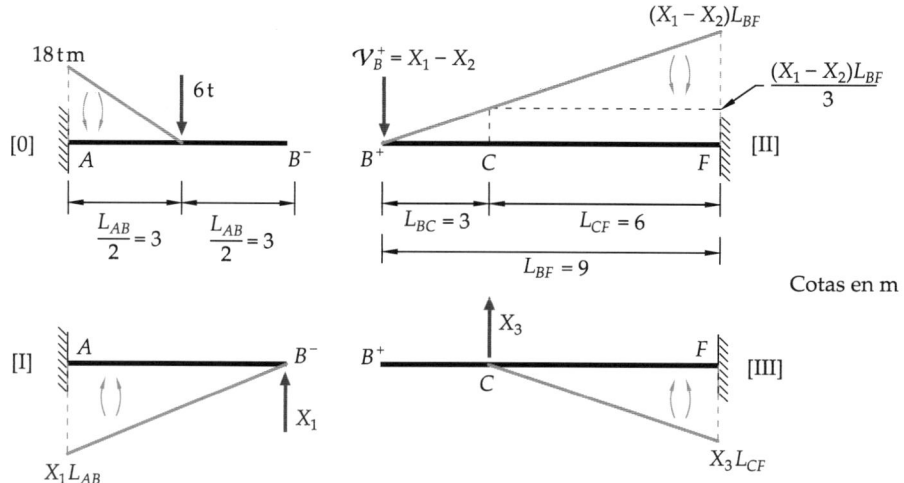

Figura 9.4.4. Descomposición en $h_g + 1 = 4$ estados isostáticos

---

[10]Según los datos del enunciado, las rigideces axial EA y a flexión EI de los distintos elementos de la estructura son constantes.

▶ **Paso 4:** Calcular movimientos asociados a las incógnitas hiperestáticas

Los desplazamientos verticales de los puntos B^-, B^+ y C de los cuatro estados de la figura 9.4.4 pueden determinarse mediante el 2º teorema de Mohr, o también algunos de ellos haciendo uso de la fórmula deducida en el Paso 4 del ejercicio 9.2 (ver nota al pie 6 en dicho ejercicio).

Operando en unidades de metro y tonelada, se resuelven primero mediante dicha fórmula los que corresponden al desplazamiento vertical del extremo de una ménsula $\delta = PL^3/(3EI)$. Los datos a sustituir son $L_{AB} = 6\,\text{m}$, $L_{BF} = 9\,\text{m}$, $L_{BC} = 3\,\text{m}$, $L_{CF} = 6\,\text{m}$:

$$\delta^-_{Bv,\text{I}} = \frac{X_1 L^3_{AB}}{3EI} = \frac{72\,X_1}{EI} \qquad \delta^+_{Bv,\text{II}} = -\frac{(X_1 - X_2)L^3_{BF}}{3EI} = -\frac{243\,(X_1 - X_2)}{EI}$$

$$\delta_{Cv,\text{III}} = \frac{X_3 L^3_{CF}}{3EI} = \frac{72\,X_3}{EI}$$

Los tres desplazamientos restantes se resuelven por Mohr.

$$\delta^-_{Bv,0} = \delta_{Av,0} \pm \theta_{A,0}\, r_B \pm \frac{A^0\, r^0}{EI} = 0 + 0 + \frac{\left(-\frac{1}{2} \cdot 3 \cdot 18\right)\left(\frac{2}{3}3 + 3\right)}{EI} = -0.0135\,\text{m}$$

Para hallar $\delta_{Cv,\text{II}}$, el área de flectores entre C y F en el estado [II] se descompone en un rectángulo más un triángulo, como muestra la figura 9.4.4:

$$\delta_{Cv,\text{II}} = \delta_{Fv,\text{II}} \pm \theta_{F,\text{II}}\, r_B \pm \frac{A^{\text{II}}\, r^{\text{II}}}{EI} = 0 + 0 + \frac{\left(-L_{CF}\frac{(X_1 - X_2)L_{BF}}{3}\right)\left(\frac{L_{CF}}{2}\right)}{EI} +$$

$$+ \frac{\left(-\frac{1}{2}L_{CF}\frac{2(X_1 - X_2)L_{BF}}{3}\right)\left(\frac{2L_{CF}}{3}\right)}{EI} = -\frac{126\,(X_1 - X_2)}{EI}$$

$$\delta^+_{Bv,\text{III}} = \delta_{Fv,\text{III}} \pm \theta_{F,\text{III}}\, r_B \pm \frac{A^{\text{III}}\, r^{\text{III}}}{EI} = 0 + 0 + \frac{\left(-\frac{1}{2}L_{CF}\, X L_{CF}\right)\left(\frac{2}{3}L_{CF} + L_{BC}\right)}{EI} = \frac{126\,X_3}{EI}$$

Puede observarse que el coeficiente numérico de valor 126 que aparece en las expresiones de $\delta_{Cv,\text{II}}$ y $\delta^+_{Bv,\text{III}}$ verifica el teorema de reciprocidad.

▶ **Paso 5:** Plantear mediante superposición el sistema de h_g ecuaciones de compatibilidad y resolverlo

Sustituyendo los diferentes resultados obtenidos en el Paso 4 anterior en las ecuaciones (9.4.4), se aplica superposición para obtener las tres ecuaciones siguientes:

$$\delta_{Bv}^- = \delta_{Bv}^+ \quad \Rightarrow \quad \delta_{Bv,0}^- + \delta_{Bv,I}^- = \delta_{Bv,II}^+ + \delta_{Bv,III}^+ \quad \Rightarrow$$

$$\Rightarrow \quad -0.0135 + \frac{72\,X_1}{EI} = -\frac{243\,(X_1 - X_2)}{EI} + \frac{126\,X_3}{EI}$$

$$\delta_{Bv}^+ = -\frac{X_2 L_{BD}}{EA} \quad \Rightarrow \quad -\frac{243\,(X_1 - X_2)}{EI} + \frac{126\,X_3}{EI} = -\frac{3\,X_2}{EA}$$

$$\delta_{Cv} = -\frac{X_3 L_{CE}}{EA} \quad \Rightarrow \quad \delta_{Cv,II} + \delta_{Cv,III} = -\frac{X_3 L_{CE}}{EA} \quad \Rightarrow$$

$$\Rightarrow \quad -\frac{126\,(X_1 - X_2)}{EI} + \frac{72\,X_3}{EI} = -\frac{3X_3}{EA}$$

y si en cada ecuación se pasan todos los sumandos al primer miembro queda:

$$-0.0135 + \frac{315}{EI}\,X_1 \qquad -\frac{243}{EI}\,X_2 \qquad -\frac{126}{EI}\,X_3 = 0$$

$$-\frac{243}{EI}\,X_1 + \left(\frac{243}{EI} + \frac{3}{EA}\right)X_2 \qquad +\frac{126}{EI}\,X_3 = 0 \qquad (9.4.5)$$

$$-\frac{126}{EI}\,X_1 \qquad +\frac{126}{EI}\,X_2 + \left(\frac{72}{EI} + \frac{3}{EA}\right)X_3 = 0$$

La matriz de coeficientes de este sistema lineal de ecuaciones se denomina *matriz de flexibilidad*, que tiene la propiedad de ser simétrica. Obsérvese como en este caso se cumple dicha simetría, lo cual es un síntoma de la bondad del mismo[11].

La resolución del sistema (9.4.5) arroja los valores de las incógnitas hiperestáticas:

$$X_1 \equiv \mathcal{V}_B^- = 1.806\,\text{t} \qquad X_2 \equiv \mathcal{N}_{BD} = 1.648\,\text{t} \qquad X_3 \equiv \mathcal{N}_{CE} = 0.2653\,\text{t} \qquad (9.4.6)$$

Como muestran estos resultados, el cortante transmitido a la viga de la derecha en B es reducido: $\mathcal{V}_B^+ = X_1 - X_2 = 0.158\,\text{t}$. Ello se debe a que el tirante BD absorbe la mayor parte del cortante $\mathcal{V}_B^- = 1.806\,\text{t}$.

Los axiles de la estructura son únicamente los de ambos tirantes, es decir X_2 y X_3. Las reacciones, diagramas de cortantes (figura 9.4.5) y de flectores (figura 9.4.6), se obtienen de resolver las vigas isostáticas de la figura 9.4.4, debiendo superponerse los estados [0] y [I] para la viga AB^-, y los estados [II] y [III] para la viga B^+F.

---

[11]Para más detalles sobre la nomenclatura y propiedades de dicho sistema de *ecuaciones canónicas*, se remite al lector al apartado del *Método de la compatibilidad* del capítulo *Métodos de cálculo de estructuras* del libro de teoría.

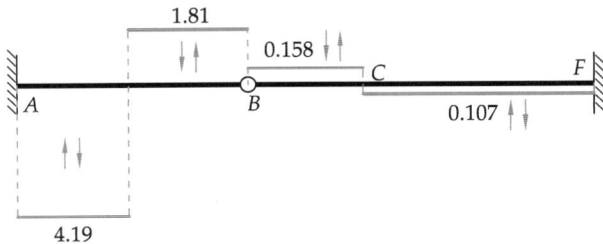

Figura 9.4.5. Diagrama de esfuerzos cortantes ($\mathcal{V}$, en t)

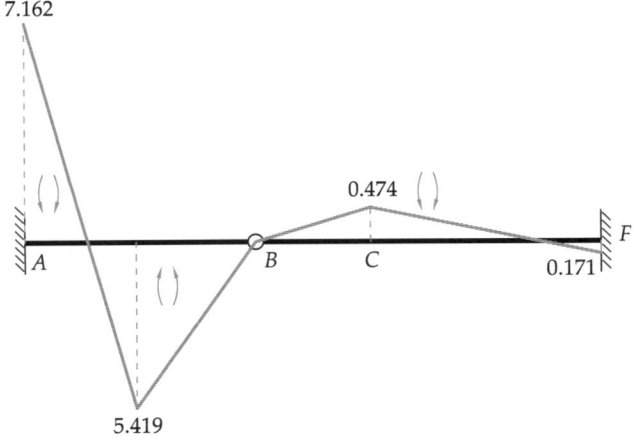

Figura 9.4.6. Diagrama de momentos flectores ($\mathcal{M}$, en t m)

2) Deformada y cálculo de los movimientos de los puntos B y C

Los desplazamientos verticales de los puntos B y C son los principales para representar la deformada, que debe ser además congruente, en cuanto a curvaturas y puntos de inflexión, con el diagrama de momentos flectores. Dichos desplazamientos verticales, ambos descendentes, pueden determinarse directamente a partir de los alargamientos de los tirantes según las ecuaciones de compatibilidad:

$$\delta_{Bv} = \delta_{Bv}^{\text{tir}} = -\frac{X_2 L_{BD}}{EA} = -0.495 \,\text{mm} \qquad \delta_{Cv} = \delta_{Cv}^{\text{tir}} = -\frac{X_3 L_{CE}}{EA} = -0.0796 \,\text{mm}$$

Nota sobre la elección de incógnitas hiperestáticas y sobre la estructura isostática equivalente

Siguiendo el planteamiento fiel del método de la compatibilidad, para resolver el hiperestatismo de flexión de grado tres[12] es necesario introducir tres mecanismos

---

[12]Se prescinde, como ya se dijo, del hiperestatismo axil de $h_g = 1$.

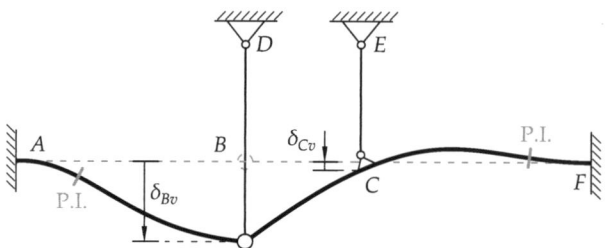

Figura 9.4.7. Deformada de la estructura

—uno por cada incógnita X_i liberada—. La estructura resultante sería la *estructura isostática equivalente* necesaria para resolver este problema.

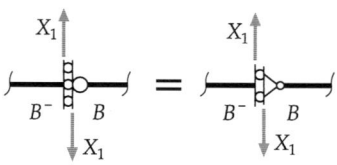

Figura 9.4.8. La deslizadera en B^- más la rótula en B es igual a un carrito

Para liberar la incógnita X_1, que es el cortante en B^-, hay que colocar una deslizadera en dicho punto, que unida a la rótula existente en B equivale a un carrito, según se muestra en la figura 9.4.8.

Finalmente, la estructura equivalente se representa en la figura 9.4.9, en la que, además de X_1, se han liberado los axiles en los tirantes colocando sendas deslizaderas paralelas a ellos[13].

Puede observarse que si a continuación se aíslan cada uno de los elementos por separado, vigas, tirantes y rótula B, se llega, en efecto, a la misma descomposición mostrada en la figura 9.4.3.

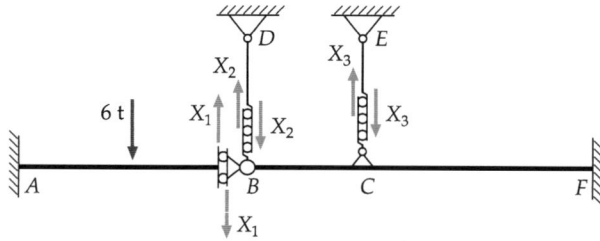

Figura 9.4.9. Estructura isostática equivalente, con tres incógnitas hiperestáticas liberadas (cortante X_1 y axiles X_2 y X_3). Permanece en ella únicamente el $h_g = 1$ de hiperestatismo axil.

---

[13]Se recuerda que un cortante se libera con una deslizadera *perpendicular a la barra* y un axil con una deslizadera *paralela a la barra*.

Parte 2ª   Pórticos hiperestáticos

Ejercicio 9.5   Pórtico con tirante inclinado

Dada la estructura de la figura, se pide:

1. Obtener el axil del tirante BE.

2. Representar los diagramas de las leyes de esfuerzos.

3. Calcular los movimientos los puntos B, C y D, y representar la deformada.

Datos: $EI = EI_{AC} = EI_{CD} = 10^6 \, \text{kN m}^2$; $EA = EA_{BE} = 2 \cdot 10^6 \, \text{kN}$.

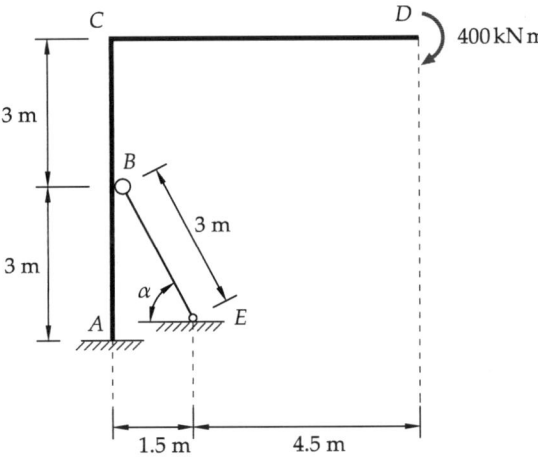

Figura 9.5.1

▷ Solución

1) Obtener el axil del tirante BE

► **Paso 1:** Calcular el grado de hiperestatismo h_g de la estructura

Como ya se razonó en el ejercicio 9.2, se considera que el tirante aporta una única incógnita (su axil), según lo cual basta calcular el grado de hiperestatismo de la estructura sin el tirante y luego sumarle uno. Es obvio que la estructura sin el tirante es isostática (pues se trata de un voladizo), por lo que

$$h_g = 0 \text{ (del voladizo)} + 1 \text{ (del tirante)} = 1$$

▸ **Paso 2:** Elegir las incógnitas hiperestáticas y escribir ecuaciones de compatibilidad

Como ya se ha explicado, en los ejercicios donde aparecen tirantes es buena práctica tomar sus axiles como incógnitas hiperestáticas, mientras ello no origine un mecanismo. Además, en este caso la razón es doble, ya que en primer lugar se pide explícitamente el valor de dicho axil. Por tanto, como $h_g = 1$, se toma como incógnita hiperestática $X \equiv N_{BE}$. Dicho axil X se plantea inicialmente de tracción en la figura 9.5.2.

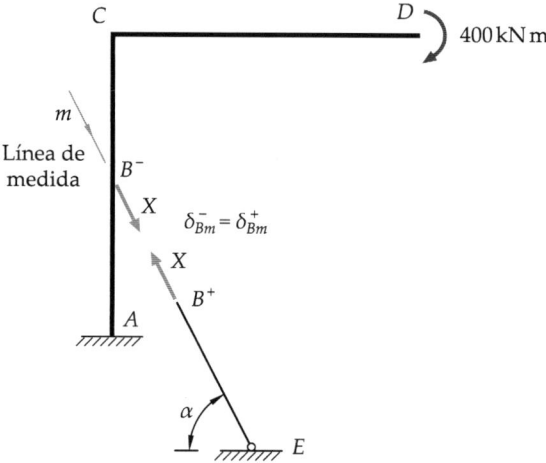

Figura 9.5.2. Elección del axil N_{BE} como incógnita hiperestática X; ecuación de compatibilidad

La ecuación de compatibilidad asociada a la incógnita X, que hace que el sistema isostático sea equivalente al original, se obtiene al igualar los desplazamientos según la dirección del propio tirante, pues son los únicos que influyen en el alargamiento del mismo, como se explicó en el ejercicio 9.2. Si al igual que se hacía en el capítulo 7, a dicha dirección se le llama línea de medida m, reflejada en la figura 9.5.2, se tiene:

$$\delta_{Bm}^- = \delta_{Bm}^+ \tag{9.5.1}$$

Siguiendo también el procedimiento explicado en el ejercicio 9.2, se escribe acto seguido la relación geométrica del movimiento del extremo del tirante con el alargamiento del mismo:

$$\delta_{Bm}^+ = -\Delta L_{BE} \tag{9.5.2}$$

El signo menos de la ecuación anterior proviene de considerar positivo el desplazamiento a lo largo de m en el sentido que se acorta el tirante, como se refleja en la

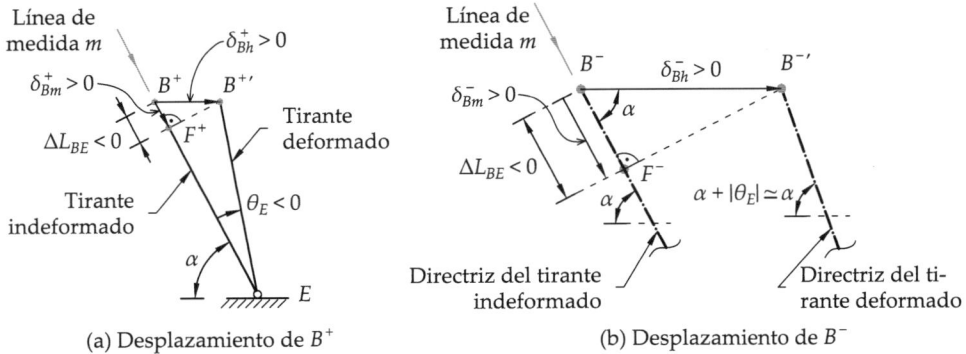

(a) Desplazamiento de B^+

(b) Desplazamiento de B^-

Figura 9.5.3. Desplazamientos en B: (a) ΔL_{BE} y δ^+_{Bm} de signos opuestos; (b) detalle de la proyección del desplazamiento positivo de B sobre la dirección m del tirante: las directrices indeformada y deformada del tirante se consideran paralelas a efectos de dicha proyección.

figura 9.5.3 (a). Si se hubiese adoptado el criterio opuesto, en dicha figura habría que haber planteado $\delta^+_{Bm} > 0$ en el sentido contrario, lo cual no aporta ventaja alguna.

Respecto al cálculo de δ^-_{Bm} —que en la ecuación (9.5.1) representa el desplazamiento del punto B^- de la estructura proyectado sobre la directriz indeformada del tirante—, se puede abordar de dos formas: o bien calculando directamente el desplazamiento de B^- según la línea de medida m, o bien calculando el desplazamiento real de B^- y proyectándolo sobre m. En este caso se optará por el segundo procedimiento, por lo que se explica a continuación cómo debe realizarse dicha proyección sobre m.[14]

Proyección del desplazamiento real de B^- para obtener δ^-_{Bm}. Como en general todo punto se desplaza en horizontal y en vertical, para obtener δ^-_{Bm} habría que calcular en principio ambos desplazamientos, proyectarlos sobre la recta m y sumar sus proyecciones. No obstante, en este caso es fácil deducir que el desplazamiento vertical de B^- es cero, puesto que el pórtico está empotrado en A y la barra vertical AB no sufre deformación longitudinal, quedando por calcular únicamente δ^-_{Bh}. Una vez hallado dicho desplazamiento, se debe proyectar sobre m.

Al moverse el punto B el tirante va a sufrir una rotación θ_E, permaneciendo inmóvil su extremo E, según la figura 9.5.3 (a). ¿Debe proyectase entonces sobre la posición indeformada del tirante, o sobre su deformada? Por la hipótesis de pequeños desplazamientos[15], dicha rotación hará variar el ángulo α de inclinación del tirante en una cantidad muy pequeña θ_E[16]. Así pues, esa variación de α se considerará despreciable, **admitiéndose que el tirante no cambia de inclinación al efecto de proyectar el movimiento real de B^- (δ^-_{Bh}) sobre la línea de medida m.**

---

[14]Se deja como ejercicio propuesto para el lector hallar δ^-_{Bm} según la primera forma. La aplicación del PTV es especialmente adecuada para seguir este procedimiento.

[15]Recuérdese que las ecuaciones de equilibrio se plantean sobre la estructura indeformada.

[16]Al final del ejercicio se explica cómo calcular este valor.

Esta regla puede resumirse diciendo que **debe proyectarse el desplazamiento real del punto de la estructura**, sea este el que sea, **sobre la directriz indeformada del tirante**, como muestra la figura 9.5.3 (b). En dicha figura se ha representado el desplazamiento real de B^- puramente en horizontal por los motivos ya expuestos, obteniéndose

$$\delta_{Bm}^- = \delta_{Bh}^- \cos\alpha \tag{9.5.3}$$

Sustituyendo las ecuaciones (9.5.2) y (9.5.3) en la (9.5.1), se puede escribir:

$$\delta_{Bh}^- \cos\alpha = -\Delta L_{BE} \tag{9.5.4}$$

Y usando la ecuación de comportamiento del tirante $\Delta L = NL/(EA)$, queda finalmente la condición de compatibilidad como sigue:

$$\delta_{Bh}^- \cos\alpha = -\frac{X L_{BE}}{EA} \tag{9.5.5}$$

▸ **Paso 3:** Descomponer el problema en $h_g + 1 = 2$ estados isostáticos

En la figura 9.5.4 se han representado ambos estados. En el estado [I], se ha descompuesto la incógnita hiperestática en sus componentes horizontal X_h y vertical X_v, pues la primera produce flexión, y la segunda solo axil. Por otro lado, como de la figura 9.5.1 se deduce que $\cos\alpha = 1.5/3 = 1/2$, entonces $\alpha = 60°$, por lo que:

$$X_h = X\cos\alpha = X\cos 60° = \frac{1}{2}X \quad ; \quad X_v = X\,\mathrm{sen}\,\alpha = X\cos 60° = \frac{\sqrt{3}}{2}X$$

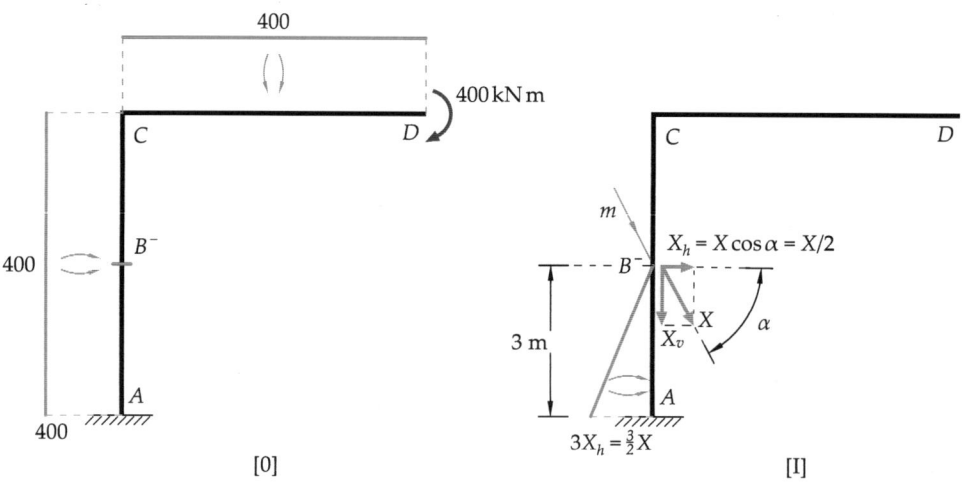

Figura 9.5.4. Descomposición en $h_g + 1 = 2$ estados isostáticos

▶ **Paso 4:** Calcular movimientos asociados a las incógnitas hiperestáticas

Se calcula ahora el desplazamiento δ_{Bh}^- en cada uno de los dos estados isostáticos. Por estar el pórtico empotrado en A, es eficiente aplicar Mohr (en este caso no hay mucha diferencia respecto al PTV).

Aplicando el 2º teorema de Mohr entre A y B^-, se tiene en el estado [0] que:

$$\delta_{Bh,0}^- = \delta_{Ah,0} \pm \theta_{A,0}\, r_B \pm \frac{A^0\, r^0}{EI} = 0 + 0 + \frac{(3 \cdot 400)\left(\frac{3}{2}\right)}{EI} = 1.8 \cdot 10^{-3}\,\text{m}$$

y en el I que:

$$\delta_{Bh,I}^- = \delta_{Ah,I} \pm \theta_{A,I}\, r_B \pm \frac{A^I\, r^I}{EI} = 0 + 0 + \frac{\left(\frac{1}{2}(1.5X)\cdot 3\right)\left(\frac{2}{3}3\right)}{EI} = \frac{4.5X}{EI}$$

▶ **Paso 5:** Plantear mediante superposición el sistema de h_g ecuaciones de compatibilidad y resolverlo

Aplicando superposición a los dos resultados obtenidos en el Paso 4 anterior y sustituyendo en la ecuación (9.5.5), se obtiene:

$$\delta_{Bh}^-\cos\alpha = -\frac{XL}{EA} \quad \Rightarrow \quad \left(\delta_{Bh,0}^- + \delta_{Bh,I}^-\right)\frac{1}{2} = -\frac{XL_{BE}}{EA} \quad \Rightarrow$$

$$\Rightarrow \quad 0.9\cdot 10^{-3} + \frac{2.25X}{EI} = -\frac{3X}{EA} \quad \Rightarrow \quad 3.75\cdot 10^{-6}X = -0.9\cdot 10^{-3}$$

de donde se despeja la incógnita hiperestática, resultando:

$$X \equiv N_{BE} = -240\,\text{kN} \tag{9.5.6}$$

Como el resultado es negativo la barra BE sería una biela, pues trabaja a compresión.

2) Representar los diagramas de las leyes de esfuerzos

En el tramo AB, en virtud del estado [I] de la figura 9.5.4, se deduce que las componentes horizontal y vertical de X son el cortante y axil de dicho tramo, respectivamente. Y como en el estado [0] no hay cortantes ni axiles, entonces:

$$N_{AB} = -X_v = -\left(-\frac{\sqrt{3}}{2}240\right) = 207.8\,\text{kN} \quad ; \quad V_{AB} = -X_h = -\left(-\frac{1}{2}240\right) = 120\,\text{kN}$$

Respecto a la ley de momentos, se obtiene superponiendo los estados [0] y [I].

En las figura 9.5.5 se representan los diagramas de axiles y cortantes, y en la 9.5.6 el de flectores. Nótese que, a la vista de los mismos, las reacciones en el empotramiento deberán ser: $V_A = -207.8\,\text{kN}$, $H_A = 120\,\text{kN}$ y $T_A = 40\,\text{kN m}$ (siguiendo el habitual criterio de signos de la figura 1.0.4).

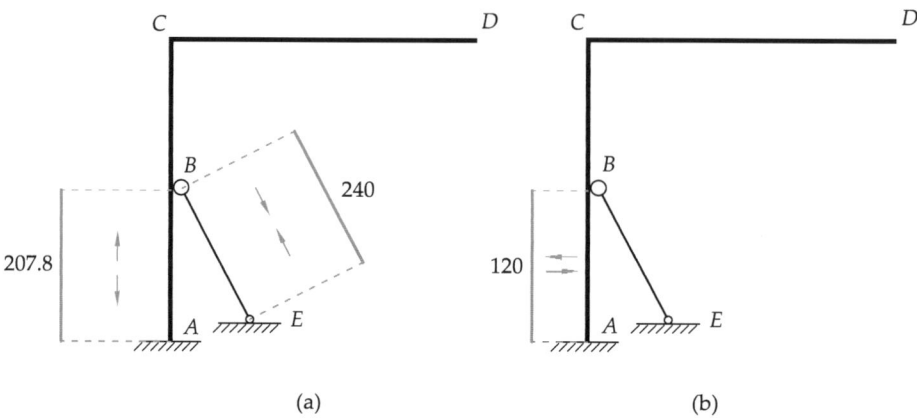

(a)   (b)

Figura 9.5.5. Diagrama de esfuerzos: (a) axiles ($\mathcal{N}$, en kN); (b) cortantes ($\mathcal{V}$, en kN)

3) Calcular los movimientos de los puntos B, C y D, y representar la deformada

Para calcular los giros de B^-, C y D, se usa el 1er teorema de Mohr en las áreas de momentos de los estados [0] y [I] y se aplica superposición:

$$\theta_B^- = \theta_A \pm \frac{A^0}{EI} \pm \frac{A^I}{EI} = 0 - \frac{400 \cdot 3}{EI} + \frac{\frac{1}{2}360 \cdot 3}{EI} = -6.6 \cdot 10^{-4}\,\text{rad}$$

$$\theta_C = \theta_B \pm \frac{A^0}{EI} \pm \frac{A^I}{EI} = -6.6 \cdot 10^{-4} - \frac{400 \cdot 3}{EI} + 0 = -18.6 \cdot 10^{-4}\,\text{rad}$$

$$\theta_D = \theta_C \pm \frac{A^0}{EI} \pm \frac{A^I}{EI} = -18.6 \cdot 10^{-4} - \frac{400 \cdot 6}{EI} + 0 = -42.6 \cdot 10^{-4}\,\text{rad}$$

A continuación se calculan los desplazamientos de los puntos B, C y D. El desplazamiento horizontal de B se puede calcular usando la ecuación (9.5.5):

$$\delta_{Bh}^- \cos\alpha = -\frac{XL_{BE}}{EA} \implies \delta_{Bh}^- = -\frac{XL_{BE}}{EA\cos\alpha} = -\frac{-240 \cdot 3}{EA\cos 60°} = 0.72 \cdot 10^{-3}\,\text{m}$$

Los desplazamientos horizontales de C y D son idénticos entre sí, pues la barra horizontal CD no sufre deformación longitudinal. Para su cálculo se usa el $2°$ teorema de Mohr entre A y C, aplicando superposición de los estados [0] y [I]:

$$\delta_{Dh} = \delta_{Ch} = \delta_{Ah} \pm \theta_A\, r_C \pm \frac{A^0\, r^0}{EI} \pm \frac{A^I\, r^I}{EI} =$$

$$= 0 + 0 + \frac{(6 \cdot 400)\left(\frac{6}{2}\right)}{EI} + \frac{\left(\frac{1}{2} \cdot 3 \cdot \frac{3}{2}X\right)\left(3 + \frac{2}{3}3\right)}{EI} = \frac{7200}{EI} - \frac{2700}{EI} = 4.5 \cdot 10^{-3}\,\text{m}$$

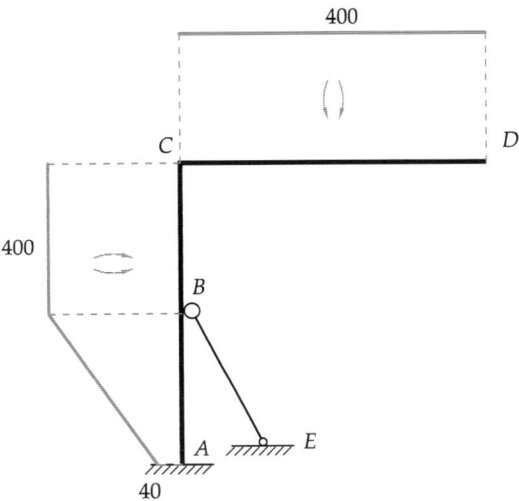

Figura 9.5.6. Diagrama de flectores ($\mathcal{M}$, en kN m)

Respecto a los desplazamientos verticales, es obvio que $\delta_{Bv} = \delta_{Cv} = 0$, ya que la barra vertical ABC no se deforma por axil y está fija en A. Para el desplazamiento vertical en D se aplica Mohr entre C y D, usando también superposición:

$$\delta_{Dv} = \delta_{Cv} \pm \theta_C\, r_D \pm \frac{A^0\, r^0}{EI} \pm \frac{A^{\mathrm{I}}\, r^{\mathrm{I}}}{EI} = 0 + \left(-18.6 \cdot 10^{-4}\right) \cdot 6 + \frac{(6 \cdot 400)\left(\frac{6}{2}\right)}{EI} + 0 =$$
$$= -11.16 \cdot 10^{-3} - 7.2 \cdot 10^{-3} = -18.36 \cdot 10^{-3}\ \mathrm{m}$$

Giro del tirante (θ_E).   Nótese que θ_B^-, calculado previamente en este apartado, es el giro en B como punto de la barra vertical. Si se desea calcular el giro en B^+ como punto perteneciente al tirante, hay que calcular el giro del mismo, ya que este permanece recto, girando respecto a E un ángulo θ_E. Recurriendo a la figura 9.5.3 (b), el lado $FB^{-\prime}$ se puede ver como el *arco* descrito por el tirante al girar un (pequeño) ángulo θ_E respecto a su punto fijo E, es decir[17]:

$$\overline{FB^{-\prime}} = (-\theta_E)\, L_{BE} \quad \Rightarrow \quad \theta_E = -\frac{\overline{FB^{-\prime}}}{L_{BE}}$$

y puesto que de la propia figura 9.5.3 (b) se deduce que $\overline{FB^{-\prime}} = \delta_{Bh}\, \operatorname{sen}\alpha$, se tiene:

$$\theta_E = -\frac{\delta_{Bh}\, \operatorname{sen}\alpha}{L_{BE}} = -\frac{0.72 \cdot 10^{-3}\, \operatorname{sen}60°}{3} = -2.4 \cdot 10^{-4}\,\mathrm{rad} \quad [\circlearrowright\ \text{horario}]$$

---

[17]El signo menos introducido es debido a que un giro negativo (horario) va a producir un arco positivo, por lo que se necesita un signo menos adicional para que el resultado sea de signo correcto.

Este valor, como se había anticipado, es muy pequeño y no influye apreciablemente a efectos de la proyección realizada en la figura 9.5.3. En la figura 9.5.7 se ha representado la deformada a estima de la estructura.

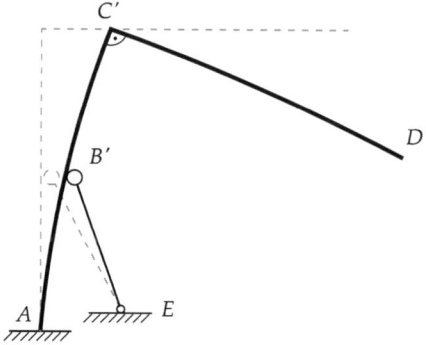

Figura 9.5.7. Deformada a estima. El tirante permanece recto, girando θ_E respecto a E.

Ejercicio 9.6   Pórtico con deslizadera y tirante

En la estructura de la figura, el tirante AC sufre un incremento de temperatura $\Delta T = 60\,°C$. Se pide:

1. Esfuerzo axil en el tirante.

2. Leyes de momentos flectores, cortantes y axiles en el pórtico.

3. Desplazamiento horizontal del punto C y vertical del punto D por la izquierda.

4. Dibujar la deformada del pórtico a estima.

Datos: $EI = EI_{\text{pórtico}} = 10^5\,\text{t m}^2$; $EA = EA_{AC} = 10^5\,\text{t}$; $\alpha = \alpha_{AC} = 10^{-5}\,°C^{-1}$.

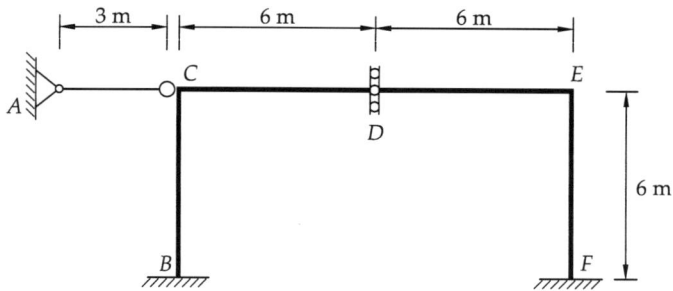

Figura 9.6.1

▷ Solución

1) Cálculo del axil en el tirante

En esta estructura conviene analizar primero sus posibles simplificaciones por simetría/antisimetría, pues ello, como se verá, facilita considerablemente la resolución. Este análisis se realiza en el Paso 1 siguiente.

▸ **Paso 1:** Calcular el grado de hiperestatismo h_g de la estructura

Si no se quiere tener en cuenta que la barra AC es un tirante y sólo puede trabajar a axil, se tiene un mecanismo en la deslizadera D, y otro en la rótula C, por lo tanto

$$h_g = h_e + h_i = (r - 3) + (3c - m) = (8 - 3) + (3 \cdot 0 - 2) = 5 - 2 = 3$$

Se llega al mismo resultado de h_g si, como se ha visto en ejercicios previos, se considera que el tirante introduce una reacción externa incógnita, por lo que

$$h_g = h_e + h_i = (r - 3) + (3c - m) = (7 - 3) + (3 \cdot 0 - 1) = 4 - 1 = 3$$

Se elegirá como incógnita hiperestática el axil del tirante $X \equiv N_{AC}$ (como se representa en la figura 9.6.4), demostrándose a continuación como ello es suficiente para resolver el ejercicio. A tal fin se descompone el estado de cargas sobre el pórtico, formado por dicha fuerza X, en suma de un estado simétrico más otro antisimétrico, como muestra la figura 9.6.2 (nótese como la estructura, que originalmente no presenta simetría, se convierte en simétrica —de forma— una vez que se ha *quitado* el tirante).

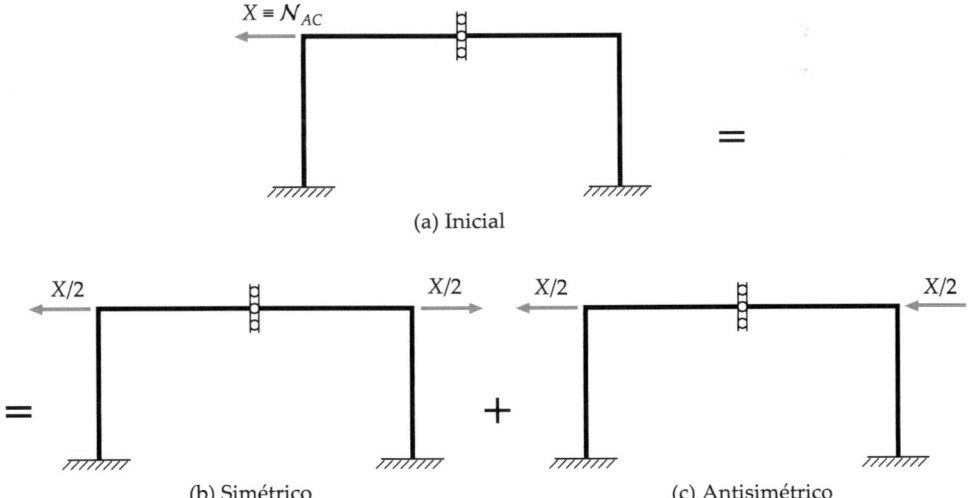

(a) Inicial

(b) Simétrico   (c) Antisimétrico

Figura 9.6.2. Descomposición de la solicitación del pórtico en estados de carga simétrico y antisimétrico

Dicha figura permite ver que el estado de cargas simétrico es intraslacional, y en él únicamente aparece un axil $X/2$ en las dos barras horizontales que forman el dintel, como muestra figura 9.6.3. No hay en dicho estado ni movimientos de los nudos, ni tampoco reacciones. Ello es debido a que el pórtico se considera axialmente indeformable[18]. Dado que en el estado simétrico de la figura 9.6.2 (b) —que el lector podrá comprobar que presenta $h_g = 2$— los nudos no se desplazan, no es necesario resolverlo para poder escribir ninguna ecuación de compatibilidad. Una vez que se resuelva X, como se verá a continuación, la solución de dicho estado simétrico será conocida: la mostrada en la figura 9.6.3.

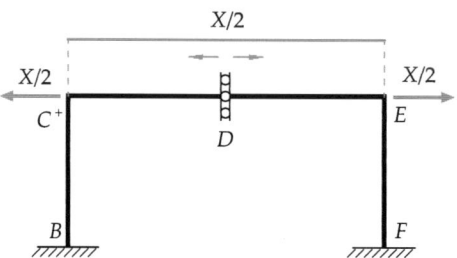

Figura 9.6.3. Solución del estado simétrico de la figura 9.6.2 (b): sólo aparece un axil en las barras del dintel.

Por otro lado, el estado antisimétrico de la figura 9.6.2 (c) —donde también actúa $X/2$ como única acción—, se verá en el Paso 3 que resulta isostático al simplificarlo. En consecuencia, la única incógnita hiperestática a determinar es precisamente X. Esta se obtendrá compatibilizando el desplazamiento del extremo del tirante con la componente antisimétrica del movimiento horizontal del dintel, ya que la simétrica es nula.

▶ **Paso 2:** Elegir las incógnitas hiperestáticas y escribir ecuaciones de compatibilidad

La figura 9.6.4 muestra la elección mencionada: $X \equiv \mathcal{N}_{AC}$. La ecuación de compatibilidad, como en los ejercicios 9.2, 9.4 y 9.5, se plantea igualando el movimiento de C^- y C^+ en la dirección del tirante, es decir, en este caso, en la dirección horizontal:

$$\delta^-_{Ch} = \delta^+_{Ch} \tag{9.6.1}$$

Como en los ejercicios 9.2, 9.4 y 9.5, se desarrolla acto seguido el primer término de la igualdad anterior. Dado que el extremo fijo del tirante es el izquierdo, la relación geométrica entre el desplazamiento de su extremo C y el alargamiento que sufre es[19]

$$\delta^-_{Ch} = \Delta L_{AC} \quad \Rightarrow \quad \delta^-_{Ch} = \frac{X L_{AC}}{EA} + \alpha L_{AC} \Delta T \tag{9.6.2}$$

---

[18]Si se tuviese en cuenta su pequeña deformabilidad axial —lo cual en general no resulta necesario en pórticos—, el dintel se alargaría levemente, apareciendo a causa de ello una flexión marginal en los pilares y en el dintel.

[19]Si C se desplaza hacia la derecha siendo A fijo, el tirante se alarga.

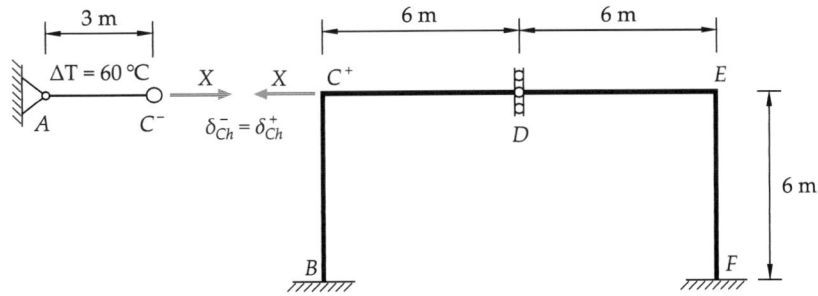

Figura 9.6.4. Elección de la incógnita hiperestática: $X \equiv N_{AC}$

En cuanto al término derecho de la ecuación (9.6.1), del análisis realizado en el Paso 1 se ha deducido que, por superposición de los estados simétrico y antisimétrico

$$\delta_{Ch}^{+} = \left(\delta_{Ch}^{+}\right)^{\text{Sim}} + \left(\delta_{Ch}^{+}\right)^{\text{Ant}} = 0 + \left(\delta_{Ch}^{+}\right)^{\text{Ant}} = \left(\delta_{Ch}^{+}\right)^{\text{Ant}} \tag{9.6.3}$$

Sustituyendo las ecuaciones (9.6.2) y (9.6.3) en la (9.6.1), la condición de compatibilidad queda finalmente escrita como sigue:

$$\frac{X L_{AC}}{EA} + \alpha L_{AC}\, \Delta T = \left(\delta_{Ch}^{+}\right)^{\text{Ant}} \tag{9.6.4}$$

donde se observa que, en efecto, la estructura isostática a resolver habrá de ser la correspondiente al estado antisimétrico, para de ese modo hallar $\left(\delta_{Ch}^{+}\right)^{\text{Ant}}$ en función de X.

▸ **Paso 3:** Descomponer el problema en $h_g + 1$ estados isostáticos

En el capítulo dedicado a simetría del libro de teoría se explica en detalle el procedimiento para realizar simplificaciones de estados de carga simétricos y antisimétricos.

De acuerdo con dicha teoría, el estado antisimétrico de la figura 9.6.2 (c) se simplificaría, de no haber deslizadera en C, mediante un carrito de reacción vertical situado en dicho punto. Sin embargo, la presencia de la deslizadera en la estructura inicial hace que C quede libre tras la simplificación. Por tanto, la estructura a resolver —estado [I]— es la mostrada en la figura 9.6.5.

Del mismo modo que sucedía en el ejercicio 9.2, en este caso el estado [0] no existe pues la estructura isostática a analizar no tiene cargas externas aplicadas, sino únicamente la incógnita hiperestática X.

Sobre la notación.   Por brevedad, en el resto del ejercicio se prescindirá del superíndice "Ant" en la notación relativa a movimientos, pues ya se ha visto que estos son nulos en el estado simétrico y, por tanto, cualquier movimiento del estado antisimétrico coincide con el movimiento total. Así pues, la ecuación de compatibilidad (9.6.4) queda reescrita de la siguiente forma:

$$\frac{X L_{AC}}{EA} + \alpha L_{AC}\, \Delta T = \delta_{Ch}^{+} \tag{9.6.5}$$

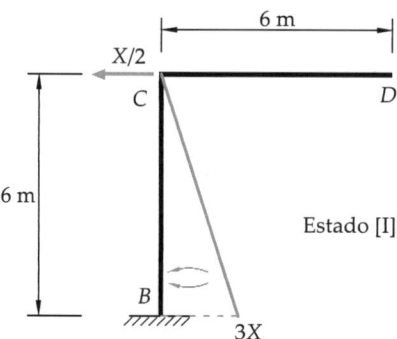

Figura 9.6.5. Estructura antisimétrica simplificada: obtenida por simplificación del estado de cargas de la figura 9.6.2 (c).

▶ **Paso 4:** Calcular movimientos asociados a las incógnitas hiperestáticas

Empleando el 2º teorema de Mohr en el estado [I]:

$$\delta_{Ch}^{+} = \delta_{Bh}^{I} \pm \theta_{B}^{I} \, r_{C} \pm \frac{A^{I} \, r^{I}}{EI} = 0 + 0 - \frac{\left(\frac{1}{2} 3X \cdot 6\right) \cdot \left(\frac{2}{3} 6\right)}{EI} = -\frac{36X}{EI} \tag{9.6.6}$$

▶ **Paso 5:** Plantear mediante superposición el sistema de h_g ecuaciones de compatibilidad y resolverlo

No es necesario emplear superposición, por haber sólo estado [I]. Teniendo en cuenta el resultado del Paso 4, la ecuación (9.6.5) se desarrolla como sigue:

$$\frac{XL_{AC}}{EA} + \alpha L_{AC} \, \Delta T = -\frac{36X}{EI} \quad \Rightarrow \quad X = -\frac{\alpha L_{AC} \, \Delta T}{\dfrac{L_{AC}}{EA} + \dfrac{36}{EI}}$$

Sustituyendo los datos del enunciado se obtiene el valor de la incógnita y el hiperestatismo queda resuelto:

$$X \equiv \mathcal{N}_{AC} = -\frac{10^{-5}\,°C^{-1} \cdot 3\,m \cdot 60\,°C}{\dfrac{3\,m}{10^{5}\,t} + \dfrac{36\,m^{3}}{10^{5}\,t\,m^{2}}} = -4.615\,t$$

Como el resultado es negativo este tirante sería en realidad una biela, pues trabaja a compresión. Este resultado es lógico, pues la única acción externa es el incremento de temperatura en dicha biela: al no poder dilatar libremente, queda comprimida, como sucedía también en el ejercicio 9.2.

▶ **Paso 6:** Obtenidas las incógnitas hiperestáticas, calcular resto de resultados. Se presentan en los tres apartados siguientes.

2) Esfuerzos en el pórtico

Los esfuerzos se determinan mediante superposición de los estados de las figuras 9.6.2 (b) y 9.6.2 (c). En cuanto la figura 9.6.2 (c), sustituyendo el valor $X = -4.615\,t$ se pueden calcular trivialmente los flectores y cortantes del estado antisimétrico empleando el croquis de la figura 9.6.5.

En dicha figura se observa además que los axiles de este estado antisimétrico serán nulos. Por lo tanto, los únicos axiles en el pórtico son los que aparecen en la figura 9.6.3: $\mathcal{N}_{CDE} = X/2 = -2.308\,t$, mientras que en la biela AC se tiene una compresión de valor doble. El diagrama de axiles se ha representado en la figura 9.6.6.

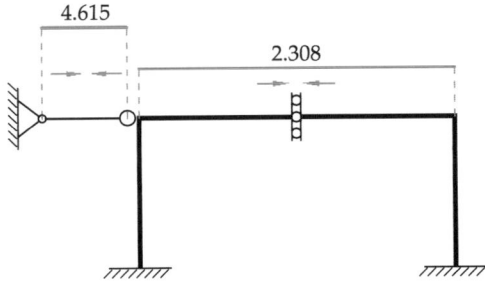

Figura 9.6.6. Diagrama de axiles $\mathcal{N}(t)$

Puede observarse en las figuras 9.6.7 (a) y (b) que los diagramas de flector y cortante responden, efectivamente, a un patrón de antisimetría axial.

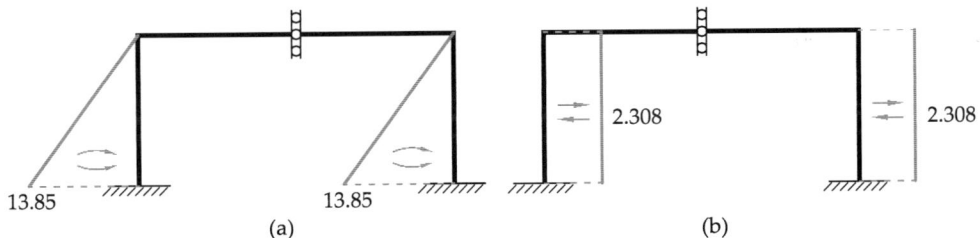

(a)   (b)

Figura 9.6.7. (a) Diagrama de flectores ($\mathcal{M}$ en t m); (b) diagrama de cortantes ($\mathcal{V}$ en t)

3) Cálculo de los desplazamientos pedidos

Empleando la ecuación (9.6.6):

$$\delta_{Ch} = \delta_{Ch}^{+} = -\frac{36X}{EI} = -\frac{36 \cdot (-4.615)}{10^5} = 0.001\,66\,\text{m} = 1.66\,\text{mm} \quad \text{[hacia la derecha]}$$

Y mediante el 2° Teorema de Mohr en el estado antisimétrico se tiene:

$$\delta_{Dv}^{-} = \delta_{Bv}^{I} \pm \theta_{B}^{I}\, r_D \pm \frac{A^{I}\, r^{I}}{EI} = 0 + 0 + \frac{\left(\frac{1}{2}\, 3X \cdot 6\right) \cdot 6}{EI} =$$

$$= \frac{\left(\frac{1}{2}\, 3 \cdot (-4.615) \cdot 6\right) \cdot 6}{10^5} = -0.002\,49\,\text{m} = -2.49\,\text{mm} \qquad \text{[descenso]}$$

Dado que los únicos desplazamientos del pórtico son los antisimétricos, se sabe además que $\delta_{Eh} = \delta_{Ch} = 1.66\,\text{mm}$, y $\delta_{Dv}^{+} = -\delta_{Dv}^{-} = +2.49\,\text{mm}$.

4) Deformada a estima

La deformada a estima se representa en la figura 9.6.8, en la que se han tenido en cuenta los desplazamientos más representativos, calculados en el apartado anterior, y que la curvatura —o ausencia de ella— sea coherente con el diagrama de flectores. Al ser el pórtico axialmente indeformable, los puntos C y E no ascienden ni descienden, mientras que el tirante se dilata por efecto de la temperatura, empujando horizontalmente al pórtico, sufriendo todos los puntos del dintel CDE idéntico desplazamiento en horizontal.

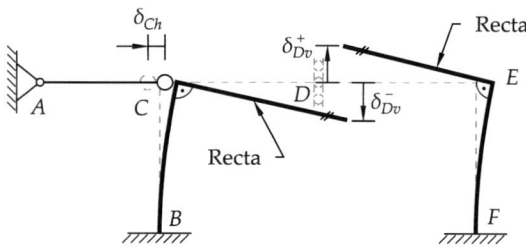

Figura 9.6.8. Deformada a estima

Ejercicio 9.7   Pórtico simétrico con cargas no simétricas

Dado el pórtico de la figura, de rigidez flexional EI constante, se pide calcular el desplazamiento vertical de la rótula C.

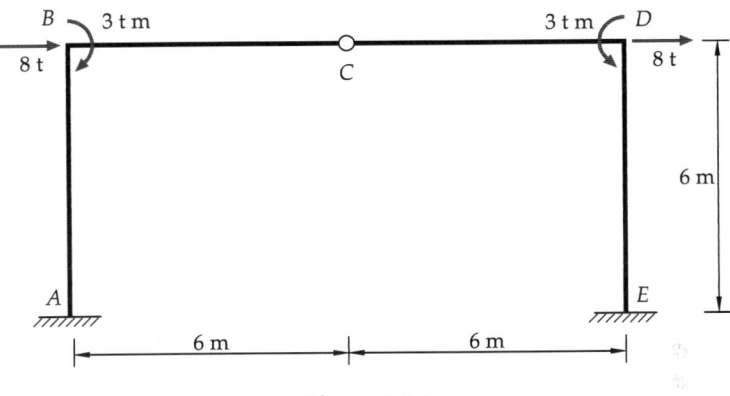

Figura 9.7.1

▷ Solución

La estructura presenta simetría axial en forma, por lo que, como primer paso de la solución, conviene descomponerla en un estado de carga simétrico sumado a otro antisimétrico[20]. La figura 9.7.2 muestra este proceso, observándose cómo al sumar las cargas aplicadas en las figuras 9.7.2 (b) y 9.7.2 (c) se obtienen las totales que actúan sobre la estructura inicial de la figura 9.7.2 (a).

Una vez que se han descompuesto las acciones, se aplican a las estructuras mostradas en las figuras 9.7.2 (b) y 9.7.2 (c) las simplificaciones correspondientes a la simetría y antisimetría, respectivamente.

De acuerdo con lo explicado en el libro de teoría, se sabe que en caso de no haber habido una rótula en C, el estado simétrico simplificado presentaría una deslizadera vertical en dicho punto; sin embargo, la existencia de la rótula en C hace que la deslizadera se transforme en un apoyo móvil, como se muestra en la figura 9.7.3 (a). El desplazamiento vertical de dicho apoyo se denominará $(\delta_{Cv})^{Sim}$, pues corresponde al estado simétrico simplificado.

Por otro lado, el estado antisimétrico simplificado queda como muestra la figura 9.7.3 (b). Se observa en ella que el movimiento vertical del punto C, en dicho estado antisimétrico, será nulo. Siguiendo una notación análoga, ello quiere decir que $(\delta_{Cv})^{Ant} = 0$.

---

[20]En el capítulo de *simetría* del libro de teoría se puede encontrar un tratamiento completo de las simplificaciones por simetría *axial* y *central*, incluyendo numerosos ejemplos resueltos.

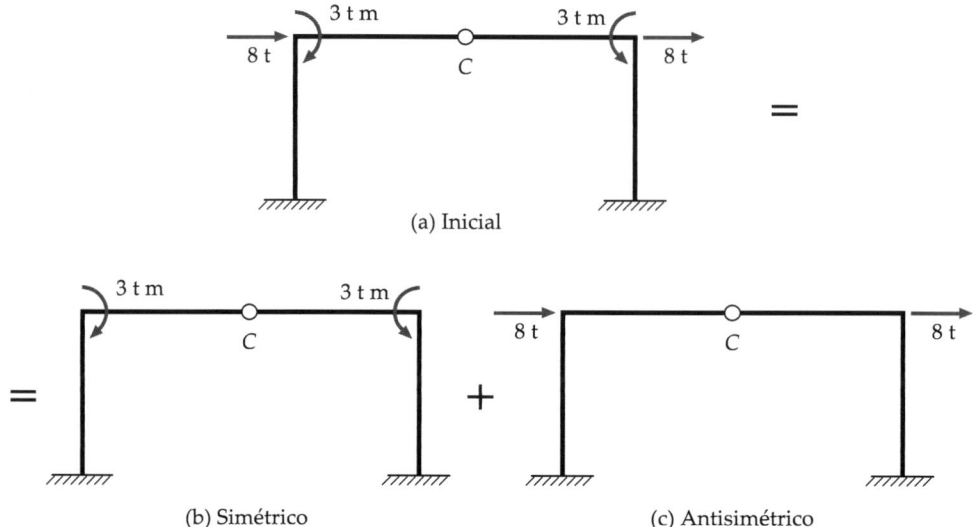

(a) Inicial

(b) Simétrico   (c) Antisimétrico

Figura 9.7.2. Descomposición de las cargas inicialmente aplicadas (a) en un estado de cargas simétrico (b), más uno antisimétrico (c).

En consecuencia, para responder a lo que pide el enunciado debe determinarse el valor de δ_{Cv} por superposición como sigue:

$$\delta_{Cv} = (\delta_{Cv})^{\text{Sim}} + (\delta_{Cv})^{\text{Ant}} = (\delta_{Cv})^{\text{Sim}} + 0 = (\delta_{Cv})^{\text{Sim}}$$

Según lo anterior, con el objetivo de hallar el desplazamiento $(\delta_{Cv})^{\text{Sim}}$ buscado, **se resolverá únicamente la estructura simétrica simplificada de la figura 9.7.3.** Dado que dicha estructura es hiperestática, se analiza a continuación siguiendo los seis pasos del procedimiento estándar.

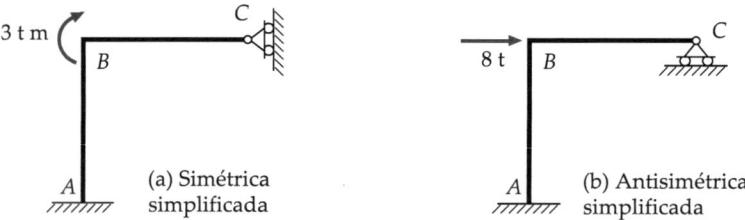

(a) Simétrica simplificada   (b) Antisimétrica simplificada

Figura 9.7.3. Izquierda **(a) Estructura simétrica simplificada**: obtenida por simplificación del estado de cargas de la figura 9.7.2 (b). Y derecha **(b) Estructura antisimétrica simplificada**: obtenida por simplificación del estado de cargas de la figura 9.7.2 (c).

▶ **Paso 1:** Calcular el grado de hiperestatismo h_g de la estructura

$$h_g = h_e + h_i = (R - 3) + (3c - m) = (4 - 3) + (3 \cdot 0 - 0) = 1 + 0 = 1$$

▶ **Paso 2:** Elegir las incógnitas hiperestáticas y escribir ecuaciones de compatibilidad

Siendo $h_g = 1$, se elige como incógnita hiperestática X la reacción en el carrito, como muestra la figura 9.7.4. Para abreviar la notación, en el resto del ejercicio se prescinde del superíndice "Sim" que denota magnitudes correspondientes al estado simétrico. La ecuación de compatibilidad asociada a la reacción X liberada se escribe por tanto como sigue:

$$\delta_{Ch} = 0 \tag{9.7.1}$$

▶ **Paso 3:** Descomponer el problema en $h_g + 1$ estados isostáticos

La figura 9.7.4 muestra esta descomposición. Es importante darse cuenta de que, tanto en el estado [0] como en el [I], la barra BC no se deforma, sino que se comporta como un sólido rígido. Ello se debe a dos motivos: en primer lugar a que el momento flector en ella es nulo; en segundo a que se desprecia —como habitualmente— la deformación por esfuerzos axil y cortante. Al moverse pues la barra BC como sólido rígido, en el Paso 4 siguiente se calculará el desplazamiento horizontal δ_{Ch} a través del desplazamiento δ_{Bh}, ya que **ambos movimientos tendrán el mismo valor**[21].

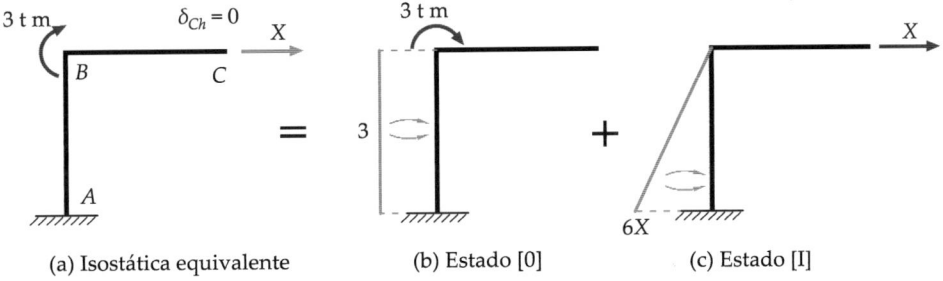

(a) Isostática equivalente   (b) Estado [0]   (c) Estado [I]

Figura 9.7.4. Elección de incógnita hiperestática y descomposición en $h_g + 1 = 2$ estados isostáticos.

▶ **Paso 4:** Calcular movimientos asociados a las incógnitas hiperestáticas

Por lo que se acaba de explicar, la ecuación de compatibilidad podrá escribirse en este caso como sigue:

$$\delta_{Ch} = 0 \iff \delta_{Bh} = 0 \tag{9.7.2}$$

Así pues, hay que que determinar el desplazamiento δ_{Bh} en los estados [0] y [I], lo que puede hacerse fácilmente mediante el 2º teorema de Mohr[22]:

$$\delta_{Bh,0} = \delta_{Ah,0} \pm \theta_{A,0}\, r_B \pm \frac{A^0\, r^0}{EI} = 0 + 0 - \frac{(-3 \cdot 6) \cdot \frac{6}{2}}{EI} = \frac{54}{EI}$$

$$\delta_{Bh,I} = \delta_{Ah,I} \pm \theta_{A,I}\, r_B \pm \frac{A^I\, r^I}{EI} = 0 + 0 - \frac{(-\frac{1}{2}6 \cdot 6X)\left(\frac{2}{3} \cdot 6\right)}{EI} = \frac{72\,X}{EI}$$

---

[21]Debido a la hipótesis de pequeños movimientos, esto sucedería aunque en la barra BC hubiese flector.

[22]En realidad resulta similar a calcular directamente el desplazamiento δ_{Ch}, lo cual se deja como ejercicio para el lector.

▸ **Paso 5:** Plantear mediante superposición el sistema de h_g ecuaciones de compatibilidad y resolverlo

La ecuación de compatibilidad (9.7.2) se plantea por superposición y se resuelve como sigue:

$$\delta_{Bh} = 0 \quad \Rightarrow \quad \delta_{Bh,0} + \delta_{Bh,I} = 0 \quad \Rightarrow \quad \frac{54}{EI} + \frac{72\,X}{EI} = 0 \quad \Rightarrow \quad X = -0.75\,\text{t}$$

El signo negativo obtenido implica que su sentido es contrario al supuesto en la figura 9.7.4, es decir, hacia la izquierda.

▸ **Paso 6:** Obtenidas las incógnitas hiperestáticas, calcular resto de resultados

En este ejercicio se pide específicamente el desplazamiento vertical del punto C. Puede calcularse por superposición teniendo en cuenta que la barra BC gira como un sólido rígido y, por tanto:

$$\delta_{Cv} = \delta_{Cv,0} + \delta_{Cv,I} = (\theta_{B,0} + \theta_{B,I}) \cdot (6\,\text{m}) = \left(\left(\theta_{A,0} \pm \frac{A^0}{EI} \right) + \left(\theta_{A,I} \pm \frac{A^I}{EI} \right) \right) \cdot 6 =$$

$$= \left(\left(0 + \frac{(-3 \cdot 6)}{EI} \right) + \left(0 + \frac{\left(-\frac{1}{2}6 \cdot 6X\right)}{EI} \right) \right) \cdot 6 = \left(\frac{-18}{EI} + \frac{\left(-\frac{1}{2}6 \cdot 6 \cdot (-0.75)\right)}{EI} \right) \cdot 6 = -\frac{27}{EI}$$

el signo negativo obtenido indica que el punto C sufre un descenso.

Procedimiento alternativo.   Un método más avanzado y rápido para resolver el hiperestatismo del estado simétrico de la figura 9.7.3 (a) se basa en interpretar cómo trabaja la barra BC. A la vista de la citada figura se puede afirmar que: (i) el nudo B tiene impedido el desplazamiento horizontal, pues la barra BC, apoyada en el carrito C, se lo impide; (ii) la barra BC aplica al nudo B una fuerza horizontal exclusivamente, pues en la barra BC solo habrá un axil, que vendrá dado por la reacción horizontal en el carrito C (reacción que obviamente no produce cortante ni flector en ella, pues lleva su dirección). Según lo anterior, un carrito apoyado en un plano vertical produciría el mismo efecto sobre el nudo B que la barra BC, pues, por un lado, impide su desplazamiento horizontal y, por otro, proporciona la reacción horizontal necesaria para ello.

En la figura 9.7.5 (a) se representa la estructura simétrica simplificada, y en la (b) la barra AB empotrada-apoyada equivalente. Nótese que el punto de corte para eliminar la barra AB es en realidad la sección B^+ marcada en la figura (a), lo cual quiere decir que el momento de 3 t m, aplicado en el nudo B, no se ve afectado por esta trasformación, pasando íntegramente al estado de la figura (b).

El objetivo del razonamiento seguido era llegar precisamente a la estructura de la figura 9.7.5 (b), compuesta por una barra empotrada-apoyada (cuyo $h_g = 1$) con un momento en el extremo de 3 t m, pues es conocida del ejercicio 9.1, y se evita así su resolución. Se sabe que el momento en el empotramiento valdrá la mitad del que hay

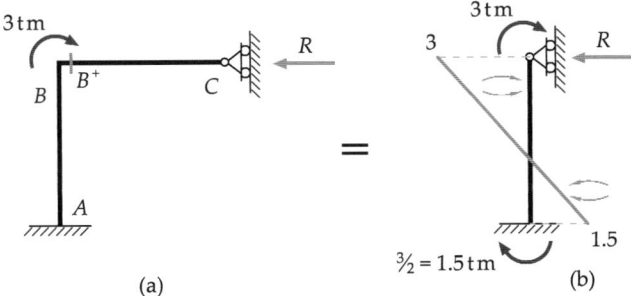

Figura 9.7.5. (a) Estructura simétrica simplificada; (b) barra AB empotrada-apoyada equivalente (se ha representado su ley de flectores, que es conocida)

en el extremo (y en el mismo sentido), es decir, $1.5\,t\,m$ (horario), y que el giro en B será, según la ecuación (9.1.2):

$$\theta_B = \frac{TL}{4EI} = \frac{(-3)\cdot 6}{4EI} = -\frac{4.5}{EI}$$

El desplazamiento vertical en C es inmediato, pues la barra BC gira como un sólido rígido (al carecer de flector y, por tanto, de curvatura), por lo que:

$$\delta_{Cv} = \theta_B \cdot 6 = -\frac{4.5}{EI}\cdot 6 = -\frac{27}{EI}$$

como ya se había obtenido.

Diagramas de esfuerzos de la estructura simétrica.   Por completitud, en las figuras 9.7.6, 9.7.7 y 9.7.8 se muestran los diagramas de esfuerzos de la estructura simétrica, es decir, del sistema mostrado en la figura 9.7.2 (b).

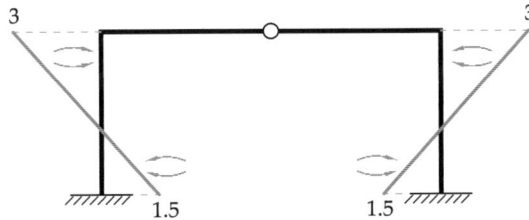

Figura 9.7.6. Diagrama de momentos flectores del estado simétrico ($\mathcal{M}$, en t m)

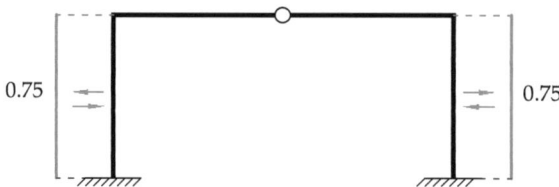

Figura 9.7.7. Diagrama de esfuerzos cortantes del estado simétrico ($\mathcal{V}$, en t)

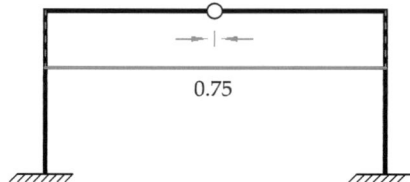

Figura 9.7.8. Diagrama de esfuerzos axiles del estado simétrico ($\mathcal{N}$, en t)

Notación

Geometría, vectores, etc.

x, s, θ	Coordenada, parámetro real (minúscula cursiva)
f, g	función (minúscula cursiva)
A, P, G, C	Punto (mayúscula cursiva)
$\mathbf{u}, \boldsymbol{\delta}$	Vector (minúscula, redonda y negrita; salvo las fuerzas y momentos puntuales que se denotan en mayúscula
$\mathbf{i}, \mathbf{j}, \mathbf{k}$	Base ortonormal de las coordenadas cartesianas
$\hat{\mathbf{e}}, \hat{\mathbf{m}}$	Vector unitario (vector con acento circunflejo)
$\mathbf{A}, \mathbf{B}$	Matriz (mayúscula, redonda y negrita)
x	Coordenada medida sobre la directriz de la barra
x, y, z	Ejes locales en la sección
$X \equiv H, Y \equiv V, Z$	Ejes globales. Por conveniencia, en subíndices se usan
$h \equiv H, v \equiv V$	h y v para designar los ejes globales H y V

Geometría de la sección

A	Área de la sección
b, h	base (o ancho) y altura de la sección
I_x	Momento de inercia respecto del eje x (polar)
I_y, I_z	Momentos de inercia respecto de los ejes y y z
S_y, S_z	Momentos estáticos respecto de los ejes y y z
J	Módulo de torsión

G	Centroide o centro de gravedad
C	Centro de esfuerzos cortantes
t	Espesor, en perfiles de pared delgada
$\widetilde{A}, \overline{A}$	Área de una parte de la sección
$\widetilde{S}_z, \overline{S}_z$	Momento estático de una parte de la sección (eje z)
$\widetilde{S}_y, \overline{S}_y$	Momento estático de una parte de la sección (eje y)

Acciones externas

F, P, Q	Cargas tipo fuerza puntual
R_A, H_A, V_A	Reacciones puntuales en A (genérica, horizontal y vertical)
T_A	Momento o par de fuerzas (carga o reacción)
$\sum M_A$	M_A se reserva para indicar sumatoria de momentos (en el punto A, en este ejemplo)
F_x, F_y, F_z	Fuerzas puntuales según los ejes locales x, y y z
T_x, T_y, T_z	Momentos puntuales (pares) según los ejes locales x, y y z
p_x, p_y, p_z	Fuerzas distribuidas según los ejes locales x, y y z
q	Carga distribuida (suele llevar el sentido de la gravedad)
$m_x, m_y, m_z \equiv m$	Momentos distribuidos según los ejes locales x, y y z
$\Delta T_i, \Delta T_s, \Delta T_d$	Variación de temperatura de la fibra inferior, superior y directriz

Esfuerzos

$\mathcal{N}$	Axil
$\mathcal{V} \equiv \mathcal{V}_y$	Cortante (eje y)
$\mathcal{V}_z$	Cortante (eje z)
$\mathcal{M} \equiv \mathcal{M}_z$	Momento flector (eje z)
$\mathcal{M}_y$	Momento flector (eje y)
$\mathcal{M}_x$	Momento torsor
$C_p = (e_y, e_z)$	Centro de presiones o excentricidad del axil

Movimientos de puntos de la directriz

$\delta_{Ph}, \delta_{Pv}, \delta_{Pz}$	Desplazamiento horizontal, vertical y en z, de P
δ_{Pm}	Componente del desplazamiento según la recta m, de P
u, v, w	Componentes del desplaz. en los ejes locales x, y y z
δ	Vector desplazamiento
$\theta_x, \theta_y, \theta \equiv \theta_z$	Componentes del giro en los ejes locales x, y y z

θ_{Px}, θ_{Py}, θ_{Pz} Giro en el punto P según x, y y z

Movimientos de puntos cualesquiera

$\mathbf{u}$ Vector desplazamiento

u_x, u_y, u_z Componentes del vector desplazamiento

Deformaciones de la rebanada

$\varepsilon = \dfrac{\mathrm{d}u}{\mathrm{d}x}$ Deformación longitudinal

$\kappa \equiv \kappa_z = \dfrac{\mathrm{d}\theta}{\mathrm{d}x}$ Curvatura de flexión (eje z)

$\kappa_x = \dfrac{\mathrm{d}\theta_x}{\mathrm{d}x}$ Curvatura de torsión (entiéndase giro unitario en el eje x)

Tensiones

σ; τ Tensión normal; tensión tangencial

σ_{nx}; τ_{xy} Tensiones en la sección: normal en x; tangencial en y

σ_{u}; τ_{u} Tensión última de diseño: normal; tangencial

σ_{e} Tensión equivalente o de comparación

τ_{xs} Tensión tangencial, en el plano de la sección, paralela a la línea media s del fleje (en perfiles de pared delgada)

$q_s = \tau_{xs}\, t$ Flujo de tensiones tangenciales (en perf. de pared delgada)

Deformaciones

ε; γ Deformación longitudinal; deformación angular

Constantes elásticas

E Módulo de Young o módulo de elasticidad (longitudinal)

ν Coeficiente de Poisson

$G = \dfrac{E}{2(1+\nu)}$ Módulo de elasticidad transversal

α Coeficiente de dilatación térmica

Nomenclatura propia de los capítulos energéticos

$\mathcal{T}$ Trabajo

$\mathcal{T}_{\mathrm{ext}} = \mathcal{T}_{\mathrm{e}}$ Trabajo de las fuerzas exteriores o externas

$\mathcal{T}_{\mathrm{esf}}$ Trabajo de los esfuerzos

$\bullet^{*}$ Un símbolo con un asterisco indica que es virtual, p. ej.:

$\mathcal{T}^{*}$ Trabajo virtual

δ_{h}^{*}, δ_{v}^{*}, θ^{*} Desplazamientos horizontal, vertical, y giro virtuales

F^{*}, T^{*} Fuerza y momento virtuales (escalares)

Nomenclatura propia de las estructuras hiperestáticas

h_g	Grado de hiperestatismo global
h_e	Grado de hiperestatismo externo
h_i	Grado de hiperestatismo interno
X, X_1, X_2, X_3	Incógnitas hiperestáticas del método de la compatibilidad